网络系统集成与综合布线理论及实践

曾广朴　黄诗玉
程　冰　彭　梅　编著

西南交通大学出版社
·成　都·

内容提要

本书以企业需求为导向，以计算机网络系统集成和综合布线工程技术领域中所必需的专业知识和实践能力为主线，完整地介绍网络系统集成的基本理论、系统需求分析与设计、网络设备选型及配置、综合布线工程的设计与实施、行业典型实例等内容，涵盖了网络综合布线系统的认识、设计、实施、连接、测试、验收、管理和监理等环节。

本书适用于高等院校网络技术类、计算机类、通信类等专业学习使用，也可供网络工程领域工程技术人员自学参考。

图书在版编目（CIP）数据

网络系统集成与综合布线理论及实践 / 曾广朴等编著. —成都：西南交通大学出版社，2014.9
ISBN 978-7-5643-3418-5

Ⅰ. ①网… Ⅱ. ①曾… Ⅲ. ①计算机网络－网络集成 ②计算机网络－布线 Ⅳ. ①TP393.03

中国版本图书馆 CIP 数据核字（2014）第 204535 号

网络系统集成与综合布线理论及实践

曾广朴　黄诗玉　程　冰　彭　梅　编著

责任编辑	李晓辉
封面设计	墨创文化
出版发行	西南交通大学出版社 （四川省成都市金牛区交大路 146 号）
发行部电话	028-87600564　028-87600533
邮政编码	610031
网　　址	http: //www.xnjdcbs.com
印　　刷	四川川印印刷有限公司
成品尺寸	185 mm×260 mm
印　　张	17.75
字　　数	443 千字
版　　次	2014 年 9 月第 1 版
印　　次	2014 年 9 月第 1 次
书　　号	ISBN 978-7-5643-3418-5
定　　价	38.00 元

课件咨询电话：028-87600533
图书如有印装质量问题　本社负责退换

前　言

管理信息系统是企事业单位计算机应用的灵魂，而网络系统集成则是管理信息系统的重要支撑，也是计算机设施、网络设备、软件技术规划组合的关键技术，在网络管理信息系统、网站建设中发挥越来越重要的作用。学习和掌握好网络系统集成，已经成为网络及信息系统从业工作者的必要前提。

综合布线系统又称结构化布线系统，是目前流行的一种新型布线方式。它采用标准化部件和模块化组合方式，把语音、数据、图像和控制信号用统一的传输媒体综合在一起，形成了一套标准、实用、灵活、开放的布线系统。综合布线系统将计算机技术、通信技术、信息技术和办公环境集成在一起，实现信息和资源共享，提供迅捷的通信和完善的安全保障。

本教材注重以学习者应用能力的培养与提高为主线，严格按照教育部关于“加强职业教育、突出实践技能培养”的要求，根据网络系统集成发展和应用型教学改革的需要，依照网络系统集成技术设备学习应用的基本过程和规律，结合知识要点循序渐进地进行讲解。通过指导学生实训与加强实践，期望达到学以致用、强化技能培养的目的。

全书共分为 11 章，内容包括：网络系统集成概述、网络集成系统需求分析、计算机网络系统设计、网络系统集成的主要设备及选型、网络综合布线系统概述、传输介质与传输特性、网络综合布线系统标准与设计、综合布线施工、综合布线工程测试与验收、综合布线实例以及实训指导等。

本书作为高等教育计算机应用及网络专业教学的特色教材，注重基础知识、实践能力和操作技能的培养与提高，具有知识系统、语言简洁、紧贴实际、突出实用性等特点。本书适用于高等院校网络技术类、计算机类、通信类等专业学习使用，也可供网络工程领域工程技术人员自学参考。

本书编写分工如下：曾广朴（第 1 章、第 2 章、第 3 章、第 4 章、第 5 章、第 6 章、第 7 章、第 8 章），黄诗玉（第 9 章）、彭梅（第 10 章），程冰（第 11 章）。本书编写过程中参考了国内外有关综合布线的大量文献资料和产品技术资料，并结合了作者自身的教学、工程实践经验体会。在此向相关书籍、资料的作者，有关综合布线产品厂商以及配合课程教学的师生表示衷心感谢。

由于编者水平有限，书中内容难免有疏漏和不当之处，恳请各位专家、师生及广大读者批评指正。

编　者

2014 年 6 月

目　录

1　网络系统集成概述

网络系统集成，是在网络工程中根据应用的需要，运用系统集成方法，将硬件设备、软件设备、网络基础设施、网络设备、网络系统软件、网络基础服务系统、应用软件等组织成为一体，使之成为能组建一个完整、可靠、经济、安全、高效的计算机网络系统的全过程。从技术角度来看，网络系统集成是将计算机技术、网络技术、控制技术、通信技术、应用系统开发技术、建筑装修等技术综合运用到网络工程中的一门综合技术。一般包括前期方案，线路、弱电等施工，网络设备架设，各种系统架设，网络后期维护等。

1.1　网络系统集成的概念与发展

系统集成作为一种新兴的服务方式，是近年来信息服务业中发展势头强劲的一个行业。系统集成不是产品和技术简单的堆积，而是一种在系统整合、系统再生产过程当中，为满足客户需要的增值服务业务，是一种价值再创造的过程。

1.1.1　系统集成的概念

1. 系统集成的概念

美国信息技术协会（Information Technology Association of America，ITAA）对系统集成（System Integration）的定义是：根据一个复杂的信息系统或子系统的要求，把多种产品和技术验明，并连入一个完整地解决方案的过程。因此，系统集成是指在系统工程科学方法的指导下，根据用户需求，优选各种技术和产品，将各个分离的子系统连接成一个完整、可靠、经济和有效的整体，并使之能彼此协调工作，发挥整体效益，达到整体性能最优。也就是说，不但所有部件和成分合在一起后能正常工作，而且全系统是低成本的、高效率的、性能均匀的、可扩展和维护的。

2. 系统集成的分类

系统集成一般可分为 3 类：软件集成、硬件集成和网络系统集成。

软件集成是指为某特定的应用环境架构的工作平台，是为某一特定应用环境提供要解决问题的架构软件的相互接口，为提高工作效率而创造的软件环境。

硬件集成是指使用硬件设备把各个子系统连接起来，以达到或超过系统设计的性能技术指标。例如，办公自动化制造商把计算机、复印机、传真机等硬件设备进行系统集成，创造出一种高效便利的工作环境。

网络系统集成是指根据应用的需要，将硬件设备、网络基础设施、网络设备、网络系统软件、网络基础服务系统、应用软件等组织成为一体，使之成为能够满足设备目标并具有优良性能价格比的计算机网络系统的过程。主要包括以下几方面内容。

（1）网络硬件的集成。包括通信子网的硬件系统集成和资源子网的硬件系统集成。

（2）网络软件的集成。主要是指根据网络所支撑的应用的具体特点，选择网络操作系统和网络应用系统，然后通过网络软件的集成解决异构操作系统和异构应用系统之间的相互接口问题，从而构造一个灵活高效的网络软件系统。

（3）数据和信息的集成。数据和信息集成的核心任务包括合理部署组织的数据和信息，减少数据的冗余，努力实现有效信息的共享，确保数据和信息的安全可靠等。

（4）技术与管理的集成。技术与管理的集成是指将技术和管理有效地集成在一起，在满足需求的前提下，努力为用户提供性价比高的解决方案。在此基础上，使网络系统具有高性能、易管理、易扩充的特点。

（5）个人与组织机构的集成。通过网络系统集成使组织内部的个人行为与组织的目标高度一致、高度协调，从而实现提高个人工作效率和组织管理效率的目标。个人与组织机构的集成是系统集成的最高目标。

3. 系统集成的优点

（1）责任的单一性。

（2）用户需求能得到最大限度地满足。

（3）系统内部的一致性能得到最大限度地满足。

（4）系统集成商能保证用户得到更好的解决方案。

1.1.2 网络系统集成的必要性

20 世纪 80 年代以来，由于计算机技术的飞速发展和广泛应用，很多部门在内部建立了计算机局域网应用系统。这些各自独立的计算机网络系统的出现，使得应用这些系统的部门的工作效率得到了极大的提高。但是这些各自独立的分系统只能在系统内部实现信息资源共享，其相互之间是没有连通的，各部门之间无法共享信息和资源，这就要求把这些局域网相互之间连通起来，构造一个能实现充分的资源共享、统一管理以及具有较高的性价比的系统，由此引入了网络系统集成技术。

网络系统集成技术较好地解决了节点之间信息不能共享、没有统一管理、整个系统性能低下的“信息孤岛”问题，真正地实现了系统的信息高度共享、通信联络通畅、彼此有机协调，达到系统整体效益最优的目的。

1.1.3 网络系统集成的发展

计算机网络近年来获得了飞速的发展，计算机通信已成为社会结构的一个基本组成部分，计算机网络已遍布全球各个领域。

计算机网络的发展经历了从简单到复杂、从低级到高级的过程。在这一过程中，计算机技术与通信技术紧密结合，相互促进，共同发展，最终产生了计算机网络。

纵观计算机网络的形成与发展历史，可将其发展分为以下几个阶段。

1. 第一代网络

面向终端的单主机互联系统，20 世纪 50 年代初期至 60 年代中期。

在计算机网络出现之前，计算机数量非常少，且非常昂贵。信息的交换是通过磁盘相互传递资源。当时很多用户都想使用主机中的资源，共享主机资源，进行信息的采集及综合处理，另外通信线路和通信设备的价格相对便宜，所以，以单主机为中心，即面向终端的单主机互联系统诞生了。联机终端是一种主要的系统结构形式。

终端用户通过终端机向主机发送一些数据运算处理请求，主机运算后将结果返回给终端机。当终端用户要储存数据时，要存储在主机中，终端机并不保存任何数据。

这个时期的网络并不是真正意义上的网络，而是一个面向终端的互联通信系统。主机只负责以下两个方面的任务。

（1）负责终端用户的数据处理和存储。

（2）负责主机与终端之间的通信过程。

2. 第二代网络

多主机终端互联系统，20 世纪 60 年代中期至 70 年代中期。

随着终端用户对主机的资源需求量的增加，主机的作用发生了改变。通信控制处理器（Communication Control Processor，CCP）承担了全部的通信任务，让主机专门进行数据处理，以提高数据处理的效率，使主机的性能得到了很大的提高。

主机的主要作用是处理和存储终端用户发出的对主机的数据请求。通信任务主要由通信控制器来完成。集中器主要负责从终端到主机的数据集中、收集及主机到终端的数据分发。

随着计算机技术和通信技术的进一步发展，形成了将多个单主机互联系统互相连接起来，以多处理机为中心的网络，并利用通信线路将多台单主机连接起来，为终端用户提供服务。

第二代网络是在计算机通信网的基础上，通过完成计算机网络体系结构和协议的研究而形成的计算机初期网络。例如，20 世纪 60 年代中期至 70 年代初期由美国国防部高级研究计划局研制的 ARPANET 网络，就将计算机网络分为资源子网和通信子网。

通信子网一般由通信设备、网络介质等物理设备所构成；资源子网的主体为网络资源设备，如服务器、用户计算机（终端机或工作站）、网络存储系统、网络打印机和数据存储设备等。

在现代的计算机网络中，资源子网和通信子网也是必不可少的部分。通信子网为资源子网提供信息传输服务，资源子网用户间的通信是建立在通信子网的基础上的。没有通信子网，网络就不能工作；没有资源子网，通信子网的传输也就失去了意义。两者结合起来，组成了统一的资源共享网络。

3. 第三代网络

开放式和标准化的网络系统，20 世纪 80 年代至 90 年代。

20 世纪 80 年代是计算机局域网络高速发展的时期。这些局域网络都采用了统一的网络体系结构，是遵守国际标准的开放式和标准化的网络系统。

而在第三代网络出现以前，不同厂家的设备是无法实现网络互联的。

早期，各厂家为了独占市场，均采用自己独特的技术，设计了自己的网络体系结构。主要包括：IBM 发布的系统网络体系结构（System Network Architecture，SNA）和 DEC 公司发布的数字网络体系结构（Digital Network Architecture，DNA）等。由于不同的网络体系结构无法互联，所以不同厂家的设备或同一厂家在不同时期的产品也是无法实现互联的，这就阻碍了更大范围网络的发展。

后来，为了实现网络更大范围的发展和不同厂家设备的互联，1977 年国际标准化组织

（International Organization for Standardization，ISO）提出一个标准框架——开放式系统互联（Open System Interconnection，OSI）参考模型，共分七层。1984 年 ISO 正式发布了 OSI 参考模型，使厂家设备、协议实现全网互联。

4. **第四代网络**（20 世纪 90 年代后期至今）

第四代网络的特点是网络化、综合化、高速化及计算机协同处理能力。同时，快速网络接入 Internet 的方式也不断地涌现和发展，如综合业务数字网（ISDN）、非对称数字用户线路（ADSL）、数字数据网（DDN）、光纤分布数据互联（FDDI）、异步传输模式（ATM）和以太网（Ethernet）等。

1.1.4 网络系统集成的体系框架

计算机网络系统集成不仅涉及技术问题，而且涉及企事业单位的管理问题。因而比较复杂，特别是大型网络系统。从技术上说，因为会涉及到很多不同厂商，不同标准的计算机设备，协议和软件，也会涉及异质和异构网络的互联问题。从管理上来说，不同的单位有不同的实际需求，管理思想也千差万别。所以，计算机网络设计者一定要建立起计算机网络系统集成的体系框架。

图 1-1 所示给出了计算机网络系统集成的一般体系框架。

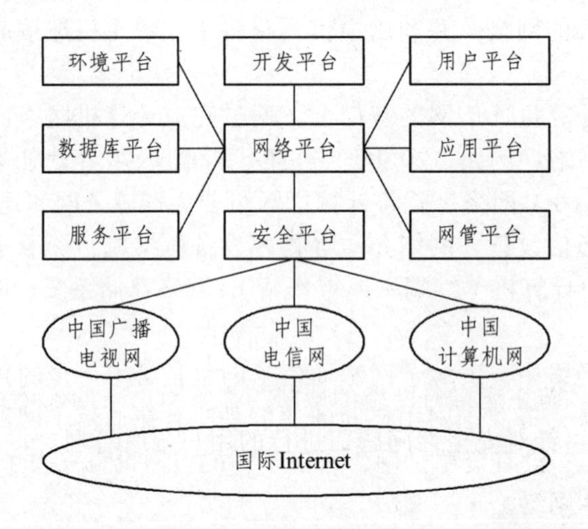

图 1-1 计算机网络系统集成的一般体系框架

1.2 网络系统集成涵盖的范围及工作内容

随着世界经济的发展，信息技术与网络的应用已成为衡量各国经济发展的一项重要指标。特别是大型计算机网络的迅猛发展，网络多媒体的应用，如视频会议、视频点播、远程教育和远程诊断等关键技术，都离不开计算机网络系统集成。系统集成技术主要涉及网络传输、服务质量、服务模式和网络管理与安全等。

1. **传输网络的选择**

传输网络是选择分组交换方式还是电路交换方式，主要是依据应用需要什么样的服务质量。影响服务质量的主要因素包括网络可用带宽、传输延时和抖动以及传输可靠性。

传统的 IP 网络，主要针对一些传统的应用，没有考虑多媒体应用的实时性和大数据量传输要求。在传统的 IP 分组网上，只提供尽力而为的服务（Best-Effort）。要得到有保证的服务（GQoS）则需要额外的协议，大规模商业应用目前还缺乏条件，特别是多媒体应用，需要在主机和网络中继点中都提供支持。这使得原有的网络协议变得庞大而复杂，实现性能和提供的服务质量也因此受到限制。

2. 服务质量

服务质量（QoS）是网络性能的一种重要体现。它是指通过对资源的分配调度，来保证用户的特定需求。针对 Internet 上多媒体应用的需求，现有的技术可以提供两种服务质量：有保证的服务和尽力而为的服务。

有保证的服务可以在现在的 IP 分组上进行资源预留，并结合接纳控制等机制来获得。目前，这是网络研究的热点，技术还没有完全成熟。

尽力而为的服务是 Internet 网络的标准服务。基于这种服务的多媒体应用，需要有自适应能力，即根据网络资源的使用状况和网络拥挤状态，自动调整有关参数，以尽可能获得最基本的服务质量保证。当然，这种自适应主要是防止造成网络的进一步拥挤而导致网络崩溃，牺牲的是应用的服务质量，应用感官效果会大打折扣，因此不适合商业应用。

3. 服务模式

除了多媒体应用的服务质量，另一个关键技术问题是媒体传输服务模式，即数据的分发是通过单播模式还是组播模式。多媒体应用一般是在一个或多个群组中进行。群组是指有共同兴趣的一组人构成的动态虚拟专用网。

支持多媒体应用，既可以采用传统的 IP 分组网，也可以采用专线或 ATM 交换网。而从应用的服务质量保证来看，专线或 ATM 交换网可以获得有保证的服务质量。

4. 网络管理与安全

网络安全研究公司 Hurwitz Group 提出了 5 个层次的网络系统安全体系。

（1）网络安全性：通过判断 IP 源地址，拒绝未经授权的数据进入网络。

（2）系统安全性：防止病毒对网络的威胁与黑客对网络的破坏和侵入。

（3）用户安全性：针对安全性问题而进行的用户分组管理。一方面是根据不同的安全级别将用户分为若干等级，并规定对应的系统资源和数据访问权限；另一方面是强有力的身份认证，确保用户密码的安全。

（4）应用程序安全性：解决是否只有合法的用户才能够对特定的数据进行合法操作的问题。共涉及两个问题：应用程序对数据的合法权限和应用程序对用户的合法权限。

（5）数据安全性：在数据的保存过程中，机密的数据即使处于安全的空间，也要对其进行加密处理，以保证万一数据失窃，偷盗者也读不懂其中的内容。

从上述的 5 个层次可以看出，在大多数情况下，人的因素非常关键，与网络的管理紧密相关，管理员和用户无意中的安全漏洞，比恶意的外部攻击更具威胁。

另外，网络的安全性要把网络规划阶段考虑进去，一些安全策略在网络规划时就要实施。策略主要包括保护服务器和保护口令两个方面。

安全策略的选择不存在一种万能的方法，它取决于被保护信息的价值、受攻击的可能性和危险性以及可投入的资金。要在对这些因素权衡后，制定出合理的解决方案。

5. 网络系统集成的工作内容

设计人员分析用户的需求，依据计算机网络系统集成的三个层面进行方案设计，所设计的方案由专家和客户进行论证，然后对设计方案进行修正。论证后，得到解决方案。再进行工程施工，施工完成后进行验收。如果验收过程中发现错误，则再纠正并给出解决方案，直到测试通过。为保证系统可靠、安全，高效地运行，应对系统进行维护和必要的服务。

1.3 系统集成中的平台选择

由于计算机网络系统集成不仅涉及技术问题，也涉及企事业单位的管理问题，因此比较复杂。特别是大型网络系统，从技术上讲，不但涉及不同厂商的计算机设备、网络设备、通信设备和各种应用软件，而且涉及异构或异质网络系统的互联问题；从管理上讲，由于每个单位的管理方式和管理方法千差万别，要实现企事业单位真正的网络化管理，会面临许多人为的因素。因此，平台的选择是一项专业跨度大、技术难度高的工作，关系到整个系统实施的成败。

1. 正确进行平台选择的重要性

（1）有利于把握整个系统的投资方向，为企业领导做出正确决断，提供经济可行性依据，以避免投资风险和投资浪费。

（2）有利于把握整个系统的技术发展方向，为专业人员提供技术可行性依据，减少技术风险和应用开发风险。

（3）统一可行的主流平台环境有利于应用开发人员有效地积累技术优势，发展企业自身的系统开发队伍和信息产业。

（4）有利于引进先进的平台体系结构，并从根本上改变传统的体系结构及应用模式，改变传统的设计方法及实施手段。

（5）有利于采用先进实用的开发工具，缩短应用开发周期，提高应用软件开发质量和开发效率。

（6）有利于平台与应用之间的整理集成，统一界面、操作方法、系统风格和技术标准，提高整个系统的可用性。

（7）有利于进行广泛的技术交流，推广用户开发成果，提高投资效益及技术转化效益。

2. 平台分类

系统集成平台大致可分为 9 类：网络平台、服务平台、用户平台、开发平台、数据库平台、应用平台、网络管理平台、安全平台和环境平台。

（1）网络平台。网络平台是计算机网络的枢纽，由传输设备、网络交换设备、网络接入设备、网络互联设备、布线系统、网络操作系统、服务器和网络测试设备组成。其中，前三者涉及的技术包括传输技术、网络交换技术和网络接入技术。具体介绍如下。

① 传输技术。传输是网络的核心技术之一。传输线路带宽的高低，不仅体现了网络的通信能力，也体现了网络的现代化水平。常用的传输技术包括：同步数字体系（SDH）、准同步数字体系（PDH）、数字微波传输系统、数字卫星通信系统（VSAT）和有线电视网（CATV）等。

② 网络交换技术。常用的网络交换技术包括 ATM、FDDI、Ethernet、快速以太网（Fast Ethernet）、吉比特以太网、交换式以太网、交换式快速以太网等。

③ 网络接入技术。常用的网络接入技术包括调制解调器（Modem）接入、电缆调制解调器（Cable Modem）接入、高速数字用户线路（HDSL）、ADSL、超高速数字用户线路（VDSL）、ISDN、TDMA 和 CDMA 无线接入等。

④ 网络互联设备。常用的网络互联设备包括路由器、网桥、中继器、集线器、交换机、网关等。

⑤ 布线系统。建筑物常采用的综合布线系统主要包括传输介质（如光纤、双绞线、同轴电缆和无连介质）、连软件（如信息插座、配线架、跳接线、适配器、信号传输设备、电器保护设备等）、综合布线设计施工等。

⑥ 网络操作系统。常用的网络操作系统包括 Linux、UNIX、Windows2000 Server 等。

⑦ 服务器。常用的服务器包括 Web 服务器、数据库服务器、电子邮件服务器、远程访问服务器、域名管理服务器、文件服务器、网管服务器等。

⑧ 网络测试设备。包括电缆测试仪、局域网络测试仪、频谱分析仪、网络规程测试仪等。

（2）服务平台。服务平台即网络系统所提供的服务，包括 Internet 服务、信息广播服务、信息点播服务、远程计算与事务处理和其他服务。

① Internet 服务。Internet 服务主要包括万维网（WWW）、电子邮件（E-mail）、新闻服务（News）、文件传送（FTP），远程登录（Telnet）、信息查询等。

② 信息广播服务。常用的信息广播服务包括视频广播、音频广播、数据广播等。

③ 信息点播服务。常用的信息点播服务包括视频点播（VOD）、音频点播（AOD）、多媒体信息点播（MOD）、信息推迟（Push）等。

④ 远程计算与事务处理。常用的远程计算与事务处理包括软件共享、远程 CAD、远程数据处理、联机服务等。

⑤ 其他服务。包括会议电视、IP 对话、监测控制、多媒体综合信息服务等。

（3）用户平台。用户平台主要指用户使用的个人计算机设备和软件系统，如安装 Web 浏览器软件的 PC1。

（4）开发平台。开发平台主要由数据库开发工具、多媒体创作工具、通用类开发工具等组成。

（5）数据库平台。数据库平台主要分为小型数据库和大型数据库两大类别。

① 小型数据库。广泛使用的小型数据库主要包括 Access、Visual Fox Pro、Approach 等。

② 大型数据库。广泛使用的大型数据库主要包括 Oracle、Informix、Sybase、DB2、SQL Server 等。

（6）应用平台。应用平台主要包括网络上开展的各种应用，如远程教育、远程医疗、电子数据交换、管理信息系统、计算机集成制造系统、电子商务、办公自动化、多媒体监控系统等。

（7）网络管理平台。网络管理平台主要包括作为管理者的网络管理平台和作为代理的网络管理工具。

（8）安全平台。广泛使用的网络安全技术包括防火墙、包过滤、代理服务器、加密与认证技术等。

（9）环境平台。环境平台主要包括机房、电源、防火设备和其他辅助设备。

3. 系统集成平台选择的基本原则

系统平台应按照标准性与主流性、成熟性与先进性、实用性与经济性、易用性与可扩展性的原则进行。

选择平台与系统集成应考虑的因素主要有以下几方面：

（1）用户单位的实际应用环境和应用需求。

（2）作为平台的软硬件产品的功能和性能。

（3）国内、国际 ERP 平台发展的主流。

（4）ERP 系统总体设计人员采用的技术策略和现实手段。

（5）性能价格比、技术支持、后援保证。

（6）用户的投资能力和技术水平等。

总体来说，系统集成不一定是购买最先进的设备、材料和应用软件，而应根据实际应用具体分析再选择决定。

1.4　网络互联设备

1.4.1　网卡（图 1-2）

网卡（Network Interface Card，NIC）也叫网络适配器，是连接计算机与网络的硬件设备。网卡插在计算机或服务器扩展槽中，通过网络线（如双绞线、同轴电缆或光纤）与网络交换数据、共享资源。选购网卡需考虑以下几个因素。

图 1-2　网卡

（1）速度。

网卡的速度描述网卡接收和发送数据的快慢。10 M 的网卡价格较低，就目前的应用而言能满足普通小型共享式局域网传输数据的要求。考虑性价比的用户可以选择 10 M 的网卡，而在传输频带较宽的信号或交换式局域网中，应选用速度较快的 100M 网卡（或 10 ~ 100 M 自适应网卡）。

（2）总线类型。

常见网卡按总线类型可分为 ISA 网卡、PCI 网卡等。ISA 网卡以 16 位传送数据，标称速度能够达到 10 M。PCI 网卡以 32 位传送数据，速度较快。目前市面上大多是 10 M 和 100 M 的 PCI 网卡。建议不要购买过时的 ISA 网卡，除非用户的计算机没有 PCI 插槽。

（3）接口。

常见网卡接口有 BNC 接口和 RJ-45 接口（类似电话的接口），也有两种接口均有的双口网卡。接口的选择与网络布线形式有关，在小型共享式局域网中，BNC 口网卡通过同轴电缆直接与其他计算机和服务器相连；RJ-45 接口网卡通过双绞线连接集线器（HUB），再通过集线器连接其他计算机和服务器。另外，在选用网卡时，还应查看其程序软盘所带驱动程序支持何种操作系统；如果用户对速度要求较高，考虑选择全双工的网卡；若安装无盘工作站，需让销售商提供对应网络操作系统上的引导芯片（Boot ROM）。目前市售网卡多为软跳线设置即插即用网卡，只是低档网卡 Windows 98 不容易识别，安装设置略为困难。

1.4.2 集线器（图 1-3）

集线器（HUB）是局域网中计算机和服务器的连接设备，是局域网的星状连接点，每个工作站是用双绞线连接到集线器上，由集线器对工作站进行集中管理。最简单的独立型集线器有多个用户端口（8 口或 16 口），用双绞线连接每一端口和网络站（工作站或服务器）的连接。数据从一个网络站发送到集线器上以后，就被中继到集线器中的其他所有端口，供网络上每一用户使用。独立型集线器通常是最便宜的集线器，最适合于小型独立的工作小组、部门或者办公室。选择集线器主要从网络站容量考虑端口数（8 口、16 口或 24 口），从数据流考虑速度（10 M、100 M）。集线器型号、类型很多。

图 1-3　集线器

1.4.3 交换机（图 1-4）

交换机也叫交换式集线器，是局域网中的一种重要设备。它可将用户收到的数据包根据目的地址转发到相应的端口。它与一般集线器的不同之处是：集线器是将数据转发到所有的集线器端口，既同一网段的计算机共享固有的带宽，传输通过碰撞检测进行，同一网段计算机越多，传输碰撞也越多，传输速率会变慢；而交换机每个端口为固定带宽，有独特的传输方式，传输速率不受计算机台数增加影响，所以它更优秀。

交换机是数据链路层设备，它可将多个局域网网段连接到一个大型网络上。目前有许多类型的交换机。

根据架构特点，交换机可分为机架式、带扩展槽固定配置式、不带扩展槽固定配置式 3 种。

（1）机架式交换机：是一种插槽式的交换机，这种交换机扩展性较好，可支持不同的网络类型。它是应用于高端的交换机。

（2）带扩展槽固定配置式交换机：是一种有固定端口数并带少量扩展槽的交换机，这种交换机在支持固定端口类型网络的基础上，还可以通过扩展其他网络类型模块来支持其他类型网络。

（3）不带扩展槽固定配置式交换机：仅支持一种类型的网络（一般是以太网），可应用于小型企业或办公室环境下的局域网，应用很广泛。

根据传输介质和传输速度，交换机可以分为以太网交换机、令牌环交换机、FDDI 交换机、ATM 交换机、快速以太网交换机和千兆以太网交换机等多种，这些交换机分别适用于以太网、快速以太网、FDDI、ATM 和令牌环网等环境。

根据应用规模，交换机可分为企业级交换机、部门级交换机和工作组交换机。

（1）企业级交换机：属于高端交换机，它采用模块化的结构，可作为网络骨干来构建高速局域网。

（2）部门级交换机：面向部门的以太网交换机，可以是固定配置，也可以是模块配置，一般有光纤接口。它具有较为突出的智能型特点。

（3）工作组交换机：是传统集线器 Hub 的理想替代产品，一般为固定配置，配有一定数目的 10Base T 或 10/100Base TX 以太网口。

根据 OSI 的分层结构，交换机可分为二层交换机、三层交换机等。

（1）二层交换机是指工作在 OSI 参考模型的第 2 层（数据链路层）上的交换机，主要功能包括物理编址、错误校验、帧序列以及流控制。一个纯第 2 层的解决方案，是最便宜的方案，但它在划分子网和广播限制等方面提供的控制最少。

（2）三层交换机是一个具有 3 层交换功能的设备，即带有第 3 层路由功能的第 2 层交换机。

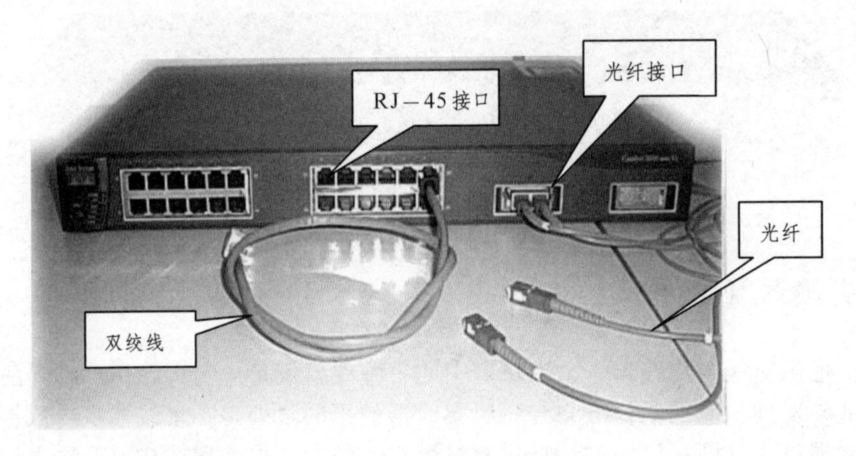

图 1-4　交换机

1.4.4　路由器（图 1-5）

路由器（Router）用于连接网络层、数据层、物理层执行不同协议的网络，协议的转换由路由器完成，从而消除了网络层协议之间的差别。路由器适合于连接复杂的大型网络。路由器的互联能力强，可以执行复杂的路由选择算法，处理的信息量比网桥多，但处理速度比网桥慢。

图 1-5　路由器

1.4.5 网关

网关（Gateway）又称网间连接器、协议转换器。网关在传输层上以实现网络互联，是最复杂的网络互联设备，仅用于两个高层协议不同的网络互联。网关的结构也和路由器类似，不同的是互联层。网关既可以用于广域网互联，也可以用于局域网互联。

1.4.6 防火墙

“防火墙”是一种形象的说法，其实它是一种计算机硬件和软件的组合，使互联网与内部网之间建立起一个安全网关（Scurity Gateway），从而保护内部网免受非法用户的侵入，它其实就是一个把互联网与内部网（通常是局域网或城域网）隔开的屏障。

防火墙如果从实现方式上来分，又分为硬件防火墙和软件防火墙两类，我们通常意义上讲的硬防火墙为硬件防火墙，它是通过硬件和软件的结合来达到隔离内、外部网络的目的，价格较贵，但效果较好，一般小型企业和个人很难实现；软件防火墙是通过纯软件的方式来达到，价格很便宜，但这类防火墙只能通过一定的规则来达到限制一些非法用户访问内部网的目的。现在软件防火墙主要有天网防火墙个人及企业版，Norton 的个人及企业版软件防火墙，还有许多原来是开发杀病毒软件的开发商现在开发的软件防火墙，如 KV 系列、KILL 系列、金山系列等。

硬件防火墙如果从技术上来分又可分为两类，即标准防火墙和双家网关防火墙。标准防火墙系统包括一个 UNIX 工作站，该工作站的两端各接一个路由器进行缓冲。其中一个路由器的接口是外部世界，即公用网；另一个则连接内部网。标准防火墙使用专门的软件，并要求较高的管理水平，而且在信息传输上有一定的延迟。双家网关（dual home gateway）则是标准防火墙的扩充，又称堡垒主机（bation host）或应用层网关（applications layer gateway），它是一个单个的系统，但却能同时完成标准防火墙的所有功能。其优点是能运行更复杂的应用，同时防止在互联网和内部系统之间建立的任何直接的边界，可以确保数据包不能直接从外部网络到达内部网络，反之亦然。

随着防火墙技术的发展，在双家网关的基础上又演化出两种防火墙配置，一种是隐蔽主机网关方式，另一种是隐蔽智能网关（隐蔽子网）方式。隐蔽主机网关是当前一种常见的防火墙配置。顾名思义，这种配置一方面将路由器进行隐蔽，另一方面在互联网和内部网之间安装堡垒主机。堡垒主机装在内部网上，通过路由器的配置，使该堡垒主机成为内部网与互联网进行通信的唯一系统。目前技术最为复杂而且安全级别最高的防火墙是隐蔽智能网关，它将网关隐藏在公共系统之后使其免遭直接攻击。隐蔽智能网关提供了对互联网服务进行几乎透明的访问，同时阻止了外部未授权访问对专用网络的非法访问。一般来说，这种防火墙是最不容易被破坏的。

总的来说，防火墙是在网络之间执行安全控制策略的系统，它包括硬件和软件。设置防火墙的目的是保护内部网络资源不被外部非授权用户使用，防止内部受到外部非法用户的攻击，如图 1-6 所示。

防火墙通过检查所有进出内部网络的数据包，检查数据包的合法性，判断是否会对网络安全构成威胁，为内部网络建立安全边界（Security Perimeter）。

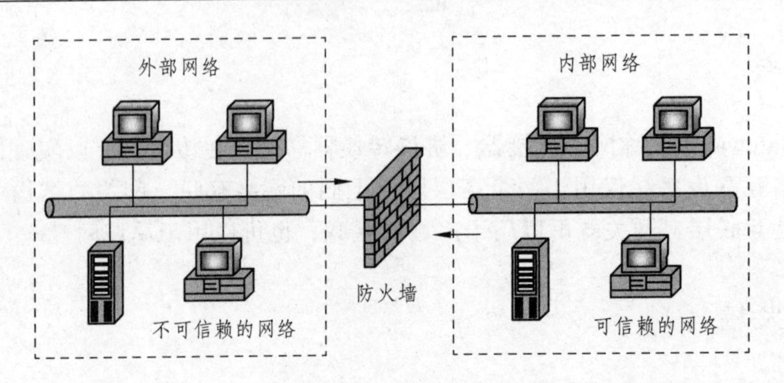

图 1-6　防火墙的作用

构成防火墙系统的两个基本部件是包过滤路由器（Packet Filtering Router）（图 1-7）和应用级网关（Application Gateway）。

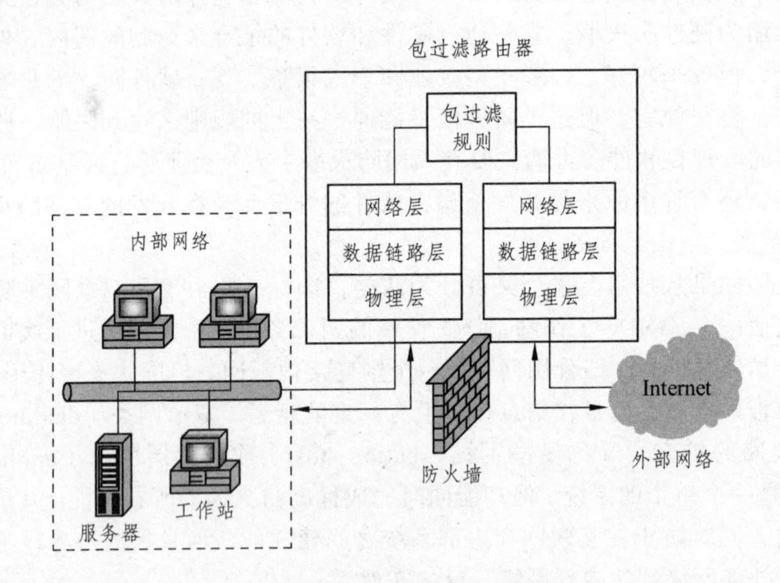

图 1-7　包过滤路由器示意图

最简单的防火墙由一个包过滤路由器组成，而复杂的防火墙系统由包过滤路由器和应用级网关组合而成如图 1-8 所示。

由于组合方式有多种，因此防火墙系统的结构也有多种形式，如图 1-9 所示。

这种路由器按照系统内部设置的分组过滤规则（即访问控制表），检查每个分组的源 IP 地址、目的 IP 地址，决定该分组是否应该转发。

包过滤规则一般是基于部分或全部报头的内容。例如，对于 TCP 报头信息可以是：

源 IP 地址	目的 IP 地址	协议类型	IP 选项内容
源 TCP 端口号	目的 TCP 端口号	TCP ACK 标识	

（1）假设网络安全策略规定。

内部网络的 E-mail 服务器（IP 地址为 192.1.6.2，TCP 端口号为 25）可以接收来自外部网络用户的所有电子邮件；允许内部网络用户传送到与外部电子邮件服务器的电子邮件；

拒绝所有与外部网络中名字为 TESTHOST 主机的连接。多归属主机（multi-homed host）如图 1-10 所示。

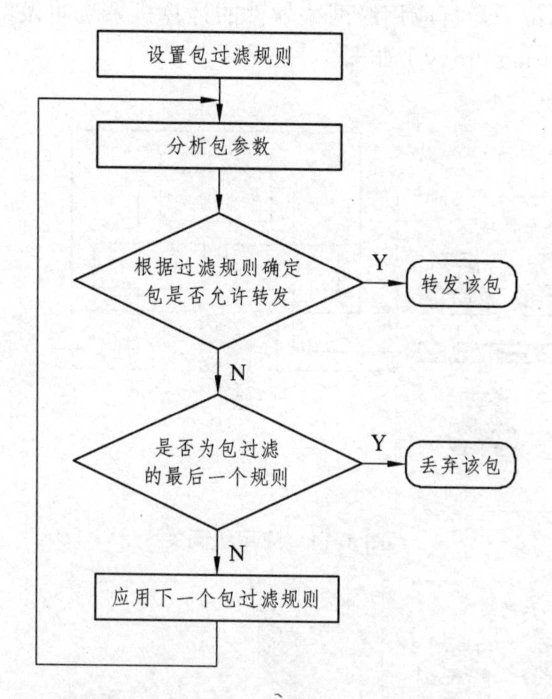

图 1-8　包过滤的工作流程

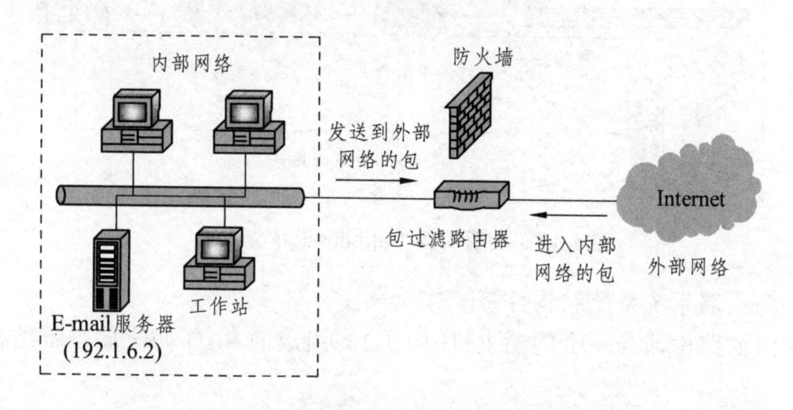

图 1-9　包过滤路由器作为防火墙的结构

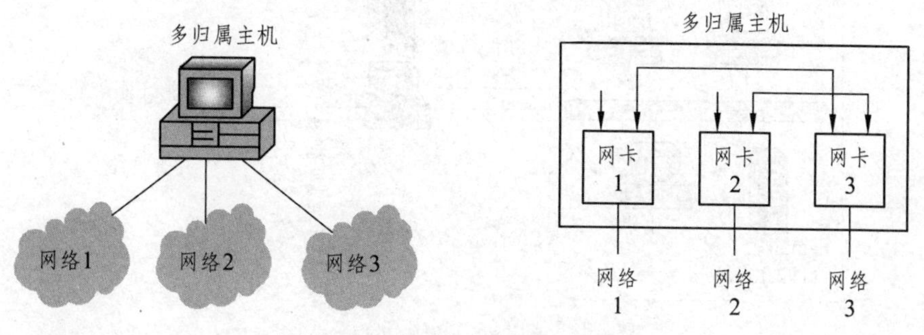

图 1-10　典型的多归属主机结构

（2）防火墙的系统结构。

一个双归属主机作为应用级网关（图 1-11）可以起到防火墙作用；

处于防火墙关键部位、运行应用级网关软件的计算机系统叫做堡垒主机。

应用代理（Application Proxy）如图 1-12 所示。

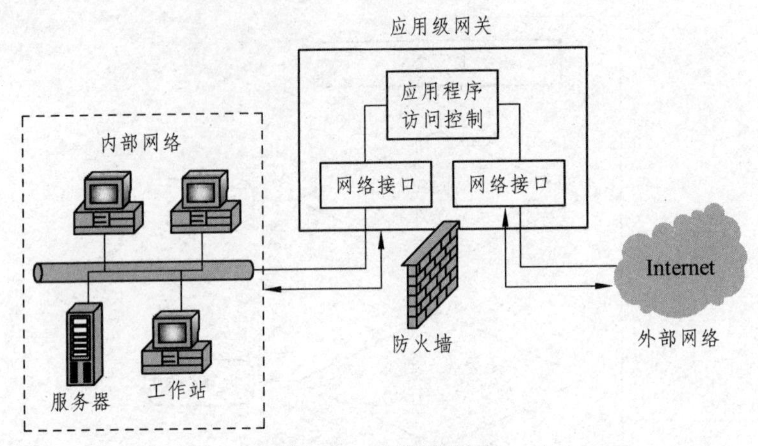

图 1-11 应用级网关

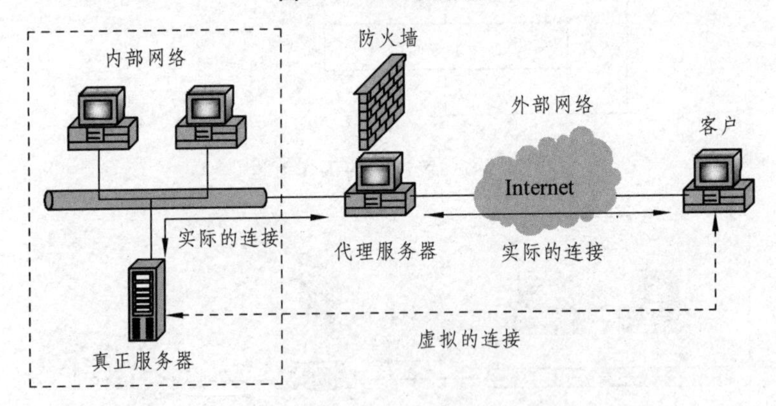

图 1-12 应用代理（application proxy）

（3）典型防火墙系统系统结构分析。

采用一个过滤路由器与一个堡垒主机（图 1-13）组成的 S-B1 防火墙系统结构（图 1-14）。

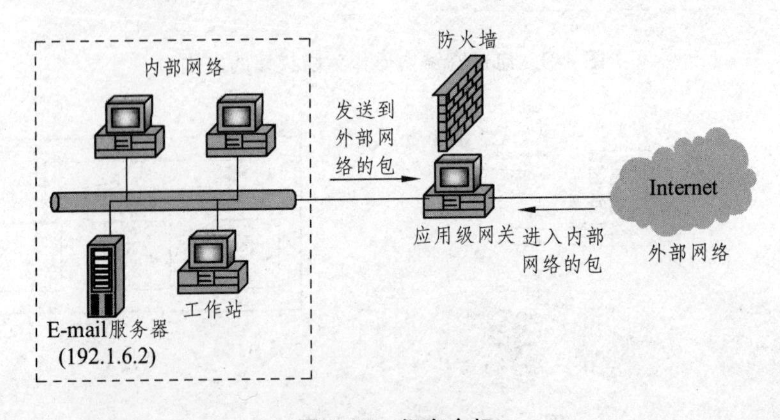

图 1-13 堡垒主机

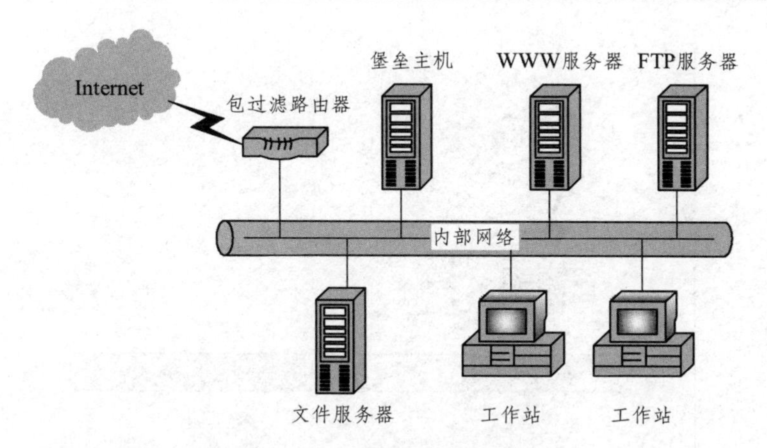

图 1-14　防火墙系统结构示意图

图 1-15 ~ 1-17 分别给出了包过滤路由器的转发过程、S-B1 配置的防火墙系统中数据传播过程、采取多级结构的防火墙系统结构示意图。

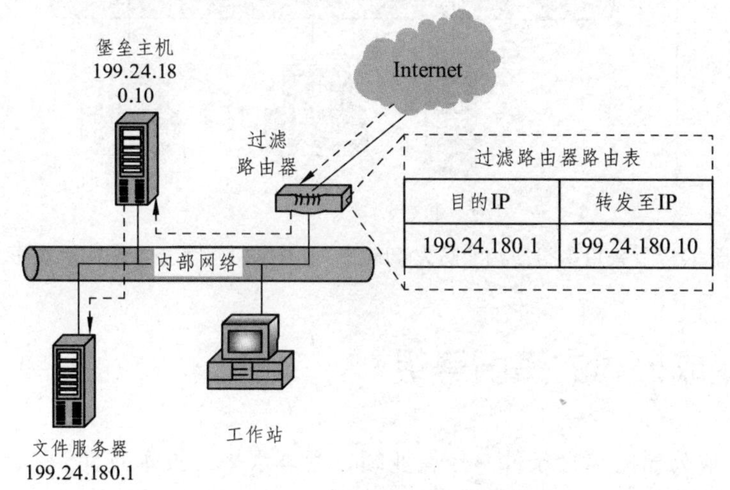

图 1-15　包过滤路由器的转发过程

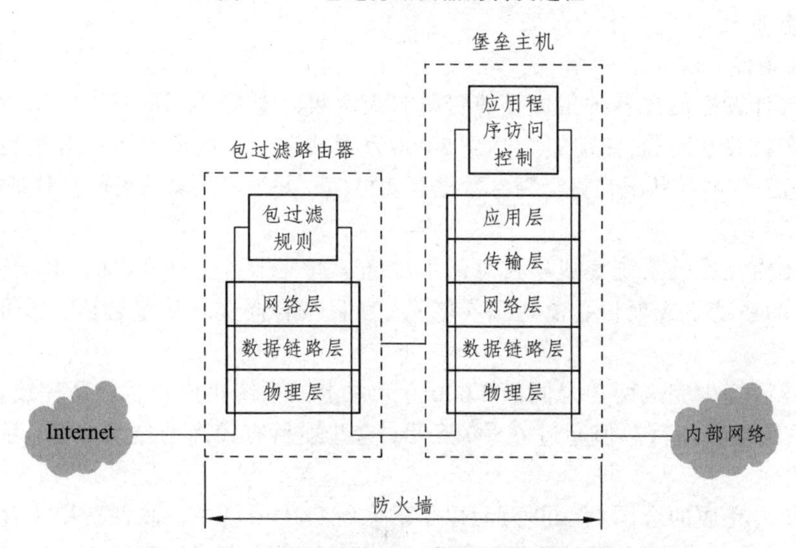

图 1-16　S-B1 配置的防火墙系统中数据传输过程

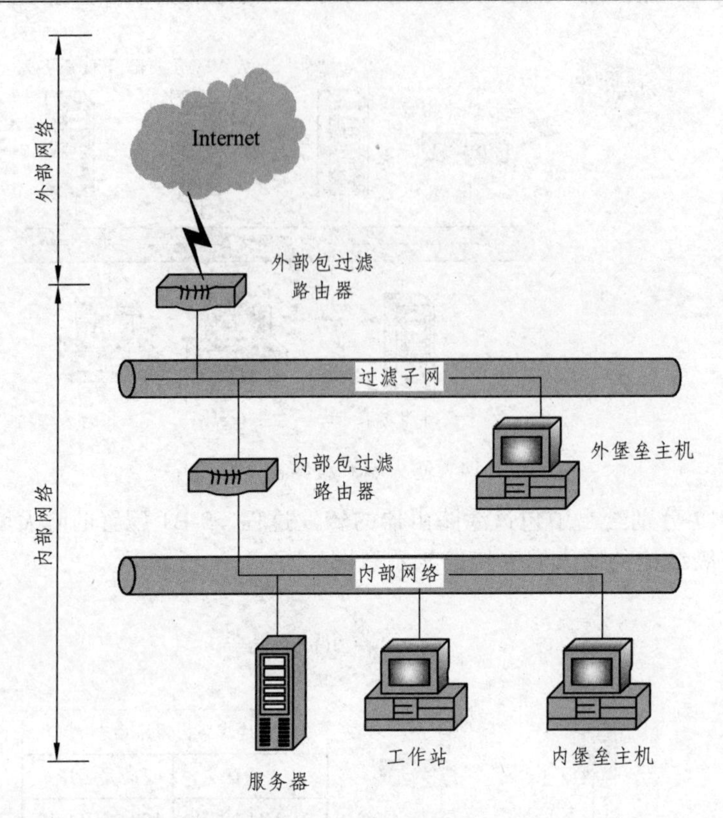

图 1-17 采用多级结构的防火墙系统（S-B1-S-B1 配置）结构示意图

1.5 系统集成公司的资质等级

按照系统集成公司的综合条件、经营业绩、管理水平、技术条件、人才实力等情况，可将系统集成公司分成以下几个资质等级。

1. 一级资质

（1）综合条件。

① 现具有计算机信息系统集成企业资质二级两年以上。

② 企业产权关系明确，注册资金达到 2 000 万元或近一年的所有者权益达到 2 400 万元。

③ 企业近三年财务状况良好，财务数据真实可信，并须经国家认可的会计师事务所审计。

（2）经营业绩。

① 近三年内完成的系统集成项目总值不得低于近三年企业总收入的 50%，其中合同额 200 万元以上的系统集成项目总值达到 5 亿元，项目按合同要求质量合格，已通过验收并投入实际应用。

② 近三年内至少完成两项合同额 3 000 万元以上的系统集成项目或所完成合同额 1 500 万元以上的系统集成项目总值超过 6 500 万元，这些项目有较高的技术含量，且至少应含有自主开发的软件。

③ 近三年内完成的合同额 200 万元以上的系统集成项目中，软件费用（含系统设计、软件开发、系统集成和技术服务费用，但不含外购或委托他人开发的软件费用、建筑工程

费用等）应占项目总值30%以上（至少不低于1.5亿元），或自主开发的软件费用不低于8 000万元。

④ 主要业务领域的典型项目在技术水平、经济效益和社会效益等方面，居国内同行业的领先水平。

（3）管理水平。

① 已建立完备的企业质量管理体系，通过国家认可的第三方认证机构认证，并连续有效运行两年以上（含两年）。

② 已建立完备的项目管理体系，并能有效实施。

③ 已建立完备的客户服务体系，配置专门的机构和人员，能及时有效地为客户提供优质服务。

④ 已建成完善的企业信息管理系统，并能有效运行。

⑤ 企业的主要负责人应具有五年以上从事电子信息技术领域企业管理经历，主要技术负责人应具有电子信息类高级技术职称或计算机信息系统集成高级项目经理资质，财务负责人应具有财务系列中级以上职称。

（4）技术条件。

① 在主要业务领域有自主知识产权的基础业务软件平台或其他先进的开发平台，至少有 6 个经过软件产品登记的自主开发的软件产品或工具，且在已完成的系统集成项目中加以应用。

② 有专门从事软件或系统集成技术开发的高级研发人员及与之相适应的开发场地和设备等，并建立完善的软件开发与测试流程，并有效实施。

（5）人才实力。

① 从事软件开发与系统集成相关工作的人员不少于 200 人，且其中大学本科以上学历人员所占比例不低于 80%。

② 具有计算机信息系统集成项目管理专业技术人员资质的人数不少于30名，其中具有高级项目经理资质的人数不少于10名。

③ 培训体系健全，具有系统地对员工进行新知识、新技术以及职业道德培训的计划并能有效组织实施与考核。

④建立合理的人力资源管理与绩效考核制度并能有效实施。

2. 二级资质

（1）综合条件。

① 现具有计算机信息系统集成企业资质三级两年以上。

② 企业产权关系明确，注册资金达到1 000万元或近一年的所有者权益达到1 200万元。

③ 企业近三年财务状况良好，财务数据真实可信，并须经国家认可的会计师事务所审计。

（2）经营业绩。

① 近三年内完成的系统集成项目总值不得低于近三年企业总收入的 50%，其中合同额 80 万元以上的系统集成项目总值达到 2.5 亿元，项目按合同要求质量合格，已通过验收并投入实际使用。

② 近三年内至少完成两项合同额 1 500 万元以上的系统集成项目或所完成的合同额 800万元以上的系统集成项目总值超过4 000万元，这些项目有较高的技术含量且至少应含有自主开发的软件。

③ 近三年内完成合同额 80 万元以上的系统集成项目中软件费用（含系统设计、软件开发、系统集成和技术服务费用，但不含外购或委托他人开发的软件费用、建筑工程费用等）应占项目总值 30%以上（至少不低于 7 500 万元），或自主开发的软件费用不低于 4 000 万元。

④ 主要业务领域的典型项目有较高的技术水平，经济效益和社会效良好。

（3）管理水平。

① 已建立完备的企业质量管理体系，通过国家认可的第三方认证机构认证，并连续有效运行两年以上（含两年）。

② 已建立较完善的项目管理体系，并能有效实施。

③ 已建成完备的客户服务体系，配置专门的机构和人员，能及时、有效地为客户提供优质服务。

④ 已建成完善的企业信息管理系统并能有效运行。

⑤ 企业的主要负责人应具有四年以上从事电子信息技术领域企业管理经历，主要技术负责人应具有电子信息类高级技术职称或计算机信息系统集成高级项目经理资质，财务负责人应具有财务系列中级以上职称。

（4）技术条件。

① 熟悉主要业务领域的业务流程。有 3 个经过软件产品登记的自主开发的软件产品或工具，且在已完成的系统集成项目中加以应用。

② 有专门从事软件或系统集成技术开发的高级研发人员及与之相适应的开发场地和设备等，并建立基本的软件开发与测试流程并有效实施。

（5）人才实力。

① 从事软件开发与系统集成相关工作的人员不少于 120 人，且其中大学本科以上学历人员所占比例不低于 80%。

② 具有计算机信息系统集成项目管理专业技术人员资质的人数不少于 18 名，其中具有高级项目经理资质的人数不少于 4 名。

③ 培训体系健全，具有系统地对员工进行新知识、新技术以及职业道德培训的计划并能有效组织实施与考核。

④ 建立合理的人力资源管理与绩效考核制度并能有效实施。

3. 三级资质

（1）综合条件。

① 从事系统集成两年以上或具有计算机信息系统集成企业资质四级一年以上。

② 企业产权关系明确，注册资本达到 200 万元或近一年的所有者权益达到 240 万元。

③ 企业近三年财务状况良好，财务数据真实可信，并须经国家认可的会计师事务所审核。

（2）经营业绩。

① 近三年内完成的系统集成项目总值 6 000 万元以上，且不得低于近三年企业总收入的 50%，项目按合同要求质量合格，已通过验收并投入实际应用。

② 近三年内至少完成两项合同额 500 万元以上或四项合同额 300 万元以上的系统集成项目。

③ 近三年内完成的系统集成项目中软件费用（含系统设计、软件开发、系统集成和技术服务费用，但不含外购或委托他人开发的软件费用、建筑工程费用等）应占项目总值 30%以上（至少不低于 1 800 万元），或自主开发的软件费用不低于 1 200 万元。

④ 主要业务领域的典型项目具有较先进的技术水平，经济效益和社会效益良好。

（3）技术和管理水平。

① 已建立完备的企业质量管理体系，通过国家认可的第三方认证机构认证。

② 已建立项目管理体系，并能有效实施。

③ 具有完备的客户服务体系，配置专门的机构和人员。

④ 企业的主要负责人应具有三年以上从事电子信息技术领域企业管理经历，主要技术负责人应具有电子信息类中级技术职称或计算机信息系统集成高级项目经理资质，财务负责人应具有财务系列初级以上职称。

⑤ 在主要业务领域具有较强的技术实力。

⑥ 有专门从事软件或系统集成技术开发的研发人员及与之相适应的开发场地和设备等，有经过软件产品登记的自主开发的软件产品或工具且用于已完成的系统集成项目中。

（4）人才实力。

① 从事软件开发与系统集成相关工作的人员不少于 60 人，且其中大学本科以上学历人员所占比例不低于 80%。

② 具有计算机信息系统集成项目管理专业技术人员资质的人数不少于 8 名，其中具有高级项目经理资质的人数不少于 2 名。

③ 具有系统地对员工进行新知识、新技术以及职业道德培训的计划，并能有效地组织实施与考核。

4. 四级资质

（1）注册资本达到 30 万元或近一年的所有者权益达到 36 万元。

（2）已建立企业质量管理体系，并能有效实施。

（3）建立客户服务体系，配备专门人员。

（4）具有系统地对员工进行新知识、新技术以及职业道德培训的计划，并能有效地组织实施与考核。

（5）企业的主要负责人应具有两年以上从事电子信息技术领域企业管理经历，主要技术负责人应具有电子信息类中级技术职称或计算机信息系统集成项目管理专业技术人员资质，财务负责人应具有财务系列初级以上职称。

（6）具有与所承担项目相适应的软件及系统开发环境，具有一定的技术开发能力。

（7）从事软件与系统集成相关工作的人员不少于 15 人，且其中大学本科以上学历人员所占比例不低于 80%，具有计算机信息系统集成项目管理专业技术人员资质或从业两年以上的计算机技术与软件专业技术资格（水平）考试（系统集成项目管理工程师资格或信息系统项目管理师资格）合格有效的人数不少于 3 名。

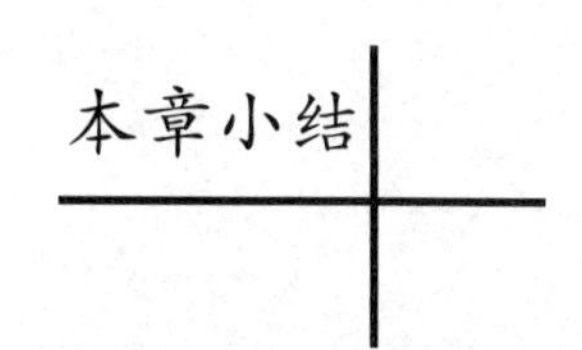

系统集成作为一种新兴的服务方式，已经成为解决计算机网络建设诸多问题的一个有效手段。系统集成是指在系统工程科学方法的指导下，根据用户需求，优选各种技术和产

品，将各个分离的子系统连接成为一个完整、可靠、经济和有效的整体，并使之能彼此协调工作，发挥整体效益，达到整体性能最优的目的。

在掌握了网络系统集成概念的基础上，本章主要介绍了系统集成的发展、涵盖的范围、平台的选择和系统集成公司的资质等级，进一步加深对系统集成概念的理解。

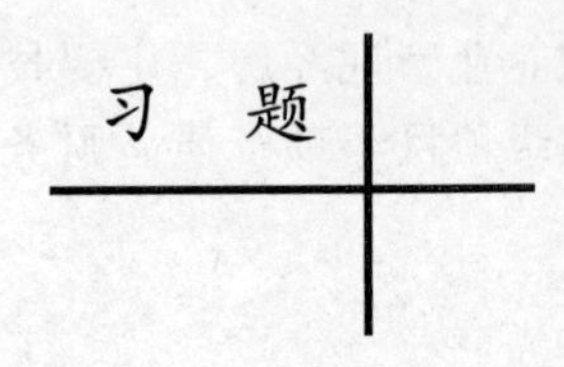

1．什么是网络系统集成？为什么要进行网络系统集成？

2．网络系统集成经历了哪几个阶段？有什么特点？

3．为什么要进行系统平台的选择？系统平台的选择应遵循什么原则？

4．系统集成平台主要包括哪几大类？

5．常见的网络互联设备都有什么？它们各自的主要作用是什么？

6．简述如何评价系统集成公司的资质等级。

2 网络系统集成需求分析

网络系统集成一般要经过需求分析、选择解决方案、网络策略、网络实施、网络测试与验收5个步骤。其中，需求分析虽然处在开始阶段，但它对整个集成过程是至关重要的，具有非常重要的地位，直接决定着后续工作的好坏。它的基本任务是确定系统必须完成哪些工作，对目标系统提出完整、准确、清晰和具体的要求。

随着集成系统规模的扩大和复杂性的提高，需求分析在网络集成中所处的地位愈加突出，而且也愈加困难。

2.1 需求分析的意义

需求分析是在网络设计过程中用来获取和确定系统需求的方法，是网络设计过程的基础，是网络系统设计中重要的一个阶段。

通过与用户共同进行需求分析，可以充分了解用户现有的资源情况、用户的需求和应用的要求等多方面的信息，达到设计与需求的一致性。

完整的需求分析有助于为后续工作建立起一个稳定的工作基础。如果在设计初期没有与需求方达成一致，加上在整个项目的实施过程中，需求方的具体需求可能会不停地变化，这些因素综合起来就可能影响项目的计划和预算。

需求分析的质量对最后的网络系统的影响是深远和全局性的。高质量需求分析对系统的完成起到事半功倍的作用。经验证明，在后续阶段改正需求分析阶段产生的错误，将付出高昂的代价。

一些国际标准如IOS9000、CMMI系列，对需求管理进行了严格的定义，形成一系列规范和文档，并且把需求分析的标准作为企业的标准。好的需求分析，会为项目的顺利开发奠定基础，并减少大量开发成本，减小开发风险。需求分析在项目中的地位。

2.2 用户业务需求分析

用户业务需求分析是指在网络系统设计过程中，对用户所需的业务需求进行分析和确认。通常情况下，要对用户的一般情况、业务性能需求、业务功能需求等方面进行分析。业务需求是系统集成中的首要环节，是系统设计的根本依据。

2.2.1 用户的一般情况分析

用户的一般情况分析主要包括分析组织结构、地理位置、应用用户组成、网络连接状况、发展情况、行业特点、现有可用资源、投资预算和新系统要求等方面。

（1）组织结构决定了系统的使用者以及权限等级。

（2）地理位置涉及网络系统的最终拓扑、传输介质和连接方式及节点位置安排等。地理位置分布对网络系统的综合布线结构设计更为重要，是综合布线系统设计最重要的参考依据。

（3）应用用户组成和分布决定了各具体应用系统的软件、硬件配置和相应权限配置。

（4）网络连接状况包括集团公司网络、分支公司网络、供应商网络、合作伙伴网络及Internet的连接。如果在某些方面有连接需求，在网络系统设计时一定要预留出口，同时相应地要增加一些软、硬件设施。

（5）发展情况是指在网络规模和系统应用水平两个方面。通常根据企业最近 3 年的平均发展状况和未来 3~5 年的发展水平来估算。企业的发展状况直接关系到网络系统设计时为各关键节点预留的扩展能力，也将影响到整个网络系统的网络设置配置和投资成本。

（6）行业特点调查主要是为一些行业应用系统设计做准备。

（7）现有可用资源是从用户角度进行考虑的，要充分考虑到原有网络中设备和资源的可用问题，这些将为新系统的网络设备选购和应用系统设计提供参考。在不影响性能的前提下，现有资源和网络设备可以再利用。

（8）投资预算要在系统设计之前确定，否则无法为各部门进行细化预算。

（9）对新系统的期望和要求是用户立项的出发点。此项分析在设计过程中可作为验收的参照标准。

2.2.2 业务性能需求分析

业务性能需求分析决定整个系统集成的性能档次、采用技术和设备档次。调查主要是针对一些主要用户（如公司管理层领导）和关键应用人员或部门进行的调查。业务性能需求最终要在详细、具体分析后确定，经项目经理和用户项目负责人批准后采用。业务性能需求分析主要涉及以下几个方面。

1. 用户业务性能需求分析

用户业务性能需求主要是指网络接入速率以及交换机、路由器和服务器等关键设备响应性能需求以及磁盘读写性能需求等。

接入速率需求是最基本的需求，是由端口速率决定的。

在以太网终端用户中，接入速率通常指按 10 Mbit/s、100 Mbit/s 和 1 000 Mbit/s 3 个档次划分，目前通常是要求 100 Mbit/s 到桌面。对于骨干层和核心层的端口速率，通常需要支持双绞线、光纤的吉比特，甚至 10 吉比特速率。实际的接入速率受许多因素影响，包括端口带宽、交换设备性能、服务器性能、传输介质、网络传输距离和网络应用等的影响。

在广域网方面，接入速率是由相应的接入方式和相应的网络接入环境决定的，用户一般没有太多选择，只能根据自己的实际接入速率需求，选择符合自己的接入类型。目前主要包括各种宽带和专线接入方式，如 ADSL、Cable Modem、光纤接入等。

交换机、路由器和服务器等关键设备响应性能需求也是非常重要的。网络系统的响应时间是指从用户发出指令到网络响应并开始执行用户指令所需的时间。响应时间越短，性能就越好，效率也越高。局域网的响应时间通常为 1~2 ms，而广域网的响应时间通常为

60~1 000 ms。对网络设备响应性能的要求越高，对应的网络设备配置就越高，相应的成本也就越高。

2. 用户业务功能需求分析

用户业务功能需求分析主要侧重于网络本身的功能，通常是针对企业网络管理员或网络系统项目负责人提出的需求进行分析。网络自身功能是指基本功能之外的那些比较特殊的功能，如是否配置网络管理系统、服务器管理系统、第三方数据备份系统、磁盘阵列系统、网络存储系统和服务器容错系统等。更多的网络功能需求还体现在具体网络设备上，如硬件服务器系统可以选择的特殊功能配置主要包括磁盘阵列、内存阵列、内存镜像、处理器对称或并行扩展、服务器群集等；交换机可以选择的特殊功能主要包括第三层路由、VLAN、第四层 QoS、第七层应用协议支持；路由器可以选择的特殊功能主要包括第二层交换、网络隔离、流量控制、身份验证和数据加密等。

3. 用户业务应用需求分析

用户业务应用需求分析主要指网络系统需要包含的各种应用功能。要详细地列出所有可能的应用，需要与各个部门具体负责网络应用的人员，进行面对面地询问，并做好记录。

和软件工程中的需求分析类似，用户业务应用需求分析最后也要形成需求分析文档，并和部门负责人确认后，由相关部门主管签字才能生效。从确认生效之日开始，所有用户业务应用需求就变成可控需求。

2.3 用户性能要求分析

用户对网络性能方面的要求主要体现在终端用户接入速率、响应时间、吞吐性能、可用性能、可扩展性和并发用户支持等几方面。

2.3.1 响应时间需求分析

用户的一次功能操作可能由几个客户请求和服务器响应组成，从客户发出请求到该客户收到最后一个响应，经过的时间就是整体的响应时间。在大量的应用处理环境中，超过 3 s 以上的响应时间将会严重影响工作效率。

网络和服务器的时延和应用时延都对整体响应时间有影响。

网络整体响应时间受到不同机制的影响。在广域网中，所选择的协议在很大程度上会影响数据在网络中传输的延迟时间。这些时间包括处理时延、排队时延、传送或连续传输时延。传输时延包的损坏和丢失，会降低信息的传输质量或增加额外的时延，因为需要重新传输。对于地面传输企业网络，等待和传输时延是网络时延的主要问题。而对于卫星网络，传输时延和访问协议是主要问题。

影响服务器时延的因素主要包括服务器本身和应用设计两个方面。服务器本身的性能包括处理器速度、存储器和 I/O 性能、磁盘驱动器速度以及其他设置。应用设计主要包括服务器架构和所采用的算法。

应用时延受几个独立的因素影响，如应用设计、交易的大小、所选择的协议以及网络结构等。当用户完成一个确定的交易时，其应用所需要的往返次数越少，受到网络结构的影响也就越小。而一个应用往往需要不断往返传输好多次，因此往返响应时间的多少还将取决于网络结构。通常局域网的响应时间较短，传输距离不是很长，因此协议单一，基本无需经过路由选择；而广域网通常响应时间较长，传数距离又较远，所以经过的路由节点较多，协议复杂。

2.3.2 吞吐性能需求分析

1. 吞吐性能的基本概念

网络中传输的数据是由一个个数据包组成的，交换机、路由器和防火墙等设备对每个数据包的处理要耗费资源。吞吐量理论上是指在没有帧丢失的情况下，设备能够接受的最大速率。其测试方法是在测试中以一定速率发送一定数量的帧，并计算待测设备传输的帧，如果发送的帧与接收的帧数量相等，那么就将发送速率提高并重新测试；如果接收帧少于发送帧，则降低发送速率重新测试，直至得出最终结果。吞吐量测试结果以 bit/s 或 byte/s 为单位表示。

2. 吞吐性能的影响

通过网络吞吐量测试，用户可以在一定程度上评估网络设备之间的实际传输速率以及交换机、路由器等设备的转发能力。当然，网络的实际传输速率同网络设备的性能、链路的质量、终端设备的数量、网络应用系统等因素都有关系。这种测试也适用于广域网点到点之间的传输性能测试。吞吐量和报文转发率是评价路由器和防火墙等设备应用的主要指标，一般采用全双工传输包（Full Duplex Throughput，FDT）来衡量，FDT 是指 64 字节数据包的全双工吞吐量，该指标既包括吞吐量指标，也涵盖报文转发率指标。

随着 Internet 的日益普及、内部局域网用户访问 Internet 的需求在不断增加，一些企业也需要对外提供诸如 WWW 网页浏览、FTP 文件传输和 DNS 域名解析等服务，这些因素会导致网络流量的急剧增加。而路由器和防火墙作为内、外网之间的唯一数据通道，如果吞吐量太小，就会成为网络瓶颈，给整个网络的传输效率带来负面影响。因此，考量路由器和防火墙的吞吐能力，有助于更好地评价其性能表现。这也是测量路由器和防火墙性能的重要指标。

吞吐量的大小主要由路由器、防火墙及程序算法的效率决定，尤其是程序算法不合理会使路由器和防火墙系统进行大量运算，通信性能大打折扣。大多数标称 100 Mbit/s 的路由器、防火墙，由于其算法依靠软件实现，通信量远远没有达到 100 Mbit/s，实际可能只有 10~20 Mbit/s。纯硬件路由器和防火墙，由于采用硬件进行运算，因此吞吐量可以达到 90~95 Mbit/s，称得上是真正的 100 Mbit/s 的路由器和防火墙。

对于中小型企业来讲，选择吞吐量为 100 Mbit/s 级的路由器和防火墙就能满足需要，而对于电信、金融和保险等行业公司和大企业就需要采用吞吐量吉比特级的路由器和防火墙产品。

2.3.3 可用性能需求分析

网络系统的可用性能需求主要是指在可靠性、故障恢复和故障时间等几个方面的质量需求。

对于系统的可用性能来说，最典型的计量标准是6σ（西柯玛）法则。6σ管理法是一种统计评估法，其核心是追求零缺陷生产，防范产品责任风险，降低成本，提高生产率和市场占有率，提高顾客满意度和忠诚度。6σ管理不但着眼于产品和服务质量，也关注过程的改进。

6σ=3.4 失误/百万机会——表示卓越的管理，强大的竞争力和忠诚的客户；
5σ=230 失误/百万机会——表示优秀的管理、很强的竞争力和比较忠诚的客户；
4σ=6210 失误/百万机会——表示较好的管理和运营能力，满意的客户；
3σ=66800 失误/百万机会——表示平平常常的管理，缺乏竞争力；
2σ=308000 失误/百万机会——表示企业资源每天都有1/3的浪费；
1σ=690000 失误/百万机会——表示每天有2/3的事情做错的企业将无法生存。

为了达到6σ，首先要制定标准，在管理中随时跟踪考核操作与标准的偏差，不断改进，最终达到6σ。其流程模式分为界定、测量、分析、改进和控制几大步骤。

网络系统的可用性同样由许多方面共同决定，如网络设备自身的稳定性、网络系统软件和应用系统软件的稳定性、网络设备的吞吐能力（相当于接收/发送能力）和应用系统的可用性等方面。

吞吐性能在上节已详细介绍，下面仅就网络系统的稳定性和应用系统的可用性两方面进行介绍。

1. 网络系统的稳定性

网络系统的稳定性主要是指设备在长期工作情况下的热稳定性和数据转发能力。

设备的热稳定性一般由品牌来保证，因为它关系到其中所用的元器件。在网络系统中，与稳定性有关的设备主要有网卡、交换机和防火墙等，在使用时最好把这些设备安装在通风条件比较好的机房中，能够经常感知到这些设备的温度情况；特别是核心层和骨干层交换机和边界路由器，这些设备的数据流量比较大，长时间处于高负荷状态，容易导致温度上升。

在选择设备时一定选择其吞吐能力适合其网络规模、网络应用水平和发展水平的设备。如网卡的吞吐能力是受网卡芯片型号、接口带宽和接口类型等因素共同决定的；交换机的吞吐能力是由交换机芯片型号、相应接口带宽、背板带宽和接口类型等因素共同决定的；路由器吞吐能力主要受路由器处理型号、接口带宽、路由表大小、支持的路由协议和接口等因素共同决定的。

2. 应用系统的可用性

软件的可用性测试和评估是一个过程，这个过程在产品的初样阶段就开始了。因为一个软件设计的过程，是反复征求用户意见、进行可用性测试和评估的过程。设计阶段反复征求意见的过程是后续进行可用性测试的基础，但不能取代真正的可用性测试；没有设计阶段反复征求意见的过程，仅靠用户最后对产品的一两次评估，也不能全面反映出软件的可用性。

应用系统的可用性测试需要在用户的实际工作任务和操作环境下进行，可用性测试必须是在用户进行实际操作后，根据其完成任务的情况，进行客观的分析和评估。

最具有权威性的可用性测试和评估不应该由专业技术人员来完成，而应该由产品的用户完成。因为无论这些专业技术人员的水平有多高，无论他们使用的方法和技术有多先进，最后起决定作用的还是用户对产品的满意程度。因此，对软件可用性的测试和评估，主要由用户来完成。

2.3.4 并发用户数需求分析

1. 并发用户数及测试

并发用户数是整个用户性能需求的重要方面，通常是针对具体的服务器和应用系统，如域控制器、Web 服务器、FTP 服务器、E-mail 服务器、数据库系统、MIS 管理系统、ERP 系统等。并发用户数的支持量多少，决定了相应系统的可用性和可扩展性。所支持的并发用户数多少是通过一些专门的工具软件进行测试的，测试过程模拟大量用户同时向某系统发出访问请求，并进行一些具体操作，以此来为相应系统加压。不同的应用系统所用的测试工具不一样。

并发性能测试的过程是一个负载测试和压力测试的过程，即逐渐增加负载，直到系统瓶颈或者不能接收的性能点，通过综合分析交易执行指标和资源监控指标来确定系统并发性能的过程。负载测试（Load Testing）确定在各种工作负载下系统的性能，是一个分析软件应用程序和支撑架构，模拟真实环境的使用，从而来确定系统能够接收的性能的过程，其目的是测试当负载逐渐增加时，系统组成部分的相应输出项，如通过量、响应时间、CPU 负载和内存使用等测试系统的性能。压力测试（Stress Testing）是通过确定一个系统的瓶颈或者不能接收的性能点，来获得系统能提供的最大服务级别的测试。

2. 并发性能测试的目的

（1）以真实的业务为依据，选择有代表性的、关键的业务操作设计测试案例，以评价系统的当前性能。

（2）当扩展应用程序的功能或者部署新的应用程序时，负载测试会帮助确定系统是否还能够处理期望的用户负载，以预测系统的未来性能。

（3）通过模拟成百上千个用户，重复执行和运行测试，可以确认性能瓶颈，并优化和调整应用，其目的在于寻找到瓶颈问题。

2.3.5 可扩展性需求分析

网络系统的可扩展性需求决定了新设计的网络系统适应用户企业未来发展的能力，决定了网络系统对用户投资的保护能力。如果一个花费了几十万构建的网络系统，在使用不到一年的时间，因为用户量的小幅增加或者增加了一些应用功能模块就无法适应，需要重新淘汰一部分原有设备或者应用系统，甚至需要全面改变原有网络系统的拓扑结构，其损失是一般用户都无法承受的，也是不允许的。

网络系统的可扩展性能需求达到的程度并不是凭空设想的，而是根据具体用户网络规模的发展速度、用户企业的发展情况、对未来发展的预计估算和关键应用的特点等来确定。网络系统的可扩展性需求分析主要是指为适应网络用户的增加、网络性能需求的提高、网络应用功能的增加或改变等方面而进行的需求分析。

网络系统的可扩展性最终体现在网路拓扑结构、网络设备、硬件服务器的选型以及网络应用系统的配置等方面。

1. 网络拓扑结构的扩展性需求分析

在网络拓扑结构方面，所选择的拓扑结构要方便扩展，而且能满足用户网络规模发展需求。在网络拓扑结构中，网络扩展需求全面体现在网络拓扑结构的核心层（或称骨干层）、汇聚层和边缘层三层上。

一般的网络规模扩展主要是关键节点和终端节点的增加，如服务器、各层交换机和终端用户的增加。这就要求在拓扑结构中的核心层交换机上要留有一定量的冗余高速端口（具体量的确定可根据相应用户的发展速度而定），以备新增加的服务器、汇聚层交换机等关键节点的连接。通常增加的少数关键节点，可直接在原结构中的核心交换机冗余的端口上连接；如果需要增加的关键节点比较多，则可以通过增加核心层交换机或者汇聚层交换机集中连接。在汇聚层也应留有一定量的高速端口，以备新增加的边缘层交换机或终端用户的连接。增加的少数终端用户，也可以直接使用边缘层交换机上冗余端口连接；如果增加的终端用户比较多，则可使用汇聚层的高速冗余端口新增一个边缘交换机，集中连接这些新增的终端用户。

2. 交换机的扩展性需求分析

交换机端口的冗余，可通过实际冗余和模块化扩展两种方式来实现。实际冗余是对于固定端口配置的交换机而言，而模块化交换机端口的可扩展能力要远远好于固定端口配置的交换机，但价格也贵许多。具体原结构中各层所应保留冗余的端口数量，要视具体的网络规模和发展情况而定。

可扩展性需求在网络设备选型方面的要求主要体现在端口类型和速率配置上，特别是核心层和汇聚层交换机。如果原来网络比较小，但企业网络规模发展比较快，此时在选择核心层、汇聚层交换机时，要注意评估是否需要选择支持光纤的吉比特交换机。尽管目前可能用不上，但在较短的几年后就可能用到高性能的光纤连接，如与服务器、数据存储系统等的连接。当然双绞线吉比特位的支持是必不可少的，而且还要评估需要多少个这样的端口，要冗余多少个双绞线和光纤端口。如果在网络系统设计时没有充分地考虑这些因素，则当用户规模或者应用需求提高，需要使用光纤设备时，则原来选择的核心层和汇聚层交换机都不适用，需要重新购买，导致极大地浪费了用户的投资。

3. WLAN 网络的扩展性需求分析

与交换机类似的设备是 WLAN 网络中的无线接入点（AP），它同样具有连接性能问题。目前，WLAN 设备的连接性能还较低，设备所支持的 WLAN 标准，决定了设备的用户支持数。如 IEEE802.11g 接入点设备，通常只支持 20 个用户同时连接，即使可以连接更多的用户，也没有太大的意义，因为这样用户分得的带宽就会大大下降，不能满足用户的应用。在 WLAN 网络的可扩展性方面，要注意的是频道的分配，因为总的可用频道有限（15 个），而在同一覆盖范围中可用的上涨幅度频道就更少（只有 3 个），所以在网络系统设计之初，应尽可能预留一些频道给将来扩展使用，不要全部占用。

4. 服务器系统的扩展性需求分析

网络设备的可扩展性需求的另一个重要方面就是硬件服务器的组件配置。国内外几大主要服务器厂商，如 IBM、HP、SUN、联想、浪潮和曙光等都有类似的“按需扩展”理念，为客户提供灵活的扩展方案。一般的服务器价格非常贵，如果因为扩展性不好，服务器设备在短时间内遭到淘汰，则是一种极大的投资浪费。

服务器的可扩展性主要体现在支持的 CPU 数、内存容量、磁盘架数、I/O 接口数和服务器是否有群集能力等几个方面。

（1）部门级以下的服务器，通常都是采用对称多处理器（Symmetrical Multi-Processing，SMP）来支持处理器扩展。目前最高的SMP处理器数为8个，超过8个的通常是采取大规模并行处理器（Massively Parallel Processor，MMP）和非一致内存访问（Non-Uniform Memory Access，NUMA）处理器并行扩展技术来实现的。小型企业应选择支持至少2路或者以上的SMP对称系统，中型企业则应选择至少4路或以上的对称系统，而大型企业应选择8路或以上的NUMA系统。

（2）内存容量通常要根据服务器中每个内存插槽可以支持的内存容量，以及内存插槽数确定。一般每个内存插槽所支持的内存容量为1 GB，所配置的内存插槽数一般最少为4条，最好有 8 条或以上以备扩展。所支持最大容量也要视不同的网络规模和应用而定，小型普通企业服务器系统应支持至少 4 GB 内存，中型普通企业服务器系统应支持至少 8 GB内存，而大型普通企业服务器系统应至少支持 12 GB 以上的内存容量，对于应用较复杂的企业，其服务器所支持的最大内存容量需在相应级别上进行适当的增加。

（3）磁盘扩展性通常取决于所提供的磁盘架，即磁盘接口数。磁盘架在一定程度上决定了相应服务器系统所能提供的最大磁盘容量。通常小型企业应选择至少能支持 5 个磁盘架的服务器系统，中型企业则应选择 8 个以上的磁盘架服务器系统，而大型企业则需要选择具有12个以上的磁盘架服务器系统。

（4）I/O接口的扩展性是指PCI、PCI-X、PCI-E等扩展插槽数。这方面的需求一般不会因企业网络规模改变而有大的改变，因为这些扩展插槽主要应用于如网卡、磁盘阵列卡或者SCSI控制卡、内置MODEM等设备。通常应预留有两个以上的冗余I/O插槽，扩展插槽类型视服务器所采用的I/O设备接口类型而定。

以上服务器组件的扩展，在需求较低的情况下可以完全通过在原系统中冗余来保证，但是如果扩展性需求较高，原有系统就很难保证了。服务器机箱空间有限，外接太多扩展设备后，机箱的温度会显著上升，给服务器系统带来不稳定性。

如服务器厂商IBM提供了远程I/O连接的方案，把需要扩展的I/O设备安装在服务器机箱外面，称之为“Remote I/O”，通过一条电缆与服务器主板连接即可。这样一方面扩展性大大增强，另一方面也不会因增加I/O设备给服务器机箱系统带来温度上升，造成系统的不稳定性。

5. 广域网系统的可扩展性需求分析

在广域网中同样存在可扩展性方面的需求，如WAN连接线路、WAN连接方式以及支持的用户数和业务类型等。一方面体现在如路由器之类的网络边界设备的WAN端口数和所支持的WAN网络接口类型上；另一方面体现在所选择的广域网连接方式所能提供的网络带宽是否可以满足用户数的不断增加，是否支持当前和未来可能需要的业务类型，如分组交换网、帧中继、DDN专线等。DDN专线的速率通常是在2 Mbit/s以内，只适用于小型用户的普通电话类业务，不适用于大中型企业用户、实时的多媒体业务和大容量的数据传输。而ATM的传输速率可达622 Mbit/s，全面支持几乎所有接入网类型和业务，但成本较高，并且对以太网业务的支持不是很好。

6. 应用系统的可扩展性需求分析

网络应用系统功能配置，一方面要全面满足当前及可预见和未来一段时间内的应用需求；另一方面要能方便地进行功能扩展，可灵活地增减功能模块。

2.4 服务管理需求分析

企业的发展不仅需要稳定和持续发展的业务支撑，还需要交付出色的服务水平，加强服务的可视性、可控性，自动化也越来越成为众多知名企业追求的目标。企业将提供什么样的服务管理，也是网络工程设计需求分析阶段应该考虑的问题。

2.4.1 网络管理需求分析

在比较大型的网络系统中，配置一个专业的网络管理系统是非常必要的。否则，一方面网络管理效率非常低；另一方面，有些网络故障可能仅凭管理员经验难以发现，最终可能会因一些未能及时发现和排除的故障，给企业带来巨大的损失。

要正确选择网络管理系统，既要考虑用户的投资可能，又要对各种主流管理系统有一个较全面的了解。

2.4.2 服务器管理需求分析

服务器管理系统通常是针对具体的应用服务器开发的，用于对具体应用服务器功能进行全面的管理。如网强服务器管理系统是由网强信息技术有限公司（上海）自主研发的一套针对服务器的管理系统，它的主要功能模块由下面几部分组成。

（1）服务器基本信息管理，包括安装程序、CPU、内存、进程和磁盘分区信息管理。

（2）各种服务器的管理，包括 HTTP、FTP、SMTP、POP3、DNS 服务管理。

（3）数据库的管理，包括 Oracle 性能和表空间等管理。

（4）性能分析，包括实时、当日和统计性能分析。

（5）告警，包括对话框告警、声音告警、应用程序告警、手机短信告警（需要添加手机模块）和邮件告警等。

1. 扩展服务器管理系统

当业务规模较小，网络上只有一两台服务器时，管理工作相对来说比较简单。但对于中型以上的网络系统，可能会有许多不同类型的服务器，如有多个域控制器、多个 DNS、DHCP、WINS 服务器，还可能有各种应用服务器，如 Web 服务器、FTB 服务器、邮件服务器和数据服务器等。如果仅凭手工操作或者管理经验来管理这么多服务器，就显得力不从心，甚至无法有效管理了。这时就得依靠一些专业的服务器管理系统来自动或手工管理，提高管理效率和水平。如使用微软公司的系统管理服务器（SMS）、惠普公司的 Openview、IBM 公司的 Tivoli、CA 公司的 Unicenter 以及 Dell 公司的 OpenManage 服务器管理系统，都可以降低管理不同服务器的难度。这些软件产品都可以对整个网络的服务器进行集中监控和管理，而且这些管理系统通常是购买服务器时附带提供的，不需要单独购买。

2. 服务器的远程管理

随着网内服务器数量的增加，服务器的分布范围也日益分散，不再局限在一个房间里。管理员不可能在一个房间里完成对所有服务器的管理和维护工作，而需要进行远程管理。

Windows 2000 Server 和 Windows Server 2003 内置的终端服务，可对服务器进行完全的

远程控制，服务器管理员可以通过 Internet 或者局域网，接入服务器桌面进行管理。在 Windows 2000 Server 中，这一服务被称为 Windows 终端服务的远程管理模式，在 Windows Server 2003 中则称为远程桌面。

一些第三方远程管理软件也可供选择。Radmin 是一种专供使用模拟调制解调器的低带宽 Windows 使用的远程控制程序。Tight VNC 是可以在 Windows 和 UNIX 上使用的免费软件。

2.4.3 数据备份和容灾需求分析

无论企业网络规模多大，都应有一个完善适用的数据备份和容灾方案。现在的网络安全形势非常严峻，网络安全威胁时刻存在。但是，对于国内许多企业管理者和网络管理员来说，对数据备份和容灾的认识还存在很大差距。

1. 数据备份的意义

从国际上来看，发达国家都非常重视数据存储备份技术，并能充分利用，服务器与磁带机的连接已经达到 60%以上。而在国内，据专业机构调查显示，只有不到 15%的服务器连有备份设备，这就意味着 85%以上的服务器中的数据面临着随时有可能遭到全部破坏的危险。而这 15%中绝大部分是属于金融、电信、证券等大型企业领域或事业单位。

这种巨大的差距体现了国内与国外经济实力和观念上的巨大差距。一方面，国内的企业通常比较小，信息化程度比较低，因此对网络的依赖程度也很小；另一方面，国内的企业大多数是属于刚刚起步的中小型企业，它们还没有像国外一些著名企业那样有着丰富的经历，更少有国外公司那样因数据丢失或毁坏而遭受重大损失的切身体验。随着国家网络大环境发展，中小型企业许多的业务工作必须通过网络来完成，许多企业信息也必将以数据的形式保存在服务器或计算机中，它们对计算机和网络的依赖程度将会一天天地加重。

由此可见，无论是国内的大型企业还是中小型企业，都必须从现在开始重视数据备份这一在以前一直被认为“无用”的工作。否则一旦出现重大损失，再来补救将为时已晚。

根据3M公司的调查显示，对于市场营销部门来说，恢复数据至少需要19天，耗资17 000美元；对于财务部门来说，恢复数据过程至少需要 21 天，耗资 19 000 美元；对于工程部门来说，恢复数据过程将延至 42 天，耗资达 98 000 美元，而且在恢复过程中，整个部门实际上是处于瘫痪状态。而在今天，长达 42 天的瘫痪足以导致任何一家公司破产，唯一可以将损失降至最低的行之有效的办法莫过于数据的存储备份，它在一定程度上决定了一个企业的生死。

2. 数据破坏的主要原因

数据备份可以解决数据被破坏的问题。由于造成数据被破坏的因素很多，必须有针对性的进行预防，尽可能在主观上避免这些不利因素的发生，做好数据的保护工作。

造成网络数据被破坏的原因主要有以下几个方面。

（1）自然灾害。如水灾、火灾、雷击和地震等造成计算机系统的破坏，导致存储数据被破坏或丢失，这属于客观因素。

（2）计算机设备故障。主要包括存储介质的老化、失效等，属于客观原因。但这种因素可以做到提前预防，只要经常进行设备维护，就可以及时发现问题，避免灾难的发生。

（3）系统管理员及维护人员的误操作。这属于主观因素，虽然不可能完全避免，但至少可以尽量减少。

（4）病毒感染造成的数据破坏和网络上的“黑客”攻击。这可以归属于客观因素，但还是可以做好预防，完全有可能避免这类灾难的发生。

3. 有关数据备份的几种错误认识

（1）把备份和复制等同起来。许多人简单地把备份单纯看做是更换磁带、为磁带编号等一个完全程式化的、单调的操作过程。其实不然，因为备份除了复制外，还包括更重要的内容，如备份管理和数据恢复。备份管理包括备份计划的制订、自动备份活动程序的编写、备份日志的记录管理等。备份管理是一个全面的概念，它不仅包含制度的制定和磁带的管理，还包含引进备份技术，如备份技术的选择、备份设备的选择、介质的选择乃至软件技术的选择等。

（2）把双机热备份、磁带阵列备份以及磁盘镜像备份等硬件备份的内容和数据存储备份相提并论。事实上，所有的硬件备份都不能代替数据存储备份，硬件备份只是以一个系统或一个设备作牺牲，来换取另一台系统或设备在短时间内的安全。若发生人为的错误、自然灾害、电源故障和病毒侵袭等，其后果将不堪设想，可能会造成所有系统瘫痪，所有设备无法运行，由此引起的数据丢失也将无法恢复。而数据存储备份能提供万无一失的数据安全保护。

（3）把数据备份与服务器的容错技术混淆起来。数据备份是指从在线状态将数据分离存储到媒体的过程，这与服务器的容错技术有着本质的区别。

从目的上讲，这些技术都是为了消除或减弱意外事件给系统数据带来的影响，但其侧重的方向不同，实现手段和产生的效果也不相同。容错的目的是为保证系统的高可用性。也就是说，当意外发生时，系统所提供的服务和功能不会因此而中断。对数据而言，容错技术是保护服务器系统的在线状态，不会因单点故障而引起停机，保证数据可以随时被访问。备份的目的是将整个系统的数据或状态保存下来，这种方式不仅可以挽回硬件设备损坏带来的损失，也可以挽回系统错误和人为恶意破坏的损失。

一般来说，数据备份技术并不保证系统的实时可用性，即一旦有意外事件发生，备份技术只保证数据可以恢复，但恢复过程需要一定的时间，在此期间，系统是不可用的，而且系统恢复的程度也不能保证回到系统被破坏前的即时状态，通常会有一定的数据丢失损坏，除非是进行了不间断的在线备份。通常在具有一定规模的系统中，备份技术、服务器容错技术互相不可替代，但又都是不可缺少的，它们共同保证着系统的正常运转和数据的完整。

在Microsoft公司的Windows网络操作系统中集成了数据备份功能，而且功能比较强大，完全可以满足中小型企业需求，但是对于在数据备份和容灾方面需求较高的企业用户来说，Windows 网络操作系统的“备份”工具，远不能满足企业的需求。因为至少它不能进行网络备份，不支持大型数据备份系统，也不提供远程镜像、快速复制、在线备份等功能，所以这些企业用户需要选择一些专门的第三方数据备份和容灾系统。当然这个选择是要有依据的，因为并不是所有第三方备份系统都适合用户自己的需求。选择第三方备份系统主要考虑的因素是价格、功能模块和售后服务等几个方面。

2.4.4　网络共享和访问控制需求分析

用户共享上网是必然的选择，不可能为每个用户配置一条 Internet 接入线路。目前可以选择共享上网的方式主要包括网关型共享、代理服务器型共享和路由器型共享 3 种。具体选择哪种共享方式，不仅要视企业现有的资源，还要根据企业对共享上网用户的访问控制要求而定。因为相同的共享上网方式所具有的访问控制能力并不相同。

网关共享方式主要有采用硬件网关和软件网关两种方式。硬件网关共享方式性能好，但价格贵，目前主要是采用软件网关共享方式。

代理服务器型共享方式基本上是软件服务器方式。

路由器共享方式包括硬件路由器共享方式和软件路由器共享方式。软件路由器共享方式配置较复杂，而在硬件路由器共享方式中，有一种专门为宽带共享而推出的廉价宽带路由器，性能非常不错，所以在路由器共享方式中，主要以硬件路由器共享方式为主。

几种共享上网方式的网络结构和主要特点各不相同。

1. “网关型”共享方式

网关型共享方式是一种最基本、最简单的共享类型，工作于 OSI 参考模型的网络层和会话层。

它采用客户机/服务器（C/S）模式，所使用的服务就是网关（Gateway），需要对网关服务器和共享客户端两方面进行单独配置。但总体来说，网关型共享方式的服务器配置非常简单，只需把客户的默认网关设置成网关服务器 IP 地址即可。

（1）网关型共享概述。

网关型共享方式中，通常采用 Windows 系统自带的 Internet 连接共享或者网关型代理服务器软件，如 Sygate、Winproxy、Wingate 等早期版本，其中应用最广的还是通过 Internet 连接共享或 Sygate。在这种共享方案中，基本上是所有的共享用户都具有同等权限，适合家庭和没有任何限制的小型办公室选择使用。现在的硬件网关中，也提供了较多的权限设置功能，但价格非常昂贵，不适宜一般的家庭和小型企业使用。

本章仅以 Windows 系统中的 Internet 连接共享软件方式进行介绍。

在网络中选择其中一台性能较高的主机直接连接宽带接入线路（如 ADSL），担当网关服务器，然后网关服务器和其他用户主机都通过交换机集中接入，共享这条 ADSL 线路连入 Internet。在这一网络结构中，只需把所有用户主机各自用一块网卡通过直通网线与交换机连接，然后在担当网关服务器的主机上多安装一块网卡（这台主机共安装了两块网卡），用直通网线与宽带线路终端设备连接起来即可。如果采用的是小区光纤以太网宽带接入方式，则直接把小区接入网线插入网关服务器的另一块网卡上。

（2）网关型共享方式的主要特点如下。

① 网络功能及配置简单。只需把直接连接 Internet 的一台主机配置成共享网关服务器，然后再把客户端的网关和 DNS 设置成网关服务器的局域网 IP 地址即可（也可设置成其他 DNS 服务器地址）。

② 成本较低。只需要一台较高配置的计算机长期作为共享网关服务器（硬件网关方式不用），长期开启并运行相应软件。为了不影响其他用户的上网速度，最好不要由此计算机执行大负荷任务。

③ 多用户共享。局域网中多用户共享一个接口连入 Internet 上，专业网关型软件还加入了一些基本的访问控制功能，如 IP 地址限制功能等。

2. 代理服务器型共享上网

代理服务器共享上网是目前一种应用比较广泛的共享上网方式。采用的也是 C/S 工作模式，所用服务器是代理（Proxy），它可以进行许多管理性质的用户权限配置，比网关型共享和路由器共享方式都具有明显优势。

（1）代理服务器型共享概述。

代理服务器型共享相对网关型共享方式来说，无论从功能还是从网络配置上都要复杂许多。在软件配置上与“网关型”共享方式基本类似，但不需要在客户端配置网关，代理服务器软件可以对各客户端用户进行 Internet 应用权限配置，而不是所有共享用户权限一样。

这种共享上网方式也需要网络中一台计算机作为代理服务器长期开启，也是一种纯软件方案。代理服务器类型的软件很多，典型有 Wingate、CCProxy、Superproxy 和 EyouProxy 等。

（2）代理服务器型共享方式的主要特点如下。

① 网络功能及配置较复杂。不仅在代理服务器端需要为各种权限进行复杂的配置，在客户端也需要为不同的 Internet 应用软件进行复杂的代理配置。

② 成本较低。只需要一台较高配置的计算机作为共享代理服务器，共享代理服务器端长期开启，但在此计算机上不能执行大负荷的任务，以免影响其他用户上网。

③ 可在服务器端对共享用户进行全面的管理，这是代理服务器型共享方式的最主要特点。代理服务器可以更好地管理网络，对用户进行分级、设置访问权限，对外界或内部的 Internet 地址进行过滤。通过限制端口，如配置各种过滤条件的 WWW、FTP、Telnet、POP3、VPN、Remote Control 等服务，可以使用户无法使用诸如在线游戏、QQ 等软件。

代理服务器型共享方案主要适用于企事业员工共享上网，可防止员工进入其他网站浏览、QQ 聊天等 Internet 应用而耽误工作。

3. 路由器共享上网

路由器共享上网方式通常指的是利用宽带路由器共享上网。宽带路由器包括有线宽带路由器和无线宽带路由器两种，这两种路由器的共享上网原理相同，但在具体的配置过程中有些不同。

（1）路由器共享上网概述。

路由器共享方式与前面介绍的两种共享方式完全不同。它不需要网络中的一台计算机作为服务器长期开启，而是各用户需要时直接上网，担当服务器角色的不再是某台计算机，而是宽带路由器。这种共享方式对用户而言，无论采用的是专线方式还是虚拟拨号方式，都可以通过浏览器对路由器进行配置，由路由器来为网络计算机提供拨号或者直接 Internet 连接服务。宽带路由器一般还带多个交换端口，提供 DHCP 服务、网络防火墙、VPN 通信，有的还具备打印服务器等功能。

在网络拓扑结构上，路由器方案有一些特殊之处。一般宽带路由器都带有 4 个左右的交换端口，此类路由器除了提供路由功能外，还具备交换机的集线器功能。若共享用户数在端口数范围内，则无需另外购买交换机，可大大节省用户的网络投资。

（2）路由器共享上网方式的主要特点如下。

① 无需专门提供一台计算机用来拨号上网。无论用户采用的是专线方式还是虚拟拨号方式，都可以通过浏览器对路由器进行配置，由路由器来为网络计算机提供拨号或者直接 Internet 连接服务，无需用户拨号，非常方便。

② 价格便宜，性能稳定。相比使用一台计算机作为网关或者代理服务器的以上两种方式来说，在投资和维护成本上都要实惠许多。

③ 配置简单。凭借路由器提供的配置向导即可完成。在客户端基本上不用任何额外配置。

4. 共享方式的选择

从以上各种共享方式的特点可以看出，代理服务器的访问控制能力最强，但配置最复杂；网关型（特指软网关）共享的性能最低，但访问控制能力居中；路由器共享性能最好，共享也最方便，但访问控制能力最差。鉴于这些区别，在选择共享方式时通常遵循以下的原则。

（1）小型企业，无须设置访问控制，建议选择网关型共享。但不要选择 Internet 连接共享，而要选择诸如 Sygate 之类专门的网关软件。当然选择宽带路由器共享也很好，此时宽带路由器为 SOHO 级即可。

（2）中型企业，无须设置详细的访问控制，建议选择网关宽带路由器共享方式。通常一台路由器能支持几百个共享用户，选择多 WAN 端口的性能更好。

（3）大中型企业，需要设置详细的用户访问权限，建议选择代理服务器型共享方式，如 Wingate、CCProxy 和 SuperProxy 等代理服务器软件都是不错的选择。

（4）大型企业，无须设置详细的访问控制，建议选择企业级宽带路由器共享方式。选择多 WAN 端口的，最多一台路由器可支持上千个共享用户。

2.4.5 安全性需求分析

网络是为广大用户共享网上的资源而互联的，然而网络的开放性与共享性也导致了网络的安全性问题。网络容易受到外界的有意或无意的攻击和破坏，但不管属于哪一类，都会使信息的安全和保密性受到严重影响。因此，无论是使用专用网，还是 Internet 等公用网，都要注意保护本单位、本部门内部的信息资源不受外来因素的侵害。通常，人们希望网络能为用户提供众多的服务，同时又能提供相应的安全保密措施，而这些措施不应影响用户使用网络的方便性。目前，造成网络安全保密问题日益突出的主要原因有以下几点。

1. 网络的共享性

资源共享是建立计算机网络的基本目的之一，但这同样也给不法分子利用共享的资源进行破坏活动提供了机会。

2. 系统的复杂性

计算机网络是个复杂的系统，系统的复杂性使得网络的安全管理更加困难。

3. 边界不确定性

网络的可扩展性同时也隐含了网络边界的不确定性。一个宿主机可能是两个不同网络中的节点，因此，一个网络中的资源可被另一个网络中的用户访问。这样，一些未经授权的怀有恶意的用户，会对网络安全构成严重威胁。

4. 路径不确定性

从用户宿主机到另一个宿主机可能存在多条路径。假设节点 A1 的一个用户想发一份报文给节点 B3 上的一个用户，而这份报文在到达节点 B3 之前可能要经过节点 A2 或 B2，即节点 A1 能提供令人满意的安全保密措施，而节点 A2 或 B2 可能不能，这样便会危害数据的安全。

面对越来越严重危害计算机网络安全的问题，完全凭借法律手段来有效地防范计算机犯罪是十分困难的，应该深入地研究和发展有效的网络安全保密技术，以防止网络数据被非法窃取、篡改与毁坏，保证数据的保密性、原始性和完整性。

2.5 用户需求的分析实例

下面以某校园网的网络系统集成建设为例，具体介绍在校园网建设中需求分析的主要工作。

1. 了解用户的基本情况

（1）学校目前有教学楼 4 座、宿舍楼 2 座、图书馆 1 座、食堂 1 座、计算机中心 1 处、综合楼 1 座，人员约 6000 人。

（2）该校园网主要应用于学校内部的教职工的教学和生活管理，部分区域能接入 Internet；学校现有计算机中心 1 处，该处计算机已连成局域网。

（3）主要为开展网络教学服务，进行网上教学、生活管理服务，同时进行办公自动化管理。

2. 确定用户需求

学校网络建设的目的在于充分利用网络资源，建立信息化、数字化校园，提高教与学的质量。通过对校方有关人员的座谈沟通，掌握了用户的总体需求如下：

（1）能充分利用网络信息资源，开展网上教学，改革教与学模式，提高教职工和学生的整体素质。

（2）能够实现办公自动化，实现各部门资源共享。

（3）能够覆盖校园内的各个教学、科研、生活和管理区域。在各方面提供快捷方便的网络服务。

（4）网络系统功能完善齐全，操作简便，能管理到单台机。

（5）要具有高度的可靠性，并考虑到学科的发展，具有较大的可扩展性。

（6）能充分利用现有资源。

（7）具有较高的安全性，可阻挡外部非法用户的入侵。

3. 对用户需求的分析

结合该学校的特点及对网络系统的要求，该校园网络的建设具有如下特点。

（1）网络功能齐全。包括网上教学、网上自动化办公、网上生活管理等全面的功能。

（2）应用环境差别大。对教学、科研、生活和管理等不同方面提供不同的服务。

（3）网络节点多。

（4）各子网相对独立。

（5）系统开放性强，能不断扩充并吸收新技术。

（6）要能够接入 Internet，具有远程通信能力。

（7）主干网要有大范围覆盖能力。

（8）安全性高，可接入外部网络，且能阻止外部侵入。

针对学校的需求、网络发展的特点及外部资源的情况，对该校园网的建设分为 3 个子系统来实施。

网上教学系统。该系统应能够在网络终端进行教学演示和多媒体演示，可充分利用公共资源进行教学活动，同时可进行在线的教学等各项工作，具有对教师、学生的教学活动进行管理和统计的功能。

网上办公自动化系统。该系统能实现办公自动化，可处理学校的日常管理工作，对于公文管理、会议管理、信息管理可全程记录。

网上综合管理系统。这部分的管理包括学生的生活、各种活动、人员、计划等各方面的信息管理，可将大量的人力从繁杂的工作中解脱出来。

同时，该网络应采取主干网和子网互联的层次网络结构，各子网独立性较强，子网与主干网通过交换机或路由器连接。

在现有的计算机中心设立网络中心，集中管理公用计算机设备，如主机、服务器等。

在网络中心设立网管中心，负责网络的管理。

4. 建网原则

针对校园网建设分析及用户需求，确定了以下的建网原则。

（1）标准化和规范化原则。尽量采用开放的标准网络通信协议，选择标准的网络设备及相关器材。施工符合相关标准要求。

（2）先进性原则。设计的起点高，采用符合技术发展潮流的技术和设备。

（3）实用性原则。充分考虑用户的需求，以用户的需求为第一要素，采用成熟可靠的技术设备。

（4）可维护性原则。要保证网络的顺畅运行，充分考虑系统的可维护性，方便系统后期权限的管理和维护。

（5）安全性原则。系统要有较高的安全性，不受外界的入侵，各种信息资料要有安全级别的设置，对于访问要有严格的管理制度。

（6）扩展性原则。要充分考虑到学校的发展、技术的更新、设备的升级换代，系统要留有进行网络系统扩充的余地，便于系统的升级换代。

（7）性价比最优原则。要充分考虑到用户的利益，保证系统的应用，使用户的投资达到最合理的状态。

5. 系统方案的选择

重点是选择一个最适合的主干网方案。可供选择的技术目前主要是快速以太网、吉比特以太网、ATM 技术和 IPv6 等。

（1）快速以太网方案。

快速以太网是当前校园网络中最为价廉物美的技术。快速以太网速率为 100 Mbit/s，当今用于校园主干的快速以太网均为交换方式。交换式快速以太网通过局域网交换机在各端口之间提供专用的包交换的连接方式。交换机具有较高的总带宽和较小的延时特性。

交换式局域网为终端用户提供了专用的带宽，不仅使每一个用户得到的带宽大大提高，并且使对时间延长要求较高的多媒体应用成为现实。

此外，如果在一般以太网的基础上应用局域网交换技术，其花费不大，也没有技术难点，兼容性好，并可以以带宽的方式直接连接到 ATM 上，作为 ATM 主干网的补充。

再有，使用这种交换技术的局域网，可以在现有的网络物理连接的基础上，建立一种逻辑的连接方式，即虚拟的局域网结构。这种虚拟局域网结构可以任意组合，弥补了网络物理结构分布不合理的缺陷，减少了对路由器的依赖，同时也简化了网络和工作站的管理。

因此，交换式快速以太网是一种极好的联网手段，它能提供很高的性能，且易于管理，是目前比较流行，同时又是各商家及用户都很推崇的方案，尤其对于中小型的校园主干网是很适用的。

（2）ATM方案。

ATM是将分组交换与电路交换优点相结合的网络技术，采用定长的53字节的小的帧格式，其中48个字节为信息的有效负荷，另有5个字节为信元头部。对于有效负荷，在中间节点不作检验，信息的校验在通信的末端设备中进行，以保证高的传输速率和低的时延。

在广域网、城域网和公用网内，ATM正在被广泛采用，因为它既能够将多种服务多路复用到一种基础设施上，满足功能越来越强的台式机对带宽不断增长的需求，又能提供虚拟LAN和多媒体等新的网络服务。

但是，ATM技术也有其缺点。首先是标准还没有完全制定完成。其次，ATM技术目前主要应用在专用网络和核心网络的范围内，而延展到外围和用户端仍采用传统的网络技术（如以太网、快速以太网和令牌环网等），这就使得在ATM网络和传统网络之间要建立一个中间的衔接层，这是一种在ATM信元与传统网络的帧结构之间相互转换的技术，这种技术的优点是可以把传统网络接入到ATM网络中，缺点是带来了很大的资源开销，这在很大程度上增加了ATM网络的复杂性，并且降低了网络的总体性能。

另外，目前的大部分网络应用主要是基于IP网络的应用，直接针对ATM信元的应用很少，这在很大程度上也增加了ATM网络使用和管理的复杂性。

（3）吉比特以太网方案。

吉比特以太网技术以简单的以太网技术为基础，为网络主干提供1 Gbit/s或者更高的带宽。

吉比特以太网技术以自然的方法来升级现有的以太网络、工作站、管理工具和管理人员的技能。

吉比特以太网与其他速度相当的高速网络技术相比，价格低，同时比较简单。

吉比特以太网的设计非常灵活，几乎对网络结构没有限制，可以是交换式、共享式或基于路由器的。

吉比特以太网的管理与以前使用的以太网相同，使用吉比特以太网，主干和各网段及桌面已实现了无缝结合，网络管理可以实现平滑过渡。

（4）IPv6技术方案。

现有的Internet是在IPv4的基础上运行的。IPv6是下一版本的Internet协议，它是主要针对IPv4定义的有限地址空间将被耗尽，地址空间不足的情况提出的协议。

IPv4采用32位地址长度，只有大约43亿个地址，估计在2005~2010年间将被分配完毕。为了扩大地址空间，可以通过IPv6重新定义地址空间。IPv6采用128位地址长度，几乎可以不受限制地提供地址。按保守方法估算IPv6可在整个地球每平方米面积上分配1000多个地址。

IPv6除了一劳永逸地解决了地址短缺问题以外，还考虑了在IPv4中不能解决的其他问题。

IPv6的主要优势体现在以下几方面：扩大地址空间、提高网络的整体吞吐量、改善服务质量、更好的安全性保证、支持即插即用和更好地实现多播功能。

现有的IPv6是在IPv4的基础之上提出的。在中国教育与科研网中，全国的主干网上已经平行建设了IPv6网络，国内的很多大学也已经投入了IPv6网络，但都属于实验网络性质，没有投入商用。

由于IPv6和IPv4不能做到完全兼用，需要保护现有用户的投资与资源，因此目前IPv6

网络不可能完全替代 IPv4，只能采取过渡的办法。

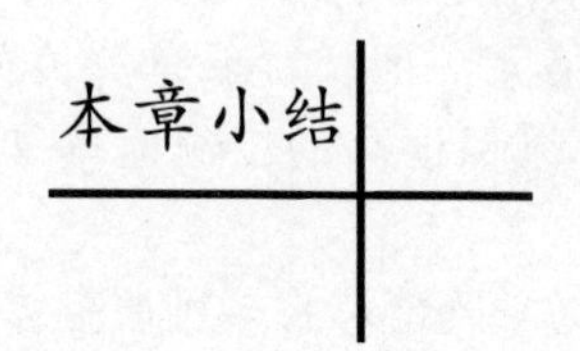

本章小结

需求分析是网络规划的一个重要阶段，它的准确性和完善性直接关系今后整个网络规划的实施。它的基本任务是准确回答“系统必须做什么”这个问题，而不是确定系统怎么完成它的工作。需求分析结果是系统开发的基础，关系网络集成系统设计的成败和质量。

本章主要介绍了网络系统集成需求分析中的几个方面，即用户业务需求、用户性能需求和服务管理需求的主要内容及各关键技术的方案选择，最后结合校园网建设实例给出了校园网集成系统的需求分析过程。

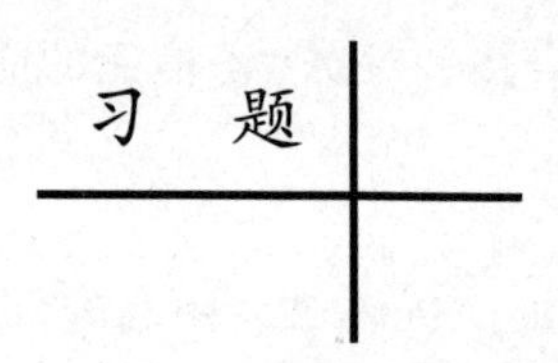

习　题

1. 简述网络集成系统进行需求分析的意义。
2. 网络集成系统需求分析阶段的主要工作有哪些？
3. 网络集成系统可扩展性需求分析主要考虑的因素有哪些？
4. 数据被破坏的主要因素有哪些？
5. 为什么要进行数据备份？数据备份和容错有哪些异同？
6. 网络共享的方式有哪几种？它们的特点是什么？其网络结构有什么不同？
7. 为什么在需求分析中要充分考虑用户业务和性能的需求？
8. 结合周围的网络工程实例，分小组进行调研和讨论，撰写用户需求分析阶段的需求分析文档。

3　网络系统设计

网络系统的设计要考虑很多内容，如网络通信协议、网络规模、网络拓扑结构、网络功能、网络操作系统、网络应用系统等。在进行网络设计中一定要遵循网络系统设计的有关步骤和原则，选择先进的网络设计技术、网络操作系统和网络服务器，综合考虑网络系统设计的各个方面。

3.1　网络设计中需要综合考虑的内容

建设一个复杂的网络系统，首先要进行系统的整体设计，一般需要考虑以下几个主要方面的设计。

3.1.1　网络通信协议选择

网络通信协议主要包括局域网和广域网两个范畴的协议。在局域网中，网络通信协议基本没有可选择的余地，因为目前的局域网系统（包括 Windows 系统、Linux 系统和 UNIX 系统等）基本上都是基于 TCP/IP，所以只需选择 TCP/IP 即可。在广域网中，网络通信协议的选择余地较大，这给广域网系统设计带来一定的复杂性。

在广域网系统中，可选择的通信协议决定于具体的接入网和交换网类型，如 Modem 拨号的 PPP，ISDN 的 LAPD，ADSL 的 PPPoE 和 PPPoA，分组交换网中的 X.25、HDLC，帧中继的 LAPF，ATM 的 ALL5 等。另外，对于路由器之类网络边界设备，还需要充分考虑路由器所支持的路由协议和安全防御功能，这些都在相当程度上决定了路由器的性能和应用。

3.1.2　网络规模和网络结构

网络规模在相当大的程度上决定了具体网络设计中所采取的技术和设备。不同规模的网络对网络技术的采用、IP 地址的分配、网络拓扑结构的配置和设备的选择都有不同要求。例如，只有几十个用户以内的小型网络，可以选用普通的快速以太网、普通的 C 类局域网专用 IP 地址网段（192.168.0.0~192.168.255.255）、二层结构的星状以太网拓扑结构和普通的二层快速以太网设备即可。这样，一方面可以满足网络应用需求，另一方面可以节省大量的网络组建投资。这些二层设备，即使在将来网络升级仍可以得到继续使用，以保护用户对设备的投资成本。

对于小型网络，广域网的连接需求比较简单，一般采用宽带 Internet 连接。所采用的广域网连接方法主要是诸如代理服务器共享、网关服务器共享和宽带路由器共享（包括有线和无线宽带路由器两种）等主要共享方式。如果采用宽带路由器共享方式，宽带路由器通常是连接在核心交换机的一个普通端口上。

对于中小型网络，用户数在 100~254 之间，则在技术和设备上需要提升一个档次。至少要在核心层采用吉比特以太网技术，以确保网络总体性能。网络拓扑结构要达到 3 层，网络设备中的核心交换机，最好采用支持吉比特以太网技术，并且是可管理的网管型交换机，最好是 3 层交换机。IP 地址可采用单网段的 C 类局域网专用地址。必要时，可以根据子网掩码重新划分子网或根据各种 VLAN 划分方式配置多个 VLAN 组。这类中小型网络的广域网连接一般选择边界路由器来与外网连接。这里的外网不仅指常见的 Internet，还包括集团公司的分支结构、供应商、合作伙伴等其他公司专用网络，互联后就可以组成广域网络。边界路由器通常需要支持多种广域网连接方式，如 ISDN、ADSL、HDSL、FR、VPN（虚拟专用网）等。

对于大中型网络，网络用户数在 254 个以上，单个 C 类局域网专用 IP 地址网段已不能满足用户需求，但仍可采用免费的 C 类局域网专用 IP 地址网段的地址，中间节点使用路由器或 3 层交换机连接。广域网连接更需要边界路由器，这些路由器性能通常比上面提到的中小型企业网络中的边界路由器要高，属于企业级，采用专门的集成电路芯片（ASIC），提供更高的接入性能和更高的安全防护功能。同时还支持如语音（VoIP）、路由器对路由器 VPN 呼叫等方面的应用。核心层交换机采用的是双端口冗余连接方式，这样可以提供负载均衡和容错功能；一旦某台核心交换机失效，另一台冗余连接的核心交换机就可担当起原来全部的负荷，使网络继续保持连通，直到失效的交换机修复为止。

在这类大型网络中，也可采用 B 类甚至 A 类的网络地址。但为了便于管理，会划分多个子网，或者 VLAN 组，各子网或者 VLAN 组的连接，同样需要用到中间节点路由器，或者 3 层交换机连接，以提供必要的网络互访功能。此时的拓扑结构就会比较复杂。

以上是针对平面型的同一楼层网络进行的介绍。在多楼层甚至多建筑物之间的大型网络系统中，还涉及各楼层和各建筑物之间网络的互联。通常为了确保网络互联传输性能，常采用局域网系统广泛使用的星状以太网结构，传输介质采用大对数双绞线和光纤。

3.1.3 网络功能需求

一般的中小型企业网络，对功能没有什么特别需求，但对于一些行业用户或者大中型企业网络系统，网络功能方面的需求可能会比较多，如高级别的磁盘阵列系统、具有全面保护技术的内存结构、全面的网络管理系统、专门的服务器管理系统、共享上网访问控制需求、容错系统需求、网络存储系统需求，特殊的 Web 网站、FTP 网站、邮件服务器系统和各种复杂的广域网连接需求等。

在网络应用方面，主要考虑在网络中传输的数据类型和网络传输实时性的要求。对一般的网络文件共享没有特别的要求，但如果网络中主要传输的是图片、图像（视频点播、多媒体教学等）、动画（多媒体企业网站、动画教学等），这时如果没有足够的带宽保证，就可能出现传输停滞、不连续，甚至死机现象，无法保证上述任务正常完成。

另外，在企业网络应用方面，还要考虑各种信息化数据库软件（如进销存管理软件、财会软件、ERP、B2B 和 B2C 电子商务软件等）的使用。这类软件通常同时有较多用户在持续使用，所以对网络带宽要求较高，在网络设计时，要充分考虑这些用户对所连网络的带宽需求。

3.1.4 可扩展性和可升级性

随着网络技术的发展，不仅原有技术在不断升级换代，而且还不断有新的技术涌现，网络应用需求也在不断提升，这一切都对网络升级提出了迫切需求。而企业网络设计之初，又不可能具有很全面的前瞻性去部署和预留网络中所有未来的技术和应用接口，网络经常重建的可能性又非常小，所以一般都采取升级的方式来提高网络的性能，这就要求网络设计规划要充分考虑到这些因素。

网络的可扩展性和可升级性主要体现在综合布线、网络拓扑结构、网络设备、网络操作系统、数据库系统等多个方面。

1. 综合布线方面

在设计之初，设计人员需要考虑到各部门未来的工作人员是否有可能大幅增加，因此，在最初网络布线时，应预留下一定量的端口，用于连接终端用户或者下级交换机。否则可能在需要扩展用户端口时，必须重新铿开墙面或者更换线槽，不仅工程量大，而且还会带来巨大的工程成本，影响网络系统的持续正常使用。

另外，还要充分考虑传输介质的升级，如原来的网络规模较小，都是采用廉价的双绞线，现在网络规模扩大，某些关键节点的应用需求提高了，这时可能要改变传输介质，如采用光纤，这就要求在综合布线和网络设备选择时，应充分考虑这些因素。

2. 网络拓扑结构方面

网络拓扑结构的可升级性就是要能使网络在用户增加时，可灵活拓展和添加网络设备，改变网络层次结构。

3. 网络设备方面

可扩展性主要体现在网络设备采用模块化结构，可以灵活地通过添加模块来扩展网络用户接口。由于模块化结构的网络设备价格昂贵，所以不是所有网络设备都必须支持模块化，而只是对处于核心层的网络设备具有这方面的需求。汇聚层和接入层的网络设备，可直接通过添加设备数，连接在核心层设备上的方式来扩展。

在网络设备中，一种比较关键的设备是网络服务器。它在相当大程度上影响着整个网络的性能和可扩展性。现在，部门级以上的服务器都有比较好的扩展性，如 IBM 公司的按需扩展理念就是在需要时，可随时通过扩展服务器中的 CPU 数量、插槽数量、磁盘数量来提升服务器性能。另一个关键设备是网络打印机，特别是汇聚层和骨干层交换机，最好具有如吉比特接口转换（Gigabit Interface Converter，GBIC）、小型可插拔头（Small Form Pluggables，SFP）之类的吉比特模块结构，支持多种不同传输介质和接口类型，以便灵活选用。

在网络设备的可升级方面，还有一个需要充分考虑的因素，即在网络升级后，原有设备的可用性问题。在设计网络之初，应尽可能在相应网络层次上应用当前最主流的网络技术，如核心层需要考虑吉比特以太网技术，汇聚层和接入层至少要考虑 100Mbit/s 快速以太网技术，而对早已过时的 10 Mbit/s 网络设备根本不要考虑。这样在网络升级后，原有网络设备就不至于全部淘汰。

在一个企业网络中，如果网络升级后，新添加了核心层交换机，则原来担当核心交换机的设备就要下降到汇聚层，甚至接入层。而原网络中的汇聚层或接入层设备性能太差（如

10 Mbit/s 的交换机或集线器），有可能不能满足升级后网络的应用需求，必须被淘汰。所以，在组建网络选择设备时，要充分考虑到日后的升级，不要贪一时便宜，选择太低档的网络设备，这会使在网络升级后所承受的投资损失更大。

4. 在操作系统方面

最好能选择通过升级方式更新版本的操作系统，如 Microsoft 公司的网络操作系统，以保证网络中的数据在系统升级时不丢失。

5. 数据库系统方面

最好是选择能支持版本升级的数据库系统，不要选择经常更换核心技术，无法通过版本升级实现平滑升级的数据库系统。

3.1.5 性能均衡性

网络性能与网络安全都遵循“木桶”原则，即取决于网络设备中性能最低的设备的性能，如某一支路上层可达到吉比特级别，而连接到客户机的网卡只是 10 Mbit/s，这样客户机最终的性能也只能是 10 Mbit/s。所以在设计网络中，一定要对网络整体性能综合考虑，通常是按“千—千—百”“千—百—百”，或者是“万—千—千”“万—千—百”的原则来设计，即核心层如果是吉比特以太网，则汇聚层和接入层至少应该是 100 兆以太网；如果核心层达到了 10 吉比特级别，则汇聚层至少应该是吉比特以太网，接入层则至少应该是 100 兆以太网。这不仅要求各层的交换机端口达到这个要求，而且还要求用户端的网卡以及传输介质都达到这个要求。

3.1.6 性价比

一般来说，性价比越高，实用性越强。但对于大型网络组建来说，网络性能可能足够高。但这么高的性能，企业却在目前或者未来相当长一段时间内都不可能用得上，会造成网络投资浪费。而对于只有几十人的小型办公室网络来说，如果其网络应用在性能上又没有什么特别的需求，却配置了全部为吉比特级别的可网管型交换机，则又浪费。

3.1.7 成本

系统集成建设，要量力而行，要与企业的经济承受能力结合起来考虑，尽可能用最少的钱，办最多的事。一般来说，网络设备投资中，重中之重的设备是服务器、核心交换机、路由器和防火墙这 4 类。而这 4 类设备中，除了服务器外，其他设备一般只有一台。这 4 类设备的成本几乎占到总成本的 80%左右。

影响投资成本的另一个重要因素是采用的网络技术。同样是交换机，由于采用不同的技术，其价格相差很远。如 10 Gbit/s24 口 3 层交换机与 1 Gbit/s24 口交换机的价格就相差至少 5 000 元以上。而 100 Mbit/s24 口快速以太网交换机与吉比特 24 口以太网交换机的价格相差千元以上。服务器更是如此，部门级与工作组级的服务器价格相差 3 万元左右，企业级与部门级的服务器则相差 5 万元以上。还有设备的品牌因素，同一档次不同厂家的设备，价格可能相差很远。

3.2 网络系统设计的步骤和设计原则

做任何事都应遵循一定的先后次序，也就是“步骤”。如网络系统设计这么庞大的系统工程，遵循设计的“步骤”和原则，就显得更加重要了。

3.2.1 网络系统设计的步骤

如果整个网络设计和建设工程没有一个严格的进程安排，各分项目之间彼此孤立，失去了系统性和严密性，这样设计出来的系统不可能是一个好的系统。如图 3-1 所示为整个网络系统集成的一般步骤，除了其中包括的“网络组建”工程外，其他都属于“网络系统设计”工程所需进行的工作。

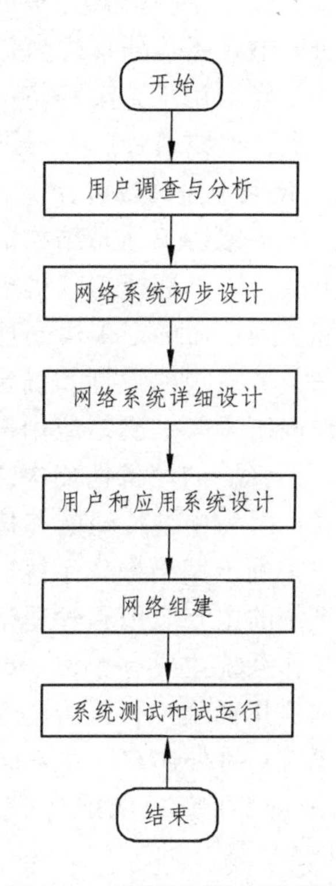

图 3-1 网络系统设计步骤

1. 用户调查与分析

用户调查与分析是正式进行系统设计之前的首要工作。主要包括一般状况调查、性能和功能需求调查、应用和安全需求调查、成本/效益评估、书写需求分析报告等方面。

（1）一般状况调查。在设计具体的网络系统之前，先要了解用户当前和未来 5 年内的网络发展规模，还要分析用户当前的设备、人员、资金投入、站点分布、地理分布、业务特点、数据流量和流向，以及现有软件和通信线路使用情况等。从这些信息中可以得出新的网络系统所应具备的基本配置需求。

（2）性能和功能需求调查。性能和功能需求调查主要是向用户了解对新的网络系统所希望实现的功能、接入速率、所需存储容量（包括服务器和工作站两方面）、响应时间、扩充要求、安全需求以及行业特定应用需求等。这些都非常关键，要仔细询问并做好记录。

（3）应用和安全需求调查。应用和安全需求这两个方面，在整个用户调查中也是非常重要的。应用需求调查决定了所设计的网络系统是否满足用户的应用需求。而在网络安全威胁日益严重，安全隐患日益增多的今天，安全需求方面的调查，就显得更为重要了。一个安全没有保障的网络系统，即使性能再好、功能再完善、应用系统再强大都没有任何意义。

（4）成本/效益评估。根据用户的需求和现状分析，对新设计的网络系统所需要投入的人力、财力和物力，以及可能产生的经济和社会效益等进行综合评估。这项工作是集成商向用户提出系统设计报价和让用户接受设计方案的最有效参考依据。

（5）书写需求分析报告。详细了解用户需求、现状分析和成本/效益评估后，要以报告的形式向用户和项目经理人提交，以此作为下一步正式进行系统设计的基础与前提。

2. 网络系统初步设计

在全面、详细地了解了用户需求，并进行了用户现状分析和成本/效益评估后，在用户和项目经理人认可的前提下，就可以正式进行网络系统设计。首先需给出一个初步的方案，该方案主要包括以下几个方面。

（1）确定网络的规模和应用范围。根据终端用户的地理位置分布，确定网络规模和覆盖的范围，并通过用户的特定行业应用和关键应用，如 MIS、ERP 系统、数据库系统、广域网连接、企业网站系统、邮件服务器系统和 VPN 连接等定义网络应用的边界。

（2）统一建网模式。根据用户网络规模和终端用户地理位置分布，确定网络的总体架构，如集中式还是分布式，是采用客户机/服务器模式还是对等模式等。

（3）确定初步方案。将网络系统的初步设计方案用文档记录下来，并向项目经理人和用户提交，审核通过后方可进行下一步运作。

3. 网络系统详细设计

（1）网络协议体系结构的确定。根据应用需求，确定用户端系统应该采用的网络拓扑结构类型。可供选择的网络拓扑结构有总线型、星状、树状和混合型 4 种。如果涉及广域网系统，则还需确定采用哪种中继系统，确定整个网络应该采用的协议体系结构。

（2）节点规模设计。确定网络的主要节点设备的档次和应该具有的功能，这主要是根据用户网络规模、网络应用需求和相应设备所在的网络位置而定。局域网中核心层设备最高级，汇聚层的设备性能次之，边缘层的性能要求最低。广域网中，用户主要考虑的是接入方式，因为中继传输网和核心交换网通常都是由 NSP 提供的，所以无需用户关心。

（3）确定网络操作系统。一个网络系统中，安装在服务器中的操作系统，决定了整个网络系统的主要应用和管理模式，也决定了终端用户所能采用的操作系统和应用软件系统。网络操作系统主要有 Microsoft 公司的 Windows 2000 Server 和 Windows Server 2003 系统，是目前应用面最广，最容易掌握的操作系统，在中小企业中，绝大多数是采用这两种网络操作系统。另外还有一些不同版本的 LinuX 系统，如 RedHat Enterprise LinuX 4.0、RedFlag DC Server 5.0 等。UNIX 系统品牌也比较多，主要应用的是 Sun 公司的 Solaris10.0、IBM 公司 AIX5L 等。

（4）选定传输介质。根据网络分布、接入速率需求和投资成本分析，为用户端系统选定适合的传输介质，为中继系统选定传输资源。在局域网中，通常是以廉价的五类或超五类双绞线为传输介质，而在广域网中则主要是电话铜线、光纤、同轴电缆作为传输介质，具体要视所选择的接入方式而定。

（5）网络设备的选型和配置。根据网络系统和计算机系统的方案，选择性能价格比最好的网络设备，并以适当的连接方式加以有效的组合。

（6）结构化布线设计。根据用户的终端节点分布和网络规模设计，绘制整个网络系统的结构化布线（通常所说的“综合布线”）图，标注关键节点的位置和传输速率、传输介质、接口等特殊要求。结构化布线图要符合结构化布线国际和国内标准，如 EIA/TIA568A/B、ISO/IEC11801 等。

（7）确定详细方案。最后确定网络总体及各部分的详细设计方案，并形成正式文档，提交项目经理人和用户审核，以便及时发现问题，及时纠正。

4. 用户和应用系统设计

上述 3 个步骤是设计网络架构，接下来要做的是进行具体的用户和应用系统设计。其中包括具体的用户计算机系统设计和数据库系统、MIS 管理系统选择等。具体包括以下几个方面。

（1）应用系统设计。分模块地设计出满足用户应用需求的各种应用系统的框架和对网络系统的要求，特别是一些行业特定应用和关键应用。

（2）计算机系统设计。根据用户业务特点、应用需求和数据流量，对整个系统的服务器、工作站、终端以及打印机等外设进行配置和设计。

（3）系统软件的选择。为计算机系统选择适当的数据库系统、MIS 管理系统及开发平台。

（4）机房环境设计。确定用户端系统的服务器所在机房和一般工作站机房环境，主要包括温度、湿度和通风等要求。

（5）确定系统集成详细方案。将整个系统涉及的各个部分加以集成，并最终形成系统集成的正式文档。

5. 系统测试和试运行

系统设计和实施完成后不能马上投入正式的运行，要先做一些必要的性能测试和小范围的试运行。性能测试一般是通过专用的测试工具进行，主要测试网络接入性能、响应时间以及关键应用系统的并发用户支持和稳定性等方面。试运行主要是对网络系统的基本性能进行评估，特别是对一些关键应用系统的基本性能进行评估。试运行的时间一般不得少于一个星期。小范围试运行成功后，即可全面试运行，全面试运行时间不得少于一个月。

在试运行过程中出现的问题应及时加以改进，直到用户满意为止。当然这也要结合用户的投资和实际应用需求等因素综合考虑。

3.2.2 网络系统设计基本原则

根据目前计算机网络现状和需求分析以及未来的发展趋势，网络系统设计应遵循以下几个原则。

1. 开放性和标准化原则

首先采用国家标准和国际标准，其次采用广为流行的、实用的工业标准。只有这样，网络系统内部才能方便地从外部网络快速获取信息，同时还要求授权后，网络内部的部分信息可以对外开放，保证网络系统适度的开放性。

在进行网络系统设计时，在有标准可执行的情况下，一定要严格按照相应的标准进行设计，特别是在网线制作、结构化布线和网络设备协议支持等方面。采用开放的标准，就可以充分保障网络系统设计的延续性，即使将来最初设计人员不在现场，后来人员也可以通过标准轻松地了解整个网络系统的设计，保证互联简单易行。这是非常重要而且是非常必要的，同时又是许多网络工程设计人员经常忽视的。

2. 实用性与先进性兼顾原则

在网络系统设计时应该以注重实用为原则，紧密结合具体应用的实际需求。在选择具体的网络技术时，要同时考虑当前及未来一段时间内主流应用的技术，不要一味地追求新技术和新产品。一方面新的技术和产品还有一个成熟的过程，立即选用新的技术和产品，可能会出现各种意想不到的问题；另一方面，新技术的产品价格肯定非常昂贵，会造成不必要的资金浪费。

如在以太局域网技术中，目前吉比特级别以下的以太网技术都已非常成熟，产品价格也已降到了合理的水平，但 10 吉比特以太网技术还没有得到普及应用，相应的产品价格仍相当昂贵，如果没有必要，则建议不要选择 10 吉比特以太网技术的产品。

另外一定要选择主流应用的技术，如已很少使用的同轴电缆的令牌环以太网和 FDDI 光纤以太网就不要选择了。目前的以太网技术基本上都是基于双绞线和光纤的，其传输速率最低都应达到 10~100 Mbit/s。

3. 无瓶颈原则

这一点非常重要，否则会造成高成本购买的高档次设备，却得不到相应的高性能。网络性能与网络安全性能，最终取决于网络通信链路中性能最低的那部分设备。

如某汇聚层交换机连接到了核心交换机的 1 000 Mbit/s 双绞线以太网端口上，而该汇聚层交换机却只有 100 Mbit/s，甚至 10 Mbit/s 的端口，很显然这个汇聚层交换机上所连接的节点都只能享有 10 Mbit/s，或者 100 Mbit/s 的性能。如果上联端口具有 1 000 Mbit/s 性能，而各节点端口支持 100 Mbit/s 连接，则性能会完全不一样。

再如，服务器的各项硬件配置都非常高档，达到了企业级标准，但所用的网卡却只是普通的 PCI10 Mbit/s 或 100 Mbit/s 网卡，这必将成为服务器性能发挥的瓶颈，再好的其他配置，最终也无法正常发挥。

这类现象还非常多，在此就不一一列举。这就要求在进行网络系统设计时，一定要全局综合考虑各部分的性能，不能只注重局部的性能配置，特别是交换机端口、网卡和服务器组件配置等方面。

4. 可用性原则

服务器的“四性”之一是“可用性”，网络系统也一样需要遵循。它决定了所设计的网络系统是否能满足用户应用和稳定运行的需求。网络的“可用性”主要表现了网络的“可靠性和稳定性”，这要求网络系统能长时间稳定运行，而不能经常出现这样或那样的问题，否则给用户带来的损失可能是非常巨大的，特别是大型外贸、电子商务类型的企业。“可用性”还表现在所选择产品要能真正用得上，如所选择的服务器产品只支持 UNIX 系统，而用户系统中根本不打算用 UNIX 系统，则所选择的服务器就派不上用场了。

网络系统的“可用性”通常是由网络设备的“可用性”决定的（软件系统也有“可用性”要求），主要体现在服务器、交换机、路由器和防火墙等重负荷设备上。在选购这些设备时，一定不要贪图廉价，而要选择一些国内外主流品牌、应用主流技术和成熟型号的产品。

另外，网络系统的电源供应在“可用性”保障方面也非常重要。对于关键网络设备和关键客户机来说，需要为这些节点配置足够功率的不间断电源（UPS），在电源出现不稳定或者停电时，可以持续供电一段时间用于用户保存数据并退出系统，以避免数据丢失。通常服务器、交换机、路由器和防火墙等关键设备要备有 1 h 以上（通常是 3 h）的 UPS，而关键客户机只需要接在支持 15 min 以上的 UPS 上即可。

5. 安全第一原则

网络安全也涉及许多方面，最明显、最重要的就是对外界入侵、攻击的检测与防护。现在的网络几乎无时无刻不受到外界的安全威胁，稍有不慎就会被病毒感染、黑客入侵，致使整个网络陷入瘫痪。在一个安全措施完善的计算机网络中，不但部署了病毒防护系统、防火墙隔离系统，还可能部署了入侵检测、木马查杀系统、物理隔离系统等，所选用系统的等级要根据相应网络规模大小和安全需求而定，并不一定要求每个网络系统都全面部署这些防护系统。

除了病毒、黑客入侵外，网络系统的安全性需求还体现在用户对数据的访问权限上。根据对应的工作需求为不同用户、不同数据配置相应的访问权限，对安全级别需求较高的数据则要采取相应的加密措施。同时，对用户账户，特别是高权限账户的安全更要高度重视，要采取相应的账户防护策略（如密码复杂性策略、账户锁定策略等），保护好用户账户，以防被非法用户盗取。

安全性防护的另一个重要方面就是数据备份和容灾处理。数据备份和容灾处理，在一定程度上决定了企业的生存与发展，特别是以电子文档为主的电子商务类企业数据。在设计网络系统时，一定要充分考虑到为用户数据备份和容灾部署相应级别的备份和容灾方案。如中小型企业通常是采用 Microsoft 公司 Windows 2000 Server、Windows Server 2003 系统中的备份工具，进行数据备份和恢复。对于大型的企业，则可能要采用“第三方”专门的数据备份系统，如 Veritas（维他斯，现已并入赛门铁克公司）公司的 BackupExec 系统。

3.3　网络拓扑结构设计

拓扑（Topology）结构是将各种物体的位置表示成抽象位置。在网络中，拓扑结构形象地描述了网络的安排和配置，包括各种节点和节点的相互关系。拓扑结构不关心事物的细节，也不在乎相互的比例关系，只将讨论范围内的事物之间的相互关系，通过图形表示出来。

3.3.1　有线局域网拓扑结构设计

网络中的计算机等设备要实现互联，就需要以一定的结构方式进行连接，这种连接方式就叫做“网络拓扑结构”，通俗地讲，就是用图形来表示这些网络设备是如何连接在一起的。

从拓扑学的观点来看，局域网可以看成是由一组节点和链路组成的网络。而网络中节点和链路的几何位置排列就是所要讨论的局域网拓扑结构。局域网的拓扑结构决定了局域网的工作原理和数据传输方法，一旦选定一种局域网的拓扑结构，则同时需要选择一种适合于该拓扑结构的局域网工作方法和信息的传输方式。另外，拓扑结构还与所采用的局域网技术和实现方式有关。

随着电子集成技术和通信技术的发展，局域网拓扑结构也在不断地变化和更新。20 世纪 60 年代推出了环状拓扑结构和星状拓扑结构。随着分布式控制的发展，70 年代又推出了总线型和树状拓扑结构。目前，局域网的拓扑结构主要有星状、环状、总线型、树状、网状型、混合型等几种。其中，星状、环状和总线型是广泛应用的 3 种网络拓扑结构单元，实际的企业网络拓扑结构基本上是这 3 种网络结构单元混合组成的，如后面介绍的树状和混合型拓扑结构。网状拓扑结构在局域网中基本上不单独采用，只是在一个网络的局部中采用，主要用于冗余连接，网状拓扑结构主要应用于广域网中。

1. 星状拓扑结构

星状拓扑结构是因集线器或交换机连接的各连接节点呈星状分布而得名。在星状结构的网络中有中央节点（集线器或交换机），其他节点（工作站、服务器）以中央节点为中心，与中央节点直接相连，因此星状拓扑结构又称为集中式拓扑结构或集中式网络。

（1）基本星状结构单元。星状结构是目前应用最广、实用性最好的一种拓扑结构。无论在局域网还是在广域网中，都可以见到它的身影（具体内容后续介绍），但主要应用于有线（双绞线）以太局域网中。如图 3-2 所示为最简单的单台集线器或交换机星状结构单元（目前集线器已基本不用，后续内容不再提及）。它采用的传输介质是双绞线和光纤，担当集中连接的设备的是具有双绞线 RJ-45 端口或者各种光纤端口的集线器或交换机。

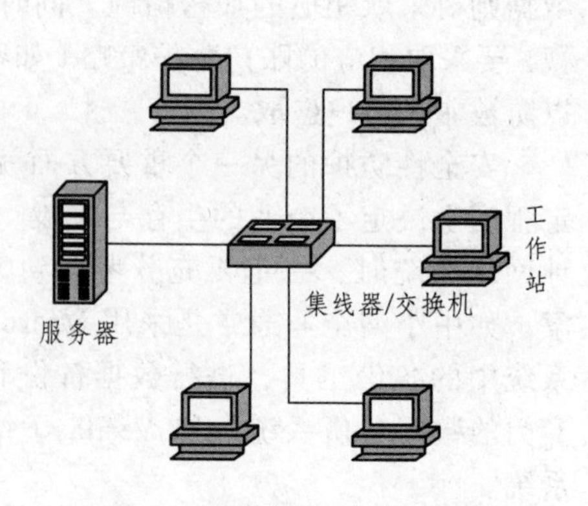

图 3-2 基本星状结构单元

在如图 3-2 所示的星状网络结构单元中，所有服务器和工作站等网络设备都集中连接在同一台交换机上。现在的固定端口交换机最多可以有 48 个（或以上）交换端口，所以这样一个简单的星状网络，完全可以适用于用户节点数在 40 个以内的小型企业或者分支办公室选用。

模块式的交换机端口数可达 100 个以上，可以满足一个小型企业连接使用。但实际上这种连接方式是比较少见的，因为单独使用一台模块化的交换机连接成本，要远高于采用多台固定端口交换机级联方式。模块化交换机通常用于大中型网络的核心层或汇聚层，小型网络很少使用。

扩展交换端口的另一种有效方法就是堆叠。有一些固定端口配置的交换机支持堆叠技术，通过专用的堆叠电缆连接，所有堆叠在一起的交换机都可以作为单一交换机来管理，这样不仅可以使端口数量得到大幅提高（通常最多堆叠 8 台），而且还可以提高堆叠交换机中各端口实际可用的背板带宽，提高了交换机的整体交换性能。

（2）多级星状结构。复杂的星状网络是在多级星状结构基础上，通过多台交换机级联形成的多级星状结构，主要用于满足更多不同地理位置分布的用户连接和不同端口带宽需求。如图 3-3 所示为一个包含两级交换机结构的星状网络，其中的两层交换机通常为不同档次，可以满足不同的需求，核心层交换机要选择档次较高的，用于连接下级交换机、服务器和高性能需求的用户工作站等，以下各级则可以依次降低要求，以便于最大限度地节省投资。

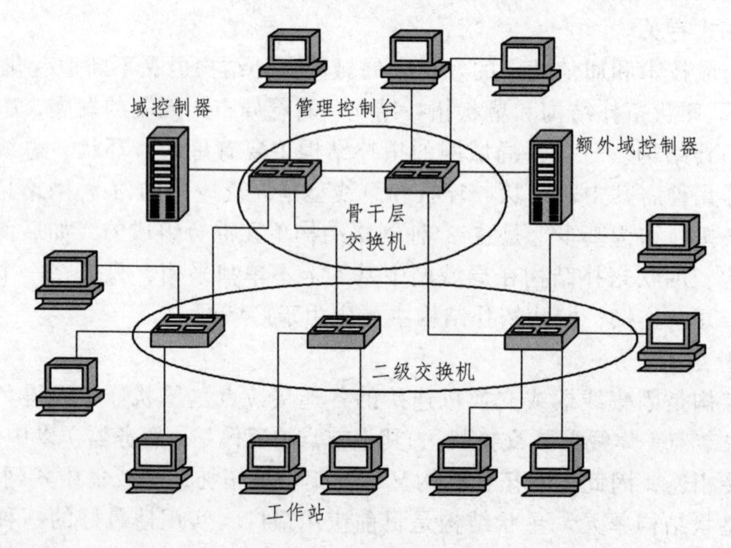

图 3-3 多级星状结构

在实际的大中型企业网络中，其网络结构可能要比图 3-3 所示的复杂得多，还可能有 3 级，甚至 4 级交换机的级联（通常最多部署 4 级），还可能有交换机的堆叠。图 3-4 所示为大型复杂多级星状结构示意图。在如图 3-4 所示的网络结构中，SS3 Switch 4400 位置就是由两台这样的交换机堆叠组成的。

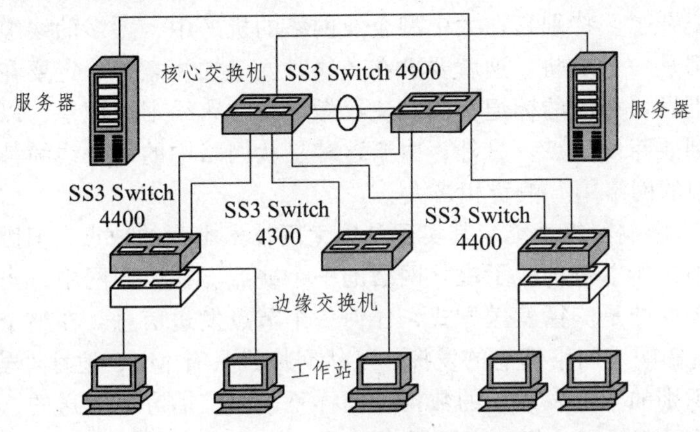

图 3-4 大型复杂多级星状结构

（3）星状结构传输距离限制。在星状网络中，通常采用双绞线作为传输介质，而单段双绞线的最大长度为 100 m，集线设备放置在中心点，这样采用此种结构的集线设备所能连接的网络范围最大直径只能达到 200 m，超过这个范围只能采用级联或者中继方式。如果采用光纤作为传输介质，传输距离可以延长很多。

（4）星状结构主要优缺点。

星状拓扑结构的优点主要体现在以下几个方面。

① 网络传输数据快。整个网络呈星状连接，网络的上行通道不是共享的，所以每个节点的数据传输对其他节点的数据传输影响非常小，这样加快了网络数据传输速度。后面将要介绍的环状网络所有节点的上、下行通道都共享一条传输介质，而同一时刻只允许一个方向的数据传输，其他节点要进行数据传输只有等到现有数据传输完毕后才可进行。

星状结构所对应的双绞线以太网标准的传输速率可以非常高，如普通的五类、超五类都可以通过 4 对芯线实现 1 000 Mbit/s 传输，七类屏蔽双绞线则可以实现 10 Gbit/s。而环状和总线型结构中，所对应的标准速率都在 16 Mbit/s 以内，明显低了许多。

② 成本低。星状结构所采用的传输介质通常采用常见的双绞线，这种传输介质相对其他传输介质（如同轴电缆和光纤）来说比较便宜。

③ 节点扩展方便。在星状网络中，节点扩展时只需要从交换机等集中设备空余端口中增加一条电缆即可。而要移动一个节点，只需要把相应节点设备连接网线从设备端口拔出，然后移到新设备端口即可，并不影响其他任何已有设备的连接和使用。

④ 维护容易。在星状网络中，每个节点都是相对独立的，一个节点出现故障不会影响其他节点的连接，可任意拆走故障节点。正因如此，这种网络结构受到用户的普遍欢迎，成为应用最广的一种拓扑结构类型。但如果核心设备出现故障，则会导致整个网络的瘫痪。

星状拓扑结构也有其缺点，主要体现在如下几个面。

① 核心交换机工作负荷重。虽然各用户工作站连接不同的交换机，但是最终还要与连接在网络中央核心交换机上的服务器进行用户登录和网络服务器访问，所以，中央核心交

换机的工作负荷相当繁重，这就要求担当中央设备的交换机的性能和可靠性非常高。其他各级集线器和交换机也连接多个用户，其工作负荷同样非常重，也要求具有较高的可靠性。

② 网络布线较复杂。每个计算机直接采用专门的网线与集线设备相连，这样整个网络中至少就需要所有计算机及网络设备总量以上条数的网线，使得本身结构就非常复杂的星状网络变得更加复杂了。特别是在大中型企业网络的机房中，太多的线缆无论对维护、管理还是机房安全都是一个威胁。这就要求在布线时要多加注意，一定要在各条线缆和集线器和交换机端口上做好相应的标记，同时建议做好整体布线书面记录，以备日后出现布线故障时能迅速找到故障发生点。另外，由于这种星状网络中的每条线缆都是专用的，利用率不高，在较大型的网络中，浪费相当大。

③ 广播传输，影响网络性能。其实这是以太网技术本身的缺点，但因星状网络结构主要应用于以太网中，所以也就成了星状网络的一个缺点。在以太网中，当集线器收到节点发送的数据时，采取的是广播发送方式，任何一个节点发送信息，在整个网中的节点都可以收到，从而严重影响了网络性能的发挥。虽然交换机具有 MAC 地址“学习”功能，但对于那些以前没有识别的节点发送来的数据，同样是采取广播方式发送的，所以同样存在广播风暴的负面影响，当然交换机的广播影响要远比集线器的小，在局域网中使用影响不大。

综上所述，星状拓扑结构是一种应用广泛的有线局域网拓扑结构。一般它采用的是廉价的双绞线，而且非共享传输通道，传输性能好，节点数不受技术限制，扩展和维护容易，因此它又是一种经济实用的网络拓扑结构。但受到单段双绞线长度 100 m 的限制，它仅应用于小范围（如同一楼层）的网络部署。超过这个距离，则要用到成本较高的光纤作为传输介质，传输介质发生改变，使得相应设备也要进行更换，设备要有相应光纤接口才行。

2. 环状拓扑结构

在计算机网络刚进入国内时，环状拓扑结构在企业局域网中应用非常普遍，因为那时大多数企业网络规模都非常小，只是一些重要部门才用得上局域网，并不是所有部门都组建网络。目前这一网络结构形式已基本不用，因为它的传输速率最高只有 16 Mbit/s，扩展性能又差，早已被性能远远超过它的双绞线星状结构以太网所替代。

（1）环状网络结构概述。环状网络拓扑结构主要应用于采用同轴电缆（也可以是光纤）作为传输介质的令牌网中，是由连接成封闭回路的网络节点组成的。如图 3-5 所示为一个典型的环状网络。

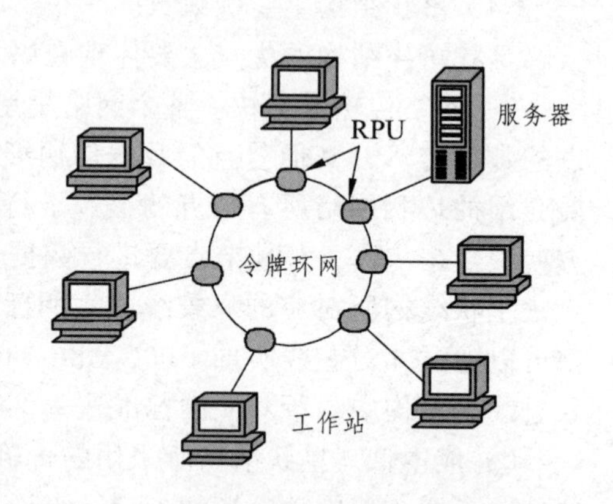

图 3-5 环状网络结构

这种拓扑结构的网络不是所有计算机真正连接成物理上的环形，可以是任意形状，如直线形、半环形等。这里所说的“环”是从电气性能上来讲的，“环”的形成并不是通过电缆两端的直接连接形成的，而是通过在环的电缆两端加装一个阻抗匹配器来实现环的。

这种网络中的每一节点是通过环中继转发器（RPU），与它左右相邻的节点串行连接，在传输介质环的两端各加上一个阻抗匹配器就形成了一个封闭的环路，在逻辑上就相当于形成了一个封闭的环路，“环”型结构因此得名。

（2）令牌环网工作原理。环状网络的一个典型代表是采用同轴电缆作为传输介质的 IEEE 802.5 的令牌环网（Token ring network）。目前也有用光纤作为传输介质的环状网，大大提高了环状网的性能。令牌环网络结构最早由IBM公司推出，最初的同轴电缆令牌环网传输速率为4 Mbit/s或16 Mbit/s，较当时只有2 Mbit/s的以太网性能要高出好几倍，所以在当时得到了广泛的应用。但随着以太网技术的跳跃式发展，令牌环网络技术性能就不能适应时代的要求，逐渐被淘汰。

在这种令牌环网络中，RPU从其中的一个环段（称为“上行链路”）上获取帧中的每个位信号，经过再生（整形和放大）后转发到另一环段（称为“下行链路”）。如果帧中宿（目的）地址与本节点地址一致，复制MAC帧，并送给附接本RPU的节点。在这种网络中，MAC帧会无止境地在环路中再生和转发，由发送节点完成。其中有专门的环监控器，监视和维护环路的工作。RPU负责网段的连接、信息的复制、再生和转发、环监控等。一旦RPU出现故障则可能导致网络瘫痪。

在令牌环网络中，只有拥有“令牌”的设备才允许在网络中传输数据。这样可以保证在某一时间内，网络中只有一台设备可以传送信息。在环状网络中信息流只能是单方向的，每个收到信息包的站点都向它的下游站点转发该信息包。信息包在环状网络中传输一圈，最后由发送站进行回收。当信息包经过目的站时，目的站根据信息包中的目标地址判断出自己是接收站，并把该信息复制到自己的接收缓冲区中。环路上的传输介质是各个计算机公用的，一台计算机发送信息时，必须经过环路的全部接口。只有当传送信息的目标地址与环路上某台计算机的地址相符合时，才被该计算机的环接口所接收，否则，信息传至下一个计算机的环接口。

在数据的发送方面，为了决定环上的哪个站可以发送信息，在这种网络中，平时在环上流动着一种叫令牌的特殊信息包，只有得到令牌的站才可以发送信息，当一个站发送完信息后就把令牌向下传送，以便下游的站点可以得到发送信息的机会。

环状网络的访问控制一般是分散式的管理，在物理上环状网络本身就是一个环，因此它适合采用令牌环访问控制方法。有时也有集中式管理，这时就需要专门的设备负责访问控制管理。而环状网络中的各个计算机发送信息时都必须经过环路的全部环接口，如果一个环接口程序故障，整个网络就会瘫痪，所以对环接口的可靠性要求比较高。为了提高可靠性，当一个接口出现故障时，则采用环旁通的办法。

（3）环状结构的主要优缺点。

环状结构网络的优点主要体现在以下几个方面。

① 网络路径选择和网络组建简单。在这种结构网络中，信息在环状网络中的流动是一个特定的方向，每两个计算机之间只有一个通路，简化了路径的选择，因此路径选择效率高，网络组建简单。

② 成本低。主要体现在两个方面：一方面是线材的成本非常低。在环状网络中各计算机连接在同一条同轴电缆上，所以它的同轴电缆成本非常低，电缆利用率相当高，节省了投资成本；另一方面，这种网络中不需要任何其他专用网络设备，所以无须花费任何投资购买网络设备。

尽管有以上两个优点，但环状网络的缺点仍是主要的，这也是它最终被淘汰的根本原因。环状结构网络的主要缺点体现在以下几个方面。

① 传输速度慢。传输速度慢是它最终不能得以发展和得到用户认可的最根本原因。虽然在刚出现时较当时的10 Mbit/s以太网，在速度上有一定优势（它可以实现16 Mbit/s的接入速率），但由于这种网络技术后来一直没有任何发展，速度仍在原来水平，相对现在最高

可达到 10 Gbit/s 的以太网来说，实在是太落后了，甚至无线局域网的传输速度都远远超过了它。这么低的连接性能决定了它只能被淘汰的局面。目前这种网络结构技术，只有在实验室中可以见到。

② 连接用户数非常少。在这种环状结构中，各用户是相互串联在一条同轴电缆上的，本来传输速率就非常低，再加上共享传输介质，各用户实际可能分配到的带宽就更低了，而且还没有任何中继设备，所以这种网络结构可连接的用户数就非常少，通常只是几个用户，最多不超过 20 个。

③ 传输效率低。这种环状网络共享一条传输介质，每发送一个令牌数据都要在整个环状网络中从头走到尾。如果已有节点接收了数据，在该节点接收数据后，也只是复制令牌数据，令牌还将继续传递，看是否还有其他节点需要同样一份数据，直到回到发送数据的节点。这样一来，传输速率本来就非常低的网络传输效率就更加低了。

④ 扩展性能差。因为是环状结构，且没有任何可用来扩展连接的设备，决定了它的扩展性能远不如星状结构好。如果要新添加或移动节点，就必须中断整个网络，在适当位置切断网线，并在两端做好 RPU 才能连接。受网络传输性能的限制，这种网络连接的用户数非常有限，也不能随意扩展。

⑤ 维护困难。虽然在这种网络中只有一条同轴电缆，看似结构非常简单，但它仍是一个闭环，设备都连接在同一条串行连接的环路上，所以一旦某个节点出现了故障，整个网络将出现瘫痪。而且，在这样一个串行结构中，要找到具体的故障点还是非常困难的，必须一个个节点排除。另一方面因为同轴电缆所采用的是插针接触方式，容易接触不良，造成网络中断，网络故障率非常高。

综上所述，环状拓扑结构性能差、传输性能低、连接用户少、可扩展性差和维护困难等都是它的致命的弱点，这也是决定它不能得以继续发展和应用的原因。

这种网络在 20 世纪 90 年代中期前还被应用，主要是小型个体企业，连接的用户数一般是 10 多个，现在也基本上不用了，即使只有几个用户。因为它的传输性能太差，16 Mbit/s 的传输速率远不能满足当前企业网络复杂应用的高带宽需求。另外，现在组建一个 10 多个用户的小型局域网的方案非常多，随便一台的集线器或交换机都可以实现，而且现在无线局域网性能有了大幅提高，54 Mbit/s 主流速率也远比 16 Mbit/s 高，网络成本可能高些，但就目前的这些网络设备价格水平，根本不会影响用户的购买。所以，建议用户在新构建网络系统时不要选择环状网络结构。

3. 总线型拓扑结构

总线型拓扑结构与环状结构有很多共同点，它们都主要是利用同轴电缆作为传输介质，而且网络通信中都是令牌的方式进行的。但其接入速率低于环状网络，所以与环状网络有着同样被淘汰的命运。在目前的局域网中，纯粹的总线网络基本上没有。

（1）总线型结构概述。总线型拓扑结构网络中，所有设备通过连接器并行连接到一个线缆（也称“中继线”或“总线”或“母线”或“干线”）上，并在两端加装一个“终接器”组件，如图 3-6 所示。

总线型网络所采用的传输介质可以是同轴电缆（包括粗缆和细缆），也可以是光纤，如 ATM 网、Cable MODEM 所采用的网络都属于总线型网络结构。为扩展计算机的台数，可以在网络中添加其他的扩展设备，如中继器等。令牌总线结构的代表技术就是 IBM 公司的 ARCNet 网络，如图 3-7 所示。

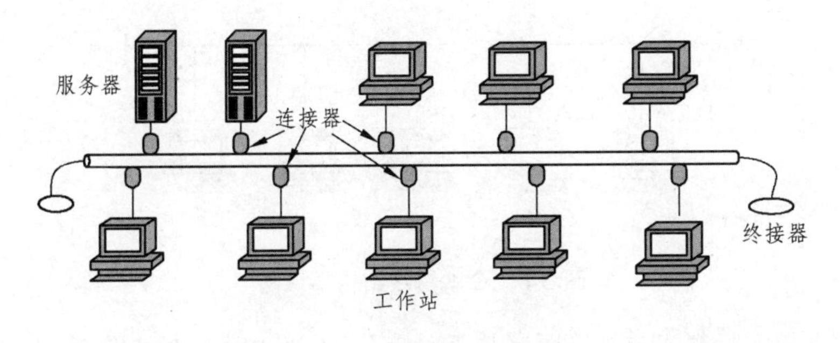

图 3-6 总线型结构

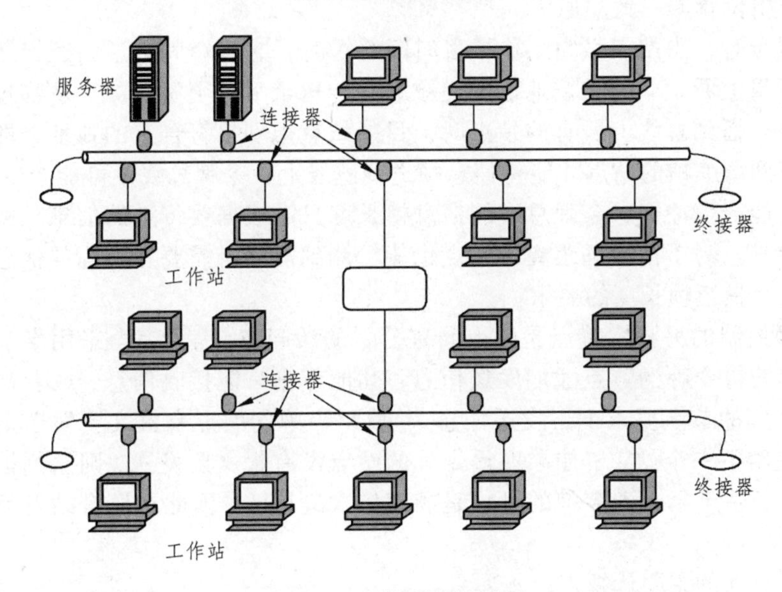

图 3-7 总线型结构扩展

从传输介质和网络结构上来看，它与环状结构非常类似，都是共享一条线缆，在线缆两端都要加装终接器匹配。但有一个重要的不同是：环状网络中的连接器与线缆是串联的，任何连接节点出现问题，都会断开整个网络；而总线型结构中的连接器与线缆是并联的，节点故障不会影响网络中的其他节点通信，而且总线型结构中的连接器还可以连接中继设备，连接其他网络，以扩展网络连接和传输距离。环状网络中的连接与总线型结构中的连接所采用的技术也不同。环状结构采用的是 IEEE 802.5 令牌环技术，而总线型结构采用的是 IEEE 802.4 令牌总线技术（但并不是所有环状网络都支持 IEEE 802.5 标准，也不是所有的总线型网络都支持 IEEE 802.4 标准）。

（2）令牌总线工作原理。令牌总线访问控制是将局域网物理总线的站点构成一个逻辑环，每一个站点都在一个有序的序列中被指定一个逻辑位置，序列中最后一个站点的后面又跟着第一个站点。每个站点都知道在它之前的前趋站和在它之后的后继站标识。为了保证逻辑闭合环路的形成，每个节点都动态地维护着一个连接表，该表记录着本节点在环路中的前趋、后继和本节点的地址，每个节点根据后继地址确定下一站有令牌的节点，如图 3-8 所示。

从图 3-8 中可以看出，在物理结构上，它是一个总线结构局域网，但是在逻辑结构上，又成了一种环状结构的局域网。和令牌环一样，站点只有取得令牌，才能发送帧，而令牌在逻辑环上依次循环传递。

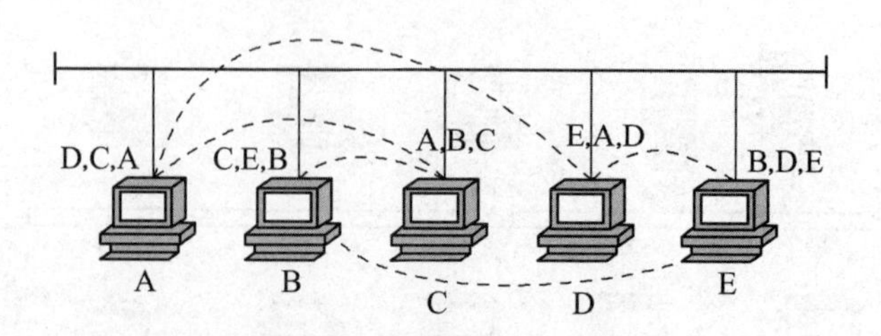

图 3-8　令牌总线结构局域网

总线上站点的实际顺序与逻辑顺序并无对应关系,这也就是在如图 3-8 所示结构中站点物理位置与逻辑位置不一致的原因。

在正常运行时，当站点做完工作或者时间终了时，它将令牌传递给逻辑序列中的下一个站点。从逻辑上看，令牌是按地址的递减顺序传送至下一个站点的。从物理上看，带有目的的令牌帧广播到总线上所有的站点时，目的站点识别出符合它的地址，即把该令牌帧接收。只有收到令牌帧的站点才能将信息帧送到总线上，令牌总线不可能产生冲突。

由于不可能产生冲突，令牌总线的信息帧长度只需根据要传送的信息长度来确定，没有最短帧的要求。为了使最远距离的站点也能检测到冲突，需要在实际的信息长度后添加填充位，以满足最短帧长度的要求。

令牌总线控制的另一个特点是站点间有公平的访问权。因为完全采用半双工的操作方式，所以只有获得令牌的节点才能发送信息，其他节点只能接收信息，或者被动地发送信息（在拥有令牌的节点要求下，发送信息）。取得令牌的站点有报文要发送则可发送，随后将令牌传递给下一个站点；如果取得令牌的站点没有报文要发送，则立刻把令牌传递到下一站点。由于站点接收到令牌的过程是顺序依次进行的，因此对所有站点都有公平的访问权。

（3）令牌总线的主要优缺点。

总线拓扑结构的优点与环状拓扑结构类似，主要有如下几点。

① 网络结构简单，易于布线。因为总线型网络与环状网络一样。都是共享传输介质，也通常无需另外的网络设备，所以整个网络结构比较简单，布线比较容易。

② 扩展较容易。这是它相对同样是采用同轴电缆或光纤作为传输介质的环状网络结构的一个最大优点。因为总线型结构网络中，各节点与总线的连接是通过并行连接的，所以节点的扩展无需断开网络，扩展容易许多。而且还可通过中继器设备扩展连接到其他网络中，进一步提高了网络可扩展性能。

③ 维护容易。因为总线型结构网络中的连接器与总线是并行连接的，所以这给整个网络的维护带来了极大的便利。一个节点的故障不会影响其他节点，更不会影响整个网络，所以故障点的查找容易了许多。这与星状结构相类似。

尽管有这些优点，但是它与环状结构网络一样，缺点仍是主要的，这些缺点也决定了它在当前网络应用中极少使用。总线型结构的缺点主要表现在以下几个方面。

① 传输速率低。IEEE 802.5 令牌环网中的最高传输速率可达 16 Mbit/s，但 IEEE 802.4 标准下的令牌总线标准最高传输速率仅为 10 Mbit/s。所以它虽然在扩展性方面较令牌环网有一些优势，但它同样摆脱不了被淘汰的命运。现在 10 Mbit/s 的双绞线集线器星状结构都不再应用了，总线型结构的唯一优势就是同轴电缆比双绞线具有更长一些的传输距离，而这些优势相对光纤来说，根本不值一提。在星状结构中同样可以采用光纤作为传输介质，

以延长传输距离。

② 故障诊断困难。虽然总线拓扑结构简单，可靠性高，而且是互不影响的并行连接，但故障的检测仍然很不容易。这是因为这种网络不是集中式控制，故障诊断需要在网络中各节点计算机上分别进行。

③ 故障隔离比较困难。在这种结构中，如果故障发生在各个计算机内部，只需要将计算机从总线上去掉，比较容易实现。但如果是总线发生故障，则故障隔离比较困难。

④ 网络效率和传输性能不高。在这种结构网络中，所有的计算机都在一条总线上，发送信息时比较容易发生冲突，故这种结构的网络实时性不强，网络传输性能也不高。

⑤ 难以实现大规模扩展。虽然相对环状网络来说，总线型的网络结构在扩展性方面有了一定的改善，可以在不断开网络的情况下添加设备，还可添加中继器之类的设备进行扩展，但仍受到传输性能的限制，其扩展性远不如星状网络，难以实现大规模的扩展。

综上所述，单纯总线型结构网络目前也已基本不用，因为传输性能太低，可扩展性也受到性能的限制。目前只有在混合型网络结构中才用到总线型结构，在这些混合型网络中使用总线型结构的目的就是用来连接两个（如两栋建筑物）或多个（如多楼层）相距超过100 m 的局域网。细同轴电缆连接的距离可达 185 m，粗同轴电缆可达 500 m。如果超过这两个标准，就需要用到光纤。但无论采用哪种传输介质的总线型结构，传输速率都保持在10 Mbit/s，实用性极低，不如直接采用光纤星状结构更优。

4. 树状拓扑结构

树状拓扑结构可以认为是由多级星状结构组成的，这种多级星状结构自上而下，即从核心交换机到汇聚层交换机，再到边缘层交换机是呈三角形分布，上层的终端和集中变换节点少，中层的终端和集中交换节点多些，而下层的终端和集中交换节点最多。

像倒置的一棵树一样，最顶端的枝叶少些，中间的枝叶多些，而最下面的枝叶最多，树的最下端相当于网络中的边缘层，树的中间部分相当于网络中的汇聚层，而树的顶端则相当于网络中的核心层，顶端交换机就是树的“干”。它采用分级的集中控制方式，其传输介质可有多条分支，但不形成闭合回路，每条通信线路都必须是支持双向传输的，如图 3-9 所示。

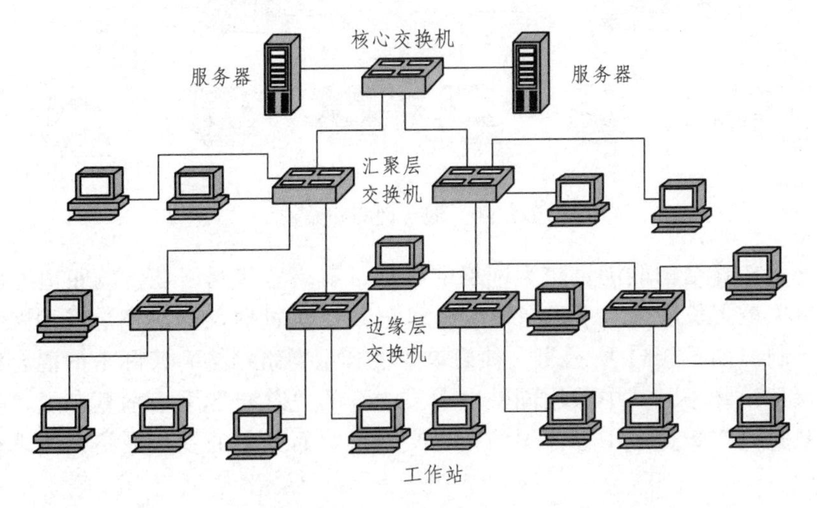

图 3-9 树状拓扑结构

大中型网络通常采用树状拓扑结构，它的可折叠性非常适用于构建网络主干。由于树状拓扑结构具有非常好的可扩展性，并可通过更换集线设备使网络性能迅速升级，极大地保护了用户的布线投资，因此非常适宜作为网络布线系统的网络拓扑。

树状拓扑结构除了具有星状拓扑结构的所有优点外。还具有以下自身优点。

（1）扩展性能好。这是星状拓扑结构的主要优点，通过多级星状级联，就可以十分方便地扩展原有网络，实现网络的升级改造。只要简单地更换高速率的集线设备，即可平滑地从 10 Mbit/s 升级至 100 Mbit/s、1 000 Mbit/s 甚至 l0 Gbit/s，实现网络的升级。正是由于这个重要的特点，星状网络结构才会成为网络综合布线的首选。

（2）易于网络维护。集线设备居于网络或子网络的中心，这是放置网络诊断设备的绝好位置。就实际应用来看，利用附加于集线设备中的网络诊断设备，可以使故障的诊断和定位变得简单而有效。

这种结构的缺点就是对核心交换机的依赖性太大，如果核心交换机发生故障，则全网不能正常工作。另外，大量数据要经过多级传输，系统的响应时间较长。

5. 混合型网络结构

混合型网络结构是目前局域网，特别是大中型局域网中应用最广泛的网络拓扑结构。它可以解决单一网络拓扑结构的传输距离和连接用户数扩展的双重限制。

（1）混合型结构概述。混合型结构中，常见的是由星状结构和总线型结构结合在一起组成的，如图 3-10 所示。

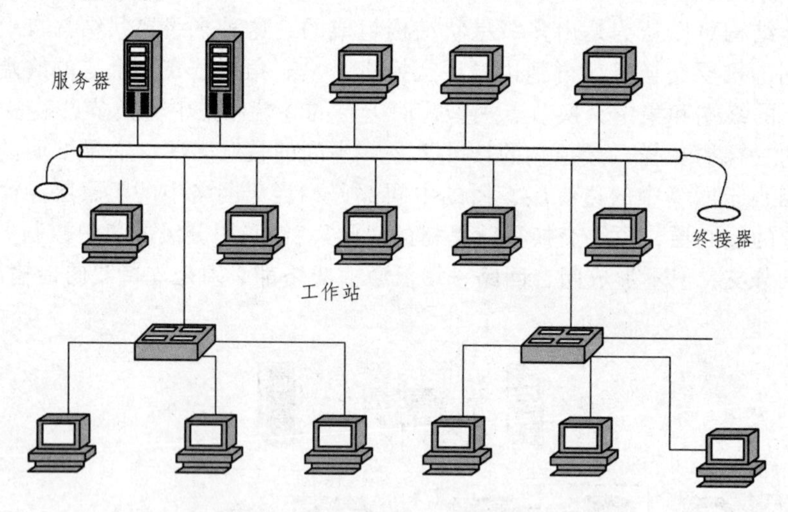

图 3-10 混合型拓扑结构

混合型网络拓扑结构能满足较大网络的扩展，解决星状网络在传输距离上的局限（因为双绞线的单段最大长度要远小于同轴电缆和光纤），而同时又解决了总线型网络在连接用户数量上的限制。如图 3-11 所示为一种简单的混合型网络结构，实际上的混合结构网络主要应用于多层建筑物中。其中采用同轴电缆或光纤的“总线”用于垂直布线，基本上不连接工作站，只是连接各楼层中各公司的核心交换机，而其中的星状网络则体现在各楼层的各用户网络中。

这种网络拓扑结构主要用于较大型的局域网中，如果一个单位有几栋在地理位置上分布较远（但是同一小区中）的建筑物，或者分布在多个楼层中，可以采用混合型的网络结构。但现在也基本上不用这种混合型的网络结构，而都是采用分层星状结构（相当于树状结构）。因为在一般 20 层以内的楼中，100 m 的双绞线就可以满足（通常采用大对数双绞线，如 25 对，每对的一端连接一个中心交换机端口，另一端连接各楼层交换机的端口），如图 3-12 所示。

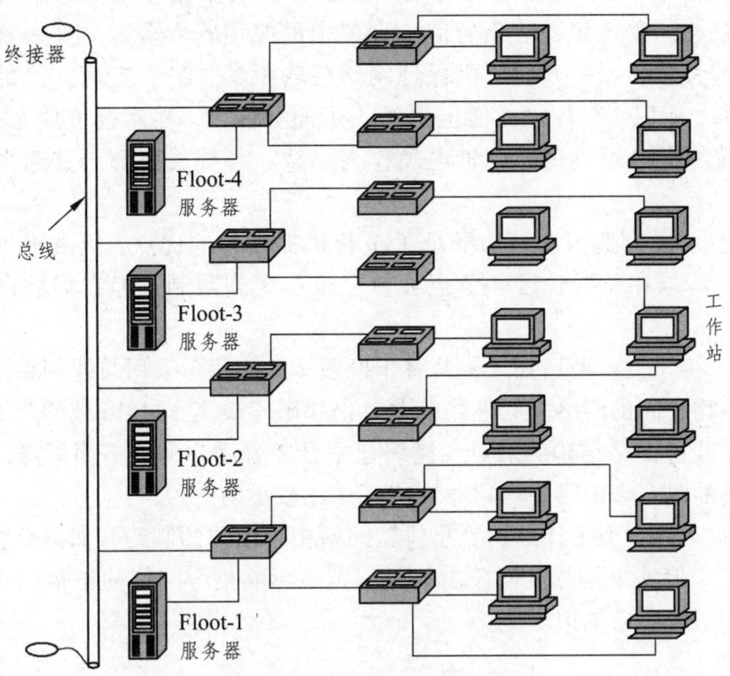

图 3-11 混合型拓扑结构

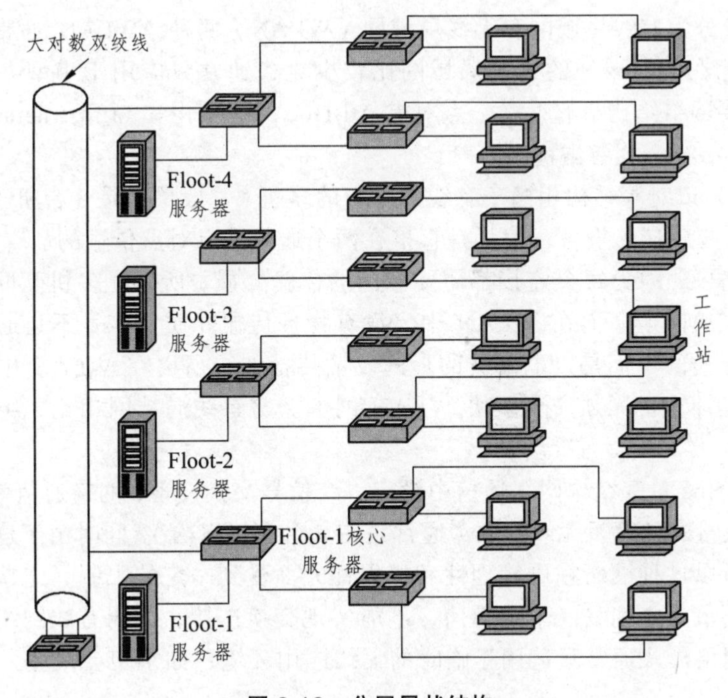

图 3-12 分层星状结构

如果距离过远，如高楼层或者多建筑物之间的网络互联，则可以用光纤作为传输介质。无论哪一种情况，采用混合型网络结构的传输性能均要比总线型连接方式好许多。

（2）混合型拓扑结构的主要特点。

① 应用广泛。混合型拓扑结构解决了星状和总线型拓扑结构的不足。满足了大公司组网的实际需求，在一些智能化的信息大厦中的应用非常普遍。在一幢大厦中，各楼层间采用光纤作为总线，一方面可以保证网络传输距离，另一方面，光纤的传输性能要远好于同轴电缆，所以，在传输性能上也给予了充分保证。当然投资成本会有较大增加。在一些较小建筑物中也可以采用同轴电缆作为总线，各楼层内部仍普遍采用双绞线星状以太网。

② 扩展灵活。混合型拓扑结构继承了星状拓扑结构的优点，但由于仍采用广播式的消息传送方式，所以在总线长度和节点数量上也会受到限制，但在局域网中的影响并不是很大。

③ 性能差。由于混合型拓扑结构其骨干网段（总线段）采用总线网络连接方式，因此各楼层和各建筑物之间的网络互联性能较差。仍局限于最高 16 Mbit/s 的速率。另外，这种结构网络具有总线型网络结构的弱点，网络速率会随着用户的增多而下降。当然在采用光纤作为传输介质的混合型网络中，这些影响还是比较小的。

④ 较难维护。混合型拓扑结构受总线型网络拓扑结构的制约，如果总线断开，则整个网络也就瘫痪了，但如果是分支网段出故障，则不影响整个网络的正常运作。还有，整个网络非常复杂，不太容易维护。

3.3.2 无线局域网拓扑结构设计

局域网一般分为有线局域网和无线局域网（WLAN）两种，WLAN 通常是作为有线局域网的补充而存在的，单纯的无线局域网比较少见，通常只应用于小型办公网络中。在 WLAN 中，主要网络结构只有两类：点对点 Ad-Hoc 对等结构和 Infrastructure 结构。

1. 点对点 Ad-Hoc 对等结构

点对点 Ad-Hoc 对等结构相当于有线网络中的多机（一般最多是 3 台机）直接通过网卡互联，中间没有集中接入设备，信号是直接在两个通信端点对点传输的。

在有线网络中，因为每个连接都需要专门的传输介质，所以在多机互联中，一台计算机可能要安装多块网卡。而在 WLAN 中，没有物理传输介质，信号不是通过特定的传输介质作为信道传输的，而是以电磁波的形式发散传播的，所以在 WLAN 中的点对点对等连接模式中，各计算机无须安装多块 WLAN 网卡。与有线局域网相比，组网方式要简单许多。

点对点 Ad-Hoc 对等结构网络通信中没有一个信号交换设备，网络通信效率较低，所以仅适用于较少数量的计算机无线互联（通常是在 5 台主机以内）。同时由于这一模式没有中心管理单元，所以这种网络在可管理性和扩展性方面受到一定的限制，连接性能也不是很好。而且各无线节点之间只能单点通信，不能实现交换连接，如同有线网络中的对等网一样。这种无线网络模式通常只适用于临时的无线应用环境，如小型会议室，SOHO 家庭无线网络等。

由于这种网络模式的连接性能有限，所以此种方案的实际效果可能会差一些。随着现在的无线局域网设备价格大幅下降，无线 AP 价格相对便宜，根本没必要采用这种连接性能受到诸多限制的对等无线局域网模式。

要达到无线连接的最佳性能，所有主机最好都选用同一品牌、同一型号的无线网卡，并且要详细了解相应型号的网卡是否支持点对点 Ad-Hoc 网络连接模式。有些无线网卡只支持 Infrastructure 结构模式，但绝大多数无线网卡是同时支持这两种网络结构模式的。

2. Infrastructure 结构

基于无线 AP 的 Infrastructure 结构模式，与有线网络中的星状交换模式相似，也属于集中式结构类型。其中的无线 AP 相当于有线网络中的交换机，起到集中连接和数据交换的作用。这种无线网络结构中，除了需要 Ad-Hoc 对等结构中，在每台主机上安装无线网卡外，还需要一个 AP 接入设备，俗称“访问点”或“接入点”。这个 AP 设备主要用于集中连接所有无线节点，并进行集中管理。一般的无线 AP 还提供了一个有线以太网接口，用于与有线网络、工作站和路由设备的连接。

这种网络结构模式的特点主要表现在网络易于扩展、便于集中管理、能提供用户身份验证等优势。另外，数据传输性能也明显高于 Ad-Hoc 对等结构。在这种 AP 网络中，AP 和无线网卡还可针对具体的网络环境调整网络连接速率，如 11 Mbit/s 的可使用速率可以调整为 1 Mbit/s、2 Mbit/s、5.5 Mbit/s 和 11 Mbit/s 4 挡；54 Mbit/s 的 IEEE 802.11a 和 IEEE 802.11g 的可使用速率则更有 54 Mbit/s、48 Mbit/s、36 Mbit/s、24 Mbit/s、18 Mbit/s、12 Mbit/s、11 Mbit/s、9 Mbit/s、6 Mbit/s、5.5 Mbit/s、2 Mbit/s、1 Mbit/s 共 12 个不同速率可动态转换，以发挥相应网络环境下的最佳连接性能。

理论上一个支持 IEEE 802.11b 的 AP 最大可连接 72 个无线节点，实际应用中考虑到更高的连接需求，建议为 10 个节点以内。由于在实际的应用环境中，连接性能往往受到许多方面因素的影响，所以实际连接速率要远低于理论速率，如前面介绍的 AP 和无线网卡可针对特定的网络环境动态调整速率。当然在具体应用中，对于带宽要求较高（如学校的多媒体教学、电话会议和视频点播等）的应用，最好单个 AP 所连接的用户数少些；对于简单的网络应用可适当多些。同时要求单个 AP 所连接的无线节点要在其有效的覆盖范围内，这个距离通常为室内 100 m 左右，室外 300 m 左右。如果是支持 IEEE 802.11a 或 IEEE 802.11g 的 AP，因为它的速率可达到 54 Mbit/s，而且有效覆盖范围也比 IEEE 802.11b 的大一倍以上，理论上单个 AP 的连接节点数在 100 个以上，但实际应用中所连接的用户数最好在 20 个左右。

另外，Infrastructure 结构的无线局域网不仅可以应用于独立的无线局域网中，如小型办公室无线网络、SOHO 家庭无线网络，也可以以它为基本网络结构单元，组建成庞大的无线局域网系统，如 ISP 在“热点”位置为各移动办公用户提供的无线上网服务，在酒店、机场等为用户提供的无线上网区等。不过这时就要充分考虑到各 AP 所占用的信道，在同一有效距离内只能使用 3 个不同的信道。

如图 3-13 所示为某宾馆的无线网络方案，宾馆中各楼层中的无线网络用户通过一条宽带接入线路与 Internet 连接。还可以与企业原有的有线网络连接，组成混合网络。无线网络与有线网络连接的网络结构与图 3-13 相似，不同之处只是围中的交换机通常要与企业有线网络的核心交换机相连，而不是直接连接其他网络或无线设备。

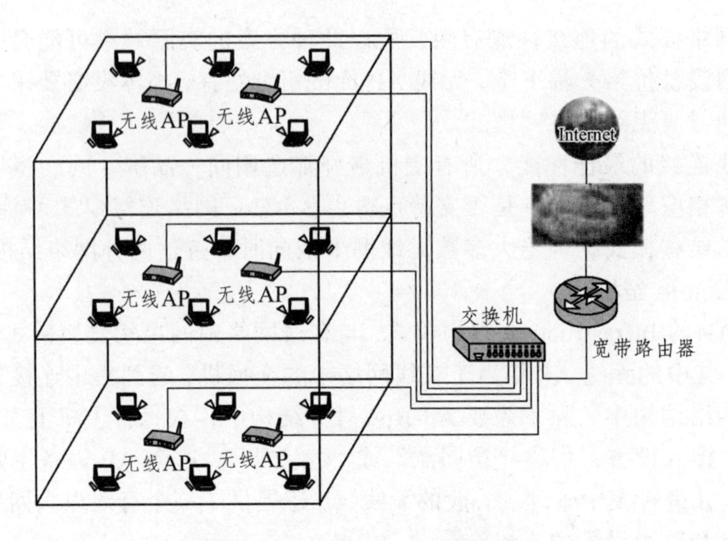

图 3-13 某宾馆无线网络方案

3.3.3 网络拓扑结构图的绘制

经过详细地了解和分析后，就要为具体的用户设计与之相适应的网络拓扑结构。不仅需要设计出网络的总体结构，还要细化到关键节点的具体位置，并标出哪些节点属于保留备用，哪些节点用来连接什么样的主机，为后面将要进行的综合布线系统设计提供重要依据。为了更明确地指出拓扑结构的全面信息，还需要以文字的形式在相应结构图中，或图的外面作具体说明，以解决图示方式不能很好标注的问题。网络拓扑结构图的绘制常采用以下工具。

1. Visio 2003 的拓扑结构绘制方法

Visio 系列软件是 Microsoft 公司开发的高级绘图软件，属于 Microsoft Office 系列，可以绘制流程图、网络拓扑图、组织结构图、机械工程图等。它功能强大，易于使用，它可以帮助网络工程师创建商业和技术方面的图形，对复杂的概念、过程以及系统进行组织和文档备案。Visio 2003 还可以通过直接与数据资源同步自动化数据图形，提供最新的图形，还可以通过自定义来满足特定需求。使用 Visio 2003 绘制网络拓扑结构图有 5 个基本步骤。

（1）运行 Visio 2003 软件，在打开的如图 3-14 所示窗口左边【类别】列表中选择【网络】选项，然后在右边窗口中选择一个对应的选项，或者在 Visio 2003 主界面中选择【新建】→【网络】菜单下某个命令，都可打开如图 3-15 所示操作界面（以选择【详细网络图】选项为例）。

在如图 3-16 所示右边的绘图窗口中默认显示网格和标尺，如果取消显示，则可通过选择菜单【视图】→【网格】命令操作即可取消。

（2）在左边图元列表中选择【网络和外设】选项。在其中的图元列表中选择【交换机】选项（因交换机通常是网络的中心，首先确定好交换机的位置），按住鼠标左键把交换机图元拖曳到右边绘图窗口中的相应位置，然后释放鼠标左键，得到一个交换机图元，如图 3-16 所示。

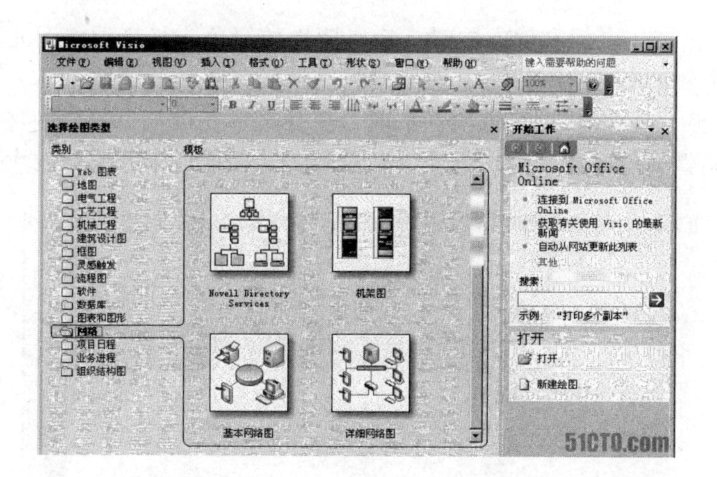

图 3-14　Visio 2003 主界面

图 3-15　Visio 2003 操作窗口界面

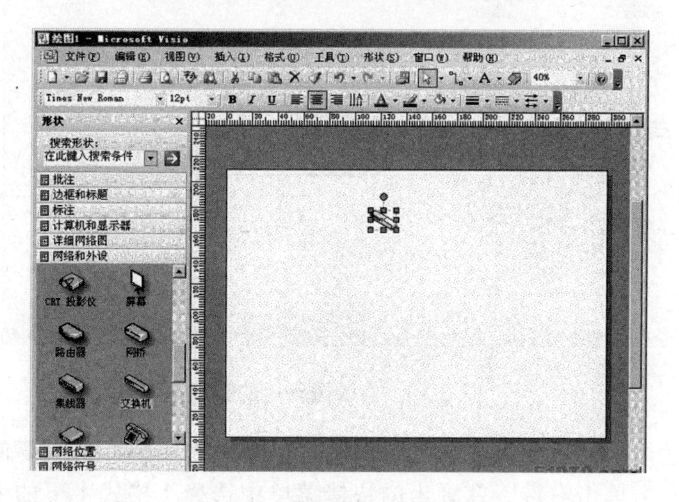

图 3-16　放置图元的窗口界面

用户还可以在按住鼠标左键的同时，拖曳四周的绿色方格来调整图元大小，或者按住鼠标左键的同时，旋转图元顶部的绿色小圆圈，以改变图元的摆放方向，再通过把鼠标光标放在图元上，然后在出现 4 个方向箭头时，按住鼠标左键拖曳可以调整图元的位置。如图 3-17 所示为调整后的一个交换机图元，通过双击图元可以查看它的放大图。

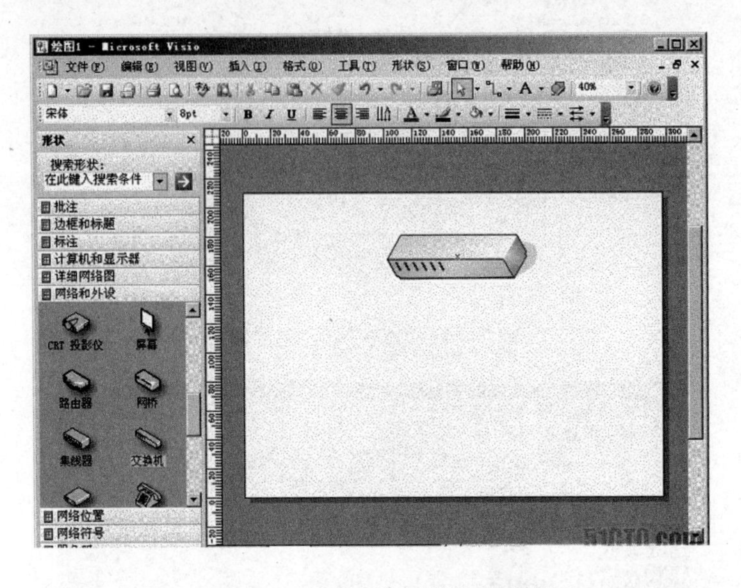

图 3-17　调整图元后的窗口界面

（3）为交换机标注型号可单击工具栏中的按钮，即可在图元下方显示一个小的文本框，此时可以输入交换机型号或其他标注。输入完后，在空白处单击即可完成输入，图元又恢复原来调整后的大小，如图 3-18 所示。

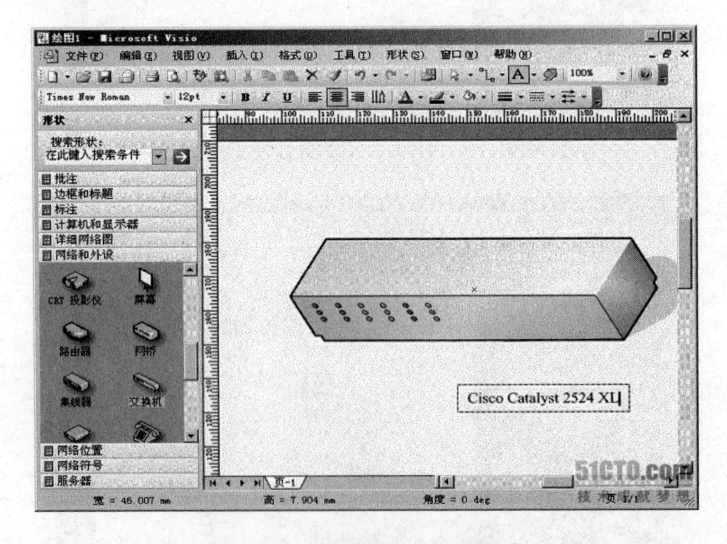

图 3-18　修改图元后的窗口

标注文本的字体、字号和格式等都可以通过工具栏来调整，如果要使调整适用于所有标注，则可在图元上单击右键，在弹出的快捷菜单中选择【格式】下的【文本】命令，打开如图 3-19 所示的对话框，在此可以进行详细的配置。标注输入文本框的位置，也可通过按住鼠标左键拖拽标注来移动。

图 3-19　字体设置界面

（4）以同样的方法添加一台服务器，并把它与交换机连接起来。服务器的添加方法与交换机一样，在此只介绍交换机与服务器的连接方法。在 Visio 2003 中连接方法很复杂，可以不考虑，只需使用工具栏中的连接线工具进行连接即可。在选择了该工具后。单击要连接的两个图元之一，此时会有一个红色的方框，移动鼠标光标选择相应的位置，当出现紫色星状点时按住鼠标左键，把连接线拖曳到另一图元，注意此时如果出现一个大的红方框则表示不宜选择此连接点，当其出现有小的红色星箭点时即可释放鼠标，则连接成功。如图 3-20 所示为交换机到服务器的连接。

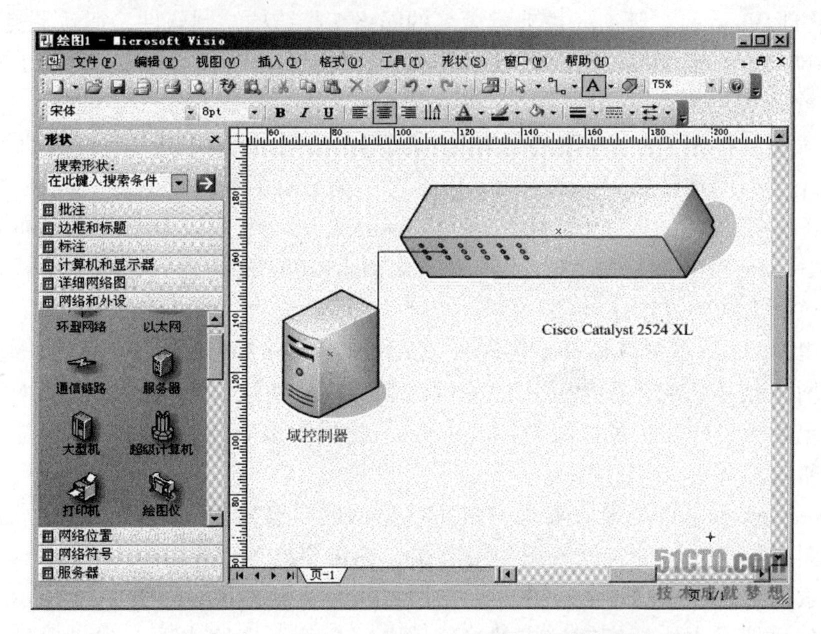

图 3-20　Visio 2003 交换机与服务器连接界面

在移动图元大小、方向和位置时，一定要在工具栏中选择【选取】工具，否则不会出现图元大小、方向和位置的方点和圆点，无法调整。要整体移动多个图元的位置，可在同时按住【Ctrl】和【Shift】两键的情况下，按住鼠标左键拖曳选取整个要移动的图元，当出现一个矩形框，并且鼠标光标呈 4 个方向箭头时，即可通过拖拽鼠标移动多个图元。要删除连接线，只需先选取相应连接线，然后再按【Delete】键即可。

（5）把其他网络设备图元一一添加，并与网络中的相应设备图元连接起来，当然这些设备图元可能会在左边窗口中的不同类别选项窗格下面。如果已显示的类别中没有包括这些设备图元，则可通过单击工具栏中的按钮，打开一个类别选择列表，从中可以添加其他类别显示在左边窗口中。如图 3-21 所示为一个通过 Visio 2003 绘制的简单网络拓扑结构示意图。

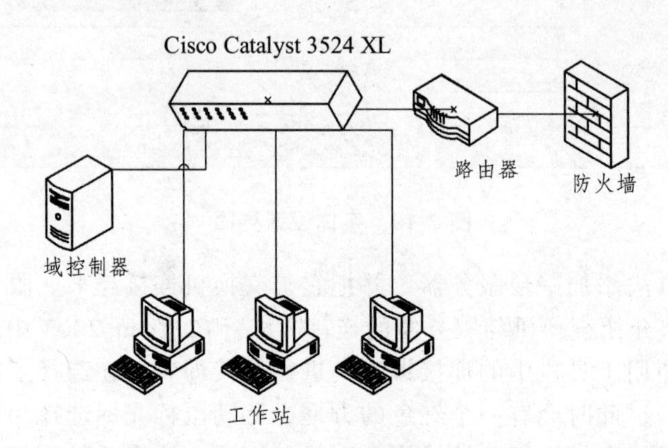

图 3-21 Visio 2003 绘制的简单网络拓扑结构示意图

2. 利用 LAN MapShot 绘制网络拓扑结构

除了微软件 Visio 外，还有一款非常著名的网络拓扑结构绘制软件，那就是美国福禄克网络公司的 LAN MapShot。2004 年 3 月，美国华盛顿，福禄克网络公司宣布全新的 LAN MapShot 2.0 版本软件作为 Microsoft Office Visio 2003 资源工具的一部分（需要与 Visio 一起使用），提供给 IT 专业人员，扩充了市面上流行的 Microsoft Office Visio 2003 绘图软件的功能。

LAN MapShot 网络拓扑专家软件 2.0 版本对厂商专有的管理信息库（MIB）提供广泛的交换机支持，包括 Cisco Systems、Extreme Networks、Avaya 以及 Dell 等公司的产品。福禄克公司的 LAN MapShot 软件与 Microsoft Office Visio 2003 的结合，让网络工程师可以轻松地绘制出交换以太网的详细拓扑图。

除了利用 Visio 绘制网络拓扑结构图外，LAN MapShot 2.0 还有它自身的一些独特功能，如自动发现网络拓扑结构，简单易用的单键绘制功能，快速设备查找，简明网络接线图显示，用户自定义报告样式，可以设置用户 Logo，提供管道和端口详细资料，显示通过自己节点的形象路由图等。

【Discovery/Maps】选项卡可实现网络拓扑结构的自动发现，并按用户要求自动绘制网络拓扑结构图。如果让软件自动发现网络结构，则可直接单击【Start Discovery】按钮，软件便自动搜索网络中相应的设备。并分析它们之间的逻辑关系，如图 3-22 所示。

但该软件只能发现本地广播域中的网络设备，包括一个路由器。如果要显示整个网络的所有广播域设备，则要利用下面介绍的【Broadcast Domains】（广播域）选项来手工绘制。

自动发现完成后，可用下面的【Draw New Map】功能让系统自动绘制自己想要的网络结构图。只需在【Network Maps】下拉列表中，选择让软件自动给出的网络结构图类型即可，如图 3-23 所示。其中包括很多选项，具体选择不仅要根据企业实际网络结构类型，更重要的是根据用户想要得到什么类型的结构图。其中主要选项的功能如下。

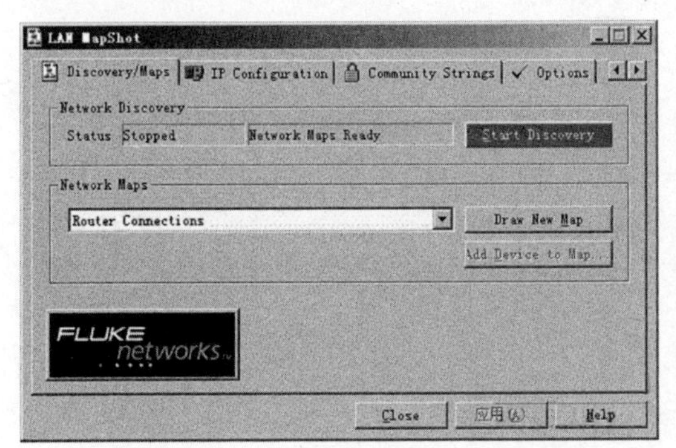

图 3-22 Discovery Maps 选项卡

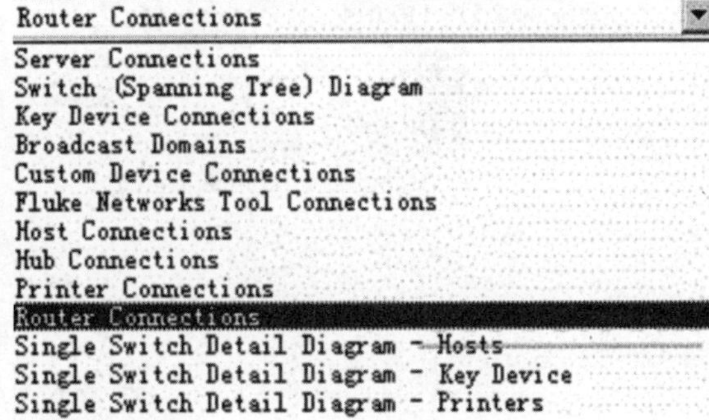

图 3-23 Discovery Maps 操作界面

① Server Connections：显示广播域中的服务器、交换机和连接集线器设备。

② Switch（SpanningTree）Diagram：显示广播域中的交换机和连接集线器设备。

③ Key Device Connections：显示广播域中的服务器、路由器和连接集线器设备。

④ Broadcast Domains：显示在网络和路由器连接中所有发现的广播域。

⑤ Custom Device Connections：允许选择在自己定义的客户端结构图中显示的发现设备。

⑥ Fluke Networks Tool Connections：显示广播域中福禄克公司网络工具、交换机和连接集线器设备。

⑦ Host Connections：显示广播域中所有发现的主机设备、交换机和连接集线器设备。

⑧ Hub Connections：仅显示广播域中的集线器设备。

⑨ Printer Connections：显示广播域中的打印机、交换机和连接集线器设备。

⑩ Router Connections：显示广播域中的路由器、交换机和连接集线器设备。

⑪ Single Switch Detail Diagrams-Hosts：显示单一交换机结构图中的详细主机。

⑫ Single Switch Detail Diagrams-Key Devices：显示单一交换机结构图中所连接的关键设备，包括服务器、路由器、交换机和连接集线器等。

⑬ Single Switch Detail Diagrams-Printers：显示单一交换机结构图中所连接的打印机，包括连接集线器和打印机设备。

选择相应的选项后，则单击如图 3-22 所示界面中间的【Draw New Map】按钮，打开 Visio 2003 显示自动给出的相应类型拓扑结构图。下面给出几个 LAN MapShot 2.0 根据以上选择自动生成的典型网络拓扑结构图。如图 3-24 所示为在如图 3-23 所示的下拉列表中选择【Single Switch Detail Diagrams-Key Devices】选项后所生成的本地广播域拓扑结构图；而如图 3-25 所示则是在选择【Broadcast Domains】选项后自动生成的广播域结构图。

另外，还有一些小的拓扑结构软件也可以辅助选用，如 NetworkView、Fast Draw（速圆）和亿图专业流程图、网络图制作工具等。NetworkView 软件是一个自动绘制网络拓扑图的工具，启动该软件后会自动扫描处于本网段内的所有网络设备，包括路由器、交换机以及防火墙设备。然后根据扫描结果自动绘制出一个网络拓扑图来。Fast Draw 软件适用于许多种行业，可广泛用于多种行业的多种应用领域，例如，可以开发电力、工业机器等各种 52~1 k 监控软件以及图形建模工作流的图、图形管理、工程制图、GIS 系统等专业应用，

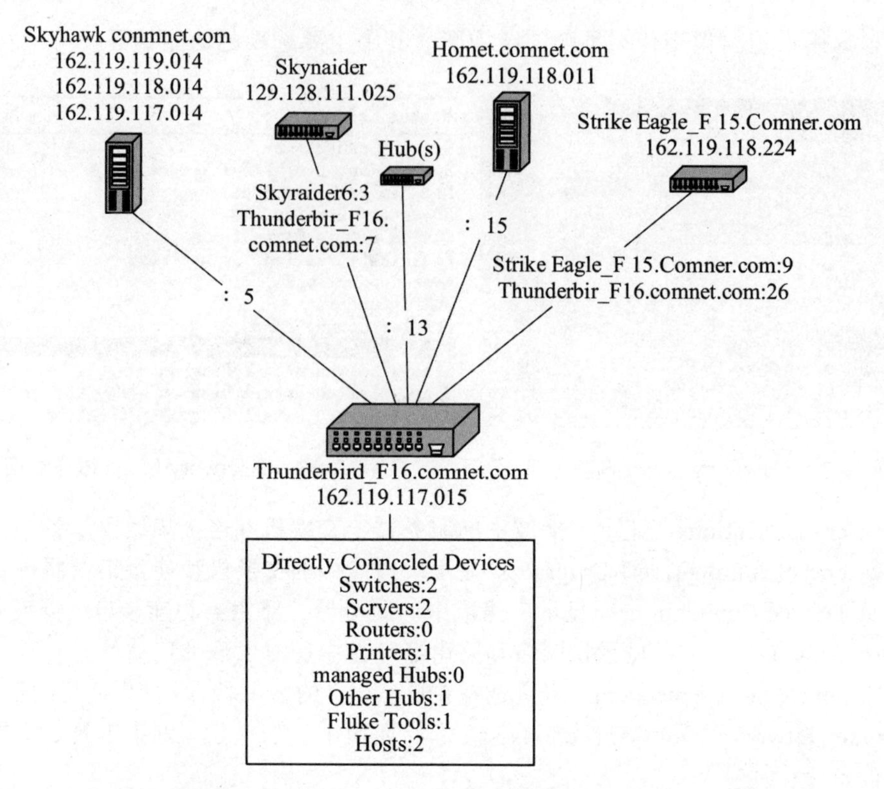

图 3-24 选择 Singlc Switch Detail Diagrams-Key Devices 拓扑结构图

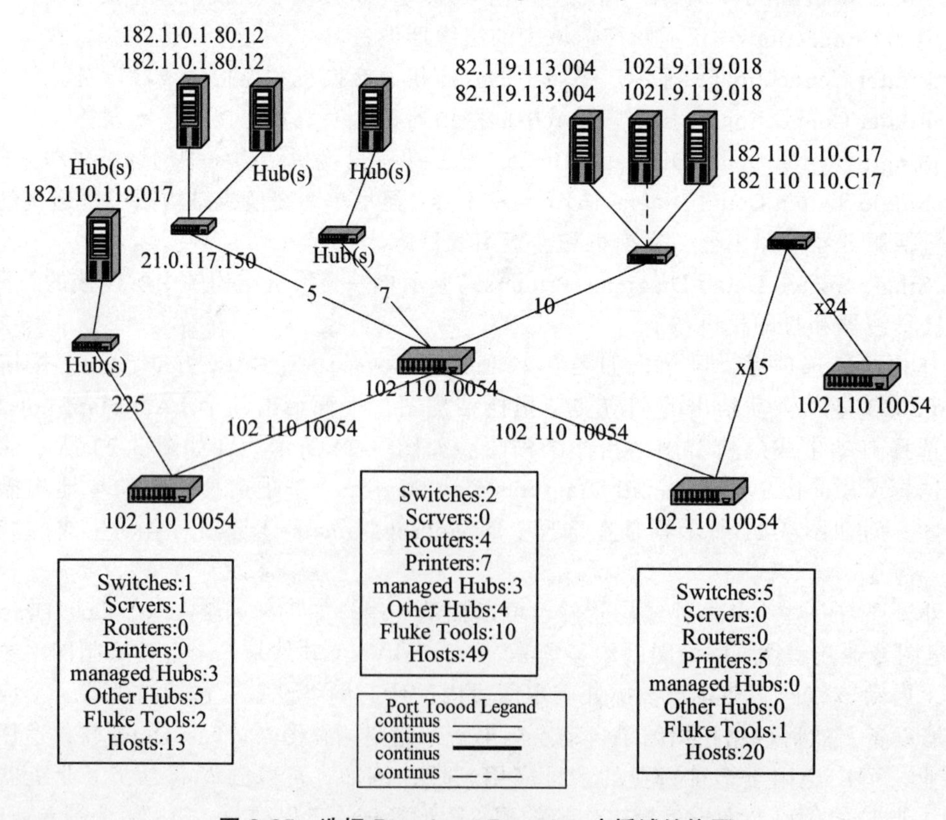

图 3-25 选择 Broadcast Domains 广播城结构图

适合开发工作流平台或工作流建模工具，可以根据行业的不同，制作个性流程图符号、任意建立符号之间的相互关系。速画（Fast Draw）的功能多，具有合并、拆分、画线、旋转、缩小、放大等功能。

3.4　IP 地址规划与 VLAN 设计

网络通信需要每个参与通信的实体都具有相应的 IP 地址。不同的网络可以有不同的地址编制方案。VLAN 的设计与 IP 地址规划方法是密切相关的。

3.4.1　IP 地址整体规划

IPv4，网际协议版本 4 是现行的 IP 的地址协议。其地址通常用以圆点为分隔号的 4 个十进制数字表示，每一个数字对应于 8 个二进制的比特串，称为一个位组（octets）。如某一台主机的 IP 地址为 128.10.2.1，写成二进制则为 10000000.00001010.00000010.00000001。

1. 普通网络地址分类

（1）A 类地址：4 个位组中第一个位组代表网络号，剩下的 3 个代表主机位。范围是 0xxxxxxx，即 0~127。

（2）B 类地址：前 2 个位组代表网络号，剩下的 2 个代表主机位。范围是 10xxxxxx，即 128~191。

（3）C 类地址：前 3 个位组代表网络号，剩下的 1 个代表主机位。范围是 110xxxxx，即 192~223。

（4）D 类地址：多播地址，范围是 224~239。

（5）E 类地址：保留地址，用于实验，范围是 240~255。

2. 一些特殊的 IP 地址

（1）IP 地址 127.0.0.1：本地回环（loopback）测试地址。

（2）广播地址：255.255.255.255。

（3）IP 地址 0.0.0.0：代表任何网络。

（4）网络号全为 0：代表本网络或本网段。

（5）网络号全为 1：代表所有网络。

（6）主机位全为 0：代表某个网段的任何主机地址。

（7）主机位全为 1：代表该网段的所有主机。

3. 私有 IP 地址（private IP address）

为节约 IP 地址空间，并增加安全性，保留一些 IP 地址段作为私网 IP，不会在公网上出现。处于私有 IP 地址的网络称为内网或私网，与外部公网进行通信必须通过网路地址翻译（NAT）。下面是一些私有地址的范围。

（1）A 类地址中：10.0.0.0 ~ 10.255.255.255。

（2）B 类地址中：172.16.0.0 ~ 172.31.255.255。

（3）C 类地址中：192.168.0.0 ~ 192.168.255.255。

3.4.2 私有IP地址规划

地址按使用用途分为私有地址和公有地址两种。

私有地址就是只能在局域网内使用，广域网中是不能使用的。

公有地址是在广域网内使用的地址，但在局域网也同样可以使用，除了私有地址以外的地址都是公有地址。

表3-1所示为7个特殊的IP地址。在这个表中，0表示所有的比特位全为0；-1表示所有的比特位全为1；网络号、子网号和主机号分别表示不全为0或全为1的对应字段。子网号栏为空表示该地址没有进行子网划分。

表3-1 特殊IP地址

IP地址			可以为		描述
网络号	子网号	主机号	源端	目的端	
0		0	OK	不可能	网络上的主机（参见下面的限制）
0		主机号	OK	不可能	网络上的特定主机（参见下面的限制）
127		任何值	OK	OK	环回地址（2.7节）
-1		-1	不可能	OK	受限的广播（永远不被转发）
netid	subnetid	-1	不可能	OK	以网络为目的向netid广播
netid	-1	-1	不可能	OK	以子网为目的向netid、subnetid广播
netid		-1	不可能	OK	以所有子网为目的向netid广播

把这个表分成3个部分。表的头两项是特殊的源地址，中间项是特殊的环回地址，最后4项是广播地址。

3.4.3 VLAN设计

1. 概念

（1）VLAN的定义。

VLAN（虚拟局域网）是英文Virtual Local Area Network的缩写。VLAN是指处于不同物理位置的节点根据需要组成不同的逻辑子网，即一个VLAN就是一个逻辑广播域，它可以覆盖多个网络设备。VLAN允许处于不同地理位置的网络用户加入到一个逻辑子网中，共享一个广播域。通过对VLAN的创建可以控制广播风暴的产生，从而提高交换式网络的整体性能和安全性。

基于交换式以太网的VLAN，可以将由交换机连接成的物理网络划分成多个逻辑子网。也就是说，一个VLAN中的站点所发送的广播数据包将仅转发至属于同一个VLAN的站点。

在交换式以太网中，各站点可以分别属于不同的VLAN。构成VLAN的站点不拘泥于所处的物理位置，它们既可以挂接在同一个交换机中，也可以挂接在不同交换机中。VLAN技术使得网络的拓扑结构变得非常灵活，例如，位于不同楼层的用户或者不同部门的用户可以根据需要加入不同的VLAN。

（2）VLAN 的产生。

在 20 世纪 90 年代，具有多端口的路由器开始取代网桥，实现在第 3 层对网络进行分段的目的，并实现对广播数据的抑制。但在这种使用路由器的网络中，网段和广播域是相对应的。在引入交换技术之后，可以在第 2 层上将网络进行分段，以使各网段的带宽得以提高。网络中路由器负责广播数据的抑制工作，此时一个广播域可以跨越多个交换的网段，从而使得在一个广播域中提供对成百上千个用户的支持。但是，大量的交换设备将网络分成越来越多的网段，并不能降低对广播数据抑制的要求，这种网络中仍然要靠使用路由器来抑制广播数据。

VLAN 技术就是在这样背景下产生的，它是一种不用路由器实现对广播数据进行抑制的解决方案。在 VLAN 中，对广播数据的抑制将由交换机来完成。此时每一个物理网段可以仅包含一个用户，而一个广播域中则可以具有多达上千个用户。通过 VLAN 的划分可以跟踪各个工作站物理位置的变动，使之在移动位置之后不需要对其网络地址重新进行手工配置，或者虽然物理位置没有变化，但逻辑上与其他工作站组成逻辑上的网络段。

VLAN 技术出现的另一原因是，当前高性价比的 LAN 交换设备，给用户提供了非常好的网络分段能力，并具有极低的报文转发延迟以及很高的传输带宽。这些为实现 VLAN 技术提供了有力的基础保证。

2. VLAN 的划分

（1）划分虚拟局域网的必要性。

① 基于网络性能的考虑。对于大型网络，现在常用的 Windows NetBEUI 是广播协议，当网络规模很大时，网上的广播信息会很多，会使网络性能恶化，甚至形成广播风暴，引起网络堵塞。采用的办法是通过划分很多虚拟局域网而减少整个网络范围内广播包的传输，因为广播信息是不会跨过 VLAN 的，这样可以把广播限制在各个 VLAN 的范围内，即缩小了广播域，提高了网络的传输效率，从而提高网络性能。

② 基于安全性的考虑。由于各 VLAN 之间不能直接进行通信，而必须通过路由器转发，为高级的安全控制提供了可能，增强了网络的安全性。在大规模的网络，如大型的集团公司包括财务部、采购部和客户部等，它们之间的数据是保密的，相互之间只能提供接口数据，其他数据是保密的，可以通过划分 VLAN 对不同部门进行隔离。

③ 基于组织结构上考虑。同一部门的人员分散在不同的物理地点，如集团公司的财务部在各子公司均有分部，但都属于财务部管理，虽然这些数据都是要保密的，但需统一结算时，就可以跨地域（也就是交换机）将其设在同一 VLAN 之中，实现数据安全和共享。

采用 VLAN 有如下优势，即抑制网络上的广播风暴、增加网络的安全性和集中化的管理控制。

（2）VLAN 的划分方法。

VLAN 的划分方法是指在一个 VLAN 中应包含哪些站点（如服务器、客户站）。处于同一个 VLAN 中的所有站点将共享广播数据，而这些广播数据将不会被扩散到其他不在此 VLAN 中的站点。VLAN 划分有以下几种方法。

① 按交换设备端口号。按交换设备端口号进行分组来划分 VLAN。例如，一个交换设备上的端口 1、2、5、7 所连接的客户站可以构成 VLAN-A，而端口 3、4、6、8 则构成 VLAN-B 等。

在最初的实现中，VLAN 是不能跨越交换设备的。随着技术的发展，目前 VLAN 已可以跨越多个交换设备。

按交换设备端口号划分 VLAN 是构造 VLAN 的常用方法之一，这种划分方法比较简单并且非常有效。但是，仅靠端口分组将无法使得同一个物理分段或交换端口同时参与到多个 VLAN 中，而最主要的是当一个客户站从一个端口移至另一个端口时，网络管理员将不得不对 VLAN 成员进行重新配置。

② 按 MAC 地址。这种划分方法是由网管人员指定，属于同一个 VLAN 中的各客户端的 MAC 地址。用 MAC 地址进行 VLAN 成员的定义既有优点也有缺点，具体如下。

由于 MAC 地址是固化在网卡中的，故将其移至网络中另一个地方时，它仍然保持其原先的 VLAN 成员身份，而无需网络管理员对其进行重新的配置。

所有的用户在最初都必须被配置到至少一个 VLAN 中，只有在这种配置之后方可实现对 VLAN 成员的自动跟踪。但在大型的网络中完成初始的配置并不是一件容易的事。

在共享介质环境下实现基于 MAC 地址的 VLAN，在多个不同 VLAN 的成员同时存在于同一个交换端口时，可能会导致严重的性能下降。另外，在大规模的这种 VLAN 中，变换设备之间进行 VLAN 成员身份信息的交换也可能会使性能降低。

③ 按第 3 层协议。在实现基于第 3 层协议的 VLAN 时，决定 VLAN 成员身份主要是考虑协议类型（在支持多协议的情况下）或网络层地址（如 IP 网络的子网地址）。这种方式 VLAN 划分需要将子网地址映射到 VLAN 中，交换设备根据子网地址将各主机的 MAC 地址同一个 VLAN 联系起来，交换设备将不同的网络端口上连接的主机划归于同一个 VLAN。

用第 3 层协议定义 VLAN 有许多优点。首先，可以根据协议类型进行 VLAN 的划分，这对于那些基于服务或基于应用 VLAN 策略的网络管理人员无疑是极具吸引力的。其次，用户可以自由地移动他们的主机而无需对网络地址进行重新配置，并且在第 3 层上定义 VLAN 将不再需要报文标识，从而可以消除因在交换设备之间传递 VLAN 成员信息而花费的开销。

第 3 层协议定义 VLAN 也有其缺点。第 3 层协议的 VLAN 划分方法的一个缺点是其性能问题。对报文中的网络地址进行检查将比对用户的 MAC 地址进行检查的费用高。出于这个原因，使用第 3 层协议进行 VLAN 划分的交换设备一般都比使用第 2 层协议的交换设备要慢。目前，第 3 层交换机的出现会大大改善 VLAN 成员间的通信效率。在第 3 层上定义的 VLAN 对于 TCP/IP 特别有效，但对于其他一些协议如 IPX、DEC-Net 或 Apple 则要差一些。对于那些不能进行路由选择的一些协议（如 NetBIOS），在第 3 层上实现 VLAN 划分将特别困难，因为使用此种协议的主机是无法互相区分的，也就无法将其定义成某个网络层 VLAN 的一员。

④ 使用 IP 组播。IP 组播实际上也是一种 VLAN 的定义，即认为一个组播组就是一个 VLAN。这种划分的方法将 VLAN 扩大到了广域网，因此这种方法具有更大的灵活性，而且也很容易通过路由器进行扩展，当然这种方法不适合局域网，主要是效率不高。

IP 组播代表着一种与众不同的 VLAN 定义方法。在这种分组方法中，VLAN 作为广播域的基本概念仍然适用。各站点可以自由地动态决定参加到哪一个或哪一些 IP 组播中。一个 IP 组播实际上是用一个 D 类地址表示的，当向一个组播组发送一个 IP 报文时，此报文将被传送到此组上的各个站点处。从这个意义上讲，可以将一个 IP 组播组看成一个 VLAN，但此 VLAN 中的各个成员都只具有临时性的特点。由 IP 组播定义 VLAN 的动态特性可以达到很高的灵活性，并且借助于路由器，此种 VLAN 可以很容易地扩展到整个 WAN 上。

⑤ 基于策略。这是最灵活的 VLAN 划分方法，具有自动配置的能力，能够把相关的用户连成一体，在逻辑划分上称为“关系网络”。网络管理员只需在网络管理软件中确定划分

VLAN 的规则（或属性），当一个站点放入网络中时，将会被“感知”，并被包含进正确的VLAN 中。同时，对站点的移动和改变也可自动识别和跟踪。

采用这种方法，整个网络可以非常方便地通过路由器扩展网络规模。有的产品还支持一个端口上的主机分别属于不同的 VLAN。这在交换机与共享式 Hub 共存的环境中显得尤为重要。自动配置 VLAN 时，交换机中软件自动检查进入交换机端口的广播信息的 IP 源地址，然后软件自动将这个端口分配给一个由 IP 子网映射成的 VLAN。

它允许网络管理员使用任何 VLAN 策略的组合来创建满足其需求的 VLAN。通过 VLAN 策略把设备指定给 VLAN，当一个策略被指定到一个交换机时，该策略就在整个网络上应用，而设备被置入 VLAN 中，从设备发出的帧总是经过重新计算，以使 VLAN 成员身份能随着设备产生的流量类型而改变。

基于策略的 VLAN 可以使用任一种划分 VLAN 的方法，并且以把不同方法组合成一种新的策略来划分 VLAN。

总之，各种划分方法侧重点不同，所达到的效果也不尽相同。目前，在网络产品中融合多种划分 VLAN 的方法，一般根据实际情况使用最合适的方法。同时，随着网络管理软件的发展，VLAN 的划分逐渐趋向于动态化。

大多数情况下，用户可以同时处在不同的工作组，并且同时属于多个 VLAN。一个好的 VLAN 策略不能强迫用户一定要属于某个 VLAN，这样设计的 VLAN 缺乏灵活性和扩展性。

VLAN 应该支持多个 LAN 交换机，同时也应支持远程连接。网络管理员应不受任何地域的限制，而在 VLAN 中的成员也可在 VLAN 中自由移动。

以上划分 VLAN 的方式中，基于端口的 VLAN 方式建立在物理层上；MAC 方式建立在数据链路层上；网络层和 IP 广播方式建立在第 3 层上。

3. VLAN 的特点

（1）控制广播风暴。一个 VLAN 就是一个逻辑广播域，通过对 VLAN 的创建，隔离了广播域，缩小了广播范围，可以控制广播风暴的产生。

广播数据在每一个网络中都会出现，其数据量的多少主要取决于应用的类型、服务器的类型、逻辑分段的数目以及这些网络资源如何使用。目前，各种应用都会产生大量的广播数据，网络设备的故障也可能导致网络数据的大量出现。如果管理缺失，广播数据将严重地损害网络的性能，并可能导致整个网络的崩溃。因此，网络管理员必须采取措施对因广播数据而可能导致的问题加以预防。

当交换型体系结构在网络中大量使用时，广播数据（第 2 层数据）将被传送到各个交换端口。这种结构通常被称作是“平板式”的网络，广播数据的传输会浪费大量的网络资源，传输延迟将会随之而增加，从而丧失交换型网络的优点。

VLAN 的主要好处之一是支持 VLAN 的交换设备，可以有效地对广播数据进行控制。一个 VLAN 的广播数据将只是被复制到那些连接此 VLAN 的某个成员的交换端口上，除此外的那些端口，不会出现这些数据。网络管理员可以非常方便地通过多种手段对广播域的大小进行控制，同时也可以将此应用到整个网络上。

（2）提高网络整体安全性。通过路由访问列表 MAC 地址分配等 VLAN 划分原则，可以控制用户访问权限和逻辑网段大小，将不同用户群划分在不同 VLAN，从而提高交换式网络的整体性能和安全性。

目前共享型的 LAN 已经大量地应用在各行各业中，由此而产生的一个严重问题就是数据保密问题。共享型的 LAN 一个最大的不足就是易于受到入侵，因为只要把计算机接入到一个端口，就可以收到相应网段上的所有数据。广播域越大，此种危险也将越大，除非是 Hub 本身具有安全控制功能。

增强网络安全性的一种最有效和最易于管理的方法是将整个网络划分成一个个互相独立的广播组 VLAN。通过网络管理员可以限制某个 VLAN 中的用户的数量，并且可以禁止那些没有得到许可的用户进入到某个 VLAN 中。按照这种方式，VLAN 可以提供一道安全性防火墙，控制用户对于网络资源的访问，控制广播组的大小和构成，并且可借助于网管软件在发生非法入侵时及时通知网络管理员。

（3）网络管理简单直观，对于交换式以太网，如果对某些用户重新进行网段分配，需要网络管理员对网络系统的物理结构重新进行调整，甚至需要追加网络设备，增大网络管理工作量。而对于采用 VLAN 技术的网络来说，一个 VLAN 可以根据部门职能、对象组或者应用将不同地理位置的网络用户划分为一个逻辑网段。在不改动网络物理连接的情况下，可以任意地将工作站在工作组或子网之间移动。利用 VLAN 技术，大大减轻了网络管理和维护工作的负担，降低了网络维护费用。在一个交换网络中，VLAN 提供了网段和机构的弹性组合机制。

（4）提高管理效率。网络中站点的移动、增加和改变是最让网络管理员头痛的问题之一，同时也是网络维护过程中相对来说开销比较大的一部分。因为此时一般都需要重新进行布线，并且几乎所有的站点移动都伴随着地址的重新分配以及对 Hub 和路由器重新配置。为此 VLAN 提供了有效的手段。当某个 VLAN 中的一个用户从一个地点移动至另一个地点时只要他们仍旧保持在同一个 VLAN 中，并且能够连接到一个交换端口上，那么不需对他们的网络地址进行修改，最多只是将此交换端口重新配置到相应的 VLAN 中，这种方式极大地简化了配置和调试工作。

广播数据的控制，站点的移动、增加和修改的规划以及网络资源访问权限的设置都属于集中式管理的一般性功能。VLAN 通信为这种管理方式打开了方便之门，因为在 VLAN 解决方案中一般都带有可集中配置、管理和监控的 VLAN 管理软件。

（5）可实现虚拟工作组。虚拟工作组是指当在整个园区网络环境下实现了 VLAN 之后，同一部门的所有成员将可以像处于同一 VLAN 上那样进行通信，大部分网络通信将不会传出此 VLAN 广播域。当一个用户从一个地方移动到另一个地方时，如果他的工作部门不发生变化，那么就用不着对其主机进行重新配置。与此类似，如果一个用户改变了他工作部门，他可以不改变其工作地点，而只需网络管理员修改一下其 VLAN 成员身份即可。

这种功能模型可以建立起更为动态化的组织环境，以增强向功能交叉的工作组方向演化的趋势。虚拟工作组模型的工作方式是以一个临时性的项目为基础的工作组，可以虚拟地连接到同一个 VLAN 上，这样此工作组的人员将用不着改变其工作地点，另外，这些工作组可以是动态的同某个功能有关的工作组，相应的 VLAN 在项目的生命期内动态地创建起来，而在此项目完成之后则可以将此 VLAN“拆除”，用户的地理位置不用发生任何变化。

4. 实现 VLAN 的前提条件

VLAN 的实现策略是将 VLAN 看成是一个广播域，一个 VLAN 就是一组客户工作站的集合。这些工作站不必处于同一物理网络上，它们可以不受地理位置的限制而处于同一个 VLAN 上那样进行通信和信息交换。

图 3-26 所示为 VLAN 的一个示例，在整个网络结构中，划分了 3 个 VLAN，分别为工程 VLAN，市场 VLAN 及财会 VLAN，每一个 VLAN 包括了相应的客户站。

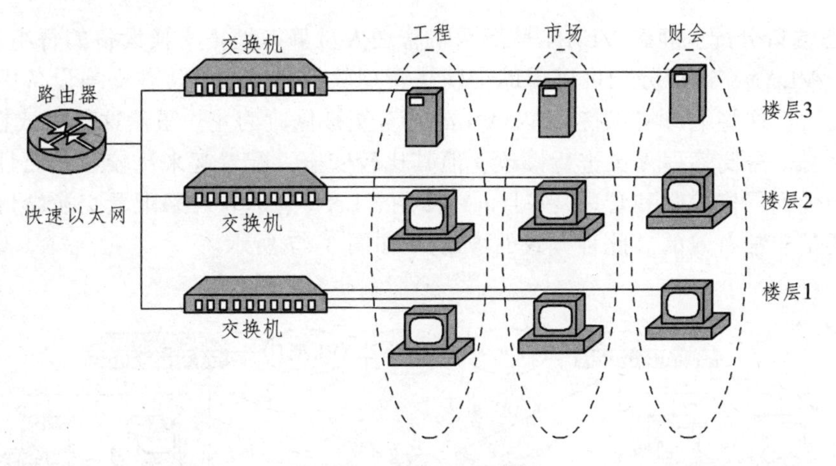

图 3-26　VLAN 示意图

可以认为一个 VLAN 实际上是逻辑上的网段，这种逻辑上的网段给 VLAN 的管理、安全性以及广播数据的抑制带来诸多的益处。要实现 VLAN 技术需要具备以下条件。

（1）具有能够将所连接的客户端进行逻辑分段的高性能交换设备。

（2）提供在主干网（如高速以太网、ATM、FDDI）上传输 VLAN 信息的通信协议。

（3）提供 VLAN 间通信的第 3 层路由解决方案。

（4）满足已安装的 LAN 系统的兼容件和互操作性。

（5）提供集中控制、配置和流量管理功能的网管方案。

上述这些条件对于企业网范围内的 VLAN 解决方案是至关重要的。

5. VLAN 的解决方案

在实现 VLAN 的过程中有许多问题需要解决，但最为关键的包括以下几个问题：如何在整个网络范围内定义各 VLAN 中的成员，即 VLAN 划分方法；如何在多个交换设备之间传递 VLAN 成员信息；VLAN 的配置问题；VLAN 之间的如何进行通信。

对于 VLAN 的划分在前面已讨论过，下面着重介绍传递、配置和通信问题。

（1）VLAN 成员信息的传递。VLAN 成员信息传递的关键是要解决多个交换设备互联时它们之间的协调问题。传递方式有隐式和显式两种。

① 隐式传递方式。隐式传递方式的 VLAN 适用于单个交换设备上通过对端口进行分组的方法所定义的 VLAN。对于按第 3 层协议所定义的 VLAN 符合隐式传递方式。此种方式的特点是 VLAN 成员信息包含报文的头部。

② 显式传递方式。显式传递方式的 VLAN 适用于交换设备间 VLAN 成员的信息传送。它可分为 3 类：第一类是在 ATM 主干网上使用 ATM 和 ATM/LAN 仿真标准；第二类是使用 IEEE802.1q 标准；第三类则为各厂商自行开发的帧标记或帖封装技术。第一类和第二类目前都已成为工业标准。

从具体技术上看，除 ATM/LAN 仿真外，显示传递方式包括：信令支持的列表维护方式（Table Maintennce Via Signaling）、帧标记方式（Frame Tagging）和时分复用方式（TDM）。

（2）VLAN 配置方法。VLAN 配制方法包括使用静态端口分配、动态端口分配或多 VLAN 端口分配。具体采取哪种方法取决于交换设备的功能、各站点连接到交换接口的方式以及 VLAN 管理软件的功能。

① 静态端口分配。静态 VLAN 是指网络管理人员静态地把交换设备的每组端口分别分配给每一个 VLAN，这种分配可以借助于网络管理软件完成或直接在交换设备中进行配置。分配完成之后，这些端口将保持其 VLAN 配置直至被修改为止。虽然这种方式在 VLAN 划分发生变化时，需要管理人员进行修改，但其比较安全、配置起来比较容易而且易于监视，站点移动会受到严格控制和管理，并且，在使用 VLAN 管理软件来配置交换端口的情况下，这种方法还是非常有效的。此种方式的 VLAN 如图 3-27 所示。

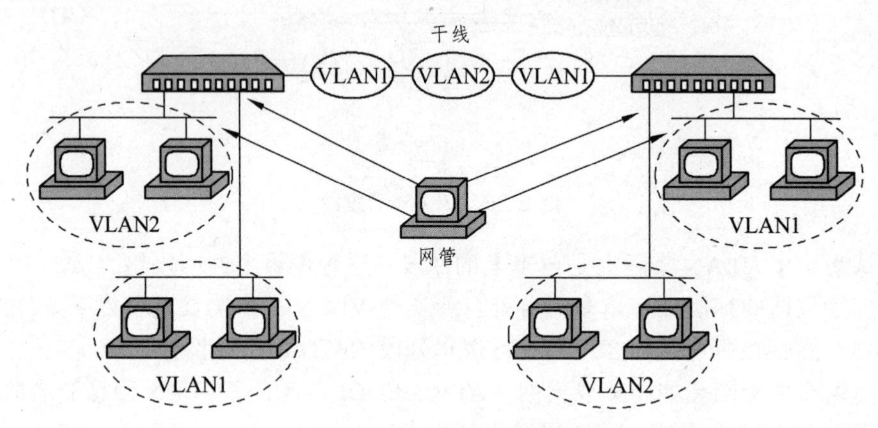

图 3-27　静态端口分配

② 动态端口分配。动态 VLAN 端口分配是指交换设备上那些能够在智能管理软件的帮助下自动地进行 VLAN 端口分配的方法。一般是根据站点的 MAC 地址、逻辑地址或协议类型来划分的，这些划分 VLAN 信息将被存放到一个集中式管理软件内，并在那里进行维护。

当某个站点连接到一个交换机端口上时，交换设备在 VLAN 管理数据库中对其 MAC 地址进行检查，并动态地用相应的 VLAN 配置对此端口进行配置。此种方法的一个主要好处是当客户端移动位置之后，无需进行重新的配置，并且当某个不能被识别的站点连入到网络中之后，可以在管理站点处给出消息。但其缺点也是明显的，那就是必须在 VLAN 管理软件内建立并维护一个能精确地反映所有网络用户状况的数据库，这种形式的 VLAN 分配如图 3-28 所示。

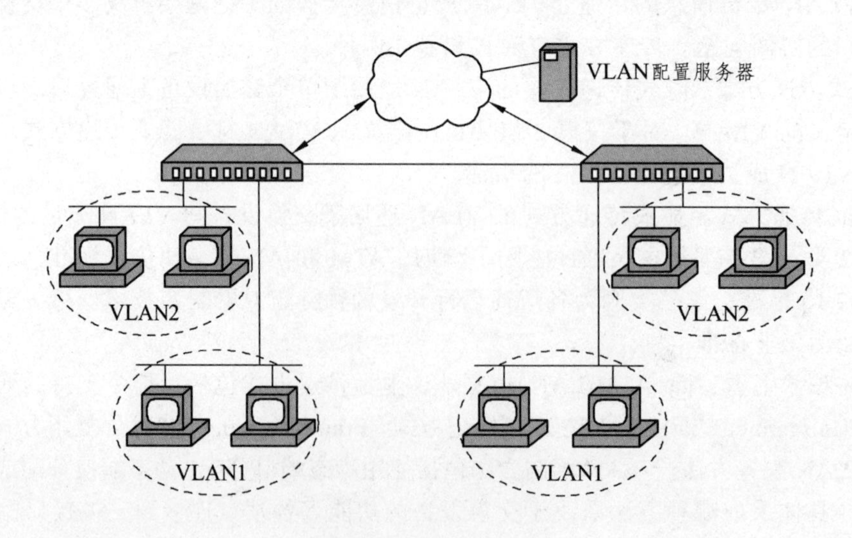

图 3-28　动态端口分配

③ 多 VLAN 端口配置。多 VLAN 端口配置，可以使单个交换端口或用户能同时参与到多个 VLAN 中进行通信。这种能力对于那些供多个不同的工作组共享的服务器或能够属于多个不同的工作组的用户是方便的。这种方式的 VLAN 带来的一个问题就是在多个工作组间进行端口共享，将使 VLAN 所提供的工作组间隔离功能明显减弱，从而导致网络安全性的降低。这些被共享的端口实际上充当了 VLAN 间的网关，从而实际上构成了一个更大的 VLAN，并且这种方法在 VLAN 之间的交叉越来越大时，扩充起来将比较困难。

（3）VLAN 间的通信。一般情况下，网络环境中的 VLAN 实现了网络流量的分割，但 VLAN 之间的数据传输仍要借助于路由手段来实现。在大型网络中，VLAN 内数据的高速交换，同 VLAN 间数据传输的有效路由和交换，这两者的集成正得到快速发展。

各种不同的路由方案具有很大的区别，并且将对网络的总体结构产生影响。而且路由也并不是解决 VLAN 间通信技术的唯一方法。解决 VLAN 间通信的选择也取决于用户的应用需求和网络结构。

① 边界路由。边界路由是指将路由功能包含在位于主干网络边界的每一个 LAN 交换设备中，此时 VALN 间的报文将由交换设备内在的路由进行处理，从而无需再将其传送至某一个外部的路由器上，数据的转发延迟因而得以降低。

使用此种路由模式的主要优点在于不像集中式路由那样，会因中央路由站点的崩溃而导致整个网络的瘫痪。不利之处在于，相对于统一路由功能的集中式管理而言，边界路由需要对多个物理设备进行管理。另外，此种方式可能比由一个集中式路由器和多个较便宜的边界路由器组成的集中式方案费用要高。

② “独臂”路由器。“独臂”路由器可以消除主干网上集中式处理而带来的高延迟现象。这种路由器一般接在主干网上的一个交换设备上，以使网络中的大部分报文在通过主干网时无需通过路由器来进行处理，而且此种方式配置和管理起来比较方便。

同一个 VLAN 内的报文将不需要通过路由器，而直接在交换设备间进行高速传输。显然这种路由方式只是在大部分报文都无需经过路由器进行处理时，效果才能比较理想。为此在规划 VLAN 解决方案时，应尽可能地减少 VLAN 之间的数据传输量。但这种路由方式的不足之处在于，它仍然是一种集中式的路由策略。因此在主干网上一般均设置有多个冗余“独臂”路由器，但如果网络中 VLAN 之间的数据传输量比较大，那么在路由器处将形成瓶颈。

③ 路由服务器/路由客户机。从物理配置上看，路由服务器同“独臂”路由器模式是相似的，但这种路由模式在工作方式上则有很大的不同。后者的路由功能被分散到网络中的多个设备中。在“独臂”路由器模式下，当将一个报文从 VLAN 传到另一个 VLAN 时，此报文将被首先传到“独臂”路由器上，在那里进行地址解析和路由计算，在有些类型的主干网（如 ATM 主干网）上可能还需建立连接，然后才能进行报文的传输。

在路由服务器方式上，VLAN 间的报文将被缓存在主干网边界上的 LAN 交换设备中。交换设备同路由服务器之间所交换的仅仅是为建立跨越主干网 LAN 交换设备之间的连接而必须交换的信息。这种模式同“独臂”路由器比较起来，其最大的优点在于路由服务器同交换设备间的数据传输量较低，同时也减少了报文在主干网上传输时所经过的站点数量，降低传输延迟。

路由服务器模式也有不足。集中式路由所遇到的一个最大问题是如何对付路由器的崩溃。解决方案中的交换设备必须具有一定的路由功能，因而其价格比较贵，而且配置起来也更为复杂一些。

④ ATM上的多协议路由(MPOA)。MPOA的目的是给属于不同路由子网的多个用ATM网络连接的设备提供直接的虚拟连接。MPOA 实际上可以看成是将路由功能从路由服务器集成到 VLAN-ATM 边界交换设备中。这样一来，在 VLAN 之间的通信将不再需要外部路由器，从而，降低网络传输的延迟。

⑤ 第 3 层交换技术。它是将路由技术与交换技术合二为一的技术。3 层交换机在对第一个数据流进行路由后，会产生一个 MAC 地址与 IP 地址的映射表，当同样的数据流再次通过时，将根据此表直接从二层通过而不是再次路由选择，从而消除了路由器进行路由选择而造成网络的延迟，提高了数据包转发的效率，消除了路由器可能产生的网络瓶颈问题。可见，3 层交换机集路由与交换于一身，在交换机内部实现了路由，提高了网络的整体性能。

在以 3 层交换机为核心的吉比特网络中，为保证不同职能部门管理的方便性和安全性以及整个网络运行的稳定性，可采用 VLAN 技术进行虚拟网络划分。VLAN 子网隔离了广播风暴，对一些重要部门实施了安全保护。而且当某一部门物理位置发生变化时，只需对交换机进行设置，就可以实现网络的重组，非常方便快捷，同时节约了成本。

基于智能可编程 ASIC 技术的第 3 层交换机，既包括了第 2 层和第 3 层的交换功能，又具备路由寻址功能。因此利用它来作为网络的主干交换器，即可以根据多种方法来定义 VLAN 成员，随后配置 VLAN，又能不附加其他路由设备来实现 VLAN 之间的通信。不论从网络结构还是降低网络传播延迟来说，用第 3 层交换技术不失是一个很好的选择。

3.5 网络操作系统的选择与配置

网络操作系统对网络的性能有着至关重要的影响。网络操作系统的选择原则是随着市场、技术及生产厂商的变化而变化。

3.5.1 网络操作系统选择

选择一个合适的网络操作系统，既省钱、省力，又能大大地提高系统的效率，而盲目地使用一个网络操作系统，往往会事倍功半，甚至会破坏原有的数据库和文件等。

1. 选择网络操作系统的准则

选择网络操作系统的准则不是一成不变的，在许多情况下，要根据实际情况来决定。选择网络操作系统，既要分析原有系统的情况，又要分析网络操作系统的情况。选择网络操作系统的准则主要体现在以下几个方面。

（1）对原有系统的分析。

① 需要实现的目标，即要建立具有什么功能的网络。

② 现有系统的配置、实现的难易程度和技术配备等。

（2）在对原系统进行分析后，再考察网络操作系统的状况。

① 该网络操作系统的主要功能、优势及配置，是否与用户需求达成基本一致。

② 该网络操作系统的生命周期。网络操作系统正常发挥作用的周期越长越好，这就需要了解一下其技术主流、技术支持及服务等方面的情况。

③ 分析该网络操作系统能否顺应网络计算的潮流。根据当前分布式计算环境发展趋

势，选择网络操作系统，应重点考察这个方向。

④ 对市场进行客观地分析。对当前市场流行的网络操作系统平台的性能和品质，如速度、可靠性、安装与配置的难易程度等方面进行列表分析，综合比较，以选择性能价格比最优者。

上述是选择网络操作系统的通用准则。在实际选择时，具体问题还需具体分析。在经费有限或网络要求有限的情况下，可选择低档的网络操作系统，如对等式的网络操作系统等。这类低档的网络操作系统价格低廉，无需专用的服务器，能够大大节省用户的开支。

另外，低档的网络操作系统能将小型工作组成员简单地连接起来，彼此共享文件和打印机。在性能方面，当系统负载较小时，其速度与高档系统不相上下。在低要求、低成本的情况下，选用对等式网络操作系统无疑是上策。但当需求扩展时，对等式网络操作系统就显得并不合适，如安全保密和访问速度方面欠缺，以及需要大量内存和 CPU 时间的应用程序无法运行等，因此，在选择网络操作系统时，首先要分析一下本系统未来运行的是何种应用程序，是简单短小的还是庞大复杂的，另外考虑系统是否需要较为严格的安全保密等。

在网络规模扩大后，无疑需要选择较为高档的网络操作系统。高档的产品，其功能强大，能支持多种计算机平台，一般都能有效地满足用户的连网要求。目前，这类产品在局域网上的主要代表有 Banyan System 公司的 VINES、Microsoft 公司的 Windows NT 及 Novell 公司的 NetWare。

（3）几种流行的网络操作系统的特点。

① Banyan System 公司的 VINES（Virtual NetWorking Systems）的特点。

◎ 安装及管理简单，可靠性高，具备出色的全局命名服务 Street Talk。

◎ 支持对称处理技术，充分利用硬件处理能力，速度快。

◎ 对一台服务器上的并发用户和打开文件的数目没有限制，支持多服务器。

◎ 与 WAN 具有极强的连网能力。

◎ VINES 的技术特色已得到广大用户的认可，但还存在一定的局限性。

◎ 多种平台的可移植性差。

◎ 容错能力不足。

◎ 与其他 PC 操作系统的集成能力较低。

◎ 所占市场份额较小。

② Microsoft 公司的 Windows NT 的特点。

◎ 硬件的独立性较强，网络操作系统能在不同的硬件平台上运行。

◎ 具有强大的管理特性，如系统备份、容错性能控制等。

◎ 高性能的客户机/服务器应用平台。

◎ 支持多种网络协议。

◎ Cz 级安全性。

◎ 具有目录服务功能。

◎ 通过域概念来对用户资源进行控制，并提供简单的方法来控制用户对网络的访问。

◎ 良好的用户界面，支持多窗口。

◎ 具有自动再连接特性，即当服务器从故障恢复正常时，能重新建立与工作站的通信。

◎ Windows Nt 对硬件的要求较高，所消耗的内存较大。

③ Novell 公司的 NetWare 特点。

◎ NetWare 是一个真正的网络操作系统，而不是其他操作系统下的应用程序。它直接对微处理器编程，因而伴随着最新的微处理器一起发展，充分利用微处理器的高性能，从而达到高效的服务。

◎ 支持各种硬件。

◎ 支持多种网络平台的互联，如 DOS、OS/2、Windows、Macintosh 等。

◎ 广泛的网络互联性能。Novell 提供内桥、外桥、远程桥等多种互联选件，从而将具有相同或不同的网络接口卡、不同协议和不同拓扑结构的网络连接起来。

◎ 出色的容错特性。NetWare 提供一、二、三级容错。

◎ 整体系统的保密、安全性好。

◎ NetWare4.0 以后的版本提供的目录服务，将更好的支持多种服务器网络，实现单一的全局的系统管理。

④ UNIX 系统。UNIX 系统于 1969 年诞生于美国 AT&T 公司的贝尔实验室，是一个多用户多任务的操作系统。UNIX 已发展为两个重要的分支。

◎ AT&T 公司的 UNIXSystemⅤ，在微机上主要采用该版本。

◎ UNIX 伯克利版本（BSD），主要运行于大、中型机上。

UNIX 操作系统在结构上分为核心层和应用层。核心层用于与硬件打交道，提供系统服务；应用层提供用户接口。

核心层把应用层与硬件隔离，是应用层独立于硬件，便于移植。网络传输协议已被结合到 UNIX 的核心之中，因而 UNIX 操作系统本身具有通信功能。

UNIX 操作系统可以运行在从 PC 到超级计算机的非常广泛的服务器平台上，并支持网络文件系统和提供数据应用。许多基于 UNIX 系统的计算机厂家拥有功能强大、升级方便的服务器系列。随着 UNIX 厂家的联合，将使 UNIX 网络服务器平台在今后的市场上更加引人注目。

（4）用户选择。当用户有特殊要求时，则需要分析一下各自产品的特性和侧重点，然后确定选择，如以下几个方面。

① 当网络用户数量较多或增长较快时，选择 Windows NT 或 VINES 较为合适。因为这两个产品能够较经济地适用于大量用户的场合。而 Novell 支持较多用户的 NetWare 版本，售价较为昂贵。

② 存储容量方面。以上系统均能支持 TB 以上字节，满足当前各种应用的需求。

③ 响应速度上。Novell NetWare 直接对微处理器编程，响应速度较快，因而适用于对服务器数据进行频繁存取的场合。

④ 多种平台的支持能力。当所组建的网络含有多种计算环境时，选择网络系统还需要考虑对多种平台的支持能力。NetWare 与 Windows NT 不仅支持 DOS、OS/2 工作站，还支持 Apple 公司的 Macintosh 和 UNIX 等当今主要的操作系统平台。因而对于 Macintosh 及 UNIX 用户而言，无疑将选择 NetWare。

⑤ 欲组建广域网的用户，则选择 VINES 较佳。因为 VINES 具有强大的与 WAN 联网的能力。与 WAN 互联，VINES 不需要额外的硬件与软件来做桥接和路由选择工具。这是因为 VINES 内部已实现支持几乎所有的通信协议的功能。

⑥ 在命名服务方面，几个厂家各有自己的特点。最为突出的仍数 VINES 的 StreetTalk。Banyan Street Talk 全局命名服务是一个分布式的数据库，它将逻辑名字翻译成网际地址，网上所有的资源和用户账户都是围绕它组织起来的。该数据库的修改在网上自动地被复制，使得系统管理员能够轻易地在不同服务器之间转移资源，从而达到负载的平衡。

3.5.2 域命名空间规划

在进行域名系统设计时，建议从以下几个方面来考虑域名称空间问题。

1. 选择第一个 DNS 域名

配置 DNS 服务器，建议首先选择和注册一个可用于维护 Intranet 或者 Internet 上单位的唯一父 DNS 域名。在局域网中，选择用于 Intranet 网中的 DNS 域名，Internet 网上的域名需要事先向专门的域名机构申请注册。假设“grfw.com”名称是在 Intranet 或者 Internet 上使用的一个顶级域内的二级域（顶级域为.com）。而且所选择的域名最好具有象征意义，特别是子域名，让用户一看就知道它属于哪部分。一旦选择了父域名，就可以将该名称与单位内使用的位置或单位名称组合起来形成其他子域名。

例如，如果添加了子域，如行政部门子域 Admin.grfw.com，同样在这个部门下可以有子域。例如，在该部门从事人事管理（HR）的一组员工可以把他（她）们划分为单独的子域。如“HR.Admin.grfw.com”的子域。同样，对于在该部门提供后勤工作的另一组工作人员可以使用“Logi.Admin.grfw.com”。

如果是应用与 Internet 上，还需要在确定单位在 Internet 上使用的父 DNS 域名之前，先执行搜索，以查看该名称是否已经注册给另一个单位或个人。Internet DNS 名称空间目前由 Internet 网络信息中心（Inter NIC）管理，可到相关域名申请机构查询。

2. 对 Active Directory 的 DNS 名称空间规划

如果准备使用 Active Directory，则需要先规划名称空间。当 DNS 域名称空间可正确使用之前，需要有可用的 Active Directory 结构，所以从 Active Directory 设计着手，并用适当的 DNS 名称空间来支持。经过审阅，如果检测到任何规划中有不可预见的或不合要求的结果，则要根据需要进行修改。

Active Directory 域使用 DNS 名称来命名。选择 DNS 名称用于 Active Directory 域时，需以单位保留在 Internet 上使用的已注册 DNS 域名后缀开始，如“Microsoft.com”，并将该名称和单位中使用的地理名称或部门名称结合起来，组成 Active Directory 域的全名。

例如，Microsoft 公司的测试小组可以称其域为“test.Example.microsoft.com”。该命名方法可确保每个 Active Directory 域名在全球是唯一的。而且这种命名方法一旦被采用，使用现有名称作为创建其他子域的父名称以及进一步增大名称空间，以供单位中的新部门使用的过程将变得非常简单。

当然，对于仅使用单个域或小型多域模式，并无 Internet 域名的小型企业，可以直接进行规划，并按照与以前范例相似的方法操作，而不用考虑在 Internet 上的域名，因为这些企业的域名只应用于企业网络内部。

3. 选择名称

在 DNS 名称中，允许使用的字符在征求意见文档（RFC1123）中定义为所有大写字母（A~Z），小写字母（a~z）、数字（0~9）和连字符（.）。建议仅在名称中使用这样的字符，即允许在 DNS 主机命名时使用的 Internet 标准字符集的一部分。

对于以前使用 NetBIOS 技术的网络，现有的计算机名称可能只符合 NetBIOS 命名标准。如果出现这种情况，可考虑根据 Internet DNS 标准修改计算机名称。要从 NetBIOS 名称轻松转换成 DNS 域名，DNS 服务器服务应包含扩展 ASCII 和 Unicode 字符支持。但是，该附加字符只能支持在运行 Windows 2000 或 Windows Server 2003 家族中的产品的计算机网络环境中使用，这是因为大多数其他的 DNS 解析程序客户软件是基于 RFC1123 的，这是标准化 Internet 主机命名要求的规范。如果在安装过程中输入了非标准的 DNS 域名，屏幕上将会出现建议改用标准 DNS 名称的警告信息。

在运行 Windows NT 4.0 及更早版本的网络中，NetBIOS 名称用来标识运行 Windows 操作系统的计算机。在运行 Windows 2000 或 Windows Server 2003 家族中的产品的计算机网络中，NetBIOS 计算机名称是可选的，而且用于较早版本的 Windows 系统互用。

完整的计算机名称是计算机的默认名称。除了 NetBIOS 名称外，在完整的计算机名称中还要由计算机（主机）名和连接特定域名组成的 FQDN 标识计算机，FQDN 在计算机上被配置，并应用于特定网络连接。

完整的计算机名称是计算机名和计算机的主要 DNS 后缀的结合。该计算机的 DNS 域名是计算机系统属性的一部分，并且与任何特定安装的网络组件没有关系。但是，既不使用网络，也不使用 TPC/IP 的计算机，则没有 DNS 域名。如表 3-2 所示为 NetBIOS 和 DNS 计算机名的比较。

表 3-2　NetBIOS 和 DNS 计算机名的比较

限制	Windows NT4.0 中的 DNS（标准 DNS）	Windows 2000 和 Windows Server 2003 家族中的 DNS	NetBIOS
字符	支持 RFC1123，它允许使用所有大写字母（A~Z）、小写字母（a~z）、数字（0~9）和连字符（.）	支持 RFC1123，DUTF-8。可配置 DNS 服务器允许或不允许使用 UTF-8 字符。可基于每个服务器进行该操作。详细信息，请参阅 Unicode 字符支持	不允许使用以下字符：Unicode 字符、数字、空格和符号（^【 】: ◇+=;，？以及*）
主机名和FQDN	每个标签 63 字节。每个 FQDN255 字节（254 字节用于 FQDN，1 字节用于终止点）	与标准 DNS 相同，外加 UTF-8 支持。字符数不足以确定大小，因为某些 UTF-8 字符的长度超过了一个八位字节。域控制器的 FQDN 仅限于 155 字节	长度为 15 字节

为确保 Windows 中 NetBIOS 和 DNS 命名之间的互操作性，引入了一个新的称为 NetBIOS 计算机名称的命名参数。该参数值（Windows 2000 或 Windows Server 2003 环境下不需要它）是从 DNS 计算机全名中的前 15 个字符派生的。

如果计算机的全名是计算机名和计算机的主要 DNS 后缀的组合，重新命名和从 NetBIOS 名称空间转换为 DNS 名称空间的影响可以达到最小。如果名称有 15 个字符或更少，则可以使它与 NetBIOS 计算机的名称一致，然后管理员也可以给每台计算机分配一个 DNS 域名。这可以通过使用远程管理工具来实现。在默认情况下，计算机的完全合格的域名（FQDN）的主 DNS 后缀部分必须与计算机所在的 Active Directory 域的名称相同。

4. 支持多名称空间的综合规划

除了内部 DNS 名称空间支持，许多网络还需要支持解析外部 DNS 名称，如 Internet 上使用。DNS 服务器服务提供了集成和管理分离名称空间的方法，在这些名称空间中，外部和内部 DNS 名称都可在网络上解析。

在决定如何集成名称空间的过程中，确定哪种方案最符合情况是使用 DNS 的目的。

（1）仅在自己的网络上使用的内部 DNS 名称空间。

（2）具有对外部名称空间引用和访问权限的内部 DNS 名称空间，例如，对 Internet 上 DNS 服务器的引用或转发。

（3）只在诸如 Internet 的公用网络上使用的外部 DNS 名称空间。

如果决定将DNS的使用限制在专用名称空间内，对于如何设计和实现它则不存在限制。用户可以选择任何 DNS 命名标准配置 DNS 服务器，使之作为网络 DNS 分布式设计的有效根服务器，或形成一个自身包含 DNS 域树的结构和层次。需要提供对外部 DNS 名称空间的引用或 Internet 上的整个 DNS 服务时，用户需要考虑专用和外部名称空间之间的兼容性。另外，Internet 服务要求为单位注册父域名称。

3.5.3 多个域的访问控制策略

建议根据企业的资源需求认真规划出最有效的访问控制策略。其中一个需要重点考虑的因素是单个林的每个域中安全组的设计与实施。

在开始进行规划之前，应当了解和充分考虑诸如安全组、嵌套组、组作用域、域功能等概念和系统应用要求。

1. 安全组的规划考虑

用户权利可应用到 Active Directory 中的组，而权限可指派给存放资源的成员服务器上的安全组。要小心使用安全组提供的一种有效的方式来指派对网络上资源的访问权。使用安全组可以有两种做法。

（1）将用户权利指派到 Active Directory 中的安全组。可以对安全组指派用户权利，以确定该组的哪些成员可在处理域（或林）作用域内工作。在安装 Active Directory 时系统会自动将用户权利指派给某些安全组，以帮助管理员定义域中人员的管理角色。例如，在 Active Directory 中被添加到 Backup Operators 组的用户能够备份和还原域中每个域控制器上的文件和文件夹。这是因为在默认情况下，系统将备份文件和目录以及还原文件和目录用户权利自动指派给 Backup Operators 组。因此该用户继承了指派给该组的用户权利。

可以使用组策略将用户权利指派给安全组，以帮助委派特定任务。在指派委派的任务时，始终应谨慎处理，因为在安全组上被指派太多权利的未经培训的用户，有可能对网络产生重大损害。

（2）给安全组指派对资源的权限。用户权利和权限不应混淆。对共享资源的权限将指派给安全组。权限决定了谁可以访问该资源以及访问的级别，如完全控制。系统将自动指派在域对象上设置的某些权限，以允许对默认安全组进行多级别的访问。

在定义对资源和对象的权限的 DACL 中列出了安全组。为资源（文件共享、打印机等）指派权限时，管理员应将那些权限指派给安全组而非个别用户。权限可一次分配给这个组，而不是多次分配给单独用户。添加到组的每个账户将接受在 Active Directory 中指派给该组的权利以及在资源上为该组定义的权限。

同通信组一样，安全组也可用做电子邮件实体。给这种组发送电子邮件会将该邮件发送给组中的所有成员。当完全理解了安全组概念之后，就可以确定每个部门和地理区域的资源需求，从而有助于规划工作的进行。

在任何时候，组都可以从安全组转化为通信组，反之亦然，但仅限于域功能级别设置为 Windows 2000 本机或更高模式的情况下。当域功能级别被设置为 Windows 2000 混合模式时，不可以转换组。

2. 嵌套组的规划考虑

嵌套安全组的能力取决于组作用域和域功能。通过使用嵌套，可将组添加为另一个组的成员。嵌套组可合并成员账户并减少复制通信量。嵌套选项取决于 Windows Server 2003 域的域功能，是设置为 Windows 2000 本机还是设置 Windows 2000 混合。

在设置为 Windows 2000 本机功能级别的域中的组，或设置为 Windows 2000 混合功能级别的域中的通信组可以有下列成员。

① 具有通用作用域的组可以有下列成员：账户、计算机账户、具有通用作用域的其他组以及来自任何域且具有全局作用域的组。

② 具有全局作用域的组具有下列成员：来自相同域的账户和来自相同域且具有全局作用域的其他组。

③ 具有域本地作用域的组可以具有下列成员：账户、具有通用作用域的组和具有全局作用域的组（来自任意域）。该组还可以将来自相同域中的具有本地域作用域的其他组作为成员。

在设置为 Windows 2000 混合功能级别的域中的安全组，仅限于如下类型的成员身份。

① 具有全局作用域的组只将账户作为其成员。

② 具有本地域作用域的组，把具有全局作用域的其他组和账户作为其成员。

在其域功能级别设置为 Windows 2000 混合的域中，不能创建具有通用作用域的安全组。应为只有在域功能级别设置为 Windows 2000 本机或 Windows Server 2003 的域中才支持通用作用域。

3. 组作用域的规划考虑

不论是安全组还是通信组都有一个作用域，用来确定在域树或林中该组的应用范围。有 3 种组作用域：通用组、全局组和本地域组。

通用组的成员可包括域或林中任何域中的其他组和账户，而且可在该域树或林中的任何域中指派权限。全局组的成员可包括只在其中定义该组的域中的其他组和账户，而且可在林中的任何域中指派权限。本地域组的成员可包括 Windows Server 2003、Windows 2000 或 Windows NT 域中的其他组和账户，而且只能在域内指派权限。这 3 种组作用域具体介绍见表 3-3。

表 3-3　3 种组作用域的说明

通用作用域	全局作用域	本地域作用域
当域功能级别被设置为 Windows 2000 本机或 Windows Server 2003 时，通用组的成员可包括来自任何域的账户、全局组和通用组	当域功能级别被设置为 Windows 2000 本机或 Windows Server 2003 时，全局组的成员可包括来自相同域的账户或全局组	当域功能级别被设置为 Windows 2000 本机或 Windows Server 2003 时，本地域组的成员可包括来自任何域的账户、全局组或通用组，以及来自相同域的本地域组
当域功能级别被设置为 Windows 2000 混合时，不能创建具有通用组的安全组	当域功能级别被设置为 Windows 2000 混合时，全局组的成员可包括来自相同域的账户	当域功能级别被设置为 Windows 2000 混合时，本地域组的成员可包括来自任何域的账户或全局组

续表 3-3

通用作用域	全局作用域	本地域作用域
当域功能级别被设置为 Windows 2000 本机或 Windows Server 2003 时，组可被添加到其他组并在任何域中指派权限	组可被添加到其他组并在任何域中指派权限	组可被添加到其他本地域组并在仅在相同域中指派权限
组可转换为本地域作用域。只要组中没有其他通用组成员，就可以转换为全局作用域	只要组不是具有全局作用域的任何其他组的成员，就可以转换为通用作用域	只要组不把具有本地域作用域的其他组成员，就可转换为通用作用域

（1）任何使用具有本地域作用域的组。具有本地域作用域的组将帮助定义和管理对单个域内资源的访问。这些组可将以下组或账户作为它的成员。

① 具有全局作用域的组。

② 具有通用作用域的组。

③ 账户。

④ 具有本地域作用域的其他组。

⑤ 上述任何组或账户的混合体。

例如，要使 5 个用户访问特定的打印机，用户要在打印机权限列表中添加全部 5 个用户。如果以后希望这 5 个用户都能访问新的打印机，则需要再次在新打印机的权限列表中指定全部 5 个账户。如果采用简单的规划，可通过创建具有本地域作用域的组，并指派给其访问打印机的权限，来简化常规的管理任务。将 5 个用户账户放在具有全局作用域的组中，并且将该组添加到有本地域作用域的组。当希望使 5 个用户访问新打印机时，可将访问新打印机的权限指派给有本地域作用域的组，具有全局作用域的组的成员自动接受对新打印机的访问。

（2）何时使用具有全局作用域的组。使用具有全局作用域的组，管理需要每天维护的目录对象，如用户和计算机账户。因为具有全局作用域的组不在自身的域之外复制，所以具有全局作用域的组中的账户可以频繁更改，而不需要对全局编录进行复制，以免增加额外通信量。

虽然权利和权限指派只在指派它们的域内有效，但是通过在相应的域中统一应用具有全局作用域的组，可以合并对具有类似用途的账户的引用，这将简化不同域之间的管理，并使之更加合理化。例如，在具有两个域（如 Europe 和 United States）的网络中，如果 United States 域中有一个称作 GLAccounting 的具有全局作用域的组，则 Europe 域中也应有一个称作 GLAccounting 的组（除非 Europe 域中不存在账户管理功能）。强力推荐在指定复制到全局编录的域目录对象的权限时，使用全局组或通用组，而不是本地域组。

（3）何时使用具有通用作用域的组。要使用具有通用作用域的组来合并跨越不同域的组，可将账户添加到具有全局作用域的组，并且将这些组嵌套在具有通用作用域的组内。使用该策略，对具有全局作用域的组中的任何成员身份的更改，都不影响具有通用作用域的组。

例如，在具有 Europe 和 United States 这两个域的网络中，在每个域中都有一个名为 GLAccounting 全局作用域的组，创建名为 GLAccounting 且具有通用作用域的组，可以将两个 GLAccountin 组 United States\GLAccounting 和 Europe\GLAccounting 作为它的成员。这样就可在企业的任何地方使用 UAccounting 组。对个别 GLAccounting 组的成员身份所作的任何更改都不会引起 UAccounting 组的复制。具有通用作用域的组成员身份不应频繁更改，因为对这些组成员身份的任何更改，都将引起整个组的成员身份复制到树中的每个全局编录中。

4. 域功能的规划考虑

信任域和受信任域的域的功能级别可以影响诸如嵌套组这样的组功能。

（1）域和林功能概述。Windows Server 2003 的 Active Directory 中引入的域和林的功能，提供了在网络环境中启用域或林范围的 Active Directory 功能的一种方法。根据环境提供不同级别的域功能和林功能。如果用户的域或林中的所有域控制器都运行 Windows Server 2003 系统，并且功能级别设置为 Windows Server 2003，那么可以使用域和林范围内的所有功能。如果域或林具有运行 Windows Server 2003 的域控制器，同时也包含 Windows NT4.0 或 Windows 2000 域控制器，那么会限制 Active Directory 功能。域功能级别的提升方法是在“Active Directory 域和信任关系”控制台中的根节点上单击右键，在弹出快捷菜单中选择【提升林的功能级别】命令即可打开相应的对话框。

在 Windows 2000 混合模式和纯模式下，还存在启用 Active Directory 中其他功能的概念。混合模式的域可以包含 Windows NT4.0 备份域控制器，不能使用通用安全组、组嵌套和安全 ID 历史功能。当域设置为纯模式时，可以使用通用安全组、组嵌套和安全记录功能。运行 Windows 2000 Server 的域控制器不能使用域和林的功能。

（2）域功能。域功能可启用影响整个域或只影响该域的功能。有 4 个可用的域功能级别：Windows 2000 混合模式（默认）、Windows 2000 纯模式、Windows Server 2003 过渡版和 Windows Server 2003。默认情况下，域以 Windows 2000 混合模式功能级别运行。各种域功能级别以及相应的所支持的域控制器如表 3-4 所示。

一旦提升域功能级别之后，就不能再将运行旧版操作系统的域控制器引入该域中。例如，如果将域功能级别提升至 Windows Server 2003，则不能再将运行 Windows 2000 Server 的域控制器添加到该域中。

表 3-4　域功能级别以及相应的所支持的域控制器

域功能级别	支持的域控制器
Windows 2000 混合（默认）	Windows NT4.0
	Windows 2000
	Windows Server 2003 家族
Windows Server 2003 纯模式	Windows 2000
	Windows Server 2003 家族
Windows Server 2003 过渡版	Windows NT 4.0
	Windows Server 2003 家族
Windows server 2003	Windows Server 2003 家族

（3）林功能。林功能可雇用跨越林内所有域的功能。有 3 个可用的林功能级别：

Windows 2000（默认）、Windows Server 2003 过渡版和 Windows Server 2003。在默认情况下，林工作在 Windows 2000 功能级别。可以将林功能级别提升到 Windows Server 2003。

一旦提升林的功能级别之后，就不能再将运行旧版操作系统的域控制器引入该林中。例如，如果将林功能级别提升至 Windows Server 2003，则不能再将运行 Windows 2000 Server 的域控制器添加到该林中。

如果正在升级第一个 Windows NT4.0 域，以便使其成为新 Windows Server 2003 林中的第一个域，则可以将域功能级别设置为 Windows Server 2003 过渡版。

5. 对共享资源跨域访问实施控制时的最佳操作

通过谨慎使用域的本地组、全局组和通用组，管理员可以更有效地控制对其他域中资源的访问，主要包括以下几个方面。

（1）根据管理需要（如位置或部门）组织域用户，然后创建全局组，并添加适当的用户账户作为其成员。例如，将销售部门的所有雇员用户账户添加到“Sales Department”全局组中，将会计部门的所有雇员用户账户添加到“Accounting Department”全局组中。

（2）创建一个本地域组，将其他域中所有需要有相同访问权的全局组添加进去。例如，Domain A 中的“Sales Department”和“Accounting Department”全局组中的雇员需要使用 Domain B 中的类似打印资源。为了使以后的管理更改更加灵活，应在 Domain B 中创建名为“Print Resources ”的本地域组，并将 Domain A 中的“Sales Department”和“Accounting Department”全局组添加为其成员。

（3）将共享资源的必要访问权限指派给该本地域组。例如，将权限指派给 Domain B 中的“Print Resources ”本地域组，以便其成员（包括 Domain A 的“Sales Department”和“Accounting Department”）可访问 Domain B 中的打印机。

6. 在外部信任关系中的域之间执行选择性身份验证

通过使用“Active Directory 域和信任关系”，可以确定由外部信任连接的两个域之间的身份验证作用域。可以为传入和传出外部信任设置不同的选择性身份验证。通过使用选择性信任，管理员可以在外部域之间作出灵活的访问控制决定。

如果对传入外部信任使用域范围的身份验证，那么第二个域中的用户将拥有与本地域用户相同的本地域资源访问级别。例如，假设 Domain A 拥有一个来自 Domain B 的传入外部信任，并且采用的是域范围的身份验证，那么 Domain B 的任何用户都能访问 Domain A 中的任意资源（假定他们具备所需的权限）。

如果对传入外部信任设置了选择性身份验证，那么需要在第二个域中的用户希望访问的每个资源上手动指派权限。要执行此操作，要在某个对象上为外部域的特定用户或组设置控制访问权限允许身份验证。

在启用【选择性身份验证】选项的情况下，当用户通过信任关系进行身份验证时，其他单位安全 ID 将被添加到用户的授权数据中。此单位安全 ID 的出现提示系统检查资源域，以便确保用户有权进行特定服务的身份验证。用户经过身份验证后，如果其他单位安全 ID 尚不存在，那么服务器将添加本单位安全 ID。在经过身份证的用户安全 ID 中，这些特殊的单位安全 ID 只能有一个出现。

每个域中的管理员都可将一个域的对象添加到另一个域中，共享资源上的访问控制列表（ACL）。可使用 ACL 编辑器将一个域中的对象添加到另一个域中的资源 ACL 中，或者将其从中删除。

3.5.4 DNS 服务器的规划与配置

在一个大型网络中，可能包括非常多的子域和域树，DNS 域命名空间是基于命名域树的概念。树的每个等级都代表树的一个分支或叶，分支是多个名称被用于标识一组命名资源的等级；叶代表在该等级中仅使用一次来指明特定资源的单个名称。如果不对各级域的命名空间事先进行统一规划，就会出现混乱现象，甚至网络根本无法正常工作。

DNS 服务器在对 DNS 客户端的查询响应中提供该 DNS 客户端，随后提取该信息并将传输至请示程序以解析查询名称。在解析名称的过程中，DNS 服务器通常作为 DNS 客户端来查询其他服务器，以完全解析查询名称。

1. 如何组织 DNS 域命名空间

在树中使用的任何 DNS 域名从技术上说都是域。但是，大多数对 DNS 的讨论都是以 5 种方式之一标识名称，它以名称常用的等级和方式为基础。例如，注册到 Microsoft（microsoft.com）的 DNS 域名称做二级域。这是因为该名称有两个部分（称作标号），这两个部分显示它比树的顶级或根低两个等级。大多数 DNS 域名有两个或多个标号，每个都表示树中的新等级。名称中使用句点分隔标号。

除二级域外，如表 3-5 所示列出根据其在命名空间中的功能来描述 DNS 域名所用的相关术语。

表 3-5 与 DNS 命名空间相关的术语

名称类型	描 述	示 例
域根	这是树的顶级，它表示未命名的等级。它有时显示为两个空引号（“”），以表示空值。在 DNS 域名中使用时，它由尾部句点（.）表示，以指定该名称对于域层次结构的最高层或根。在这种情况下，DNS 域名被认为是完整名称并指向名称树中的确切位置。以这种方式表示的名称叫完全限定的域名（FQDN）	在名称末尾使用的单个句点（.），如 “example.microsoft.com.”
顶级域	由两三个字母组成的名称用于指示国家/地区或使用名称的单位类型	“.com”表示在 Internet 上从事商业活动的公司注册的名称
二级域	为了在 Internet 上使用而注册的个人或单位的长度可变名称。这些名称始终基于相应的顶级域，这取决于单位的类型或使用的名称所在的地理位置	“Microsoft.com.”，它是由 Internet DNS 域名注册人员注册到 Microsoft 的二级域名
子域	单位可创建的其他名称，这些名称从已注册的二级域名中派生。包括为扩大单位中名称的 DNS 树而添加的名称，并将其分为部门或地理位置	“example.microsoft.com.” 是由 Microsoft 公司指派的虚拟子域，用于文档示例名称中
主机或资源名称	代表名称的 DNS 树中的叶节点，并且标识特定资源的名称。DNS 域名最左边的标号一般标识网络上的特定计算机。例如，如果位于该层的名称在主机（A）中使用，则使用它可以根据其主机名搜索计算机的 IP 地址	“host-a.example.microsoft.com.”，其中第一个标号（“host-a”）是网络上特定计算机的 DNS 主机名

2. 解释 DNS 域名

DNS 有一种标注和解释 DNS 域名完全路径的方法，类似于在命令提示符下标注或显示文件或目录完整路径的方法。

DNS 域名解析与通常所见的目录路径解析类似。目录树路径用于指向文件存储在计算机上的确切位置。对于 Windows 系统计算机，反斜杠（\）指示通向确切的文件位置的每个新目录。对于 DNS，相当于表示名称中使用的每个新域等级的句点（.）。

例如，对于名为 Services 的文件，在 Windows 命令提示符下显示的该文件的完整路径为 C：\Windows\System32\Dricers\Etc\Services。

要解释文件的完整路径，请按从左到右的顺序读名称，从最高或最概括的信息段（存储文件的驱动器 C）到最具体的信息文件名“Services”。该例显示了层次结构中指向驱动器 C 上 Services 文件位置的 5 个独立等级。

驱动器 C 的根目录文件夹（C：\）；安装 Windows 的系统根目录文件夹（Windows）；存储系统组件的系统文件夹（System32）；存储系统设备驱动程序的子文件夹（Drivers）；存储系统和网络设备驱动程序所用的各种文件的子文件夹（Etc）。

对于 DNS，带有多级域名的示例如 host-a.example.microsoft.com.，与文件名示例不同的是，当从左到右读取时，DNS FQDN 从其最具体信息（名为“host-a”的计算机的 DNS 名称）移至其最高或最概括的信息段［尾部句点（.）指示 DNS 名称树的根］。该例显示了从“host-a”特定主机位置开始的 4 个独立 DNS 域等级。

“example”域，对应于计算机名“host-a”注册使用的子域；“microsoft”域，对应于确定“example”子域的父域；“com”域，对应于由确定“microsoft”域的公司或商业单位指派使用的顶级域；尾部句点（.）是一个标准的分隔符字符，可用于使完整 DNS 域名限定到 DNS 命名空间树的根级。

3.5.5 DHCP 服务器的规划与配置

在 DHCP 服务器规划中，首先要充分考虑，并确认以下问题。

① 如何确定要使用的 DHCP 服务器的数目。

② 如何支持其他子网上的 DHCP 客户端。

③ DHCP 网络由规划。

④ 企业网络规划的其他考虑事项。

1. DHCP 服务器规划的一般考虑

（1）平衡地址的作用域分布。可用 80/20 设计规划平衡地址的作用域分布，通过配置多个 DHCP 服务器来为相同作用域提供服务。

在相同子网上使用多个 DHCP 服务器，为 DHCP 客户端服务，将提供更强的容错能力。在有两个 DHCP 服务器的情况下，如果一个服务器不可用，那么另一个服务器可以取代它，并继续租用新的地址或续订现有客户端。在两个 DHCP 服务器之间平衡单个网络和地址作用域范围的通常做法是让一个 DHCP 服务器分配 80%的地址，而剩余的 20%则由第二个服务器提供。

（2）在 LAN 环境中的每个子网上对多个 DHCP 服务器使用超级作用域。计算机启动时，每个 DHCP 客户端都将 DHCP 发现消息广播给本地子网，以尝试查找 DHCP 服务器。

由于 DHCP 客户端在初始启动期间使用了广播，所以如果在同一子网中有多个活动的 DHCP 服务器。那么将无法预见哪个服务器会响应客户端的 DHCP 发现请求。

例如，如果有两个 DHCP 服务器服务于同一子网及客户端，那么任一服务器都可以为客户端提供租用服务。分配给客户端的实际租约取决于哪个服务器首先响应特定的客户端。之后，当该客户端试图续订时，最初由客户端要获取租约时选定的服务器可能无法使用。此时，客户端将延迟续订租约的尝试，直至它进入重新绑定状态。在这种状态下，客户端在子网上进行广播，以便定位有效的 IP 配置，并在网络上不中断地继续进行下去。此时，其他 DHCP 服务器可能对客户端请求作出响应。如果出现这种情况，响应的服务器可能在应答中发送 DHCP 否定确认消息。即使最初为客户端提供租用服务的原始服务器在网络上可用，也可能发生这种情况。

若要在相同子网上使用多个 DHCP 服务器时避免这些问题，要使用一个在所有服务器上配置相似的新的超级作用域。超级作用域应包含子网中的所有有效作用域作为其成员作用域。在各台服务器上配置成员作用域时，地址只能在子网上的某一个可用 DHCP 服务器上使用。对于子网上的所有其他服务器，在配置相应作用域时，应对相同的地址作用域范围使用排除范围。

（3）仅在需要从服务中永久删除作用域时，停用作用域。一旦激活了作用域，除非准备在网络上撤销该作用域及其所包括的地址范围，否则不要停用作用域。一旦停用了作用域，DHCP 服务器就不再将那些作用域地址作为有效地址接受。这仅在需要将使用中的作用域永久撤销时才有用。否则，停用作用域将导致服务器向客户端发送不需要的 DHCP 否定确认消息。

如果目的只是要暂时停用作用域地址，那么可以在活动作用域中编辑或修改排除范围，这样能够获得预期结果，同时不会造成负面影响。

（4）仅在需要时使用 DHCP 服务器上的服务器端冲突检测。在租用或使用地址之前，DHCP 服务器或客户端可使用冲突检测功能确定 IP 地址是否已在网络上使用。如果运行 Windows 2000 或 Windows XP 的 DHCP 客户端计算机获得了 IP 地址，那么在完成配置并使用由服务器提供 IP 地址之前，客户端会使用免费 ARP 请求执行基于客户端的冲突检测。如果 DHCP 客户端检测到冲突，它将向服务器发送 DHCP 拒绝消息。

如果网络中存在旧版的 DHCP 客户端，可以在特定情形下使用由 DHCP 服务器提供的服务器端冲突检测。该功能在删除和重建作用域时的故障恢复期间很有用。

在默认情况下，DHCP 服务不执行任何冲突检测。在启用冲突检测，要增加在客户端租用地址之前 DHCP 服务对每个地址执行 ping 操作的次数。DHCP 服务每多执行一次额外的冲突检测尝试，都会使 DHCP 客户端协商租约时所需的秒数增加。

通常，如果使用 DHCP 服务器端冲突检测，应该设置由服务器进行的冲突检测尝试次数，最多使用一次或两次 ping 尝试。这将在不降低 DHCP 服务器性能的条件下提供预期效果。

（5）应该在所有可能为保留的客户端提供服务。可以使用客户端保留来确保 DHCP 客户端计算机在启动时总是收到相同的 IP 地址租约。如果有多个 DHCP 服务器提供保留客户端访问，那么要在其他每个 DHCP 服务器上添加保留。

这将允许其他 DHCP 服务器服从为保留客户端创建的客户端 IP 地址保留。如果 DHCP 服务器要对客户端保留进行操作，那么相应的保留地址必须是该服务器可用地址池中的一部分；用户可以在其他 DHCP 服务器上创建相同保留，来把该地址排除在外。

（6）服务器的性能。对于服务器的性能，应注意 DHCP 需要频繁使用磁盘，所以应购买具有最佳磁盘性能的硬件。

DHCP 需要对服务器硬件进行频繁操作。为提供最佳性能，在为服务器计算机购买硬件时可以考虑采用能够改善磁盘访问时间的 RAID 解决方案。

评估 DHCP 服务器的性能时，应把 DHCP 作为整个服务器完整性能评估的一部分。通过在利用率最高的区域（CPU、内存、磁盘输入/输出）监视系统硬件性能，可以准确地评估 DHCP 服务器何时过载或需要升级。DHCP 服务中含有几个可用于监视服务的“系统监视”计数器。

（7）坚持使用审核日志，以便用于故障排除。在默认情况下，DHCP 服务启用服务相关事件的审核记录。审核日志提供了一种长期的服务监视工具，从而保证对服务器磁盘资源的限制性使用和安全性使用。

（8）对使用路由和远程访问服务进行远程访问的 DHCP 客户端减少租用时间。如果在网络上使用路由和远程访问服务来支持拨号客户端，那么可以在为这些客户端提供服务的作用域上将租用时间调整为小于默认值（8 天）。在作用域中支持远程访问客户端的一种推荐方式是，添加并配置为标识客户端而提供的内置 Microsoft 供应商类别。

（9）如果可用地址空间足够，可以为大型、稳定且固定的网络延长作用域租约期限。对于小型网络（如未使用路由器的物理 LAN），默认的租约期限通常是 8 天。对于较大的路由网络，可以考虑将作用域租用时间延长，如 16~24 天。这样可以减少与 DHCP 相关的网络广播通信，特别是当客户端一般保持在固定位置而且作用域地址充分（至少有 20%或更多的地址仍可使用）时更为有效。

（10）将 DHCP 与其他服务集成，如 WINS 和 DNS。WINS 和 DNS 都可用于在网络上注册动态的名称到地址的映射。要提供名称解析服务，必须对 DHCP 与这些服务的交互操作进行规划。大多数实施 DHCP 的网络管理员也要规划 DNS 和 WINS 服务器的实施策略。

（11）路由网络。对于路由网络，可使用中继代理或设置相应的定时器来避免对 BOOTP 和 DHCP 消息通信进行不必要的转发和中继。

如果有多个网络通过路由器连接在一起，而且并非所有网络段中都存在 DHCP 服务器，那么路由器必须能够中继 BOOTP 和 DHCP 通信。如果没有这样的路由器，可以在每个路由子网中的某一台运行 Windows Server 2003 的服务器上安装 DHCP 中继代理组件。中继代理将中转本地物理网络上启用 DHCP 的客户端的位于另一物理网络上的远程 DHCP 服务器之间的 DHCP 和 BOOTP 消息通信。使用中继代理时，必须设置在把消息转发到远程服务器之前中继代理等待的初始延时时间（以秒计算）。

（12）根据网络上启用 DHCP 的客户端数量使用适当数量 DHCP 服务器。在小型 LAN 中，单个 DHCP 服务器就可以向所有启用了的 DHCP 的客户端提供服务。对于路由网络，需要增加的服务器数量由下面几个因素决定：启用 DHCP 的客户端数量、网段之间的传输速度、网络链路速度、DHCP 服务用于整个企业网络还是仅用于选定的物理网络和网络的 IP 地址类。

（13）对于由 DHCP 服务执行的 DNS 动态更新，使用默认的客户端首选设置。可以将 Windows Server 2003 的 DHCP 服务配置成按照客户端所请求的更新执行方式，为 DHCP 客户端执行 DNS 动态更新。该设置提供了代表客户端执行动态更新的 DHCP 服务最佳使用方法。运行 Windows 2000、Windows XP 或 Windows Server 2003 操作系统的 DHCP 客户端计算机，会显示请求 DHCP 服务器仅更新在 DNS 中用来反向查找和将客户端的 IP 地址解析成其名称的指针资源记录。这些客户端为其本身更新地址资源记录。运行 Windows 早期版本的客户端不能显示请求 DNS 动态更新协议首选项，对于这些客户端，DHCP 服务将同时更新其指针资源记录和地址资源记录。

（14）在 DHCP 服务器控制台中使用手动的备份和恢复方法。使用 DHCP 控制台[操作]菜单中的[备份]命令，可以按照一定的时间间隔执行 DHCP 服务的完全备份，这样可防止丢失重要数据。使用手动备份方法时，所有的 DHCP 服务器数据都将包含在备份中，其中包括所有的作用域信息、日志文件、注册表项以及 DHCP 服务器配置信息（DNS 动态更新凭据除外）。不要将这些备份保存在安装了 DHCP 服务的磁盘上，而且需要确保该备份文件夹的访问控制列表中仅含有 Administrators 组和 DHCP Administrator 组两个成员。除执行手动备份之外，还应备份到其他位置（如磁带驱动器），并确保未经授权的用户无法访问备份副本。为此，可以使用 Windows 备份功能。

还原 DHCP 服务时，使用通过手动[备份]命令创建的备份，或使用由 DHCP 服务借助同步备份功能创建的数据库副本。此外，还可以在 DHCP 控制台中使用其[操作]菜单上的[还原]命令来还原 DHCP 服务器。

（15）明确事项。在安装 DHCP 服务器之前，要明确 DHCP 服务器的硬件和存储要求；哪些计算机可以立即配置为具有动态 TCP/IP 配置的 DHCP 客户端；哪些计算机需要使用静态 TCP/IP 配置参数和静态 IP 地址手动配置；为 DHCP 客户端预定义的 DHCP 选项类型和值。

2. 如何确定要使用的 DHCP 服务器的数目

由于对 DHCP 服务器可以服务的客户端最大数量，或可以在 DHCP 服务器上创建的作用域数量没有固定的限制，因此在确定要使用的 DHCP 服务器数目时，最主要的考虑因素是网络体系结构和服务器硬件。例如，在单一的子网环境中仅需要一台 DHCP 服务器，但可能希望使用两台服务器或部署 DHCP 服务器群集来增强容错能力。在多子网环境中，由于路由器必须在子网间转发 DHCP 消息，因此路由器性能可能影响 DHCP 服务。在这两种情形中，DHCP 服务器的硬件都会影响对客户端的服务。

Windows Server 2003 的 DHCP 服务器服务是一个支持群集的应用程序。通过使用 Windows Server 2003 Enterprise Edition 附带提供的群集服务部署 DHCP 服务器群集，可以实现更高的 DHCP 服务器可靠性。通过使用 DHCP 的群集支持，可以实现一种本地进行的 DHCP 服务器故障转移，从而获得更高的容错能力。也可以通过组合使用远程故障转移配置与 DHCP 服务器群集来增强容错能力，如通过使用分隔的作用域配置。

为了平衡 DHCP 服务器的使用率，较好的做法是使用“80/20”规则将作用域地址划分给两台 DHCP 服务器。如果将服务器 1 配置成可使用大多数地址（约 80%），则服务器 2 可以配置成让客户端使用其他地址（约 20%）。新建作用域时，用于创建它的 IP 地址不应该包含当前已静态配置的计算机（如 DHCP 服务器）的地址。这些静态地址应位于作用域范围外，或者应将它们从作用域地址池中排除。

在确定要使用的 DHCP 服务器的数目时，需要考虑以下事项。

（1）路由器在网络中的位置以及是否希望每个子网都有 DHCP 服务器。

（2）在跨越多个网络扩展 DHCP 服务器的使用范围时，经常需要配置额外的 DHCP 中继代理，而且在某些情况下还需要使用超级作用域。

（3）为其提供 DHCP 服务的网段之间的传输速度保障。如果有较慢的 WAN 链路或拨号链路，可能在这些链路两端都需要配备 DHCP 服务器来为客户端提供本地服务。

（4）DHCP 服务器计算机上安装的磁盘驱动器的速度和随机存取内存（RAM）的数量。为获得最优的 DHCP 服务器性能，尽可能使用最快的磁盘驱动器和最多的 RAM。在规划 DHCP 服务器的硬件需求时，仔细评估磁盘的访问时间和磁盘读写操作的平均次数。

（5）选择使用的 IP 地址类型和其他服务器配置细节方面的实际限制。在组织网络中部署 DHCP 服务器前，可以先对它进行测试，以确定硬件的限制和性能，并了解网络体系结构和其他因素是否影响 DHCP 服务器的性能。通过硬件和配置测试，还可以确定每台服务器要配置的作用域数量。

为提供 DHCP 服务器性能的一般性概念，在测试实验室环境中运行使用 Windows Server 2003 的 DHCP 服务器，并针对该服务器使用自定义应用程序。在向服务器增加大量作用域时，注意每个作用域都将导致对磁盘空间量的相应需求，即递增性地增加用于 DHCP 服务器注册表和服务器页面文件的额外磁盘空间量。运行 Windows Server 2003 的 DHCP 服务器提供了可用来测试和监视服务器的性能监视工具。

3. DHCP 服务器规划的其他考虑

除了以上考虑外，在大型网络中规划 DHCP 服务器时，还需要考虑以下几方面的事项。

（1）备用 DHCP 服务器的考虑，大多数网络需要一个主要的联机 DHCP 服务器和一个作为辅助或备份服务器的其他 DHCP 服务器。

要提供具有潜在容错能力的方案，需要考虑实现作为备用方案的备份或热待机 DHCP 服务器。在热待机配置中，待机 DHCP 服务器是其安装和配置与主 DHCP 服务器完全一样的另一台服务器计算机。在待机情况下，唯一的区别是待机服务器及其作用域在一般情况下没有被激活使用。虽然配置了重复的作用域，但除非在紧急情况下才需要，否则并不激活。例如，在主 DHCP 服务器停止，或长时间脱机时取而代之。

因为热待机解决方案需要特别注意其配置，而且还需要手动管理，以确保 DHCP 客户端可以使用它进行故障转移，作为一个规划方案，比较而言，推荐选用两到三台 DHCP 服务器来平衡活动作用域的使用情况。

（2）支持其他子网的考虑。为了使 DHCP 服务支持网络上的其他子网，必须首先确定用来连接邻近子网的路由器是否支持 BOOTP 和 DHCP 消息的中继。如果路由器不能用于 DHCP 和 BOOTP 中继，可以为每个子网设置以下任一方案。

① 配置运行 Windows NT Server4.0、Windows 2000 Server 或 Windows Server 2003 操作系统的计算机使用 DHCP 中继代理组件。

这台计算机只是在本地子网的客户端与远程 DHCP 服务器之间来回转发消息，并使用远程服务器的 IP 地址。DHCP 中继代理服务仅在运行 Windows NT Server 4.0、Windows Server 2000 或 Widows Server 2003 操作系统的计算机上可用。

② 将运行 Windows Server 2003 操作系统的计算机配置成本地子网的 DHCP 服务器。此服务器计算机必须包含和管理它所服务的本地子网的作用域和其他可配置地址的信息。

（3）规划路由 DHCP 网络的考虑。在使用子网划分网段的路由网络中，规划 DHCP 服务选项时必须遵守一些特定的要求，以便完全实现 DHCP 服务。这些要求包括以下几方面。

① 在路由网络中，一个 DHCP 服务器必须至少位于一个子网中。

② 为了使 DHCP 能够支持其他被路由器分开的远程子网上的客户端，必须使用路由器或远程计算机作为 DHCP 和 BOOTP 中继代理程序，以支持子网之间 DHCP 通信的转发。

（4）企业规划考虑。对于企业 DHCP 网络，还应该考虑以下几方面。

① 规划网络的物理子网和相关的 DHCP 服务器位置。

② 为 DHCP 客户端指定按照每个作用域预定义的 DHCP 选项类型和它们的值，包括根据特定用户组的需求规划作用域。

对于经常将计算机移动到不同位置的部门，例如，市场部需要在不同地方插接笔记本计算机，则可以为相关作用域定义比较短的租约期限。这种方法收集经常改变和删除的 IP 地址，并将它们返回到可供新租约使用的有效地址池中。

③ 识别 WAN 环境中慢速链路所造成的影响。

将 DHCP、WINS 和 DNS 服务器放在正确的位置，以求得最短的响应时间和最少的低速通信。作为大型企业网的规划示例之一，将 WAN 分割为逻辑子网，可以与 Internet 网络的物理结构相匹配。然后一个 IP 子网可以作为主干网，并且与每个物理子网相关联的主干网将保留单独的 IP 子网地址。

3.5.6 Web 服务器的规划与配置

通俗地讲，Web 服务器传送页面使浏览器可以浏览内容，然后应用程序服务器提供客户端应用程序可以调用的方法。确切地说，Web 服务器专门处理 HTTP 请求，应用程序服务器通过协议来为应用程序提供商业逻辑。

1. Web 服务器的原理

Web 服务器可以解析 HTTP，当 Web 服务器接收到一个 HTTP 请求，会返回一个 HTTP 响应，如送回一个 HTML 页面。为了处理一个请求，Web 服务器可以响应一个静态页面或图片，进行页面跳转，或者把动态响应的产生委托给一些其他的程序，如 CGI 脚本、JSP 脚本、ASP 脚本、服务器端 JavaScript 或者一些其他的服务器端技术。无论它们的目的如何，这些服务器端的程序通常产生一个 HTML 的响应，来让浏览器可以浏览。

Web 服务器的代理模型非常简单。当一个请求被送到 Web 服务器里时，它只单纯地把请求传递给可以很好的处理请求的程序。Web 服务器仅仅提供一个可以执行服务器端程序和返回程序所产生响应的环境，而不会超出这个职能范围。服务器端程序通常具有事务处理，数据库连接和消息处理等功能。

Web 服务器不支持事务处理或数据库连接，但它可以配置各种策略来实现容错性和可扩展性，例如负载平衡，缓冲。

2. 应用程序服务器

作为应用程序服务器，它通过各种协议，可以包括 HTTP，把商业逻辑暴露给客户端应用程序。Web 服务器主要是处理向浏览器发送 HTML 以供浏览，而应用程序服务器提供访问商业逻辑的途径以供客户端应用程序使用。应用程序使用此商业逻辑就如同调用对象的一个方法（或过程语言中的一个函数）一样。

应用程序服务器的客户端（包含有图形用户界面的）可能会运行在一台 PC、一个 Web 服务器或者其他应用程序服务器上。在应用程序服务器与其客户端之间来回穿梭的信息，不仅仅局限于简单的显示标记。相反，这种信息就是程序逻辑，正是由于这种逻辑取得了数据和方法调用的形式而不是静态HTML，所以客户端才可以随心所欲地使用这种被暴露的商业逻辑。

在大多数情形下，应用程序服务器是通过组件的应用程序接口把商业逻辑暴露给客户端应用程序的，例如，基于J2EE（Java 2 Platform Enterprise Edition）应用程序服务器的EJB（Enterprise Java Bean）组件模型。此外，应用程序服务器可以管理自己的资源，就像Web服务器一样，应用程序服务器配置了多种可扩展和容错技术。

当提交查询后，网站会进行查找并把结果内嵌在HTML页面中返回。网站可以有很多种方式来实现这种功能。

（1）不带应用程序服务器的Web服务器。在此种情况下，一个Web服务器独立提供在线的功能。Web服务器获得请求，然后发送给服务器端可以处理请求的程序。此程序从数据库或文本文件中查找信息，一旦找到，服务器端程序把结果信息表示成HTML形式，最后Web服务器会把它发送到Web浏览器。Web服务器只是简单的通过响应HTML页面来处理HTTP请求。

（2）带应用程序服务器的Web服务器。Web服务器把响应的产生委托给服务器端程序，可以把查找逻辑放到应用程序服务器上。由于这种变化，此脚本只是简单的调用应用程序服务器的查找服务，而不是已经知道如何查找数据，然后表示为一个响应。这时当该脚本程序产生HTML响应时，就可以使用该服务的返回结果了，

在此情况中，应用程序服务器提供了用于查询信息的逻辑。服务器的这种功能没有指出有关显示和客户端如何使用此信息的细节，相反客户端和应用程序服务器只是来回传送数据。当有客户端调用应用程序服务器的查找服务时，此服务只是简单地查找并返回结果给客户端。

通过从响应产生的HTML的代码中分离出来，在应用程序中该逻辑的可重用性更强。其他的客户端，也可以调用同样的服务。相反，不带应用程序服务器的查找服务是不可重用的，因为信息内嵌在HTML页中了。

3. 服务器的区别

XML Web Services已经将应用程序服务器和Web服务器的界限模糊了。通过传送一个XML有效载荷给服务器，Web服务器可以处理数据和响应的能力与以前的应用程序服务器同样多了。

另外，现在大多数的应用程序服务器也包含了Web服务器，这就意味着可以把Web服务器当做是应用程序服务器的一个子集。虽然应用程序服务器包含了Web服务器的功能，但是开发者很少把应用程序服务器部署成这种功能。相反，如果需要，他们通常会把Web服务器独立配置，和应用程序服务器一前一后。这种功能的分离有助于提高性能（简单的Web请求就不会影响应用程序服务器），分开配置（专门的Web服务器、集群等），而且给最佳产品的选取留有余地。

4. Web服务器的规划

由于目前所见即所得类型的工具越来越多，使用也越来越方便，所以制作网页不再像以前那样要手工编写一行行的源代码，而是一件比较轻松的工作。

初学者经过短暂的学习就可以学会制作网页，于是认为网页制作非常简单，开始匆忙地制作自己的网站。但做出来之后与别人一比，才发现自己的网站非常粗糙。原因很简单，建立一个网站就像盖一幢大楼一样，它是一个系统工程，有自己特定的工作流程，只有遵循这个工作流程，才能设计出一个满意的网站。设计网站过程主要包括以下步骤。

（1）确定网站主题。网站主题就是建立的网站所要包含的内容，一个网站必须要有一个明确的主题。网站的主题无固定规则，只要是感兴趣的，任何内容都可以，但主题要鲜明，在主题范围内的内容要做到大而全，精而深。

（2）收集材料。明确了网站的主题以后，要围绕主题开始搜集材料。要想让自己的网站能够吸引用户，就要尽量搜集材料，收集的材料越多，制作网站就越容易。材料既可以从图书、报纸、光盘、多媒体上得来，也可以从 Internet 上搜集，然后把搜集的材料去粗取精，去伪存真，作为自己制作网站的素材。

（3）规划网站。一个网站设计的成功与否，很大程度上取决于设计者的规划水平。网站规划包含的内容很多，如网站的结构、栏目的设置、网站的风格、颜色搭配、版面布局、文字图片的运用等，只有在制作网页之前把这些方面都考虑到，才能在制作时驾轻就熟，胸有成竹，也只有如此制作出来的网页才能有个性、有特色，具有吸引力。

（4）选择合适的制作工具。选择何种工具并不会影响设计网页的好坏，但是一款功能强大的，使用简单的工具软件往往可以起到事半功倍的效果。网页制作涉及的工具比较多，目前大多数用户选用的都是所见即所得的编辑工具，这其中的优秀工具软件包括 Dreamweaver 和 Frontpage，如果是初学者，则 Frontpage 2000 是首选。除此之外，还有图片编辑工具，如 Photoshop、Photoimpact 等；动画制作工具，如 Flash、Cool3d、Gif Animator 等；还有网页特效工具，可以根据需要灵活运用。

（5）制作网页。材料和工具准备好，下面就需要按照规划一步步地把用户的想法变成现实。这是一个复杂而细致的过程，一定要按先大后小、先简单后复杂来进行制作。先大后小就是说在制作网页时，先把大的结构设计好，然后再逐步完善小的结构设计。先简单后复杂就是先设计出简单的内容，然后再设计复杂的内容，以便出现问题时方便修改。在制作网页时要灵活运用模板，这样可以大大提高制作效率。

（6）上传测试。网页制作完毕，最后要发布到 Web 服务器上，现在上传的工具有很多，有些网页制作工具本身就带有 FTP 功能，利用这些 FTP 工具，可以很方便地把网站发布到申请的主页存放服务器上。网站上传以后，在浏览器中打开网站，逐页逐个链接进行测试，发现问题，及时修改，然后再进行上传测试。

（7）推广宣传。网页做好之后，还要不断进行宣传，这样才能让更多的朋友认识它，提高网站的访问率和知名度。推广的方法有很多，如到搜索引擎上注册、与别的网站交换链接、加入广告链接等。

（8）维护更新。网站要注意经常维护更新内容，保持内容的新鲜，只有不断地给它补充新的内容，才能吸引住浏览者。

5. Web 服务器的配置

Internet 信息服务（Internet Information Server，IIS）是一种 Web 服务组件，其中包括 Web 服务器、FTP 服务器、NNTP 服务器和 SMTP 服务器，分别用于网页浏览、文件传输、新闻服务和邮件发送等方面，它使得在网络（包括 Internet 和局域网）上发布信息成了一件很容易的事。

（1）安装 IIS。进入【控制面板】窗口双击【添加或删除程序】，在打开的对话框左栏选择【新增/移除 Windows 组件】，然后在【Windows 组件向导】对话框的列表框中勾选【Internet Information Server（IIS）】复选框，在安装过程中需要插入 Windows 操作系统光盘。

（2）IIS 的 Web 服务器配置。在【Internet 信息服务】管理窗口中右击【默认 WEB 站点】。在弹出的快捷菜单中选择【属性】命令，进入属性设置对话框。

① 设置【Web 站点】。可以设置站点服务器的 IP 地址和访问端口。在【IP 地址】栏中选择目前能够使用的 IP 地址；【TCP】端口默认为 80，如果为了保密，也可以设置特殊的窗口。

② 设置【主目录】。【本地路径】默认为“c：\Inetpub\wwwroot”，当然可以输入（或用【浏览】按钮选择）网页所在的目录作为主目录。

③ 设置【文档】选项。【启用默认文档】选中后，当在浏览器中输入域名或 IP 时，系统自动在【主目录】中按从上到下的顺序寻找列表中指定的文件名。其他设置均可按默认设置。

（3）创建虚拟目录。如要从主目录以外的目录发布信息，则就要创建虚拟目录。

① 创建的方法。如主目录在“c：\Inetpub\www root”下，而网页文件在“E：\ALL”中，就可以创建一个别名为 test 的虚拟目录。在【默认 Web 站点】上单击右键，选择【新建】→【虚拟目录】命令，依次在【别名】处输入“test”，在【目录】处输入“E：\All”后再按提示操作即可添加成功。创建完后，输入“localhost/test”就可以访问网站。

② 访问网站。启动一个文本编辑器，编写代码“访问本页的时间是<%=time（ ）%>！”，将其保存到 C：\Inetpub\www root 目录下，文件可命名为 l.asp。

在浏览器地址栏中输入“http：//localhost/l.asp”，然后按回车键可浏览到相应网页。将 l.asp 文件复制到刚才创建的虚拟目录中（假如别名为 test）。在浏览器的地址栏中输入“http：//localhost/l.asp”、按 Enter 键可浏览到同样的网页。

3.6 应用系统的选型

3.6.1 常用邮件服务器系统简介

1. UNIX 环境下的 Sendmail

Sendmail 是一个非常优秀的软件。几乎所有的 UNIX 的默认配置中都内置这个软件，只需要设置好操作系统，它就能立即运转起来。在 UNIX 系统中，Sendmail 是应用最广的电子邮件服务器。它是一个免费软件，可以支持数千甚至更多的用户，而且占用的系统资源相当少。

但 Sendmail 的系统结构并不适合较大的负载，对于高负载的邮件系统，需要对 Sendmail 进行复杂的调整。

2. Linux 环境下的 Postfix 和 Qmail

Postfix 结构上由十多个子模块组成，每个子模块完成特定的任务，如通过 SMTP 接收一个消息、发送一个消息、本地传递一个消息、重写一个地址等。Postfix 使用多层防护措施防范攻击者来保护本地系统，Postfix 要比同类的服务器产品速度快三倍以上，一个安装 Postfix 的台式机一天可以收发百万封信件。

Postfix 设计采用了 Web 服务器的设计技巧，以减少进程创建开销，并且采用了其他的一些文件访问优化技术以提高效率，且同时保证了软件的可靠性。Postfix 的设计目标是成为 Sendmail 的替代者。由于这个原因，Postfix 系统有很多部分，如本地投递程序等，可以很容易地通过编辑修改配置文件来替代。

Qmail 是将系统划分为不同的模块，包括负责接收外部邮件、管理缓冲目录中待发送的邮件队列、将邮件发送到远程服务器或本地用户的这个原则进行设计。Qmail 是为了解决 Sendmail 的安全问题，整个系统结构都进行了重新设计。在设计实现中特别考虑了安全问题。Qmail 的配置方式和 Sendmail 不一致，因此不容易维护。而且 Qmail 的版权许可证含义非常模糊，甚至没有和软件一起发布。

按照 UNIX 思路的模块化设计方法使得 Qmail 具备较高的性能，Qmail 还提供一些非常有用的特色功能来增强系统的可靠性。此外，Qmail 还具备一些非常特殊功能，它不仅仅提供了与 Sendmail 兼容的方式来处理转发、别名等能力，还可以用以 Sendmail 完全不同的方式来提供这些功能。

3. SUN 公司的 iPlanet Messaging Server

iPlanet Messaging Server 是一个强大的、可靠的、大容量的 Internet 邮件服务器，是为企业和服务提供商设计的。Messaging Server 采用集中的 LDAP 数据库存储用户、组和域的信息。它支持标准的协议、多域名和 Webmail，具有强大的安全和访问控制。

iPlanet Messaging Server 作为开放可扩展的基于 Internet 的高性能电信级通信平台，能够支持千万级用户。其主要特点有授权管理、虚拟主机与虚拟域，功能强大，易于扩展。运营商将从其包括邮件、无线技术、一体化信息等综合信息服务系统所提供的增值服务中受益。

4. IBM 公司的 Domino 邮件服务器

Domino 邮件服务器提供一个可以用于电子邮件、Web 访问、在线日历和群组日程安排、协同工作区、公告板和新闻组服务的统一体系结构。从 Lotus Notes 到 Web 浏览器，再到 Outlook 和 PDA，其无与伦比的移动功能和对广泛的客户端支持，使用户能够随时随地安全地收发信息。

Domino 邮件服务器可以在企业现有的硬件、软件和网络之上运行，通过开发的标准与其他通信系统无缝地实现互操作。集中地桌面控制、信息跟踪和监控及远程服务器管理功能，可实现对地区办事处稳定的 IT 支持，从而进一步减少成本。优化的附加产品如桌面传真和集成的文档管理程序，可以提升系统价值，扩展企业的通信基础设施。

5. Microsoft 公司的 Exchange Server

Microsoft 的 Exchange Server 是一个重要的 Internet 协作应用服务器，适合有各种协作需求的用户使用。Exchange Server 协作应用的出发点是业界领先的消息交换基础，它提供了业界最强的扩展性、可靠性、安全性和最高的处理性能。Exchange Server 提供了包括从电子邮件、会议安排、团体日程管理、任务管理、文档管理、实时会议和工作流等丰富的协作应用，而所有应用都可以从通过 Internet 浏览器来访问。

Exchange Server 是一个设计完备的邮件服务器产品，提供了通常所需要的全部邮件服务功能。除了常规的 SMTP/POP 服务之外，它还支持 IMAP4、LDAP 和 NNTP。Exchange Server 服务器有两种版本，标准版包括 Active Server、网络新闻服务和一系列与其他邮件系统的接口；企业版除了包括标准版的功能外，还包括与 IBM Office Vision、X.4OO、VM 和 SNADS 通信的电子邮件网关，Exchange Server 支持基于 Web 浏览器的邮件访问。

3.6.2 邮件服务器系统的选型

邮件服务器的主要性能参数包括：SMTP 发信效率、POP3 收信效率、Web 邮件方式下的收发邮件效率、邮件服务器消息转发效率等。下面是影响邮件服务器整体性能的几个主要因素。

1. 服务器配置水平的影响

服务器的配置水平是影响邮件服务器性能的主要因素之一。主要包括处理器性能、内存容量、SCSI或IDE的传输速率和磁盘读写速度、网络适配器最大吞吐量等，因此需要服务器的配置处在一个较高的水平。当然，如果采用动态负载均衡技术，就可以随意扩展邮件服务器的硬件配置，满足不断变化的业务需要。

2. 网络带宽的影响

网络的带宽决定了网络通信的水平。在宽带时代到来的同时，也解决了邮件服务器的带宽问题，对于网络负载较大的用户，还是要寄希望于电信服务商的支持。

3. 操作系统的影响

目前较为流行的操作系统是UNIX、Linux和Windws系统，这些系统各有千秋，不同操作系统在处理机制上的不同往往有可能造成邮件服务器系统性能的差异。

4. 邮件设计技术的影响

是使用LDAP还是数据库方式进行用户登录认证和管理以及是否采用SSL/TLS进行加密处理，是否提供防病毒模块，病毒处理机制等，都是影响服务器系统性能的主要因素。应该在保证产品功能、安全性、稳定性的基础上，找到邮件服务器性能的最佳点。

5. 用户配置水平的影响

由于大部分邮件服务器的各项参数是可以调整的，因此，对于用户操作人员也有较高的要求，用户配置的水平也是影响邮件服务器使用的重要因素。

3.6.3 常用数据库系统简介

目前，常见的数据库包括Access，SQL Server，MySQL，Orcale，DB2数据库等，它们各有优点，适合于不同级别的系统。

1. Access 数据库

Microsoft公司于1994年推出的桌面数据库管理系统Access,具有界面友好、易学易用、开发简单、接口灵活等特点，是典型的新一代桌面数据库管理系统。主要有以下特点。

（1）完善地管理各种数据库对象，具有强大的数据组织、用户管理、安全检查等功能。

（2）强大的数据处理功能。在一个工作组级别的网络环境中，使用Access开发的多用户数据库管理系统具有传统的XBASE（DBASE、FoxBASE的统称）数据库系统所无法实现的客户机/服务器（Client/Server）结构和相应的数据库安全机制，Access具备了许多先进的大型数据库管理系统的特征，如事务处理/出错回滚能力等。

（3）可以方便地生成各种数据对象，利用存储的数据建立窗体和报表，可视性好。

（4）作为Microsoft Office套件的一部分，可以与Office集成，实现无缝连接。

（5）能够利用Web检索和发布数据，实现与Internet的连接。Access主要适用于中小型应用系统，或作为客户机/服务器系统的客户端数据库。

2. Informix 数据库

Informix Software公司研制的关系型数据库管理系统Informix具有Informix-SE和Informix-Online两种版本。Informix-SE适用于UNIX和Windows NT平台，是为中小规模的应用而设计的；Informix-Online在UNIX操作系统下运行，可以提供多线程服务器，支持对称多处理器，适用于大型应用。

Informix 可以提供面向屏幕的数据输入询问及面向设计的询问语言报告生成器。数据定义包括定义关系、撤销关系、定义索引和重新定义索引等。Informix 不仅可以建立数据库，还可以方便地重构数据库，系统的保护措施十分健全，不仅能使数据得到保护而不被权限外的用户存取，而且能重新建立丢失的文件，恢复被破坏的数据。其文件的大小不受磁盘空间的限制，域的大小和记录的长度均可达 2 K。Informix 可移植性强、兼容性好，在很多微型计算机和小型机上得到应用，尤其适用于中小型企业的人事、仓储及财务管理。

3. Oracle 数据库

它是 Orcale 公司研制的一种关系型数据库管理系统，是一个协调服务器和用于支持任务决定型应用程序的开放型 PDBMS。它可以支持多种不同的硬件和操作系统平台，从台式机到大型和超级计算机，为各种硬件结构提供高度的可伸缩性，支持对称多处理器、群集多处理器、大规模处理器等，并提供广泛的国际语言支持。Oracle 是一个多用户系统，能自动从批处理或在线环境的系统故障中恢复运行。系统提供了一个完整的软件开发工具 Developer 2000，包括交互式应用程序生成器、报表打印软件、字处理器软件以及集中式数据字典，用户可以利用这些工具生成自己的应用程序。

Oracle 以二维表的形式表示数据，并提供了 SQL（结构式查询语言），可完成数据查询、操作、定义和控制等基本数据库管理功能。Oracle 具有很好的可移植性，通过它的通信功能，微型计算机上的程序可以同小型乃至大型计算机上的 Oracle 数据库相互传递数据。Oracle 属于大型数据库系统，主要适用于大、中小型应用系统，或作为客户机/服务器系统中服务器端的数据库系统。

4. DB2 数据库

它是 IBM 公司研制的一种关系型数据库系统。DB2 主要应用于大型应用系统，具有较好的可伸缩性，可支持从大型机到单用户环境，应用于 OS/2、Windows 等平台下。DB2 提供了高层次的数据利用性、完整性、安全性、可恢复性以及小规模到大规模应用程序的执行能力，具有与平台无关的基本功能和 SQL 命令。DB2 采用了数据分级技术，能够使大型机数据很方便地下载到 LAN 数据库服务器，使得客户机/服务器用户和基于 LAN 的应用程序，可以访问大型机数据，并使数据库本地化及远程连接透明化。它以拥有一个非常完备的查询优化器而著称，其外部连接改善了查询性能，并支持多任务并行查询。DB2 具有很好的网络支持能力，每个子系统可以连接十几万个分布式用户，可同时激活上千个活动线程，对大型分布式系统尤为适用。

5. SQL Server 数据库

它是 Microsoft 公司推出的一种关系型数据库系统。SQL Server 是一个可扩展的、高性能的、为分布式客户机/服务器计算机所设计的数据库管理系统，实现了与 Windows NT 的有机结合，提供了基于事务的企业级信息管理系统方案。其主要特点如下。

（1）高性能设计，可充分利用 Windows NT 的优势。

（2）系统管理先进，支持 Windows 图形化管理工具，支持本地和远程的系统管理和配置。

（3）强大的事务处理功能，采用各种方法保证数据的完整性。

（4）支持对称多处理器结构、存储过程、ODBC，并具有自主的 SQL 语言。SQL Server 以其内置的数据复制功能、强大的管理工具、与 Internet 的紧密集成和开放的系统结构，为广大的用户、开发人员和系统集成商提供了一个出众的数据库平台。

6. Sybase 数据库

它是 Sybase 公司研制的一种关系型数据库系统，是一种典型的 UNIX 或 Windows NT 平台上客户机/服务器环境下的大型数据库系统。Sybase 提供了一套应用程序编程接口，可以与非 Sybase 数据源及服务器集成，允许在多个数据库之间复制数据，适于创建多层应用。系统具有完备的触发器、存储过程、规则以及完整性定义，支持优化查询，具有较好的数据安全性。Sybase 通常与 Sybase SQL Anywhere 用于客户机/服务器环境，前者为服务器数据库，后者为客户机数据库，采用该公司研制的 PowerBuilder 为开发工具，在我国大中型系统中具有广泛的应用。

7. FoxPro 数据库

最初由美国 Fox 公司 1988 年推出，1992 年 Fox 公司被 Microsoft 公司收购后，相继推出了 FoxPro2.5、2.6 和 Visual FoxPro 等版本，其功能和性能有了较大的提高。FoxPro2.5、2.6 分为 DOS 和 Windows 两种版本，分别运行于 DOS 和 Windows 环境下。FoxPro 比 FoxBASE 在功能和性能上又有了很大的改进，主要是引入了窗口、按钮、列表框和文本框等控件，进一步提高了系统的开发能力。

3.6.4 数据库管理系统的选型

选择数据库管理系统时，用户应从以下几个方面加以考虑。

1. 构造数据库的难易程度

需要分析数据库管理系统有没有范式的要求，即是否必须按照系统所规定的数据模型分析现实世界，建立相应的模型；数据库管理语句是否符合国际标准，符合国际标准则便于系统的维护、开发、移植；是否有面向用户的易用的开发工具；所支持的数据库容量，数据库的容量特性决定了数据库管理系统的使用范围。

2. 程序开发的易难程度

有无计算机辅助软件工程工具 CASE，计算机辅助软件工程工具可以帮助开发者根据软件工程的方法提供各开发阶段的维护、编码环境，便于复杂软件的开发和维护。有无第四代语言的开发平台，第四代语言具有非过程语言的设计方法，用户不需编写复杂的过程性代码，易学、易懂、易维护。有无面向对象的设计平台，面向对象的设计思想十分接近人类的逻辑思维方式，便于开发和维护。对多媒体数据类型的支持，多媒体数据需求是今后发展的趋势，支持多媒体数据类型的数据库管理系统必将减少应用程序的开发和维护工作。

3. 数据库管理系统的性能分析

数据库管理系统的性能分析主要包括性能评估（响应时间、数据单位时间吞吐量）、性能监控（内外存使用情况、系统输入/输出速率、SQL 语句的执行、数据库元组控制）、性能管理（参数设定与调整）等。

4. 对分布式应用的支持

主要指数据透明与网络透明程度。数据透明是指用户在应用中不需指出数据在网络中的节点位置，数据库管理系统可以自动搜索网络，提取所需数据；网络透明是指用户在应用中无需指出网络所采用的协议，数据库管理系统自动将数据包转换成相应的协议数据。

5. 并行处理能力

主要指支持多 CPU 模式的系统（SMP、CLUSTER 和 MPP），负载的分配形式，并行处理的颗粒度、范围等。

6. 可移植性和可扩展性

可移植性和可扩展性是指垂直扩展和水平扩展能力。垂直扩展要求新平台能够支持低版本的平台，数据库客户机/服务器机制支持集中式管理模式，这样保证用户以前的投资和系统继续使用；水平扩展要求满足硬件上的扩展，支持从单 CPU 模式转换成多 CPU 并行机模式（SMP、CLUSTER 和 MPP）。

7. 数据完整性约束

数据完整性指数据的正确性和一致性保护，包括实体完整性、参照完整性、复杂的事务规则。

8. 并发控制功能

对于分布式数据库管理系统，并发控制功能是必不可少的。因为它面临的是多任务分布环境，可能会有多个用户点在同一时刻对同一数据进行读或写操作，为了保证数据的一致性，需要由数据库管理系统的并发控制功能来完成。评价并发控制的标准应从下面几个方面加以考虑。

（1）保证查询结果一致性方法。

（2）数据锁的颗粒度（数据锁的控制范围，表、页、元组等）。

（3）数据锁的升级管理功能。

（4）死锁的检测和解决方法。

9. 容错能力

指异常情况下对数据的容错处理。评价标准是硬件的容错、有无磁盘镜像处理功能软件的容错、有无软件方法异常情况的容错功能。

10. 安全性控制

主要指安全保密的程度，包括账户管理、用户权限、网络安全控制和数据约束等。

11. 支持汉字处理能力

主要包括数据库描述语言的汉字处理能力（表名、域名、数据）和数据库开发工具对汉字的支持能力。

3.6.5 ERP 系统简介

ERP 系统是一种主要面向制造行业进行物资资源、资金资源和信息资源集成一体化管理的企业管理软件系统。现在各类制造企业都在实施 ERP 系统，但不同行业，甚至不同企业，ERP 系统功能都不完全一样。

目前国内外开发 ERP 系统的企业非常多，这种系统属于综合类管理系统，价格不菲，具体选择产品还应结合用户企业自身实际来考虑。

1. ERP 的定义

ERP 系统发展至今，市面上的 ERP 产品越来越多，而且这些不同 ERP 产品中还存在相当大的差别。到底什么是 ERP 系统，它具备哪些主要功能，许多 ERP 系统使用者，甚至专业人员都说不清、道不明。

追溯 ERP 概念的根源，就会涉及 MIS、MRP、MRP2 等概念，这些概念都是企业管理信息化的一个子集。在 ERP 的概念解释中往往直接与企业管理信息化等同起来。而企业管理信息化是一个很广泛的概念，当把 ERP 与它等同时，实际上就意味着 ERP 已经被普遍接受了。

ERP 是一个用来区别于手工管理的概念，很难明确给出它的精确定义。考虑到不同的行业应用 ERP 的内容不同，相同的企业由于规模的不同，应用的层次也不同，所以从这个意义上来讲，ERP 是一个模糊的概念，只要是企业管理信息化的应用，都属于 ERP 的范畴。

ERP 可以从管理思想、软件产品和管理系统 3 个层次给出它的定义。

（1）它是美国计算机技术咨询和评估集团提出的一整套企业管理系统体系标准，其实质是在 MRP2 基础上进一步发展而成的企业供应链（Supply Chain）的管理思想。

（2）它是综合应用客户机/服务器体系、关系数据库结构。面向对象技术、图形用户界面、第四代语言（4GL）、网络通信等信息产业成果，以 ERP 管理思想为灵魂的软件产品。

（3）它是整合了企业管理理念、业务流程、基础数据、人力物力、计算机硬件和软件于一体的企业资源管理系统。

对应于管理界、信息界、企业界不同的表述要求，“ERP”分别有着它特定的内涵和外延，相应采用“ERP 管理思想”、“ERP 软件”、“ERP 系统”的表述方式。

2. ERP 的核心管理思想

ERP 的核心管理思想是供应链管理。链上的每一个环节都含有“供”与“需”两方面的双重含义，“供”与“需”是相对而言的，也称“Demand/Supply Chain”。作为供应系统，通常是指 Logistics（后勤体系）的内容，后勤体系是“从采购到销售”，而供应链是“从需求市场到供应市场”。

以集成管理技术和信息技术著称的美国生产与库存管理协会（APICS）从 1997 年起，将供应链管理的内容作为生产与库存管理资格（CPM）考试的内容，并在 7 个主题中列为第一[其余主题依次为库存管理、JIT（准时制生产）、主计划、物料需求计划、生产作业控制、系统与技术]，说明其重要性。ERP 的核心管理思想就是实现对整个供应链的有效管理，主要体现在以下两个方面。

（1）对整个供应链资源进行管理的思想。在知识经济时代，仅靠企业自己的资源不可能有效地参与市场竞争，还必须把经营过程中的有关各方，如供应商、制造工厂、分销网络和客户等纳入一个紧密的供应链中，才能有效地安排企业的产、供、销活动，满足企业利用全社会一切市场资源，快速高效进行生产经营的需求，以进一步提高次序和在市场上获得竞争优势。换句话说，现代竞争不是单一企业与单一企业之间的竞争，而是一个企业供应链与另一个企业供应链之间的竞争。ERP 系统实现了对整个企业供应链的管理，适应了知识经济时代市场竞争的需要。

（2）精益生产、同步工程和敏捷制造的思想。ERP 系统支持对混合型生产方式的管理，其管理主要是“精益生产”思想，即企业按大批量生产方式组织生产时，把客户、销售代理商、供应商、协作单位纳入生产体系；企业同其销售代理、客户和供应商关系，已不再是简单的业务往来关系，而是利益共享的使用伙伴关系。

3.6.6 ERP 系统的基本功能组成、特点与选型

1. 基本功能

目前市场上 ERP 软件的基本功能大同小异，一般至少具有 5 个基本功能。

（1）物料管理协助企业有效地控管物料，以降低存货成本。主要包括采购、库存管理、

仓储管理发票验证、库存控制和采购信息系统等。

（2）生产规划系统让企业以最优水平生产，并同时兼顾生产弹性。主要包括生产规划、物料需求计划、生产控制及制造能力计划、生产成本计划和生产现场信息系统。

（3）财务会计系统提供企业更精确、可靠且实时的财务信息。主要包括间接成本管理、产品成本会计、利润分析、应收应付账款管理、固定资产管理，一般流水账、特殊流水账、作业成本和总公司汇总账。

（4）销售、分销系统协助企业迅速地掌握市场信息，以便对顾客需求做出最快速的反应。主要包括销售经理、订单管理、发货运输、发票管理和业务信息系统。

（5）企业情报管理系统提供决策者更实时有用的决策信息。主要包括决策支持系统、企业计划与预算系统和利润中心会计系统。

除这 5 个功能外，很多厂商也提供了其他基本模块，来加强企业内部资源整合的能力。

2. 扩展功能

一般 ERP 软件提供的最重要的 4 个扩展功能主要是供应链管理（SCM）、顾客关系管理（CRM）、销售自动化（SFA）以及电子商务（E-commerce）。

（1）供应链管理（SCM）。供应链管理是将从供应商的供应商到顾客的顾客中间的物流、信息流、资金流、程序流、服务和组织加以整合化、实时化、扁平化的系统。SCM 系统可细分为 3 个部分：供应链规划与执行、运送管理系统和仓储管理系统。

（2）顾客关系管理（CRM）及销售自动化（SFA）。这两者都是用来管理与顾客端有关的活动。销售自动化系统（SFA）指能让销售人员跟踪记录顾客详细数据的系统；顾客关系管理系统（CRM）则指能从企业现存数据中挖掘所有关键的信息，以自动管理现有顾客和潜在顾客数据的系统。

CRM 及 SFA 都是强化前端的数据仓库技术，通过分析和整合企业的销售、营销及服务信息，以协助企业提供更客户化的服务及实现目标营销的理念，因此可以大幅改善企业与顾客间的关系，带来更好的销售机会。

目前提供前端功能模块的 ERP 厂商和相关的功能模块数都不多，且这些厂商几乎都是将目标市场锁定在金融、电信等拥有客户数目众多，需要提供后续服务多的几个特定产业。

（3）电子商务（E-commerce）。产业界对电子商务的定义存在分歧。电子商务（EC）一般指具有共享企业信息、维护企业间关系及产生企业交易行为 3 大功能的远程通信网络系统。

有学者进一步将电子商务分为企业与企业间、企业与个人（消费者）间的电子商务等两大类。

目前 ERP 软件供应商提供的电子商务应用方案主要有 3 种。

① 提供可外挂于 ERP 系统下的 SCM 功能模块，如让企业整合、实时的供应链信息去自动订货的模块，以协助企业推动企业间的电子商务。

② 提供可外挂于 ERP 系统下的 CRM 功能模块，如让企业建置、经营网络商店的模块，以协助企业推动其与个人间的电子商务。

③ 提供中介软件来协助企业整合前后端信息，使其达到内外信息全面整合的目标。

在上述 4 个延伸的功能中，SCM 是最早发展且最成熟的领域，CRM 和 EC 都尚在初始阶段，有待 ERP 供应商投入更多精力去研究。

3. ERP 系统特点

（1）方便易用。系统使用 IE 浏览器作为客户端平台，采用了生动直观的图形界面，本着“功能越复杂，操作越简单”的原则设计，易学易用。系统结构清晰明了，操作提示信息齐全，录入方便快捷。任何一个即使不具有计算机经验的管理人员和业务操作员，只要具有业务管理的基本知识，也可在短时间内完全掌握。

（2）网络连接。网络系统支持从简单的局域网络（LAN）到 Internet 访问（Internet）等联机模式，可实现异地或本地远程管理。

（3）安全可靠。每个用户都只能通过自己的账号，在所属角色的权限范围内使用本系统，用户与角色的设置由系统模块中统一设置，由公司指定管理员专门管理，对数据的存取均通过服务器，从而彻底保证了数据的安全性及可靠性。

（4）功能强大。系统能动态显示最新的库存状况，每日提示功能能让用户对即将要处理的业务更加一目了然；具有强大的查询和报表功能，支持模糊查询，可随时查询各种应收、应付财务报表，并按指定条件产生各种汇总报表，从而能够全面、及时地反映销售状况。

（5）维护简单。系统运行后几乎不需要专业系统管理员维护，不但可以节省开支，而且免除了后顾之忧。

4. ERP 系统的选型

软件选型规范化的原则就是“知己知彼原则”。

（1）对用户的调查分析。

① 战略方面的分析。企业是实施 ERP 系统的主体，是 ERP 软件的买主，因此首先要弄清楚以下问题。

◎ 企业在全球竞争中所处的地位是什么？

◎ 同国内外竞争对手的差距是什么？

◎ 影响企业生存与发展的障碍是什么？

要追根问底，找出真正的原因，并分清主次，哪些原因是可以通过实施 ERP 来解决的。

如果结论是只有 ERP 才是解决矛盾的最佳手段，那么才可以进入软件选型阶段。以上这些分析称之为“宏观需求分析”或战略性分析，企业信息化是为企业经营战略服务的，脱离企业的战略谈信息化是没有意义的，因此必须首先从战略的高度出发来讨论企业信息化和 ERP。

② 用户工作流程的调查分析。有了这一系列的研究以后，还要围绕业务流程分析，做好以下工作。

◎ 说清企业从事的行业、生产类型和组织机构，现状和发展。

◎ 描述现有企业的业务流程，找出不合理的症结，按照 ERP 原理的精神，提出理想的解决方案。

◎ 重点描述企业的信息流、物流和资金流。

◎ 定义 ERP 项目的范围、实施周期和期望值。

◎ 编写需求分析报告和投资效益报告。

ERP 系统是一个数目可观的投资项目，必须进行扎实的可行性研究。

（2）“行业细分”的软件开发。

当前，ERP 软件商已经提出“行业细分”的软件开发策略，这个方向是正确的，有利于不同类型企业的软件选型。但是，作为企业用户如何看待“行业解决方案”，还需要有一个更深层次的理解。

在制造业内有各种各样的不同行业，如机床、家电、汽车、船舶、食品、制药、烟草、纺织、建材、炼油、化工、冶金等。在一个行业里，又会有各种生产类型，如汽车行业下面又包括整车装配（混流生产）、一级部件（如发动机、变速箱、散热器等）、二级部件（如分配器、滤清器等）、三级零部件（如活塞、火花塞等）和一些毛坯零件（如连杆、曲轴、凸轮轴等）。因此，仅仅看一个软件标注是“某某行业解决方案”还是不够的，必须进一步具体分析。

再如，纺织行业是一个广泛的称谓，可以包括各类面料生产，其中化纤和棉纺又是根本不同的生产性质，例如，棉纺的梳棉流程有对回收棉絮的再处理的特殊要求，需要有非常专业的软件产品。服装可以是一个独立的行业，但是有的纺织行业集团又包括了服装业务。如果服装业又包括专卖店管理，需求又不一样。

选择软件时，要注意软件产品的功能、采用的技术、提供的资料文档、实施服务人员的素质、软件公司的管理文化和信誉等。

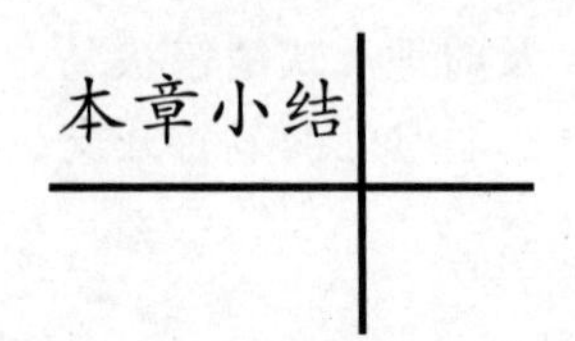

系统设计是网络系统集成的基础，设计质量的高低决定了整个系统集成的成败。系统设计的主要目的是根据用户的需求及技术的发展状况，对整个网络系统的构成、分布、状态进行论述解析，同时根据整体设计情况对各种技术和产品进行选择比较，以达成一个最合理、可靠、先进、实用的系统结构。

本章主要介绍了系统设计的原则、步骤、内容及需关注的问题，并对目前流行的各种方案的优劣进行了分析比较，以供参考。

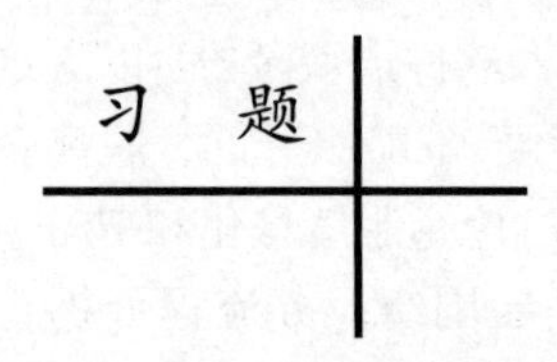

1. 简述网络系统设计中应综合考虑的因素。
2. 对局域网和广域网来说，如何选择通信协议？
3. 简述网络规模是如何划分的。它对网络结构有什么影响？
4. 网络功能主要有哪些方面的需求？
5. 网络的可扩展性和可升级性主要体现在哪些方面？
6. 网络性能主要由什么来决定？采用什么设计原则？
7. 简述网络系统设计的步骤和原则。
8. 什么是网络拓扑结构？有线局域网的拓扑结构有哪些？各有什么特点？
9. 无线局域网的拓扑结构有哪几种？各有什么特点？
10. 简述使用 Visio 2003 绘制拓扑结构图的步骤。
11. 普通网络 IP 地址主要分为哪几大类？
12. 什么是 VLAN？为什么要进行 VLAN 划分？
13. 简述划分 VLAN 的方法。

14．VLAN的主要特点是什么？
15．实现VLAN有哪些技术？并简述其含义。
16．简述网络设计中选择网络操作系统的原则。
17．为什么要进行域名控制？如何进行域命名空间规划？
18．数据库系统有哪些基本类型？如何选择数据库系统？
19．简述ERP系统有哪些功能。
20．结合实例分析网络系统设计的过程，并撰写设计文档。

4 网络系统集成的主要设备及选型

4.1 网卡

计算机与外界局域网的连接是通过主机箱内插入一块网络接口板来实现的（或者是在笔记本电脑中插入的一块 PCMCIA 卡）。网络接口板又称为通信适配器或网络适配器（network adapter）或网络接口卡 NIC（Network Interface Card）但是现在更多的人愿意使用更为简单的名称“网卡”。

4.1.1 网卡的功能

网卡是工作在链路层的网络组件，是局域网中连接计算机和传输介质的接口，不仅能实现与局域网传输介质之间的物理连接和电信号匹配，还涉及帧的发送与接收、帧的封装与拆封、介质访问控制、数据的编码与解码以及数据缓存的功能等。

网卡上面装有处理器和存储器（包括 RAM 和 ROM）。网卡和局域网之间的通信是通过电缆或双绞线以串行传输方式进行的。而网卡和计算机之间的通信则是通过计算机主板上的 I/O 总线以并行传输方式进行。因此，网卡的一个重要功能就是要进行串行/并行转换。由于网络上的数据率和计算机总线上的数据率并不相同，因此在网卡中必须装有对数据进行缓存的存储芯片。在安装网卡时必须将管理网卡的设备驱动程序安装在计算机的操作系统中。这个驱动程序以后就会告诉网卡，应当从存储器的什么位置上将局域网传送过来的数据块存储下来。网卡还要能够实现以太网协议。

网卡并不是独立的自治单元，因为网卡本身不带电源而是必须使用所插入的计算机的电源，并受该计算机的控制。因此网卡可看成为一个半自治的单元。当网卡收到一个有差错的帧时，它就将这个帧丢弃而不必通知它所插入的计算机。当网卡收到一个正确的帧时，它就使用中断来通知该计算机并交付给协议栈中的网络层。当计算机要发送一个 IP 数据包时，它就由协议栈向下交给网卡组装成帧后发送到局域网。 随着集成度的不断提高，网卡上的芯片的个数不断的减少，虽然各个厂家生产的网卡种类繁多，但其功能大同小异。

网卡的主要功能表现在：

（1）数据的封装与解封。

发送时将上一层交下来的数据加上首部和尾部，成为以太网的帧。接收时将以太网的帧剥去首部和尾部，然后送交上一层。

（2）链路管理。

主要是 CSMA/CD（Carrier Sense Multiple Access with Collision Detection ，带冲突检测的载波监听多路访问）协议的实现。

（3）编码与译码。

即曼彻斯特编码与译码，曼彻斯特码是通过电平的跳变来对二进制数据“0”和“1”进行编码的，对于何种电平跳变对应何种数据，实际上有两种不同的数据约定：第一种约定是由 G. E. Thomas，Andrew S. Tanenbaum 等人在 1949 年提出的，它规定“0”是由低到高的电平跳变表示，“1”是由高到低的电平跳变；第二种约定则是在 IEEE 802.4（令牌总线）以及 IEEE 802.3（以太网）中规定，按照这样的说法，由低到高的电平跳变表示“1”，由高到低的电平跳变表示“0”。在实际工程上，这两种约定在一定范围内均有应用。为了便于描述，若无特殊说明，曼彻斯特码的编码规则均采用第二种约定，即从低电平跳变到高电平表示“1”，从高电平跳变到低电平表示“0”。

4.1.2 网卡分类

1. 按工作方式可分为 5 类

（1）主 CPU 用 IN 和 OUT 指令对网卡的 I/O 端口寻址并交换数据。

（2）网卡采用共享内存方式，即 CPU 使用 MOV 指令直接对内存和网卡缓冲区寻址。

（3）网卡采用 DMA 方式，ISR 通过 CPU 对 DMA 控制器编程，DMA 控制器一般在系统主板上，有的网卡也内置 DMA 控制器。

（4）主总线网卡能够裁决系统总线控制权，并对网卡和系统内存寻址，LAN 控制权裁决总线控制权后，以成组方式将数据传向系统内存，IRQ 调用 LAN 驱动程序 ISR，由 ISR 完成数据帧处理，并同高层协议一起协调接收和发送操作，这种网卡由于有较高的数据传输能力，常常省去了自身的缓冲区。

（5）智能网卡中有 CPU、RAM、ROM 以及较大的缓冲区。

2. 按总线可分为 5 类

（1）ISA 总线网卡。

（2）PCI 总线网卡。

（3）PCI-E 总线网卡。

（4）USB 接口网卡。

（5）PCMCIA 接口网卡

3. 其他分类

（1）从端口类型上来看，网卡还可以分为 RJ-45 端口（双绞线）网卡、AUI 端口（粗铜轴缆）网卡、BNC 端口（细铜轴缆）网卡和光纤端口网卡。

（2）按与端口的数量分，有单端口网卡、双端口网卡甚至三端口的网卡（如 RJ－45＋BNC、BNC＋AUI、RJ－45＋BNC＋AUI）。

（3）按带宽分，网卡还可以分为 10 000 Mbit/s 网卡、1 000 Mbit/s 网卡、100/10 Mbit/s 自适应网卡和 10 Mbit/s 网卡。

4.1.3 网卡选购指南

能否正确选用、连接和设置网卡，往往是能否正确连通网络的前提和必要条件。

一般来说，在选购网卡时要考虑以下因素：

（1）网络类型。

比较流行的有以太网，令牌环网，FDDI 网等，选择时应根据网络的类型来选择相对应的网卡。

（2）传输速率。

应根据服务器或工作站的带宽需求并结合物理传输介质所能提供的最大传输速率来选择网卡的传输速率。以以太网为例，可选择的速率就有 10 Mb/s，10/100 Mb/s，1 000 Mb/s，甚至 10 Gb/s 等多种，但不是速率越高就越合适。例如，为连接在只具备 100M 传输速度的双绞线上的计算机配置 1 000 M 的网卡就是一种浪费，因为其至多也只能实现 100 M 的传输速率。

（3）总线类型。

计算机中常见的总线插槽类型有：ISA、EISA、VESA、PCI 和 PCMCIA 等。在服务器上通常使用 PCI 或 EISA 总线的智能型网卡，工作站则采用可用 PCI 或 ISA 总线的普通网卡，在笔记本电脑则用 PCMCIA 总线的网卡或采用并行接口的便携式网卡。PC 机基本上已不再支持 ISA 连接，所以当为自己的 PC 机购买网卡时，千万不要选购已经过时的 ISA 网卡，而应当选购 PCI 网卡。

（4）网卡支持的电缆接口。

网卡最终是要与网络进行连接，所以也就必须有一个接口使网线通过它与其他计算机网络设备连接起来。不同的网络接口适用于不同的网络类型，常见的接口主要有以太网的 RJ-45 接口、细同轴电缆的 BNC 接口和粗同轴电 AUI 接口、FDDI 接口、ATM 接口等。而且有的网卡为了适用于更广泛的应用环境，提供了两种或多种类型的接口，如有的网卡会同时提供 RJ-45、BNC 接口或 AUI 接口。

① RJ-45 接口：这是最为常见的一种网卡，也是应用最广的一种接口类型网卡，这主要得益于双绞线以太网应用的普及。因为这种 RJ-45 接口类型的网卡就是应用于以双绞线为传输介质的以太网中，它的接口类似于常见的电话接口 RJ-11，但 RJ-45 是 8 芯线，而电话线的接口是 4 芯的，通常只接 2 芯线（ISDN 的电话线接 4 芯线）。在网卡上还自带两个状态批示灯，通过这两个指示灯颜色可初步判断网卡的工作状态。

② BNC 接口：这种接口网卡对应用于用细同轴电缆为传输介质的以太网或令牌网中，这种接口类型的网卡较少见，主要因为用细同轴电缆作为传输介质的网络就比较少。

③ AUI 接口：这种接口类型的网卡对应用于以粗同轴电缆为传输介质的以太网或令牌网中，这种接口类型的网卡更是很少见。

④ FDDI 接口：这种接口的网卡是适应于 FDDI（光纤分布数据接口）网络中，这种网络具有 100 Mbps 的带宽，但它所使用的传输介质是光纤，所以这种 FDDI 接口网卡的接口也是光纤接口的。随着快速以太网的出现，它的速度优越性已不复存在，但它须采用昂贵的光纤作为传输介质的缺点并没有改变，所以也非常少见。

⑤ ATM 接口：这种接口类型的网卡是应用于 ATM（异步传输模式）光纤（或双绞线）网络中。它能提供物理的传输速度达 155 Mbps。

（5）价格与品牌。

不同速率、不同品牌的网卡价格差别较大。

4.2 交换机与无线 AP

4.2.1 交换机的分类

（一）按交换技术分类

1. 端口交换

（1）模块交换：将整个模块进行网段迁移。

（2）端口组交换：通常模块上的端口被划分为若干组，每组端口允许进行网段迁移。

（3）端口级交换：支持每个端口在不同网段之间进行迁移。

2. 帧交换

（1）直通交换：提供线速处理能力，交换机只读出网络帧的前 14 个字节，便将网络帧传送到相应的端口上。

（2）存储转发：通过对网络帧的读取进行验错和控制。

3. 信元交换

ATM 采用固定长度 53 字节的信元交换。ATM 的带宽可以达到 25 Mbit/s、155 Mbit/s、622 Mbit/s 甚至数吉比特的传输能力。

（二）按交换机工作在 OSI 参考模型的层次分类

1. 二层交换机

二层交换机具体的工作流程如下：

（1）当交换机从某个端口收到一个数据帧，先读取帧头中的源 MAC 地址，就知道源 MAC 地址的主机是连在哪个端口上的。

（2）再去读取帧头中的目的 MAC 地址，并在地址表中查相应的端口。

（3）如表中有与目的 MAC 地址对应的端口，把数据帧直接复制到这个端口上。

（4）如表中找不到相应的端口则把数据帧广播到所有端口上，当目的主机对源主机回应时，交换机又可以学到这一目的 MAC 地址与哪个端口对应，在下次传送数据时就不再需要对所有端口进行广播。

2. 三层交换机

三层交换技术具有如下特点：

（1）支持线速路由。

（2）支持 IP 路由。

（3）具有强大的路由功能。

（4）支持多种路由协议。

（5）自动发现功能如下。

在第三层，自动发现有如下过程：

（1）通过侦察 ARP，RARP 或者 DHCP 响应包的原 IP 地址，在几秒钟之内发现 IP 子网的拓扑结构。

（2）学习地址，根据 IP 子网、网络协议或组播地址来配置 VLAN，使用 IGMP（Internet

Group Management Protocol）来动态更新 VLAN 成员。

（3）存储学习到的路由到硬件中，用线速转发这些地址的数据包。

（4）把目的地址不在路由表中的包送到网络上的其他路由器。

（5）通过侦听 ARP 请求来学习每一台工作站的地址。

（6）在子网之内实现 IP 包的交换。

在第二层，自动发现有如下过程：

（1）通过硬件地址（MAC）的学习，发现基于硬件地址（MAC）的网络结构。

（2）根据 ARP 请求，建立路由表。

（3）交换各种非 IP 包。

（4）查看收到的数据包的目的地址，如果目的地址是已知的，将包转发到已知端口，否则将包广播到它所在的 VLAN 的所有成员。

3. 四层交换机

第四层交换的一个简单定义是：它是一种功能，它决定的传输不仅仅依据 MAC 地址（第二层交换）或源/目标 IP 地址（第三层路由），而且依据 TCP/UDP（第四层）应用端口号。

第四层交换技术相对原来的第二层、第三层交换技术具有明显的优点，从操作方面来看，第四层交换是稳固的，因为它将包控制在从源端到终端的区间中。

第四层交换机是在可用的服务器和性能基础上确定区间。

（三）交换机其他分类方式

1. 从网络覆盖范围划分

（1）广域网交换机。

（2）局域网交换机。

2. 根据使用的网络传输介质及传输速度

（1）以太网交换机（包括三种网络接口：RJ－45、BNC 和 AUI）。

（2）快速以太网交换机。

（3）吉比特以太网交换机。

（4）10 吉比特以太网交换机。

（5）ATM 交换机。

（6）FDDI 交换机。

（7）令牌环交换机

3. 根据交换机所应用的网络层次划分

（1）核心层交换机。

（2）接入层交换机。

（3）汇聚层交换机。

4. 按交换机的端口结构划分

（1）固定端口交换机。

（2）模块化交换机。

5. 按交换机是否支持网络管理功能划分

（1）网管型交换机。

（2）非网管型交换机。

4.3　交换机选型策略

要选择符合自身要求的交换机，就要了解交换机的各种性能指标的含义，通过这些指标可以分析出交换机的性能。

4.3.1　交换机的主要性能指标

（1）交换机类型。交换机类型包括机架式交换机与固定配置式（具有或不具有扩展槽）交换机。机架式交换机是一种插槽式的交换机，该类交换机的扩展性较好，可以支持不同的网络类型，但价格较贵；固定配置式带扩展槽交换机是一种有固定端口并带少量扩展槽的交换机，这种交换机在支持固定端口类型网络的基础上，还可以支持其他类型的网络，价格居中；固定配置式不带扩展槽交换机仅支持一种类型的网络，价格也是最便宜的。

（2）端口。端口指的是交换机的接口数量及端口类型，一般说来端口数量越多，其价格就会越高。端口类型一般为多个 RJ45 接口，还会提供一个 UP-Link 接口或堆叠接口，用来实现交换设备的级联或堆叠，另外有的端口还支持 MDI/MDIX 自动跳线功能，通过该功能可以在级联交换设备时自动按照适当的线序连接，无须进行手工配置。

（3）传输速率。现在市面上交换机主要分为 100 Mbit/s、吉比特、10 吉比特交换机 3 种，100 Mbit/s 交换机主要以 10/100 Mbit/s 自适应交换机来满足用户的需求。当然，有条件的用户可以选择 10 吉比特交换机，提供高速网络传输通道。

（4）传输模式。目前的交换机一般都支持全/半双工自适应模式。全双工指可以同时接收和发送数据，数据流是双向的；半双工模式指不能同时接收和发送数据，在接收数据时，不能发送数据，数据流是单向的。

（5）是否支持网管。网管是指网络管理员通过网络管理程序对网络上的资源进行集中化的管理，包括配置管理、性能和记账管理、问题管理、操作管理和变化管理等。一般交换机厂商会提供管理软件或第三方管理软件来远程管理交换机，现在常见的网管类型包括：IBM 网络管理（Netview）、HP Openview、Sun Solstice Domain Manager、RMON 管理、SNMP 管理、基于 Web 管理等，网络管理界面分为命令行方式（CLI）与图形用户界面（GUI）方式，不同的管理程序反映了该设备的可管理性及可操作性。

（6）交换方式。目前交换机采用的交换模式主要有“存储转发”与“直通转发”两种，存储转发指的是在交换机接收到全部数据包后再决定如何转发，可以检测数据包的错误，支持不同速率的输入/输出端口的交换，但数据处理时延较长；直通转发是指在交换机收到完整数据包之前就已经开始转发数据，这样可以减少数据处理时延，但由于交换机直接转发所有的非完整数据包和错误数据包、会给交换网络带来了许多垃圾通信包。如今大部分交换产品支持存储转发技术。

（7）背板吞吐量。背板吞吐量又称作背板带宽，是指交换机接口处理器和数据总线之间所能吞吐的最大数据量。

交换机的背板带宽越高，其所能处理数据的能力就越强。背板吞吐量越大的交换机，其价格越高。

（8）支持的网络类型。交换机支持的网络类型是由交换机的类型来决定的。一般情况下，固定配置式不带扩展槽的交换机仅支持一种类型的网络是按需定制的。机架式交换机和固定式配置带扩展槽交换机可支持一种以上的网络类型，如支持以太网、吉比特以太网、ATM、令牌环及 FDDI 网络等。一台交换机支持的网络类型越多，其可用性、可扩展性就会越强，同时价格也会越昂贵。

（9）安全性及 VLAN 支持。网络安全性越来越受到人们的重视、交换机可以在底层把非法客户隔离在网络之外。网络安全一般是通过 MAC 地址过滤或将 MAC 地址与固定端口绑定的办法来实现的,同时 VLAN 也是强化网络管理、保护网络安全的有力手段。一个 VLAN 是一个独立的广播域，可以有效地防止广播风暴。由于 VLAN 是基于逻辑连接而不是物理连接，因此配置十分灵活。一个广播域可以是一组任意选定的 MAC 地址组成的虚拟网段，这样网络中工作组就可以突破共享网络中的地理位置限制，而是根据管理功能来划分。现在交换机是否支持 VLAN 已成为衡量其他性能好坏的重要参数。

（10）冗余支持。交换机在运行过程中可能会出现故障，所以是否支持冗余也是交换机的重要的指标。当交换机的一个部件出现故障时，其他部件能够接替出故障的部件的工作，而不影响交换机的正常运转。冗余组件一般包括管理卡、交换结构、接口模块、电源、冷却系统、机箱风扇等。另外对于提供关键服务的管理引擎及交换阵列模块，不仅要求冗余，还要求这些部分具有“自动切换”的特性，以保证设备冗余的完整性，当一块这样的部件失效时，冗余部件能够接替工作，以保障设备的可靠性。

4.3.2 选择交换机的基本原则

（1）实用性与先进性相结合的原则。不同品牌的交换机产品价格差异较大，功能也不一样。选择时不能只看品牌或追求高价，应该根据应用的实际情况，选择性能价格比高、既能满足目前需要，又能适应未来几年网络发展的交换机，以求避免重复投资或过于超前投资。

（2）选择市场主流产品的原则。选择交换机时，应选择在国内、国际市场上有相当的份额，具有高性能、高可靠性、高安全性、高可扩展性、高可维护性的产品。Cisco、3Com、华为等公司的产品市场份额较大。

（3）安全可靠的原则。交换机的安全决定了网络系统的安全，交换机的安全主要表现在 VLAN 的划分、交换机的过滤技术等方面。

（4）产品与服务相结合的原则。选择交换机时，既要看产品的品牌又要看生产厂商和销售商是否有强大的技术支持和良好的售后服务，否则当购买的交换机出现故障时既没有技术支持又没有产品服务，就会使用户蒙受损失。

4.3.4 选择三层交换机需要注意的事项

对于第三层交换机的选择，由于不同用户的网络结构和应用的不同，选择第三层交换机的侧重点就会有所不同。但对于用户来说，一般要注意以下几个方面。

（1）注重满配置时的吞吐量。选择三层交换机时，首要分析各种产品的性能指标，然而对诸如交换容量、背板带宽、处理能力、吞吐量等众多技术指标，用户必须重点考察“满配置时的吞吐量”这个指标，因为其他技术指标用户一般没有能力进行测量，唯有吞吐量是用户可以使用 Smart Bits 和 IXIA 等测试仪表直接测量和验证的指标。

（2）分布式优于集中式。不同品牌的交换机所采用的交换技术也是不同，主要可分为集中式和分布式两类。传统总线是交换结构模块是集中式、现代交换矩阵模块是分布式。由于企业内联网中运行的音频、视频及数据信息量越来越大，是指对交换机处理能力的要求也越来越高，为了实现在高端口密度条件下的高速无阻塞交换，采用分布式第三层交换机是明智的选择。因为总线式交换机模块在以太网环境下，仍然避免不了冲突，而矩阵式恰恰避免了端口交换式的冲突现象。

（3）关注延时与延时抖动指标。企业网、校园网几乎都是高速局域网，其目的之一就是为了音频和视频等大容量多媒体数据的传输，而这些大容量多媒体数据包因延时较长和数据包丢失使信息传输产生抖动。导致延时过高的原因通常包括阻塞涉及的交换结构和过量使用缓冲等，所以，关注延时实际上需要关注产品的模块结构。

（4）性能稳定。三层交换机多用于核心层和汇聚层，如果性能不稳定，则会波及网络系统的大部分主机，甚至整个网络系统。所以，只有性能稳定的第三层交换机才是网络系统连续、可靠、安全和正常运行的保证。性能稳定看似抽象，似乎需要实际检测才能有说服力。其实不然，由于设备性能实际上是通过多项基本技术指标和市场声誉来实现的。所以，用户可以通过吞吐量、延迟、丢帧率、地址表深度、线段阻塞和多对一功能等多项指标以及市场应用调查来确定。

（5）安全可靠。作为网络核心设备的第三层交换机，是被攻击的重要对象，要求必须将第三层交换机纳入网络安全防护的范围。这里所说的“安全可靠”应该包括第三层交换机的软件和硬件。所以从“安全”上讲，配备支持性能优良，没有安全漏洞防火墙功能的第三层交换机是非常必要的。从“可靠”上看，因客观上任何产品都不能保证其不发生故障，而发生故障时能否迅速切换到一个好设备上是需要关心的问题。另外，在硬件上要考虑冗余能力，如电源、管理模块和端口等重要设备是否支持冗余，这对诸如电信、金融企业等对安全可靠性要求高的用户尤其重要。还有就是散热方式，如散热风扇等设置是否合理等。最后，对宽带运营商来说，认证功能也是考察的重要方面。

（6）功能齐全。产品不但要满足现有需求，还应满足未来一段时间内的需求，从而给用户一个增值空间。如当公司员工增加时，可插上模块来扩充而不必淘汰原有设备。还有一些功能，如组播、QoS、端口干路（Port Trunking）、802.1d 跨越树（Spanning Tree）以及是否支持 RIP、OSPF 等路由协议，对第三层交换机来说都是十分重要的。以组播为例，在 VOD 应用中，如果一组用户同时点播一个节目，用组播协议可以保证交换机在高密度视频流点播时非常顺畅地进行数据处理，反之，如果交换机不支持组播协议，则占用的带宽就相当大。再如 QoS 功能可以根据用户不同需求将其划分为不同等级，可以是宽带运营商按端口流量计费，从而为不同用户提供不同服务。

4.4　路由器

4.4.1　路由器的工作原理

（1）当数据包到达路由器，根据网络物理接口的类型，路由器调用相应的链路层功能模块，以解释处理此数据包的链路层协议报头。

（2）在链路层完成对数据帧的完整性验证后，路由器开始处理此数据帧的 IP 层。这一过程是路由器的核心功能。

（3）根据路由表中所查到的下一跳 IP 地址，将 IP 数据包送往相应的输出链路层，被封装上相应的链路层包头，最后经输出网络物理接口发送出去。

4.4.2 路由器分类

（1）从性能高低上划分，可将路由器分为高、中、低端路由器。

（2）从结构上划分，可将路由器分为“模块化路由器”和“非模块化路由器”。

（3）从功能上划分，可将路由器分为“骨干级路由器”、“企业级路由器”和“接入级路由器”。

（4）从所处网络位置划分，可将路由器分为“边界路由器”和“中间节点路由器”。

路由器与三层交换机的区别：主要功能不同；适用环境不同；工作原理不同。

4.4.3 路由器的主要性能指标

1. 路由器的配置

（1）接口种类：路由器能支持的接口种类体现了路由器的通用性。常见的接口种类有通用串行接口（通过电缆转换成 RS 232 DTE/DCE 接口、V.35 DTE/DCE 接口、X.21 DTE/DCE 接口、RS449 DTE/DCE 接口和 EIA530DTE 接口等）、10 Mbit/s 以太网接口、快速以太网接口、10、100 Mbit/s 自适应以太网接口、吉比特以太网接口、AMT 接口（2 M/25 M/155 M/633 M）/POS 接口（155 M/622 M 等）、令牌环接口、FDDI 接口、EI/TI 接口、E3、T3 接口、ISDN 接口等。

（2）用户可用槽数：该指标指模块化路由器中除 CPU 板、时钟板等必要系统板，或系统板专用槽位外用户可以使用的插槽数。根据该指标以及用户板端口密度可以计算该路由器所支持的最大端口数。

（3）CPU：无论在中低端路由器还是在高端路由器中，CPU 都是路由器的心脏。通常在中低端路由器中，CPU 负责交换路由信息、路由查表以及转发数据包的工作。在上述路由器中，CPU 的能力直接影响路由器的吞吐量和路由计算能力。在高端路由器中，通常数据包转发和查表由 ASIC 芯片完成，CPU 只实现路由协议、计算路由以及分发路由表。高端路由器中许多工作都可以由硬件（专用芯片）实现，CPU 性能并不能完全反应路由器的性能。路由器的性能由路由器的吞吐量、时延和路由器的计算能力等指标实现。

（4）内存：路由器中具有多种内存，比如 FLASH DRAM 等。内存提供路由器配置、操作系统、路由协议软件的储存空间。通常来说路由器内存越大越好（不考虑价格）。但是与 CPU 能力类似，内存同样不能直接反应路由器的性能，因为高效的算法与优秀的软件可能大大节约内存。

（5）端口密度：该指标体现路由器制作的集成度。由于路由器体积不同，该指标应当折合成机架内每英寸端口数。但是出于直观和方便，通常可以使路由器对每种端口支持的最大数量来代替。

2. 对协议的支持

（1）对路由器信息协议（RIP）的支持。

RIP是基于距离向量的路由协议，通常利用跳数来作为计量标准。RIP是一种内部网关协议。该协议收敛较慢，一般用于规模较小的网络。RIP协议RFC1058中规定。

（2）对路由信息协议本2（RIPv2）的支持。

该协议是RIP的改进版本，允许携带更多的信息，并且与RIP保持兼容。在RIIP基础上增加了抵制掩码(支持CIDR)、下一跳地址、可选的认证信息的等内容。该版本在PFC1723中进行规范。

（3）对开放的最短路径优先协议版本2（OSPFv2）的支持。

该协议是一种基于链路状态的路由协议，由IETF内部网关协议工作组专为VIP开发。OSPF的作用在于由最小代价路由、多相同的途径计算和负载均衡。OSPF拥有开放性和使用SPF算法两大特性。

（4）对“中间系统—中间系统”（IS—IS）协议的支持。

IS—IS协议同样是基于链路状态的路由协议。该协议由ISO提出。最初用于OSI的网络环境，后修改成可以在双重环境下运行。该协议与OSPF协议类似，可用于大规模IP网作为内部网关协议。

（5）对边缘网关协议（BGP4）的支持。

BGP4是当前IP网上最流行的也是唯一可选的自治域间路由协议。该版本协议支持CIDR，并且可以使用路由聚合机制大大减小路由表。BGP4协议可以利用多种属性来灵活地控制路由政策。

（6）对802.3、802.1Q的支持。

802.3是IEEE针对以太网的标准，支持以太网接口的路由器必须符合802.3协议。802.1Q是IEEE对虚拟网的标准，符合802.1Q的路由器接口可以在同一物里接口上支持多个VLAN。

（7）对IPv6的支持。

未来的IP网可能是一个采用IPv6解决的问题是扩大地址空间，同时还在IP层增加；认证和加密的安全措施，并且为实施业务的应用定义了流标签（FLOW FLABEL）；但是由于市场的巨大惯性以及无类别编制(CIDR)的有效应用大大推迟了IP地址耗尽的时间，IPv6至今未得到广泛应用，但是随着业务的增加，将进一步发展。采用ipv6是不可避免的。

（8）对IT以外协议的支持。

除支持IT外，路由器设备还可以支持IPX、DECNet、AppleTalk等协议。这些协议在国外有一定应用，在国内应用较少。

（9）对PPP与MLPPP的支持。

PPP是Internet协议中一个重要协议，早期的网络是由路由器使用PPP点到点连接起来的，并且大多数用户采用PPP接入。所以凡是具有串口的路由器都应当支持PPP、MLPPP是将多个PPP链路捆绑使用方式。

（10）对PPPOE的支持。

PPP Over Ethernet是一种新型的协议，用于解决对以太网接入用户的认证和计费问题。与此类似的是PPP Over ATM协议。当前PPPOE与PPPOA协议存在的问题是容量问题。大多数支持该协议的路由器只能处理几千个活动的会话。

3. 组播支持

Internet 组管理协议（IGMP）。

该协议运行于主机与主机直接相连的组播路由器之间，是 IP 主机用来报告多址广播组身份的协议。通过 IGMP 主机通知本地路由器希望加入并接收某个特定组播组的信息；另一方面，路由器通过 IGMP 周期性地查询局域网中某个已知组成员是否处于活动状态。

4. VPN 支持

虚拟专用网（Virtal Private Network，VPN），是一条穿过公用网络的安全、稳定的隧道。通过对网络数据的封装和加密传输，在一个公用网络（通常是 Internet）建立一个临时的、安全的连接，从而实现在公网上传输私有数据、达到私有数据的安全级别。在 VPN 中可能使用的协议有 L2TP、GRE、IP Over IP、IPSec 等。

5. 全双工线速转发功能

路由器最基本且最重要的功能是数据包转发。在同样端口速率下转发小包是对路由器包转发能力最大考验。双全工线速转发能力是指以最小包长（以太网 64 字节、POS 端口 40 字节）和最小间隔（符合协议规定）在路由器端口上双向传输同时不引起丢包。该指标是体现路由器性能重要指标。

6. 吞吐量

（1）设备吞吐量。

设备吞吐量是指设备整机包转发能力。路由器的工作在于根据 IP 包头或者 MPLS 标记进行选路。设备吞吐量通常不小于路由器所有端口吞吐量之和。

（2）端口吞吐量。

端口吞吐量是指端口包转发能力，通常使用 packet/s（包每秒）来衡量，它是路由器在某端口上的转发能力。通常采用两个相同速率接口测试。但是测试接口可能与接口位置及关系相关。例如，在同一插卡上端口间测试的吞吐量可能与不同插卡上端口间吞吐量值不同。

7. 背靠背数帧数

背靠背帧数是指以最小帧间隔发送最多数据包不引起丢包的数据包数量。该指标用于测试路由器缓存能力。具有线速双全工转发能力的路由器该指标值无限大。

8. 背板能力

背板能力是路由器的内部实现。背板能力体现在路由器吞吐量上，背板能力通常要大于依据吞吐量和测试场所计算的值。但是背板能力只能在设计中体现，一般无法测试。

9. 丢包率

丢包率是指测试中所丢失数据包数量占发送数据包的比率，通常在吞吐量范围内测试。丢包率与数据包长度以及包发送频率相关。在测试时也可以附加路由抖动和大量路由。

10. 时延

时延是指第一个比特进入路由器到最后一个比特从路由器输出的时间间隔。在测试中通常使用测试仪表发出测试包到收到数据包的时间间隔来确定。时延与数据包的长度相关，通常在路由器端口吞吐量范围内测试，超过吞吐量测试该指标没有意义。

11. 时延抖动

时延抖动是指时延变化。数据业务对时延抖动不敏感，只有在包括语音、视频业务的环境中，该指标才有测试的必要性。

12. 无故障工作时间

该指标按照统计方式指出设备无故障工作时间。一般无法测试，可以通过主要器件的无故障工作时间计算或者大量相同设备的工作情况计算。

13. 路由表能力

路由器通过依靠所建立及维护的路由表来决定如何转发数据包。路由表能力是指路由表内所容纳路由表项数量的极限。该项目是路由器性能的重要体现。

14. 支持 QoS 能力

QoS（服务质量）是用来解决网络延迟和阻塞等问题的一种技术。如果没有这一功能，某些应用系统，如音频和视频就不能可靠的工作。

4.4.4 路由器选型策略

路由器是整个网络与外界通信的出口，也是联系内部子网间的桥梁。在网络组建的过程中，路由器的选择极为重要。要想选择适合自身使用环境的路由器，就要了解路由器的主要性能指标。

1. 选择路由器的基本原则

（1）制造商的技术能力。

目前，国内的路由器市场除了老牌的国外厂商之外，涌现了很多国产品牌，如华为、锐捷等。因此，用户选择路由器产品组建自己的网络时，要多方考察制造企业的能力。这些能力包括产品本身能力，如性能、功能和价格，整体方案能力，如安全性，可管理性，可靠性、稳定性以及厂商的规模、服务能力，后续开发能力等。充分了解设备制造企业，对用户未来面对产品升级和网络维护等问题都大有好处。自私高端路由器的市场上国外厂商具有一定的技术优势，但国内的华为、中兴、锐捷等厂商生产的路由器产品已具有与国外产品相抗衡的技术能力。

（2）满足自身的需求。

选择路由器时，要符合自身的需求，具体表现有以下五个原则。

① 实用性原则：采用成熟的、经实践证明其实用性的技术。这既能满足现行业务的需求，又能适应 3~5 年的业务发展的需求。

② 可靠性原则：要尽量选择可靠性高的路由器产品，保证网络运行的稳定性和可靠性。

③ 先进性原则：选择的路由器应支持 VLAN 划分技术、HSRP（热备份路由协议）技术、OSPF 等协议，保证网络的传输性能和路由快速收敛性，抑制局域网内广播风暴，减少数据传输延时。

④ 扩展性原则：在业务不断发展的情况下，路由系统可以不断升级和扩充，应保证系统稳定进行。

⑤ 性价比：不要盲目追求高性能产品，要选择适合自身需求的产品。

2. 选择核心路由器需注意的事项

核心路由器的系统交换能力和处理能力，是区别于一般路由器的重要体现。目前，核心路由器的背板交换能力应达到 40 Gbit/s 以上，同时系统即使暂时不提供 OC-192/STM-64 接口，也必须在将来无须面对现有接口卡和通用部件升级的情况下支持该接口。在设备处理能力方面，当系统满负荷运行时，所有接口应该能够以线速处理短包，通化市，核心路由器的交换矩阵应能够无阻塞地以线速处理所有接口的交换，且与流量的类型无关。

选择核心路由器最需要注意的就是路由器的可靠性和可用性。在核心路由器技术规范中，核心路由器的可靠性与可靠性规定应达到以下要求。

（1）系统应达到或超过99.999%的可用性。

（2）无故障连续工作时间：MTBF > 10万小时。

（3）故障恢复时间：系统故障恢复时间 < 30 min。

（4）系统一个具有自动保护切换功能。主备用切换时间应小于50 ms。

（5）SDH和ATM接口应具有自动保护切换功能，切换时间应小于50 ms。

（6）要求设备具有高可靠性和高稳定性。主处理器、主储存器、交换矩阵、电源、总线仲裁器和管理接口等系统主要部件应具有热备份冗余。线卡要求m+n备份并提供远端测试诊断功能。

（7）系统必须不存在单故障点。

4.5 防火墙

4.5.1 防火墙概述

所谓防火墙指的是一个由软件和硬件设备组合而成、在内部网和外部网之间、专用网与公共网之间的界面上构造的保护屏障，是一种获取安全性方法的形象说法，它是一种计算机硬件和软件的结合，使Internet与Intranet之间建立起一个安全网关（Security Gateway），从而保护内部网免受非法用户的侵入，防火墙主要由服务访问规则、验证工具、包过滤和应用网关4个部分组成，防火墙就是一个位于计算机和它所连接的网络之间的软件或硬件。该计算机流入流出的所有网络通信和数据包均要经过此防火墙。

在网络中，所谓"防火墙"，是指一种将内部网和公众访问网（如 Internet）分开的方法，它实际上是一种隔离技术。防火墙是在两个网络通讯时执行的一种访问控制尺度，它能允许你"同意"的人和数据进入你的网络，同时将你"不同意"的人和数据拒之门外，最大限度地阻止网络中的黑客来访问你的网络。换句话说，如果不通过防火墙，公司内部的人就无法访问Internet，Internet上的人也无法和公司内部的人进行通信。

4.5.2 防火墙分类

1. 从防火墙的软、硬件形式来分

（1）软件防火墙。（2）硬件防火墙。（3）芯片级防火墙。

2. 从防火墙的技术实现来分

（1）包过滤（Packet Filtering）型防火墙。

（2）应用代理（Application Proxy）型防火墙。

3. 从防火墙结构上分

（1）单一主机防火墙。（2）路由器集成式防火墙。（3）分布式防火墙。

4. 按防火墙的应用部署位置分

（1）边界防火墙。

边界防火墙是最传统的防火墙，它们位于内、外部网络的边界，所起的作用是对内、外部网络实施隔离，保护边界内部网络。

（2）个人防火墙。

个人防火墙安装于单台主机中，防护的也只是单台主机。

（3）混合式防火墙。

混合式防火墙可以说就是“分布式防火墙”或者“嵌入式防火墙”。

4.5.3 防火墙主要性能指标

（1）LAN 接口。

LAN 接口类型：LAN 接口类型决定防火墙所保护的网络类型，如以太网、快速以太网、吉比特以太网、ATM、令牌环及 FDDI 等。

支持的最大 LAN 接口数：指防火墙所支持的局域网络接口数目，也是其能够保护的不同内网的数量。

（2）操作系统平台。

防火墙所运行的操作系统平台（如 Linux、UNIX、Windows NT、专用安全操作系统等）。

（3）协议支持。

除支持 IP 之外，是否支持 AppleTalk、DECnet、IPX 及 NETBEUI 等协议。是否支持构建 VPN 通道所使用的协议，如 IPSec、PPTP 和专用协议等。

（4）加密支持。

加密自持指防火墙支持的加密算法，例如，数据加密标准 DES、3DES、RC4 以及国内专用的加密算法。加密除用于保护传输数据外，还应用于其他领域，如身份验证、报文完整性认证，密钥分配等。防火墙提供的加密方法，有硬件加密方法和软件加密方法两种，基于硬件的加密可以提供更快的加密速度和更高的加密强度。

（5）认证支持。

防火墙能够为本地或远程用户提供经过认证的对网络资源的访问，防火墙管理员必须决定客户以何种方式通过认证。

防火墙生产厂商可以选择自己的认证方案，但应符合相应的国际标准，并且需要注意实现的认证协议是否与其他认证产品兼容互通。

（6）访问控制。

访问控制一般通过包过滤，代理及 NAT3 中技术来实现。

包过滤防火墙的过滤规则即由若干条规则组成，它应涵盖对所有出任防火墙的数据包的处理方法，对于没有明确定义的数据包，应有一个默认处理的方法；过滤规则应易于理解，易于编辑修改；同时应具备一致性检测机制，防止冲突。IP 包过滤的依据主要是根据 IP 包头部信息如源地址和目的地址进行过滤，如果 IP 头中的协议字段表明封装协议为 ICMP，TCP 或 UDP，那么再根据 ICMP 头信息（类型和代码值），TCP 头信息（源端口好目的端口）执行过滤。

应用层代理支持指防火墙是否支持应有代理层，如 HTTP，FTP，TELNET，SNMP 代理等。代理服务在确认客户端连接请求有效后接管连接，代为向服务器发出连接请求，代理服务器应根据服务器的应答，决定如何响应客户端请求。

NAT 指将一个 IP 地址域映射到另一个 IP 地址域，从而为终端主机提供透明路由的方法。NAT 常用于私有地址域和公有地址域的转换以解决 IP 地址匮乏的问题。在防火墙上实现 NAT 后，可以隐藏受保护网络的内部结构，在一定程度上提高网络的安全性。NAT 技术一般和防火墙中的访问控制列表共同作用，实现防火墙的访问控制。

（7）防御能力。

防火墙的防御能力主要体现在以下几个方面：支持病毒扫描的能力；提供内容过滤的能力；防御 DOS 的攻击能力；阻止 ActiveX，Jajv，Cookies，Javascript 等侵入手段的能力；主动防御的能力。

（8）安全特性。

防火墙的安全特性主要体现在以下几个方面：支持转发好跟踪 ICMP（ICMP 代理）的能力；提供入侵实时警告机制，当发生危险事件时，能够及时报警；提供实时入侵防范，当发生入侵事件时，防火墙能够动态响应，调整安全策略，阻挡恶意报文；识别，记录，防止 IP 地址欺骗。

（9）管理功能。

防火墙管理是指对防火墙具有管理权限的管理员行为和防火墙运行状态的管理。管理员的行为主要包括通过防火墙的身份鉴别，编写防火墙的安全规则，配置防火墙的安全参数，查看防火墙的日志等。

对防火墙运行状态的管理一般分为本地管理，远程管理和集中管理等。

本地管理是指管理员通过防火墙的 Consol 端口或防火墙提供的键盘和显示器对防火墙进行配置管理。

远程管理是指管理员通过以太网或防火墙提供的广域网接口对防火墙进行管理，管理的通信协议可以基于 FTP，Telnet，HTTP 等。

集中管理是指通过集成策略集中管理多台防火墙。

（10）记录和报表功能。

防火墙的记录和报表功能主要包括以下几方面。

① 防火墙处理完整日志的方法：防火墙规定对于符合条件的报文做日志，并且日志信息管理和储存的方法。

② 自动日志扫描：防火墙具有自动分析和扫描的功能，可以使用户获得详细的统计结果，达到事后分析、亡羊补牢的目的。

③ 实时统计：防火墙对其所记录的日志进行分析后，所获得的智能统计结果，一般是图表表示。

4.5.4 防火墙选型策略

随着防火墙技术的日渐成熟，各大防火墙生产厂商提供了更多具有不同特点的防火墙产品。选择适合自己的防火墙产品，必须了解防火墙的主要性能指标。

选择防火墙有很多因素，但最重要的有以下几个原则。

1. 总拥有成本和价格

防火墙产品作为网络系统的安全保障，其总拥有的成本不应该超过受保护网络系统可能遭受最大损失的成本。不同价格的防火墙所提供的安全程度是不同的。对于有条件的用户来说，最好选择整套企业级的防火墙解决方案。目前国外产品集中在高端市场，价格比较昂贵。对于规模较小的企业来说，可以选择国内品牌。

2. 确定总体目标

选择防火墙产品最重要的问题是确定系统的总体目标，即防火墙应体现运行这个系统的策略。安装后的防火墙是为了明确地拒绝对网络连接至关重要的服务之外的所有服务；或者安装就绪的防火墙就是以非威胁方式对“鱼贯而入”的访问提供一种计量和审计的方法。在这些选择中，可能存在着某种程度的威胁。防火墙的最终功能将是管理的结果，而非工程上的决策。

3. 明确系统需求

明确用户需要的网络监视、冗余度以及控制水平。确定总体目标，确定可接受的风险水平，列出一个必须监视哪些数据传输、必须允许哪些数据流通以及应当拒绝什么类型数据传输的清单。也就是开始先列出总体目标，然后把需求分析与风险评估结合在一起，挑出始终与风险对立的需求，加入到计划完成的工作清单中。

4. 防火墙的基本功能

防火墙基本功能是选择防火墙产品的依据和前提，用户在选购防火墙产品时应注意下属基本功能：

（1）LAN 接口要丰富。

（2）协议支持数量要多。

（3）要支持多种安全特性。

5. 应满足用户的特殊要求

用户的安全政策中，某些特殊要求并不是每种防火墙都能提供的，这常会成为选择防火墙时需考虑的因素之一，用户常见的需求包括：加密控制标准；访问控制；特殊防御功能。

6. 防火墙本身是安全的

作为信息系统安全产品，防火墙本身也应该保证安全，不给外部侵入者以可乘之机。如果像马其顿防线一样，正面虽然牢不可破，但进攻者能轻易地绕过防线进入系统内部，网络系统也就没有任何安全可言了。

7. 不同级别的用户选择防火墙的类型不同

防火墙的价格从几千万到几万元不等，部署位置从服务器，网端到客户端，所面对的应用环境千差万别。在众多防火墙中，如何选择适合自身的产品很关键。

8. 管理与培训

管理和培训是评级一个防火墙的重要指标。在计算防火墙使用成本时，不能只简单的计算购置成本，还必须考虑其总拥有成本。人员的培训和日常维护费用通常会占据较大的比例。一家优秀的安全产品供应商必须为其用户提供良好的培训和售后服务。

9. 可扩充性

在网络系统的建设初期，由于内部信息系统的规模较小，遭受攻击的损失也较小，因此没必要购置过于复杂的昂贵的防火墙产品。但随着网络的扩容和网络应用的增加，网络的风险成本也会急剧的上升，因此需要增加具有更高安全性的防火墙产品。如果早期购置的防火墙没有可扩充性，或扩充性成本极高，就会造成资源的浪费。好的产品应该留给用户足够的弹性空间，在安全要求水平不高的情况下，可以只有基本系统，而随着要求的提高，用户仍然有进一步增加选件的余地。这样不仅能够保护用户的资源，也扩大了产品的覆盖面。

10. 防火墙的安全性

防火墙产品最难评估的方面是防火墙的安全性，即防火墙是否能够有效地阻挡外部的入侵。这一点同防火墙本身的安全性一样，普通用户通常无法判断，如果没有实际的外部入侵，也无从得知产品性能的优劣。但在实际应用中检测安全产品的性能是极为危险的，所以用户在选择防火墙产品时，应该尽量选择占市场份额较大同时又通过了国家权威认证机构测试的产品。

防火墙的选购与其他网络设备和选购差不多，主要是考虑到品牌和性能。品牌好说，有名的大家都或许早已知道一些，但是对于性能，却非常广泛，不同品牌、不同型号差别较大，是整个防火墙选购注意事项中的关键所在。本文所要介绍的选购原则主要是从性能角度考虑。

11. 品牌知名度

之所以把它放在最后介绍，那是因为它不能说是一项硬件选购指标，只能是一项参考指标。

防火墙产品属高科技产品，生产这样的设备不仅需要强大的资金作后盾，而且在技术实力需要有强大的保障。选择了好的品牌在一定程度上也就选择了好的技术和服务，对将来的使用更加有保障。所以在选购防火墙产品时千万别随便贪图一时便宜，选购一些杂牌产品。目前国外在防火墙产品的开发、生产中比较著名的品牌有：3COM、Cisco、Nokia、NetScreen、Check Point 等，这些品牌技术实力比较强，而且都能提供高档产品，当然价格也相比下面要介绍的国产品牌要贵许多（通常在 15 万元以上）甚至贵一倍以上。这些品牌对于大、中型有资金实力的企业来说比较理想，因为购买了这类品牌产品，相对来说在技术方面更有保障，能满足公司各方面的特殊需求，而且可扩展性比较强，适宜公司的发展需要。

国内开发、生产防火墙的品牌主要有：联想 Dlink、天网、实达、东软、天融信等。这些品牌相对国外著名品牌来说都处于中、低档次。当然价格要便宜许多（通常在 10 万元以下），而且还能提供全中文的使用说明书，方便安装、调试和维护。对于中小企业来说国产品牌是理想的选择。

以上介绍了在选购防火墙时所要注意的各个方面，事实上很难找到完全符合以上各项要求的防火墙产品。事实上如何评估防火墙是一个十分复杂的问题。一般说来，防火墙的安全和性能（速度等）是最重要的指标，用户接口（管理和配置界面）和审计追踪次之，然后才是功能上的扩展性。用户时常会面对安全和性能之间的矛盾，代理型防火墙通常更具安全性，但是性能要差于包过滤型防火墙。

4.6 服务器

4.6.1 概述

服务器，也称伺服器。服务器是网络环境中的高性能计算机，它侦听网络上的其他计算机（客户机）提交的服务请求，并提供相应的服务，为此，服务器必须具有承担服务并且保障服务的能力。有时，这两种定义会引起混淆，如域名注册查询的 Web 服务器。

它的高性能主要体现在高速度的运算能力、长时间的可靠运行、强大的外部数据吞吐能力等方面。服务器的构成与微机基本相似，有处理器、硬盘、内存、系统总线等，它们是针对具体的网络应用特别制定的，因而服务器与微机在处理能力、稳定性、可靠性、安全性、可扩展性、可管理性等方面存在差异很大。一个管理资源并为用户提供服务的计算机软件，通常分为文件服务器（能使用户在其他计算机中访问文件），数据库服务器和应用程序服务器。

服务器是网站的灵魂，是打开网站的必要载体，没有服务器的网站用户无法浏览。服务器就像一块敲门砖，就算网站在搜索引擎里的排名再好，网站打不开，用户无法浏览，网站就没有用户体验可言，网站能被打开是第一个重点。

4.6.2 分类

（1）按应用层次不同，可把服务器划分为入门级服务器、工作组级服务器、部门级服务器和企业级服务器 4 类。

（2）按用途划分，可以把服务器分为通用型服务器和专用型服务器两类。

（3）按服务器的机箱结构来划分，可以把服务器划分为“塔式服务器”“机架式服务器”和“刀片式服务器”3 类。

4.6.3 选择服务器的基本原则

用户在选择服务器时，要注意价格与成本，产品扩展与业务扩展和售后服务 3 个方面。首先，用户要注意的是服务器产品的价格与成本，服务器价格低并不代表总拥有成本低，总拥有成本还包括后续的维护成本、升级成本等。其次，用户要注意业务增长的速度，一方面要满足业务的需要，另一方面也要保护原有的投资。最后，服务时购买任何产品都要考虑的，由于用户自身技术水平和人力有限，当产品出现故障后，用户更加依赖厂商的售后服务。

具体地说，选择服务器有如下 6 个原则。

1. 稳定可靠原则

为了保证网络的正常运行，用户选择的服务器首先要确保稳定，特别是运行用户重要业务的服务器或存放核心信息的数据库服务器，一旦出现死机或重启，就可能造成信息的丢失或者整个系统的瘫痪，甚至给用户造成难以估计的损失。

2. 合适够用原则

如果单纯考虑稳定可靠，就会使服务器采购走上追求性能，求高求好的误区，因此，合适够用的原则是第二个要考虑的因素。对于用户来说，最重要的是从当前实际情况以及将来的扩展出发，有针对性地选择满足当前的应用需要并适当超前，投入又不太高的解决方案。另外，对于那些现有的，以及无法满足需求的服务器，可以将它改成其他性能要求较低的服务器，如 DNS、FTP 服务器等，或者进行适当扩充，采用集群的方式提升性能，将来再为新的网络需求购置新型服务器。

3. 扩展性原则

为了减少升级服务器带来的额外开销和对业务的影响，服务器应当具有较高的可扩展性，可以及时调整配置来适应用户自身的发展。服务器的可扩展性主要表现在以下两个方面。

（1）在机架上要为磁盘和电源的增加留有充分余地。

（2）在主机板上的插槽不但种类齐全，而且要有一定的数量，以便让用户可以自由地对配件进行增加，以保证运行的稳定性，同时也可提升系统配置和增加功能。

4. 易于管理原则

易于操作和管理主要是指用相应的技术来简化管理以降低维护费用的成本，一般通过硬件与软件两方面来达到这个目的。硬件方面，一般服务器主板机箱，控制面板以及电源等零件上都有相应的处理。而软件则是通过与硬件管理芯片的协作将其人性化地提供给管理员。如通过管理软件，用户可以在自己的计算机上监控服务器的故障并及时处理。

5. 售后服务原则

选择售后服务好的厂商的产品是明智的决定。在具体选购服务器时，用户应该考察厂商是否有一套面向客户的完善的服务体系及未来在该领域的发展计划。换言之，只有“实力派”厂商才能真正将用户作为其自身发展的推动力，只有他们了解客户的实际情况，在产品设计、价格、服务等方面更能满足客户的需求。

6. 特殊需求原则

不同用户对信息资源的要求不同，有的用户在局域网服务器中存储了许多重要的业务信息，这就要求服务器能够 24 小时不间断工作，这时用户就必须选择高可用性的服务器。如果服务器中存放的信息属于企业的商业机密，那么安全性就是服务器选择时的第一要素。这时要注意服务器中是否安装了防火墙、入侵保障系统等，产品在硬件设计上是否采取了保护措施等。当然要使服务器能够满足用户的特殊要求，用户也需要更多的资金投入。

4.6.4 选购服务器时需要考虑的相关问题

选择服务器要主要考虑以下几个方面的问题。

1. 服务器的主要参数

（1）CPU 和内存。CPU 的类型、主频和数量在相当程度上决定着服务器的性能；服务器应采用专用的 ECC 效应内存，并且应当与不同的 CPU 搭配使用。

（2）芯片组与主板。即使采用相同的芯片组，不同的主板设计也会对服务器性能产生重要影响。

（3）网卡。服务器应当连接在高传输速率的网络端口上，并最少配置一块吉比特网卡。对于某些有特殊应用的服务器（如 FTP 和文件服务器或视频点播服务器），还应当配置两块吉比特网卡。

（4）磁盘和 RAID 卡。磁盘的读取、写入速率决定着服务器的处理速度和响应速率。除了在入门级服务器上可采用磁盘外，通常都应采用传输速率更高、扩展性更好 SCSI 磁盘。对于一些不能轻易中止运行的服务器而言，还应当采用热插播磁盘，以保证服务器更好的不停机维护和扩容。

（5）冗余。磁盘冗余采用两块或多块磁盘来实现磁盘阵列，网卡、电源、风扇等部件冗余可以保证部分硬件坏之后，服务器仍然能够正常运行。

（6）热插播。是指带电进行磁盘或板卡的插播操作，实现故障恢复和系统扩容。

4.6.5 64位服务器覆盖的应用范围

本书中主要介绍安腾、AMD 64等一些新型64位服务器。从应用类型来看，大致可分为主域服务器、数据库服务器、Web服务器、FTP服务器和邮件服务器、高性能计算集群系统几类。

（1）主域控制器。主域控制器为网络、用户、计算机的管理中心，提供安全的网络工作环境。主域控制器的系统瓶颈是网络、CPU以及内存配置。

（2）文件服务器。文件服务器作为网络数据存储仓库，其性能要求是在网络上的用户和服务器硬盘子系统之间快速传递数据。

（3）数据库服务器。数据库引擎包括DB2、SQL Server、Oracle、Sybase等。数据库服务器一般需要使用多处理器的系统，以SQL Server为例，SQL Server能够充分利用SMP技术来执行多线程任务，通过使用多个 CPU，随数据库进行并行操作来提高吞吐量。另外，SQL Server对L2缓存的点击率达到90%，所以L2缓存越大越好。内存和磁盘子系统对于数据库服务器来说也是直观重要的部分。

（4）Web服务器。Web服务器用来响应Web请求，其性能是由网站内容来决定的。如果Web站点是静态的，系统瓶颈依次是网络、内存、CPU；如果Web服务器主要进行密集计算（如动态产生Web页），系统瓶颈依次是内存、CPU、磁盘、网络，因为这些网站使用连接数据库的动态内容产生交易和查询，这都需要额外的CPU资源，更要有足够的内存来缓存和处理动态页面。

（5）高性能计算机的集群系统。高性能计算机的集群系统一般在4节点以上，节点机使用基于安腾、AMD 64技术的Opteron系统，这种集群的性能主要取决于厂商的技术实力，集群系统的设计，针对应用的调优等方面。

4.6.6 多处理器服务器的选择

在购买多处理器系统之前，必须了解工作负载有多大，还要选择合适的应用软件和操作系统，然后再确定使它们可以运行起来的服务器。最好购买比目前所需的计算能力稍高一些的服务器。以便适应未来扩展的需要。

处理器的选择与操作系统平台和软件的选择密切相关。可以选择SPARC、PowerPC等处理器，它们封闭应用于Sun Solaris、IBM　AIX或Linux等操作系统上。大多数用户基于价格和操作系统方面的考虑也采用Inter处理器。

1. 存储问题

服务器所支持的驱动仓个数必然会影响到服务器的外形和高度。如果将服务器连接到SAN上，则对内部存储没有多大的要求。但是，如果设备安放在没有SAN的远程位置上，那么可以购买支持多个可外部访问的热插拔SCSI驱动器的系统。

2. 刀片服务器使用问题

刀片服务器最初定位于寻求将大量的计算能力压缩到狭小的空间中的服务提供商和大型企业。现在，许多系统厂商把能够整合数据中心基础设施、取出杂乱的线缆和优化管路、高性价比等作为卖点来销售这些薄片状的服务器。刀片服务器大小仅为标准的IU服务器的几分之一，并且需要电能更少，安装在使它们可以共享资源的专用机箱中。

部署刀片服务器将得到节省空间费用的回报。在使用刀片服务器时，能够在每机架单位上达到 10 GHz 的计算能力，而在使用传统平台时，每机架单位实际为 0.5 GHZ 的计算能力，这是 20 倍的改进。现在数据中心空间费用是非常昂贵，而这正是使用刀片服务器得到巨大回报的地方——计算密度。

然而，早期使用者也指出刀片服务器并不是对所有人都适用，而有的厂商会说必须拥有刀片服务器，他们将用刀片服务器代替所有的服务器。对于用户来说，应该在最合适的地方使用它，如果试图更高效率地利用空间的话，那么就应当考虑选择刀片服务器。

4.7 存储技术与设备

4.7.1 开放系统的直连式存储

开放系统的直连式存储（Direct-Attached Storage，简称 DAS）已经有近四十年的使用历史，随着用户数据的不断增长，尤其是数百 GB 以上时，其在备份、恢复、扩展、灾备等方面的问题变得日益困扰系统管理员。直连式存储依赖服务器主机操作系统进行数据的 IO 读写和存储维护管理，数据备份和恢复要求占用服务器主机资源（包括 CPU、系统 IO 等），数据流需要回流主机再到服务器连接着的磁带机（库），数据备份通常占用服务器主机资源 20%~30%，因此许多企业用户的日常数据备份常常在深夜或业务系统不繁忙时进行，以免影响正常业务系统的运行。直连式存储的数据量越大，备份和恢复的时间就越长，对服务器硬件的依赖性和影响就越大。

直连式存储与服务器主机之间的连接通道通常采用 SCSI 连接，带宽为 10 MB/s、20 MB/s、40 MB/s、80 MB/s 等，随着服务器 CPU 的处理能力越来越强，存储硬盘空间越来越大，阵列的硬盘数量越来越多，SCSI 通道将会成为 IO 瓶颈；服务器主机 SCSI ID 资源有限，能够建立的 SCSI 通道连接有限。

无论直连式存储还是服务器主机的扩展，从一台服务器扩展为多台服务器组成的群集（Cluster），或存储阵列容量的扩展，都会造成业务系统的停机，从而给企业带来经济损失，对于银行、电信、传媒等行业 7×24 小时服务的关键业务系统，这是不可接受的。并且直连式存储或服务器主机的升级扩展，只能由原设备厂商提供，往往受原设备厂商限制。

（1）服务器在地理分布上很分散，如商店或银行的分支。

（2）存储系统必须被直接连接到应用服务器（如 Microsoft Cluster Server 或某些数据库使用的“原始分区”）上。

（3）包括许多数据库应用和应用服务器在内的应用，它们需要直接连接到存储器上，群件应用和一些邮件服务也包括在内。

SAS：即串行连接 SCSI，是新一代的 SCSI 技术，和现在流行的 Serial ATA（SATA）硬盘相同，都是采用串行技术以获得更高的传输速度，并通过缩短联结线改善内部空间等。SAS 是并行 SCSI 接口之后开发出的全新接口。此接口的设计是为了改善存储系统的效能、可用性和扩充性，并且提供与 SATA 硬盘的兼容性。

SAS(Sever Attached Storage)意为服务器连接存储。或称 DAS(Direct Attached Storage)：

存储产品是作为计算机的附属部分，采用直接连接存储结构。将存储设备通过 SCSI 接口或光纤通道直接连接到一台计算机上。其缺点是服务器成为网络瓶颈，存储容量不易扩充；服务器发生故障时，连接在服务器上的存储设备中的数据不能被存取。

4.7.2 存储区域网络

SAN 英文全称：Storage Area Network，即存储区域网络。它是一种通过光纤集线器、光纤路由器、光纤交换机等连接设备将磁盘阵列、磁带等存储设备与相关服务器连接起来的高速专用子网。

SAN 由三个基本的组件构成：接口（如 SCSI、光纤通道、ESCON 等）、连接设备（交换设备、网关、路由器、集线器等）和通信控制协议（如 IP 和 SCSI 等）。这三个组件再加上附加的存储设备和独立的 SAN 服务器，就构成一个 SAN 系统。SAN 提供一个专用的、高可靠性的基于光通道的存储网络，SAN 允许独立地增加它们的存储容量，也使得管理及集中控制（特别是对于全部存储设备都集群在一起的时候）更加简化。而且，光纤接口提供了 10 km 的连接长度，这使得物理上分离的远距离存储变得更容易。

SAN（存储区域网络）的优点：

（1）可实现大容量存储设备数据共享。

（2）可实现高速计算机与高速存储设备的高速互联。

（3）可实现灵活的存储设备配置要求。

（4）可实现数据快速备份。

（5）提高了数据的可靠性和安全性。

结合 SAN 技术特性及其在众多行业的成功应用，在具有以下业务数据特性的企业环境中适宜采用 SAN 技术。

1. 对数据安全性要求很高的企业

典型行业：电信、金融和证券。

典型业务：计费。

2. 对数据存储性能要求高的企业

典型行业：电视台、交通部门和测绘部。

典型业务：音频/视频、石油测绘和地理信息系统。

3. 在系统级方面具有很强的容量（动态）可扩展性和灵活性的企业

典型行业：各中大型企业。

典型业务：ERP 系统、CRM 系统和决策支持系统。

4. 具有超大型海量存储特性的企业

典型行业：图书馆、博物馆、税务和石油。

典型业务：资料中心和历史资料库。

5. 具有本质上物理集中、逻辑上又彼此独立的数据管理特点的企业

典型行业：银行、证券和电信。

典型业务：银行的业务集中和移动通信的运营支撑系统（BOSS）集中。

6. 实现对分散数据高速集中备份的企业

典型行业：各行各业。

典型业务：企业各分支机构数据的集中处理。

7. 数据在线性要求高的企业

典型行业：商业网站和金融。

典型业务：电子商务。

8. 实现与主机无关的容灾的企业

典型行业：大型企业。

典型业务：数据中心。

4.8 UPS

4.8.1 UPS 分类

（1）UPS 电源按其工作原理可分为：后备式、在线式以及在线互动式 3 种。

（2）UPS 从结构上可分为：直流 UPS（DC-UPS）和交流 UPS（AC-UPS）两大类。

（3）从备用时间分，UPS 分为：标准型和长效型两种。

4.8.2 UPS 电源的正确使用与维护

（1）UPS 不间断电源在功率选配上要有适当的余量，充分考虑功率因素，所有用电设备的功率之和不得超过 UPS 电源功率的 80%。如为 800 W 的负载选配 UPS 电源，其功率应选购 1 000 W 以上的。

（2）UPS 不间断电源应避免频繁地开机和关机，最好长时间地处于开机状态。负载开机时应逐一进行，最好不要同时开机。

（3）新购的 UPS 不间断电源在使用前要对电池进行充电，因为 UPS 在销售过程中电池在不断地自放电，其容量有很大一部分被消耗了，如果不及时进行补充电，不仅会影响正常的使用，还会缩短电池的使用寿命。

（4）如果市电一直处于正常的供电之中，UPS 不间断电源就没有工作的机会，其电池就有可能长时间浮充而损坏。

（5）UPS 不间断电源在使用后要立即进行恢复充电，使电池恢复到正常状态。

（6）如果 UPS 电源的电池为非免维护式电池，还要经常检查溶液的比重及电液量，及时补加电解液或蒸馏水。

（7）UPS 电源在使用中，每月要检查一次浮充电压，单只电池的浮充电压低于 2.20 V 时，则应对整组电池进行均衡充电。

（8）如果用户自行配置长延时电池组时，外配的充电器应同时具有恒压和恒流功能，不应选用只有恒压功能的充电器，以免影响电池的使用寿命。

（9）外接电池组至 UPS 的距离应尽量短，导线的面积应尽量大，以增大导电量，减小线路上的电能损耗，特别是在大电流工作时，电路上的损耗是不可忽视的。

（10）要经常用柔软的抹布擦拭电池，以保持电池表面清洁卫生，防止灰尘通过电池的缝隙进入电池的电解液中污染电液，使电池的性能恶化。

4.8.3　UPS 电源选择考虑的问题

（1）先查出每台服务器的额定功率，再算出总的负载功率。

（2）使用环境怎样？是否放在机房里？是否有空调？

（3）当地的电网环境怎样？是否稳定？

（4）以后是否考虑扩容？就是以后可要增加服务器或其他负载要 UPS 来带？UPS 现厂家、机型很多，要根据具体的使用情况来定。如环境好、电网质量也好，以后不考虑扩容，可选用高频 UPS；如考虑以后要扩容，可考虑选用模块化的 UPS；如使用环境较差、电网质量也不稳定的话，可选用工频系列的 UPS。

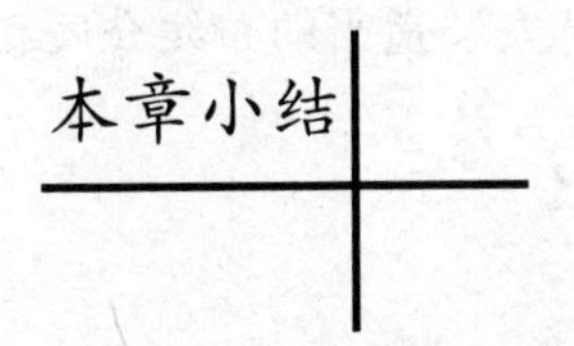

本章小结

本章主要介绍了计算机网络系统集成中涉及的主要设备的工原理、分类及选择方法。通过对本章的学习要掌握交换机、路由器、防火墙和服务器的网络系统在集成中所起到的作用，并掌握相关的实现技术，并掌握选择基本原则，明确设备选择过程中需要重点考察的性能指标，并理解设备选型过程中需要注意的事项。

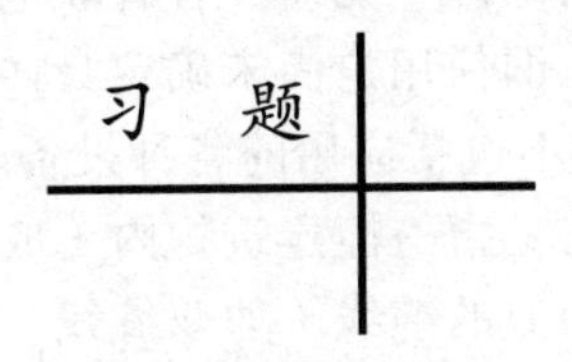

习　题

1．简述选择网卡、交换机、路由器、防火墙的工作原理。

2．简述选择核心路由器的注意事项。

3．简述电信级用户、企业级用户和个人用户对防火墙的需求。

4．简述选择服务器的基本原则。

5．简述网卡的基本工作原理。

6．三层交换机具有哪些特点？

7．简述三层交换机与路由器的区别。

8．典型的防火墙具有哪些方面的基本特性？

8．如何正确使用与维护 UPS 电源？

9．简述 RAID3 与 RAID5 的区别。

10．三层交换机是否能取代路由器，成为域网与局域网连接设备？为什么？

11．设计一套能够满足自身工作需求的 UPS 电源系统。

13．根据自己所在的企业或学校的实际情况，思考并为其选择合适的网络系统集成设备。

5 网络综合布线系统概述

综合布线系统（Premises Distribution System，PDS），又称建筑物结构化综合布线系统（Struetured Cabling，SCS），也称开放式布线系统，是一种在建筑和建筑群中综合数据传输的网络系统。它是把建筑物内部的语音交换、智能数据处理设备及其他广义的数据通信设施相互连接起来，并采用必要的设备同建筑外部数据网络或电话局线路相连接。结构化布线系统是根据各点的地理分布情况、网络配置情况和通信要求，安装适当的布线介质和连接设备，是智能系统建筑工程的主要组成部分。

5.1 综合布线系统概述

5.1.1 综合布线定义

我国原邮电部于 1997 年 9 月发布的 YD/T926.1——1997 通信行业标准《大楼通信综合布线系统第一步：总规范》中，对综合布线系统的定义是：通信电缆，光缆、各种软电缆及有关连接硬件构成的通用布线系统，它能支持多种应用系统。即使用户尚未确定具体的应用系统，也可以进行布线系统的设计和安装。综合布线系统中不包括应用的各种设备。

目前建筑物与建筑群综合布线系统，简称综合布线系统，它是指一幢建筑物内（成综合性建筑物）或建筑群体中的信息传输媒介系统。它将相同或相似的缆线（如双绞线、同轴电缆和光缆），连接硬件组合在一套标准的且通用的、按一定程序和内部关系而集成的整体中。今后随着科学技术的发展，综合布线系统会逐步提高和完善，形成能真正充分满足智能化建筑所需要求的系统。

5.1.2 综合布线发展历史

20 世纪 50 年代，经济发达的国家在城市中兴建新式大型高层建筑，为了增加和提高建筑的使用功能和服务水平，首先提出楼宇自动化的要求，在房屋建筑内装有各种仪表、控制装置和新海显示等设备，并采用集中控制、监视，以便于运行操作和维护管理。因此，这些设备都需分别设有独立的传输线路，将分散设置在建筑内的设备相连，组成各自独立的集中监控系统，这种线路一般称为专业布线系统，就是现在所说的传统布线系统。

20 世纪 80 年代以来，随着科学技术的不断发展，尤其是通信、计算机网络、控制和图形显示技术的相互融合和发展，高层房屋建筑服务功能的增加和客观要求的提高，传统的专业布线系统已经不能满足需要。由于传统布线系统的不同应用系统（电话、计算机系统、局域网、楼宇自控系统等）的布线各自独立，不同的设备采用不同的传输线缆构成各自的网络；同时连接线缆的插座、模块及配线架的结构和生产标准不同，相互之间达不到共用的目的，加上施工时期不同，致使形成的布线系统存在极大的差异，难以互相通用。为此，发达国家开始研究和推出综合布线系统。1984 年全世界公认的第一栋智能建筑在美国康周涅狄格州（Connecticut）的哈特福（Hartford）市建造成功。此后，国外建筑业在应用 IT 技术方面飞速发展，智能化家具技术已经达到很高的水平。

20 世纪 80 年代后期综合布线系统逐步引入我国。近几年来我国经济持续高速发展，城市中各种新型高层建筑和现代化公共建筑不断建成，尤其是作为信息化社会象征之一，智能化建筑中的综合布线系统已成为现代化建筑工程中的热门话题，也是建筑工程和施工相互结合的一项十分重要的内容。

5.1.3 综合布线的优点

布线技术是从电话预布线技术发展起来的，经历了非结构化布线系统到结构化布线系统的过程。作为智能化楼宇的基础，综合布线系统是必不可少的，它可以满足建筑物内部及建筑物之间的所有计算、通信以及建筑物自动化系统设备的配线要求。综合布线同传统的布线相比较，有着许多优越性是传统布线所无法相比拟的。其优点主要表现在具有兼容性、开放性、灵活性、可靠性、先进性和经济性，而且在设计、施工和维护方面给人们带来了许多方便。

1. 兼容性

综合布局的首要特点是它的兼容性，兼容性的特点是指其自身是完全独立，与应用系统相对无关，可用于多种系统中，由于它是一套综合式系统因此它可以使用相同的电缆与配线端子排，以及相同插头与模板化插孔机适配器，可以将不同广商设配的不同传输介质全部转换成相同的屏蔽或非屏蔽双绞线。

综合布线将语言，数据与监控设备的信号线经过统一的规划和设计，采用相同的传输媒体，信息插座，交连设备适配器等，把这些不同信号综合到一套标准的布线中，由此可见，这种布线，比传统布线大为简化，可节约大量的物资，时间和空间。在使用时，用户可不用定义某个工作区的信息插座的具体应用，只把某种终端设备（如个人计算机，电话，视频设备等）插入这个信息插座，然后在管理间和设备间的交接设备上做相应的接线操作，这个终端设备即可接入到对应的系统中。

2. 开放性

对于传统的布线方式，只要用户选定了某种设备，也就选定了与之相适应的布线方式和传输媒体。如果更换另一设备，那么原来的布线就要全部更换。对于一个已经完工的建筑物，这种变化是十分困难的，要增加很多投资。而综合布线由于采用开放式体系结构，符合多种国际上现行的标准，因此它是开放的，如计算机设备，交换机设备等；并支撑所有通信协议，如 ISO/IEC8802-3，ISO/IEC8802-5 等。

3. 灵活性

传统布局方式是封闭的，其体系结构是固定的，若要迁移设配或者加设配是相当困难而麻烦的，甚至是不可能的。综合布线采用标准的专属线缆和相关连接硬件的模块化设计。因此所有通道都是通用的。每条通道可支持终端，以太网工作站及令牌环网工作站，由于综合布局系统采用相同的传输介质，星状拓扑结构，因此所有信息通道都是通用的信息通道，可支持电话，传真，多用户终端，ATM 等。所有设配的开通及更改均不需改变布局系统，只需增减相应的网络设配以及进行的必要管理即可。另外，组网也可灵活多样，甚至在同一房间可有多用户终端，以太网工作站，令牌环网工作站并存，系统组网页可以灵活多样，各部门既可独立组网也可以方便的互联，为用户组织信息交流提供了必要的条件。

4. 可靠性

传统布局方式由于各个应用系统互不兼容，因而在一个建筑物中往往有多种布局方式，因此系统的可靠性要有所选用的布线可靠性来保证当各应用系统布局不当时，还会造成交叉干扰，综合布线采用高品质的材料和组合压接的方式构成一套高标准的信息通道。每条通道都采用专门仪器校验核对线路的衰减，串音，信噪比，以保证其电气性能。系统布局全部采用物理型拓扑结构应用系统布线全部采用点到点的端接，结构特点使得任何一条线路故障均不影响其他线路的运行，同时为线路的运行维护及故障检修提供了极大的方便，所有线槽和相关连接件均通过 ISO 认证，从而保障了系统的可靠运行。各应用系统往往采用相同的传输媒体，因而客户为备用，提高了备用冗余。

5. 先进性

综合布线系统采用光纤与五类或六类双绞线混合布线方式，所有线缆均采用世界上最新通讯标准，所有信息同道均按（ISDN）标准，按八芯双绞线配置，超五类双绞线带宽达 100 MHz，最大传输速率可达 100 ~ 155 Mbit/s，六类双绞线宽带可达 200~250 MHz，最大传输速率可达 1 000 Mbit/s，对于特殊用户需求可把光纤铺到桌面（Fiber to the Desk）。这样，线路的宽带完全取决于接入设备端的宽带，通过主干道可同时多路传输多媒体信息，同时物理星状点的布线方式为将来发展交换式网络奠定了基础，为同时传输多路实时多媒体信息提供足够的宽带容量。

6. 经济型

综合布局比传统布线具有经济性优点。综合布线可适应于相当长时间需求，而传统布线适应于时间较短且改造很费时间，影响日常工作。综合布线系统与传统布线方式相比，综合布线是一种既有良好的初期投资性，又具有极高的性能价格的比的高科技产品。布局产品均符合国际标准 ISO/IEC1180 和美国标准 EIA/TIA586，为用户提供优质的服务。综合布线较好地解决了传统布局方式存在的许多问题。随着科技技术的迅猛发展，人们对信息资源共享的需求越来越迫切，尤其以电话服务为主的通信网络逐渐向综合业务数据网（ISDN）过渡，越来越重视能够同时提供语音，数据与视频传输的集成通讯网，因此，综合布线取代传统布线是历史发展的必然趋势。

5.1.4 综合布线的意义

应用综合布线系统，可降低整体实施成本，方便日后的升级及维护，因而是目前企业信息化实施的主流方向。与传统布局方式相比，综合布线是一种既具有良好的初期投入性，又具有极高的性价比的高科技产品。

1. 随着应用技能的增加，综合布线系统的投资增加缓慢

综合布线系统初期投资比较如图 5-1 所示。由图中可以看出，当应用系数是 1 时，传统布线投资是综合布线的一半；但当应用系统个数增加时，传统布线的投资增长得很快。其原因在于所有布线都是相对独立的，每增加一种布线就要增加一份投资。而综合布线初期投资比较大，但当应用系统带的个数增加时，其投资加幅度很小。其原因在于各种布线是相互兼容的，都采用相同的缆线和相关的连接硬件，电缆还可以存在同一线内。从图 5-1 还可以看出，当一座建筑物有 2～3 传统布线时，综合布线与传统布线两条曲线相交，生成一个平衡点，此时两种布线投资大体相同。

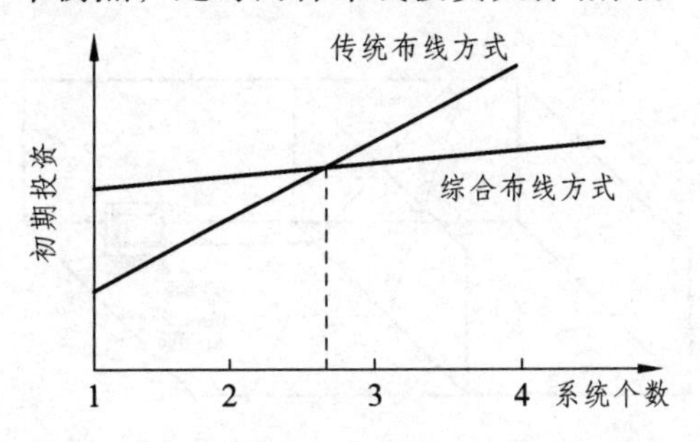

图 5-1　综合布线与传统布线初期投资比较图

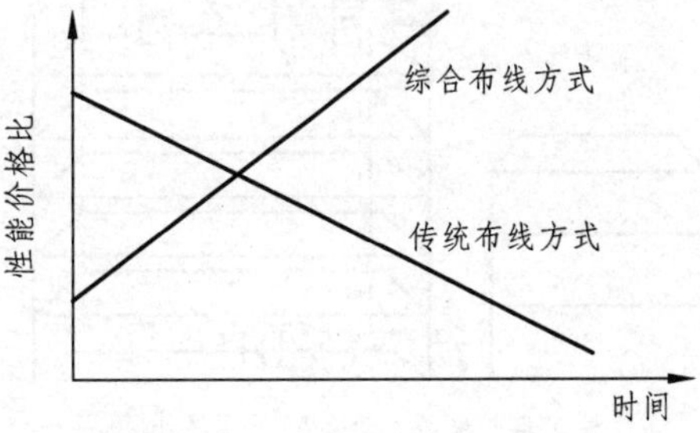

图 5-2　综合布线与传统布线的性价比

2. 综合布线具有较高的性能比

综合布线相对于传统布线在经济方面的主要优势在性价比随时间统一升高。从图 5-2 可以看出综合布线系统的时间使用越长，它的高性能价格比体现得越充分。从图中还可以看出，随着时间的推移综合布线的方式的曲线是上升的，而传统布线方式的曲线是下降的。因为，随着使用期的延长，系统会不断出现新的需求，新的变化，新的应用。传统布线系统显得无能为力，就需要重新布线，使系统维护费用急剧上升。相反，由于综合布线系统在设计之初就已经考虑了未来引用的可能性变化，所以它能适应各种需求，而且管理维护也很方便，为用户节省大量运行维护费用。

5.2　综合布局系统的构成

综合布线系统是开放式结构，能支持电话及多种计算机数据系统。还能支持会议电视，监视电视等系统的需要。根据 ISO/IEC 标准，结构化综合险系统可分为 6 个独立的布线系统。

（1）工作区系统（办公室内部布线等）。

（2）水平布线系统（同一楼层布线）。

（3）垂直干线子系统（楼层建筑垂直布线）。

（4）设备间子系统（设备管理中心布线）。

（5）管理子系统（楼层机柜等布线）。

（6）建筑群子系统（建筑物间布线）。

图 5-3 所示为综合布线系统构成结构图。

5.2.1　工作区子系统

一个独立的需要设置终端区域，及一个工作区，工作区子系统应有配线（水平）布线系统的信息插座，延伸到工作终端设备处的连接电缆及适配器组成。一个工作区的服务面积可按 5 ~ 10 m² 估算。每一个工作区设置一个电话机或计算机终端设备，或按用户需求设置，如图 5-4 所示。

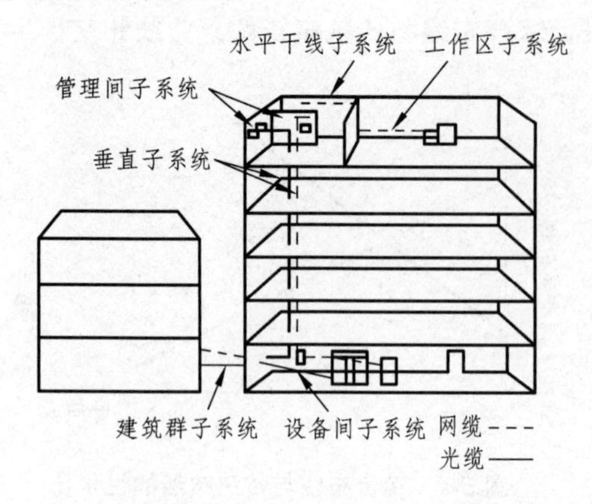

图 5-3　综合布线系统构成结构图

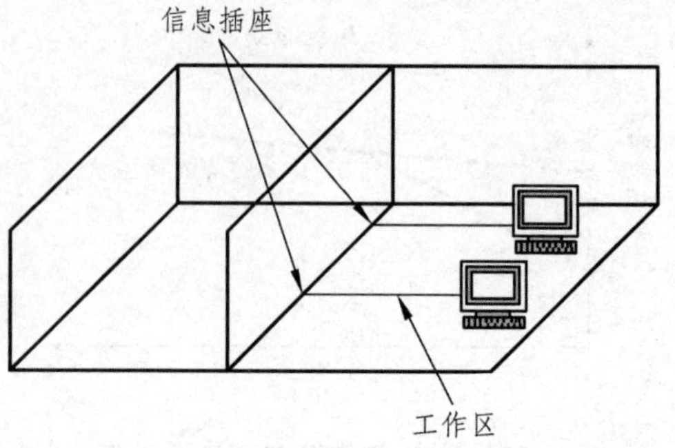

图 5-4　工作区子系统结构图

1. 综合布线系统的信息插座选用原则

（1）单个连接的 8 芯插座宜用于基本型系统。

（2）双个连接的 8 芯插座宜用于增强型系统。

（3）信息插座应在于内部做固定线连接。

（4）一个给定的综合布线系统设计可采用多种类型的信息插座。

（5）工作区的每一个信息插座均支持电话机，数据终端，计算机，电视机及监视器等终端服务设置和安装。

2. 工作区适配器的选用要求

（1）在设备连接处采用不同信息插座的连接器时，可以用专业的电缆或适配器。

（2）在配线（水平）子系统中选用的电缆类别（媒体）不同于工作区子系统设备所需的电缆类别（媒体）时，宜采用视配器。

（3）当在单一信息插座上开通 ISDN 业务时，宜采用终端适配器。

（4）在连接使用不同信号的数模转换或数据数率转换等相应的装置时，宜采用适配器。

（5）对于网络规程的兼容性，可用配合适配器。

（6）根据工作区内不同的电信终端设备可配备相应的终端适配器。

5.2.2　配线子系统

配线子系统由工作区用的信息插座，每层配线设备至信息插座的配线电缆，楼层配线设备和条线等组成，配线子系统结构图如图 5-5 所示。配线子系统的设计要求如下。

（1）根据工程推出近期和远期的终端设备要求。

（2）每层需要安装的信息插座数量及其位置。

（3）终端将来可产生的移动，修改和重新安装的详细情况。

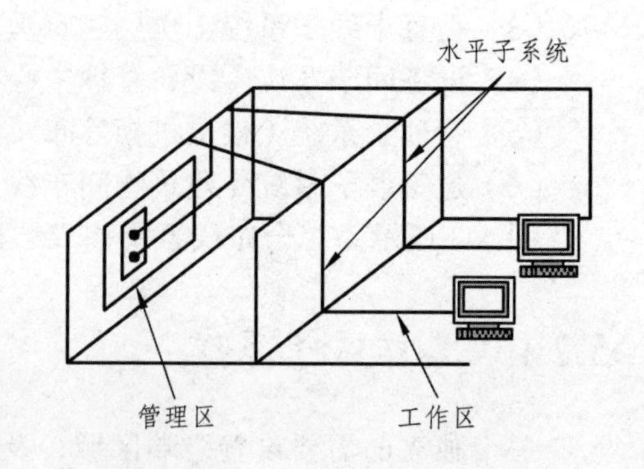

图 5–5　配线子系统结构图

（4）一次性建设与分期建设的方案比较。

配线子系统应采用 4 对双绞电缆，配线子系统在有高速率的应用场合采用光缆，配线子系统根据整个综合布线的要求，应在二级交接间，交接间或设备间的配线设备上进行连接，已构成电话，数据电视系统并进行管理。配线电缆宜选用普通型铜芯双绞电缆，配线子系统涉及电缆长度应在 75 m 以内。

5.2.3　干线子系统

在确定干线子系统的需要的电缆总数之前，必须确定电缆语音和数据共享的原则，对于基本型的每个区可选定一对，对于增强型每个工作区可选定 2 对双绞线，对于综合性的每个区可在基本型和工作型的基础上增设光缆系统。干线子系统机构如图 5-6 所示。

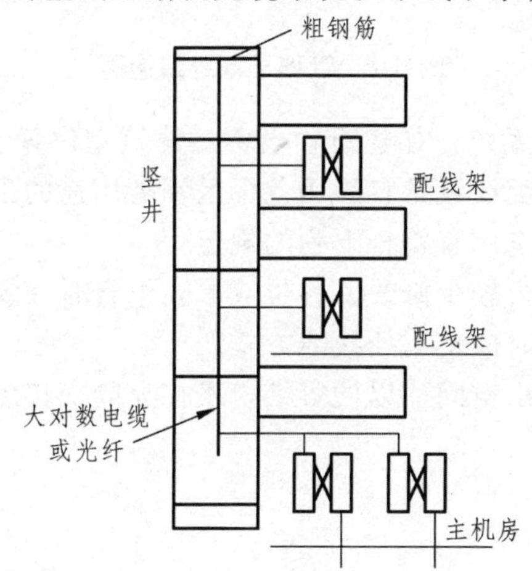

图 5-6　配线子系统结构图

选择干线电缆最短。最安全和最经济的路由，选择带门的封闭型通道布设干线电路。干线电缆可采用点对点的连接，也可采用分支递减端接以及电缆直接连接的方法，如果设备间与计算机房处于不同的地点，而且需要把语音电缆连至设备间，把数据电缆连至计算机房，则宜在设计中选取不同的干线电缆或干线电路的不同部分来分别满足不同线路干线（垂直）子系统语音和数据的需要。当需要时，也可以采用光缆系统。

5.2.4　设备间子系统

设备间是一幢大楼在适当的地点设置，进行设备、进行网络管理以及有管理员值班的场所。设备间子系统由综合布线系统的建筑物进线设备、电话、数据、计算机等各种主机设备 及其保安配线设备等组成。设备间内的所有进线终端应采用色标区别各类用途的配线区，设备间位置及大小根据设备的数量、规模、最佳网络中心的内容，综合考虑确定。

5.2.5　管理子系统

管理子系统设置在每层配线设备的房间内。管理子系统应交接间的配线设备，输入/输出设备等组成管理子系统也可以应用于设备间的子系统。管理子系统应采用单点管理双交接。交接场的结构取决于工作区、综合布线系统规模的选用的硬件。管理规模大、复杂、有二级交接间时才设备双点管理双交接。在管理点，根据应用环境用标记插入条标出各个端接专场，管理子系统结构图如图 5-7 所示。

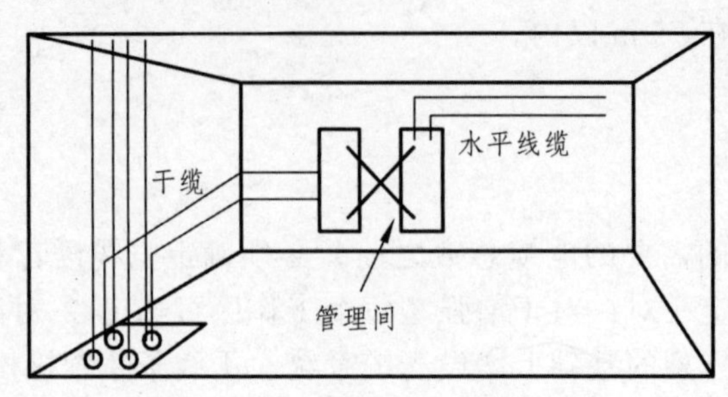

图 5-7 管理子系统结构图

交接区应有良好的标记系统，如建筑物名称、建筑物位置、区号、起始点和功能等到标志。交接间二级交接间的配线设备宜采用色标区别类用途的配线区。

交接设备连接的方式的选用宜符合下列的规定：

（1）对楼层上的线路进行较少修改、移位或重新组合时，宜使用接线方式。

（2）经常需要重组线路时应使用插接线方式。

（3）在交接区之间应留出空间，以便容纳未来扩充的交接硬件。

5.2.6 建筑群子系统

建筑子群系统有两个及两个以上建筑物的电话，数据，电视系统组成一个建筑群综合系统，包括连接各个建筑物之间的缆线和配线设备，组成建筑群子系统。建筑群子系统宜采用地下管道布局方式，管道内布设的铜缆线或光缆应遵循电话管道和如孔的设计规定。此外安装时至少预留 1～2 个备用管道，以供扩充之用。建筑群子系统采用真卖沟内布设时，如果在同一沟内埋入了其他的图像，监控电缆，应设立明显的够用标志。电话局引入的电缆应进入一个阻热接头箱，再接入保护装置。

5.3 综合布线系统设计等级

智能建筑与智能建筑院区的工程设计，应根据实际需要，选择适当型的综合布线系统，一般定为如下 3 种不同布线系统型级。

（1）基本型综合布线系统。

（2）增强型综合布线系统。

（3）综合性综合布线系统。

1. 基本型综合布线系统

本型级适用于综合布线系统中配置标准较低的场合，用铜芯双线电缆组网，具体配置如下：

（1）每个工作区有一个信息插座。

（2）每个工作区的配丝电缆为 1 条 4 对双绞线。

（3）采用夹接式交接硬件。

（4）每个工作区的干线电缆至少有 2 对双绞线。

基本型综合布线系统大多数都能支持语音/数据功能，其特点是：

（1）是一种富有价格竞争力的综合布线方案，能支持所有语音和数据的应用。

（2）应用于语言，语音/数据和高速数据。

（3）便于技术人员管理。

（4）采用放电管时过压保护和能够自护的过度保护。

（5）能支持多种计算机系统的传输。

2. 增强型综合布线系统

本型级适用于综合布线系统中中等配置标准的场合，用铜芯对较电缆组网。具体配置如下：

（1）每个工作区有两个或以上信息插座。

（2）每个工作区的配线电缆为 2 条 4 对双绞线电缆。

（3）采用增值接式或插接交硬件。

（4）每个工作区的干线电缆至少有 3 对双绞线揽。

增强新综合布线系统不仅增强功能，而且还可以供发展余地。它支持语音和数据应用，并可以按需要利用端子板进行管理。增强型综合布线系统特点如下：

（1）每个工作区有两个信息插座，不仅机动灵活，而且功能齐全。

（2）任何一个信息插座都可以提供语音和高速速率应用。

（3）可统一色标，按需要可利用端子板进行管理。

（4）是一个能为多个数据设备制造环境部门服务的经济有效的综合布线方案。

（5）采用气体放电管时过压保护和能够自我恢复的过流保护。

3. 综合性综合布线系统

本型级适用于综合布线系统中配置标准较高的场合，用光缆和铜芯双绞线混合组网。其配置应在基本型和增强型综合布线系统的基础上增设光缆系统。

综合性布线系统的主要特点是引入光缆，可使用与规模较大的智能大楼，其余特点与基本型或增强型相同。

所有基本型、增强型、综合性综合布线系统都支持语音/数据等系统，能随工程的需要转向更高功能的布线系统。它们之间的主要区别在于：支持语音/数据服务所采用的方式；在移动和重新布局时实施线路管理的灵活性。

上述配置中双绞电缆系只具有特殊交叉方式及材料结构能够传输高速率数字信号的电缆，非一市话电缆。

上述配置中夹接式交接硬件是统系指夹接、绕接固定连接的交接设备。插接式交接硬件是指用插头、插座连接的交接设备。

综合布线系统的设计方案不是一成不变的，而是随着环境，用户要求来确定的，其要点主要如下：

（1）尽量满足用户的通信要求。

（2）了解建筑物、楼宇间的通信环境。

（3）确定合适的通信网络拓扑结构。

（4）选定使用的介质。

（5）将初步的系统设计和建设费用预算告知用户。再征得用户意见并订立合同书后，再选定适当型级制定详细的设计方案。

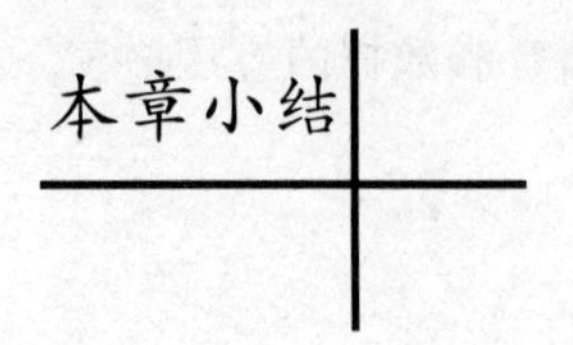

本章小结

本章综述网络综合布线系统的意义、设计要素及设计等级，让读者对网络综合布线有一个基本的认识。综合布线与传统布线相比具有更好的先进性、兼容性、开放性、灵活性、可靠性、经济性。虽然综合布线系统的初期投资较大，但从长期的使用与维护以及未来扩展应用等方面来看，综合布线系统比传统布线系统具有更好的经济性。综合布线系统由各子系统构成，它们是互相连接、密不可分的。掌握各个子系统的功能及组成可以较好地进行综合布线系统的设计工作。

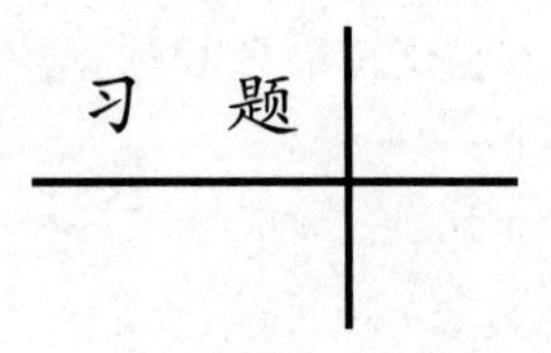

习 题

1．什么是综合布线系统？

2．综合布线系统与传统布线系统相比较有什么优势？

3．件数在综合布线系统中配线架的作用？

4．考察市场上的其他布线系统。

6　主要传输介质与传输特性

网络传输介质是指网络传输中传输信息的载体，常用的传输介质分为有线传输介质和无线传播介质两大类。

（1）有线传输介质是指在两个通信设备之间实现的物理部分，它能将信息从一方传到另一方，有线传输介质主要有双绞线、同轴电缆和光缆。

（2）无线传播介质是指两个通信设备之间不使用任何物理连接，而是通过空间传输的一种技术。无线传播介质主要有微波，红外线和激光等。在无线信号传输中，微波通信和卫星通信都是通过大气传输微波。其他的无线通信系统用光（可见光或不可见光）来传输通信系统信号。

（3）不同的传输介质，其特性也各不相同，它们不同的特性对网络中数据通信质量和通信速度有较大影响。其主要特点如下：

① 物理特性，说明传播介质的特性。

② 传输特性，包括信号形式。调制技术、传输速度及频带宽度等内容。

③ 连通性，采用点到点连接还是多点连接。

④ 地域范围，网上各点的最大距离。

⑤ 抗干扰性，防止噪音，电磁干扰对数据传输影响的能力。

⑥ 相对价格。以元件安装和维护的价格为基础。在本章中，主要介绍几种常用有线传播介质。

6.1　双绞线

双绞线（Twisted-Pairware）是综合布线系统中最常用的一种传输介质，虽然双绞线与其他传输介质相比，在传输距离、信道宽度和数据传输速度等方面均受到一定的限制，但价格较为低廉，且其不良限制在一般快速以太网中影响甚微，所以目前双绞线仍是企业局域网中首要的传输介质。

6.1.1　概述

双绞线电缆由两根绝缘保护层的铜导线组成。把两根绝缘的铜导线按一定的密度互相绞在一起，可降低信息的干扰程度，每一根导线在传输中辐射的电波会被另一根线上发出的电波抵消。如果把一对或多对双绞线放在一个绝缘套管中便成了双绞线电缆。

1. 分类

双绞线电缆按其结构是否有屏蔽层，可分为非屏蔽双绞线（UTP）和屏蔽双绞线（STP）两个大类。其中 STP 外面有一层金属材料包裹，以减小辐射，防止信息被窃听，同时将具有较高的信息传输速率，但价格较高，安装也比较复杂；UTP 为无线金属屏蔽材料，只有一层绝缘胶皮包裹，价格便宜，组网灵活。除某些特殊场合（如受电磁辐射影响严重，对传输质量要求较高等）在布线中使用 SP 外，一般情况下都采用 UTP。

2. 双绞线的类型

随着网络技术的发展和应用需求的提高，双绞线的介质的标准也得到了逐步发展与提高，从最初的一、二类双绞线，发展到今天的七类双绞线。在发展过程中，传输宽带和速率也相应得到了提高，可支持吉比特以太网传输。

（1）美国国家标准协会（American National Standards Institute，ANSI）。

（2）美国通信工作协会（Telecommunication Industry Association，TIA）。

（3）美国电子工业协会（Electronic Industries Alliance，EIA）。

这三家组织对综合布线标准的制订做出了卓越的贡献，在后面的章节将专门介绍。在双绞线标准中应用最广的是 ANDI/EIA/TIA-568A 和 ANSI/EIA/TIA-568A。

下面是对这个标准中规定的各类双绞线做一些简单说明。

（1）一类双绞线：ANSI/EIA/TIA-568A 标准中最原始的非屏蔽双绞铜线电缆，它的开发之初目的不是用于计算机网络数据通信，而是用于电话语音通信。

（2）二类双绞线：ANSI/EIA/TIA-568A 和 ISO2 类/A 标准中第一个可用于计算机网络数据传输的非屏蔽双绞线电缆，传输频率为 1 MHz，传输速率达 4 Mbit/s，主要用于旧部的令牌网。

（3）三类双绞线：ANSI/EIA/TIA-568A 和 ISO3 类/B 级标准中专用于 10Base-T 以太网络的非屏蔽双绞线电缆，传输速率为了 16 MHz，传输速度可达 10 Mbit/s。

（4）四类双绞线：ANDI/EIA/TIA-568A 和 ISO4 类/C 级标准中用于令牌环网的非屏蔽双绞线电缆，传输速率为 20 Mbit/s。主要用于基于令牌的局域网和 10Base-T100Base-T。

（5）五类双绞线：ANSI/EIA/TIA-568A 和 ISO5 类/D 及标准中运行 CDDI（CDDI 是基于双绞线铜线的 FDDI 网络）和快速以太网的非屏蔽双绞线电缆，传输频率为 100 MHz，传输速度达 100 Mbit/s。

（6）超五类双绞线是 ANSI/EIA/TIA-568B.1 和 ISO5 类/D 级标准中用于运行快速以太网的屏蔽双绞线电缆，传输频率也为 100 MHz，传输速率也可达 100 Mbit/s。与五类线相比，超五类线在近端串扰、串扰综合、衰减和信噪比 4 个主要指标上独有较大的改进。

（7）六类双绞线：ANSI/EIA/TIA-568B.2 和 ISO6 类/E 级标准中规定的一种非屏蔽双绞线电缆，它也主要应用于 100 Mbit/s 以太网和吉比特网络以太网中，因为它的传输频率可达 200~250 MHz，是超五类线宽带的两倍，最大速度可达到 1 000 Mbit/s，能满足吉比特网以太网的要求。

（8）超六类双绞线：六类线的改进版，同样是 ANSI/EIA/YIA-568B.2 和 SIO6 类/E 级标准中规定的一种非屏蔽双绞线电缆，主要应用于吉比特网络中。在传输速率方面与六类线一样，也是 200~250 MHz，最大传输速率也可以达到 1 000 Mbit/s，只是在串扰、衰减和信噪比方面有较大的改善。

（9）其他类双绞线：ISO7/F 级标准中最新的一种双绞线，主要为了适应 10 吉比特以太网技术的应用和发展。它不再是一种非屏蔽双绞线，而是一种屏蔽双绞线，所以传输速率至少可达 500 MHz，是六类线和超六类线的两倍以上，传输速率可达 10 Gbit/s。

6.1.2 超五类双绞线

虽然双绞线的类型目前已有七种，在实际企业局域网组建中 ，目前主要应用的是中间两大类，即五类和六类。一些大型企业网络为了支持 10 吉比特网络会采用七类线，该网络构建成本昂贵，一般企业无法采用。

在五类和六类中间又可细分为五类、超五类、六类、超六类 4 种。这 4 种双绞线性能差别不大。在局域网组件中基本上都采用非屏蔽双绞线。

超五类双绞线与五类双绞线一样，也有非屏蔽双绞线（STP）与非屏蔽双绞线（UTP）两类，企业局域网的组件基本都采用非屏蔽双绞线系统。

在超五类非屏蔽布线系统中，通过对它的链接和信道性能测试表明，其性能超过了 ANSI/EIA/TIA-568 标准中的恶五类线要求。与普通五类 UTP 比较，超五类 UTP 在精短串扰、串扰总和、衰减和信噪比 4 个主要指标上都有较大的改进，单宽带仍为 100 MHz。

6.1.3 六类双绞线

1. 六类线标准简介

2002 年 6 月，六类线标准出台，为用户选择六类布线产品提供了可靠的技术依据。新的六类布线国际标准在许多方面做了完善，主要有以下几个方面。

（1）六类电缆传输频率为 1~250 MHz。

（2）六类布线系统在 200 MHz 是综合衰减串扰比（PS-ACR）应该有较大的余量，它提供两倍于超五类的宽带。

（3）六类和超五类的一个重要的不同点在于，改善了在串扰及回波损耗方面的性能，对于新一代全双工的高速网络应用而言，优良的回波损耗性能是极重要的。

（4）六类标准中取消了基本链路模型，布线标准采用星状拓扑建构，要求的布线距离为，永久链路的长度不能超过 90 m。

（5）在新标准中增加了电信布线原理、安装准则与现场测试组件规范、传输性能、系统模型和用于验证电信布线系统的测量程序。

（6）在性能测试方面增加了“插入损耗”项目，用来表示链路与信道上的信号损失量。在测试参数方面，新增“传播延时”和“传播延时差”，前者表示传播信号延长时间，后者表示最快线对与最慢线对发送信号延时差的尺度。

2. 六类双绞线简介

六类、超六类双绞线与五类，超五类在外观上没有太大的区别，都是 4 对 8 芯电缆，但六类和超六类双绞线要稍粗些。同样，六类双绞线也有屏蔽双绞线（STP）与非屏蔽双绞线（UTP）两类。

六类除了像五类那样具有用单一屏蔽层包裹 4 对芯线的屏蔽线以外，还有一种即采用同一屏蔽层，又在各芯线对分别采用一个屏蔽层的双屏蔽线。在七类线中就采用这种双屏蔽的屏蔽网，或者一些特殊的行业，如电信、证券和金融等。

3. 六类线标准所带来的好处

六类线标准的出台，使得用户综合布线投资大大降低，编码调制变得更容易，消除了以往六类线必须统一的弊端，布线性能指标也得到了很大提高。

首先，使用六类布线带来的最大好处就是用户可以大大减少在网络设备端的投资，包括网卡和交换机等。西蒙公司指出，六类系统的投资可能会比五类（系统）多 30%，但网络设备的成本会有大幅降低。以思科公司的设备计算，每端口成本将至少节省 25%。因此综合起来计算整个网络设施的总成本，六类布线不只是提供了新的网络应用平台，还提升了数字语音和视频应用到桌面的服务质量。

更重要的是，编码调制变得更加容易。在五类线上的传输速率 1 000 Mbit/s，把这个流量分配到 8 根铜线上，每根线还要负担 125 Mbit/s。但它的频率最高只能到 100 MHz，这就意味着 1 Hz 要产生 1.25 位，编码调制便比较复杂。而六类线用 1 对线实现 500 Mbit/s，每根线上承担 250 Mbit/s，而它的频率可达到 250 MHz，这样在 1 Hz 上产生 1 位便足够使用了，因此编码方式比较简单。

在技术方面，新出台的六类布线标准宽带由五类、超五类的 100 MHz 提高到 250 MHz，带宽资源提高了 2.5 倍，为将来的高速数据传输预留了广阔的宽带资源。同时新标准保证系统的向下兼容性和相互兼容性，即不仅能够包容以往的三类、五类布线系统，而且保证了不同厂家产品之间的混合使用，消除了以往在六类线标准未正式出台前六类线产品必须完全统一的弊端。

还有，六类线的布线性能指标也有较大程度的提高，对衰减、近端串扰、综合近端串扰、远端串扰、综合等效远端串扰、回波损耗等指标提出了更高的要求，因而在布线系统性能上已大大优于超五类布线系统。

但是，六类线并不是必需的，即所有的五类线系统不必全部转换成六类系统。用户是否要立即采用新的六类线系统，也要区别对待。对一个已经布设了五类或超五类布线系统的用户而言，如现行网络及应用一切正常，又无网络转型等特殊需要，就没有必要淘汰原有的五类或超五类电缆，而重新布设六类电缆；而对一个新用户而言，是使用超五类布线产品，还是使用六类产品，完全取决于用户的需求和决策。但随着吉比特网络应用的普及，对有高速数据传输需求的用户来说，选择六类完全没有必要，并且没有后顾之忧。从长远看，也是明智的选择，毕竟六类系统的性能要远远优于五类、超五类，而对网络应用需求太低。在较长时间内不会有网络转型需求的，或者对自身应用需求根本不明确的，在现阶段没必要选择六类系统。超五类布线经过几年来的应用验证，其良好的稳定性和性价比赢得了很多有中、低速网络需求用户的信赖，因而对他们来说，在目前不一定非要选择六类系统，超五类应该是他们最理智的选择。

6.1.4 七类双绞线

七类线标准是一套在 100 Ω 双绞线上支持最高 600 MHz 带宽传输的布线标准。在 1997 年 9 月，ISO/IEC 正式确定进行七类/F 级布线标准的研发，七类线标准虽然并未正式发布，但是它的草案已非常多，而且已有不少技术实力雄厚的公司发布了基于七类布线系统的产品。

1. 七类先标准特点

（1）七类线具有更高的传输带宽，支持最高 600 MHz。

（2）七类布线系统与以前的布线系统不同，采用的不再是廉价的非屏蔽双绞线，而是采用双屏蔽的双绞线。

（3）在网络接口上有较大变化。

以往各类布线中，采用的都是 RJ 型接口。2001 年 8 月，ISO 组织确认七类标准分为 RJ 型接口及非 RJ 型接口两种模式。由于 RJ 型接口目前达不到 600 MHz 的传输带宽，ISO/IEC 最终确定西蒙公司的 TERA 为七类非 RJ 接口，TERA 连接件的传输带宽高达 1.2 GHz，超过目前正在制定中的 600 MHz 七类标准传输带宽，可同时支持语音、高速网络、CATV 等视频应用。非 RJ 型七类布线技术打破了传统的 8 芯模块化 RJ 型接口设计，从 RJ 型接口的限制中解脱出来，使七类的传输带宽大道 1.2 GHz，还开创了全新的 1、2、4 对的模块化形式，是一种新型的满足线对和线对隔离、紧凑、高可靠、安装快捷的接口形式。

2. 七类线的主要优势

（1）至少 600 MHz 的传输带宽。

在七类标准中规定最低的传输带宽为 600 MHz，而采用非 RJ 型七类布线技术可以达到 1.2 GHz。而且要求使用双屏蔽电缆，以保证最好的屏蔽效果。七类布线系统的强大噪声免疫力和极低的对外辐射性能使得高速局域网（LAN）不需要更昂贵的电子设备来进行复杂的编码和信号处理。

双屏蔽的七类电缆在外径上比六类电缆大得多，并且没有六类电缆的柔韧性好。这要求在设计安装路由和端接空间时要特别小心，要留有很大的空间和较大的弯曲半径。另外二者在连接硬件上也有区别。七类标准要求连接头要在 600 HMz 时，提供至少 60 dB 的线对之间的串扰隔离，这个要求比超五类在 100 MHz 时的要求严格 32 dB，比六类在 250 MHz 时的要求严格 20 dB，因此，七类具有强大的抗干扰能力。

（2）节约成本。

七类布线可以大大节约成本。因此即使非 RJ 型七类布线可以达到光纤的传输性能，也不使用光纤来代替非 RJ 型七类布线系统。

与一个光纤局域网的全部造价相比，非 RJ 型七类布线具有明显优势。对 24 个 SYSTEM7（SYSTEM7 采用双屏蔽 TERA 连接头，具有每一线可达 1 GHz 传输性能的标准双绞布线系统解决方案）和 62.5/125 μm 多模光纤信道系统的安装进行成本比较研究后发现，二者的安装成本接近。但一个光纤局域网设备的成本大约是双绞线设备的 6 倍。当考虑全部局域网络安装成本时，SYSTEM7 不仅能提高带宽，而且其成本只有多模光纤的一半。

（3）应用广泛。

由于非 RJ 型七类布线系统采用双屏蔽电缆，它能满足那些以屏蔽的双绞系统为主的地区，如部分欧洲和亚洲市场的需要。双屏蔽解决方案主要应用于严重电磁干扰的环境，如一些广播站、电台等。另外，也可应用于那些出于安全目的，要求电缆辐射极低的环境。另外宽带智能小区和商业大楼也是潜在的市场。一根七类电缆的能力可以满足所有的双绞线布线系统的要求，包括代替同轴电缆，不受共享护套的限制，同时享受高性能和低成本。

6.1.5 双绞线传输特性与测试

1. 双绞线的传输特性

双绞线既可以用于传输模拟信号，也可以用于传输数字信号，特别适用于较短距离的信息传输。双绞线上直接传送数字信号时，使用 T1 线路的总数据传输速率可达 1.544 Mbit/s，达到更高数据传输率也是可能的，但与距离有关。如在电话线上传输的 ADSL 数据信号传输速率就可达到 8 Mbit/s，而在专门的局域网双绞线中，目前最高的传输速率可达 1 000 Mbit/s。采用双绞线的局域网的带宽取决于所用的导线的质量、长度及传输技术。只要精心选择和安装双绞线，就可以在有限距离内达到每秒几百万位的可靠传输率。当距离很短，并且采用特殊的电子传输技术时，传输率可达 100～155 Mbit/s。由于利用双绞线传输信息是要向周围辐射电磁波，信息很容易被窃听，因此要花费额外的代价加以屏蔽。屏蔽双绞线电缆的外层由铝箔包裹。以减小辐射，并不能完全消除辐射。

2. 双绞线的主要测试指标

在双绞线布线标准中，对一些用户最关心的双绞线性能指标做了明确的说明。这些指标包括衰减（Attenuation）、近端串扰（NEXT）、直流电阻、阻抗特性、衰减串扰比（ACR）和电缆特性（SNR）等。

（1）衰减（Attenuation）。

衰减是沿链路的信号损失度量。由于集肤效应、绝缘损耗、阻抗不匹配、连接电阻等因素，信号沿链路传输损失的能量成为衰减，表示为测试传输信号在每个线对两端间的传输损耗值及同一条电缆内所有线对中最差线对的衰减量相对于所允许的最大衰减值的差值。衰减与线缆的长度有关系，随着长度的增加信号衰减也相应增加。衰减用 dB（分贝）作单位，表示源传送端信号到接收端信号强度的比率。由于衰减随频率的变化而变化，因此，应测量在应用范围内的全部频率上的衰减。

（2）近端串扰（NEXT）。

近端串扰损耗是测量一条 UTP 链路中从一对线到另一对线的信号耦合。对于 UTP 链路，近端串扰是一个关键的性能指标，也是最难精确测量的一个指标，且随着信号频率的增加，其测量难度将加大。

近端串扰并不表示在近端点所产生的串扰值，它只是表示在近端点所测量到的串扰值。这个量值会随电缆长度的不同而变化，电缆越长，其值变得越小。同时发送端的信号也会衰减，对其他线对的串扰也相对变小。实验证明。只有在 40 m 内测量得到的 NEXT 才是较真实的。如果另一端是远于 40 m 的信息插座，虽然它会产生一定程度的串扰，但测试仪可能无法测量到这个串扰值。因此最好在两个端点都进行串扰测量。

以上两个指标是 TSB67 测试标准中的主要内容，某些型号的测试仪还可以给出直流电阻。特性阻抗、衰减串扰比等指标。

（3）直流电阻。

直流环路电阻会消耗一部分信号，并将其转变成热量。每对双绞线间的直流电阻的差异应小于 0.1 Ω，否则表示接触不良，必须检查连接点。

（4）特性阻抗。

特性阻抗是指链路在规定工作频率范围内呈现的电阻。与环路直流电阻不同，特性阻抗包括电阻及频率 1～100 MHz 的电感阻抗及电容阻抗，它与一对电缆之间的距离及绝缘体的电气性能有关。各种电缆有不同的特性阻抗，而双绞线电缆则有 100 Ω、120 Ω 以及 150 Ω 几种类型，通常采用 100 Ω 的。无论哪种类型线缆，其每对芯线的特性阻抗在整个工作带宽范围内应保证恒定和均匀。链路上任何点的阻抗不连续性将导致该链路信号反射和信号畸变。链路特征阻抗与标准值之差不大于 20 Ω。

（5）衰减串扰比（ACR）。衰减串扰比的定义为：在受相邻发信线对串扰的线对上其串

扰损耗（NEXT）与本线对传输信号衰减值（A）的差值（单位为 dB），即

$$ACR\ (dB) = NEXT\ (dB) - A\ (dB)$$

对于五类及高于五类线缆和同类接插件构成的链路，由于高频效应及各种干扰因素，ACR 的标准参数不单纯从串扰损耗值 NEXT 与衰减值 A 在各相应频率上的直接的代数差值导出，通常可通过提高链路串扰值损耗 NEXT 或降低衰减 A 以改善链路 ACR。对于六类布线链路在 200 MHz 时，ACR 要求为正值，六类布线链路要求测量到 250 MHz。

在某些频率范围内，串扰与衰减量的比例关系是反映电缆性能的另一个重要参数。ACR 有时也以信噪比（Signal-Noice Ratio，SNR）表示，由最差的衰减量与 NEXT 量值的差值计算。ACR 值较大，表示抗干扰的能力更强。一般系统要求至少大于 10 dB（分贝）。

（6）电缆特性（SNR）。通信信道的品质是由它的电缆特性（SNR）描述的。SNR 是在考虑到干扰信号的情况下，对数据信号强度的一个度量。如果 SNR 过低，将导致数据信号在被接收时接收器不能分辨数据信号和噪声信号，最终引起数据错误。因此为了将数据错误限制在一定范围内，必须定义一个最小的可接收的 SNR。

除以上测试指标，传播时延（T）、线时间传播时延差、回波损耗（RL）、链路脉冲噪声电平等指标也会对双绞线传输造成一定影响。

6.1.6　与双绞线相关的网络连接设备

网络连接设备是综合布线系统中各种连接硬件的统称。双绞线电缆系统连接部件包括双绞线连接器、配线架和跳线等。

1. 双绞线连接器

双绞线与终端设备或网络连接设备连接时所用的连接器称为信息模块（也叫“信息插槽”），常见的信息模块主要有两种形式，一种是 RJ-45 模块，即综合布线中用到的模块，如图 6-1 所示；另一种是 RH-11 电话模块。

（1）RJ-45 信息模块，RJ-45 信息模块主要是连接设备间和工作间使用的。RJ-45 信息模块插座也分为非屏蔽模块和屏蔽模块，超五类和六类信息模块应用如下。

① 超五类屏蔽与非屏蔽信息模块，这种信息模块满足超五类传输标准要求，分为屏蔽与非屏蔽系列，采用扣锁式端接帽作保护，适用于设备间与工作区的通信插座连接。这类信息模块可应用于 ISDN、ATM155/622Mbit/s、1000Mbit/s 以太网等工作区终端连接及快捷式配线架连接。

图 6-1　RJ-45 模块

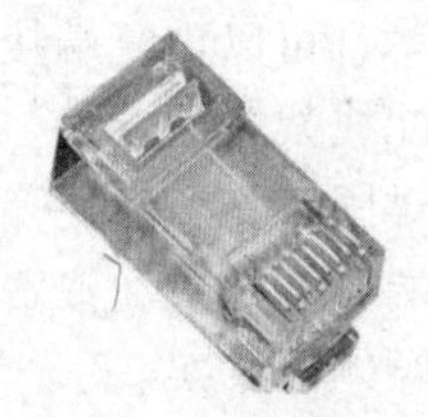
图 6-2　RJ-45 水晶头

② 六类信息模块，综合布线六类系统是一个强调物理层传输能力的结构化布线系统，因此六类信息模块多数采用电脑微调和电容补偿技术，提供具有高性能、高余量的六类指标。六类信息模块主要应用于 ATM 622 Mbit/s、2.4 Gbit/s、1 000 Mbit/s 以太网等工作区终端连接即快捷式配线架连接。其较超五类有更大的传输带宽，更优越的性能，适用于数据传输量大，对网络的可靠性要求高的布线场所。

（2）RJ-45 水晶头，RJ-45 水晶头用于数据电缆的端接，实现设备、配线架模块间的连接及变更，如图 6-2 所示。

在整个综合布线系统工程中，应使用一种布线方式，但两端都在 RJ-45 端头的网络连接无论是采用端接方 A，还是端接方式 B，在网络中都是通用的。实际应用中，大多数都是用 ANSI/ELA/TLA-568B 的标准，通常认为该标准对电磁干扰的屏蔽更好。

如果是计算机主机与交换机或 Hub 相连，则两头都做成 568A 标准，或两个都做成 568B 标准。

如果是两台计算机主机互联，则需要一头做成 568A 标准，即常说的 1 和 3、2 和 6 互换。

2. 双绞线配线架

配线架和管理子系统中最重要的组件，是实现垂直干线和水平布线两个子系统交叉连接的枢纽。配线架通常安装在机柜或墙上。通过安装附件，配线架可以全线满足 UTP、STP、同轴电缆、光纤的需要。在网络工程中常用的配线架有双绞线配线架和光纤配线架。在此先介绍双绞线配线架。

双绞线配线架的作用是在管理子系统中将双绞线进行交叉连接，用在主配线间和各分配线间。图 6-3 所示的是双绞线配线架示意图。

图 6–3　双纹线配线架

双绞线配线架的型号很多，每个厂商都有自己的产品系列，并且对应三类、五类、超五类、六类和七类线缆分别有不同的规格和型号，在具体项目中，应参阅产品手册，根据实际情况进行配置。下面介绍几种常用的配线架。

（1）110 配线架。

随着网络传输速率的不断提高，布线系统出现了五类（100 MHz）产品，网络接口也逐渐向 RJ45 端口统一，用于端接传输数据线缆的配线架采用了 19 英寸 RJ45 口 110 配线架，此种配线架背面进线采用 110 端接方式，正面全部为 RJ45 口用于跳接配线，它主要分为 24 口、36 口、48 口、96 口几种，全部为 19 英寸机架/机柜式安装，其优点是体积小，密度高，端接比较简单且可以重复端接，主要用于 4 对双绞线的端接，有屏蔽产品；其缺点是由于进线线缆在配线架背面端接，而出现的跳接管理在配线架正面完成，所以维护管理较麻烦，由于端口相对固定，无论要管理的桌面信息口数多少，必须按 24 和 36 的端口倍数来配置，造成了配线端口的空置和浪费，也不灵活。

（2）多媒体配线架。

网络技术和传输速率的高速发展，吉比特/10 吉比特太网技术的涌现，超五类

（100 MHz）、六类（250 MHz）布线系统的推出，使用户对网络系统的应用才是出多种需求，如内网（屏蔽），外网（非屏蔽），语音，光纤到桌面等，面对较多功能信息端口的灵活管理，对配线系统的多元化，灵活性，可扩展等性能提出了更高要求，一些布线厂商推出的多媒体配线架，适应了现代网络通信应用对配线系统的要求。此种配线架摒弃了以往固定 RJ45 口式 110 配线架端口固定无法更改的弱点，它本身为标准 19 英寸宽 IU 高的空配线板。

多媒体配线架上可以任意配置超五类、六类、七类、语音、光纤和屏蔽/非屏蔽布线产品，充分体现了配线的多元化和灵活性，对升级和扩展带来了极大的方便；由于其采用独立模块化配置，所以在配置配线架时无需按 24 或 36 的端口倍数来配置，从而也不会造成配线端口的空置和浪费；另外此种配线架的安装，维护，管理都在正面操作，大大简化了操作程序；可以同时在同一配线板上配置屏蔽和非屏蔽系统，是它区别于老式配线架的另一大特色。

1. 跳线设备

跳接设备主要功能是将传输介质连接到跳接器上。通过跳线将传输介质相互连接起来。跳线可采用颜色和标号加以识别。跳接设备主要指各种类型的 110 型交接硬件系统，其中比较重要的部件有 110C 连接块、110 型插接线等。

2. 端子设备

端子设备主要包括各种类型的信息插座、缆线插头和插头。除了模块化插座之外，还有与之配套使用的多功能适配器，面板和表面安装盒，以及多功能适配器等。

6.2 同轴电缆

同轴电缆是早期构建的总线拓扑结构计算机网络多数采用的传输介质。同轴电缆是由一根空心的外圆柱导体（铜网）和一根位于中心轴线的内导线（电缆铜芯）组成，并且内导线和圆柱导体及圆柱导体和外界之间都是用绝缘体材料隔开。电磁场封闭在内外导体之间，故辐射损耗小，受外界干扰影响小。常用于传送多路电话和闭路电视等。同轴电缆外部设有密闭的金属或塑料护套，以保护缆芯免遭外界侵害和损伤。同时它具有寿命长、容量大、传输稳定、外界干扰小、维护方便等特点。

同轴电缆根据其直径大小可以分为粗同轴电缆与细同轴电缆。

（1）粗缆（RG-11）的直径为 1.27 cm，最大传输距离达到 500 m。粗缆适用于比较大型的局部网络，它的标准距离长，可靠性高，由于安装时不需要切断电缆，因此可以根据需要灵活调整计算机的入网位置，但粗缆网络必须安装收发器电缆，安装难度大，所以总体造价高。粗缆的阻抗是 75 Ω。

（2）细缆的直径为 0.26 cm，最大传输距离为 185 m。细缆安装则比较简单、造价低，但由于安装过程要切断电缆，两头须装上基本网络连接头（BNC），然后接在 T 型连接器两端，所以当接头多时容易产生不良的隐患，这是目前运行中的以太网所发生的最常见故障之一。细缆的阻抗是 50 Ω。

无论是粗缆还是细缆均为总线拓扑结构，即一根缆上接多部主机，这种拓扑适用于主机密集的环境，但是当一触点发生故障时，故障会串联影响到整根缆上的所有主机，故障的诊断和修复都很麻烦，因此，已逐步被非屏蔽双绞线或光缆取代。

6.3 光缆

光缆（Optical Fiber Cable）主要是由光导纤维和塑料保护套管及塑料外皮构成。

光导纤维是一种传输光束的细而柔软的煤质。光导纤维电缆由一捆纤维组成，简称为光缆。光纤是光缆的核心部分，光纤通常是石英玻璃制成，其横截面积是很小的双层同心圆柱体，又叫纤芯，它质地脆弱，易断裂。

6.3.1 光缆的结构

一根光纤只能单向传输信号，如果要进行双向通信，光缆中至少包括两根独立的光纤，分别用于发送和接收。在一条光缆中可以包裹 2、4、6、8、10、12、24，甚至上千跟光纤，同时还要加上缓冲保护层和加强件保护，并在最外围加上光缆护套。图 6-4 所示是光缆的结构示意图。

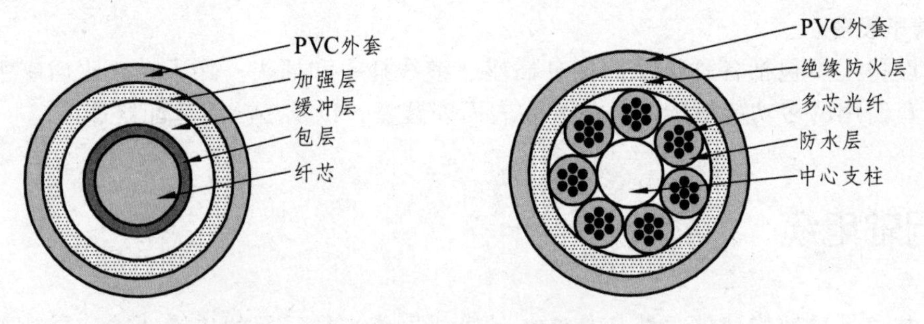

图 6-4 光纤结构示意图

光缆一般由缆芯和护套两部分组成。

1. 缆芯

缆芯通常由涂覆光纤、缓冲期和加强件等部分组成。涂覆光纤是光缆的核心，决定着光缆的传输特性。缓冲期即防止涂覆光纤的塑料缓冲保护层。分为紧套管缓冲和松套管缓冲两种类型。光缆通常包含一个或几个加强件，都是配置在护套中。加强件通常用钢丝或非金属材料如芳纶纤维等做成。

2. 护套

光缆最外层是光缆的护套。它是非金属元件，其作用是将光缆的部件加固在一起，保护光线和其他光缆部件免受损害。通常的护套由聚乙烯或聚氯乙烯（PE 或 PVC）和铝带或钢带构成。

6.3.2 光缆的种类

由不同类别的成缆光纤、不同的成缆方式，可以构成种类繁多的光缆，以适应不同的使用条件。光缆的总类一般根据光线的传输模式、缆芯结构、光纤数目、敷设方式等来划分。

1. 按光纤的传输模式分类

按光线的传输模式，光纤分为单模光纤和多模光纤。

单模光纤主要用于长距离通信，纤芯直径很小，其纤芯直径为 8 ~ 10 μm，面包层直径为 125 μm。由于单模光纤的纤芯直径接近一光波的波长，因此光波在光线中进行传输时，不再进行反射，而是沿着一条直线传输。正由于这种特性使单模光纤具有传输损耗小、传输频带宽。传输容量大的特点。在没有进行信号增强的情况下，单模光纤的最大传输距离可达 3 000 m，而不需要进行信号中继放大。

多模光纤的纤芯直径较大，不同入射角的光线在光线介质内部以不同的反射角传播，这时每一束光线有一个不同的模式，具有这种特性的光纤称为多模光纤。多模光纤在光传输过程中比单模光纤损耗大，因此传输距离没有单模光纤远，可用带宽也相对较小些。

分别由这两种光纤构成的光缆可称为单模光缆或多模光缆。单模光缆一般用于长距离传输，也可用于短距离的传输。多模光纤一般应用于短距离的传输，其传输范围是传输特性决定的。

2. 按缆芯结构分类

按缆芯结构不同，光缆分为中心管式、层绞式和骨架式三大类。

（1）中心管（束管）式光缆的松套光纤（单纤芯或多纤芯）无绞合直放在光缆的中心位置，这种位置最有利于减少光缆弯曲造成的损耗。这种光缆的加强构件可以是平行于中心管放置在外护套黑色聚乙烯中的两根平行高碳钢丝，也可以是螺旋绞绕在中心管上的多根低碳钢丝。

（2）层绞式光缆是指紧套光纤或松套光纤螺旋绞合在中心加强元件上的光缆。层绞式光缆与中心管式光缆相比，生产公司设备相对复杂，纤芯数多（最多 144 芯），缆中光纤余长易控制。

（3）骨架式光缆是指一次涂覆光纤或二次被覆紧套光纤均放入骨架槽中构成的光缆。骨架式光缆的生产工艺设备是这 3 种结构光缆中最复杂的一种，因为它要多一条生产骨架的生产工艺线。骨架式光缆的纤芯数最多为 12 芯。

上述 3 种结构的光缆，均可以用带状光纤来制成。其中，纤芯数最多的层绞式光缆，其次是骨架式光缆，最少的是中心管式光缆。

3. 按光纤数目分类

按光纤芯数目不同，光缆可分为单芯光缆和带状（多芯）光缆。带状光缆结构类似于非带状光缆，分为中心管式、松套层绞式和骨架式三大类，其基本单元是有带状光纤构成。

带状光纤是分别有 2 根、4 根、6 根、8 根、10 根、12 根、24 根紫外光固化光纤，按一定色标排列组成的平行的光线带。

4. 按敷设方式分类

按光缆敷设方式不同，光缆可分为架空光缆、管道光缆、埋式光缆、水底光缆和海底光缆。

由于光缆的敷设方式不同，对光缆提出的机械特性就不同。GB/T 13993.2—1999 中对架空、管道和埋式光缆的机械特性做了精确要求。

6.3.3 光缆的传输特性与测试

光缆的传输特性则主要表现在光线的损耗和带宽两个方面。

1. 光纤的数值孔径（NA）

它代表光纤芯子与包层之间的折射率差，是光纤一个最重要的基本特性。NA 是反映光纤芯子包层折射率关系的参数，折射率越大，NA 越大，光纤可以接收并传播的光越多，即与光纤可传播的模数成正比。因此在某种意义上数值孔径表示了光纤集光的能力。

2. 传输损耗

这是光纤一项重要的光学特性，是指光信号的能量从发送端经过光纤传输后到接收端的衰减程度。它很大程度上决定了传输信号所需中继的距离。引起光纤损耗的原因主要有两大类：一类是材料吸收，另一类是散射损耗，此外还有光纤的结构缺陷等。

吸收损耗是由 SiO_2 材料的固有吸收和由杂质引起的吸收产生的。散射损耗主要由材料微观密度不均匀引起的 Rayleigh 散射和由光纤结构缺陷（如气泡等）引起的散射产生的。光纤结构缺陷，如芯子包层界面不光滑、气泡、应力、直径的变化和轴线弯曲等也会引起光纤的传输损耗，所以提高光纤结构的完美和一致性是拉纤工艺的重要任务之一。

光纤的损耗是以每公里分贝（dB）来计量。石英光纤有 3 个低损耗波长区——0.85 μm、1.3 μm、1.55 μm。氟化物光纤的低损耗更低。对应于这些低损耗波长，选用适当的光源可以降低光能的损耗。

3. 传输带宽

它表示光纤的传输速率，主要受到光纤色散的限制。当光脉冲沿光纤传播时，每个脉冲都会随着距离的增加而展宽，最后相邻的脉冲发生的重叠，这就限制了光纤传送信息的速率，限制了光纤传输宽带，导致光脉冲展宽的机理是光纤的色散，包括材料色散，包括材料色散、波导色散和模色散。

材料色散的物理意义是光在介质中的传播速度与折射率成反比，光纤材料的折射率是随波长变化的，因此不同波长的光在光纤中传播的速度不同。波长越短，色散越严重。

波导色散是由于波长不同的光线在光纤中运行的轨迹不同、渡越时间也不同所造成的。对于同一模来说，不同波长的光在光纤中将走循不同的轨迹，有着不同的渡越时间，引起波导色散。与材料色散相反，波长越长波导色散越严重，同时光纤芯子直径越小，波导色散越严重。

模色散也称模间色散。对于同一波长的入射光，不同入射角的光线代表不同的模，不同模在光线中行走的路径不同，渡越时间也不同，从而形成模色散。模色散随着光纤芯子直径的减小而减小，当直径小到一定程度时光纤成为只允许传输一个模的单模光纤，此时不存在模色散。

在 1.3 μm 波长处，光纤的波导色散与材料色散相抵消，因此理论上可以制造 1.3 μm 的零色散单模光纤，如果将石英单模光纤的零色散波长 1.3 μm 移到最低损耗波长 1.55 μm 处，就可以制造色散位移（DS）单模光纤。如果能够在长波长范围内的两个零色散波长，使光纤在宽范围内色散都很低，即可制成色散平坦单模光纤。

光纤的色散与光纤的长度或信号的传输距离有关，因此光纤的传输带宽是传输距离的函数，常用带宽距离乘积来计量光纤的传输宽带，而对单模光纤则常用色散值来表示传输特性。

6.3.4 与光缆相关的网络连接设备

与光缆相连的网络连接设备有光纤连接器，光纤配线架、光信号转换器件等。

1. 光纤连接器

光纤活动连接器，俗称活接头，一般称为光纤连接器，是用于连接两根光纤或光缆形成连续光通路的可以重复使用的无源器件，已经广泛应用在光纤传输线路，光纤配线架和光纤测试仪器，仪表中，是目前使用数量最多的光无源器件。

光纤连接器的主要用途是用以实现光纤的接续。现在已经广泛应用在光纤通信系统中的光纤连接器，其种类众多，结构各异，但基本结构一致，及绝大多数的光纤连接器的一般采用高精密组件（由两个插针和一个耦合管共三个部分组成）实现光纤的对准连接。

下面对光纤连接器的性能和常用光纤连接器加以介绍。

（1）光纤连接器的性能。

首先是光学性能，此外还要考虑光纤连接器的互换性、重复性、抗拉强度、温度和插拔次数等。

① 光学性能，对于光纤连接器的光性能方面的要求，主要是插入损耗和回波损耗这两个最基本的参数。

插入损耗（InsertionLoss）即连接损耗，是指因连接器的导入而引起的链路有效光功率的损耗。插入损耗越小越好，一般要求应不大于 0.5 dB。

回波损耗（ReturnLoss，ReflectionLoss）是指连接器对链路光功率反射的抑制能力，其典型值应不小于 25 dB。实际应用的连接器，插针表面经过了专门的抛光处理，可以使回波损耗更大，一般不低于 45 dB。

② 互换性、重复性，光纤连接器是通用的无源器件，对于同一类型的光纤连接器，一般都可以任意组合使用，并可以重复多次使用，由此而导入的附加损耗一般都在小于 0.2 dB 的范围内。

③ 抗拉强度，对于做好的光纤连接器，一般要求其抗拉强度应不低于 90 N。

④ 温度，一般要求，光纤连接器必须在-40 ~ +70℃的温度下能够正常使用。

（2）部分常见光纤连接器。

按照不同的分类方法，光纤连接器可以分为不同的种类，按传输媒介的不同可分为单模光纤连接器和多模光纤连接器；按结构的不同可分为 FC、SC、ST、D4、DIN、Biconic、MU、LC、MT 等各种类型；按连接器的针对端面可分为 FC、PC（UPC）和 APC；按光纤芯数分还有单芯、多芯之分。

在实际应用过程中，一般按照光纤连接器结构的不同来加以区分。

随着光纤通信技术不断发展，特别是高速局域网和光接入网的发展，光纤连接器在光纤系统中的应用将更为广泛。同时，也对光纤连接器提出了更多的、更高的要求，其主要的发展方向是：外观小型化、成本低廉化，而对性能的要求越来越高。

2. 光纤配线架

光纤配线架是光缆传输系统中一个重要的配套连接设备，主要功能包括：光缆的固定，保护和接地；光缆纤芯和尾纤的熔接；光路的调配并提供测度端口；冗余光纤和尾纤的存储管理。它对光缆通信网络安全运行和灵活配置有着重要的作用。图 6-5 所示的是光纤配线架示意图。

图 6-5 光纤配线架

3. 光信号转换器件

光信号转换器件主要有光开关和光纤耦合器。

光开关是一种具有一个或多个可选的传输端口，其作用是对光线传输线路或集成光路中的光信号进行相互转换或逻辑操作的光学器件。

光纤耦合器是实现光信号分路/合路的功能器件。图 6-6 所示为波导型分支器的结构。它是一种 Y 型分支，由一根芯线一端输入的光可用它加以等分。当分支器分支路的开角增大时，向包层中泄露的光将增多一致增加过剩损耗，因此分支器的长度不可能太短。

多模光纤与单模光纤均可做成耦合器，通常有拼接式，另一种是熔融拉锥式。图 6-7 所示为拼接式原理图，拼接式结构是将光纤埋入玻璃块中的弧形槽中，在光线侧面进行研磨抛光，然后将经抛磨的两根光纤拼接在一起，靠透过纤芯和包层界面的消逝场产生耦合。

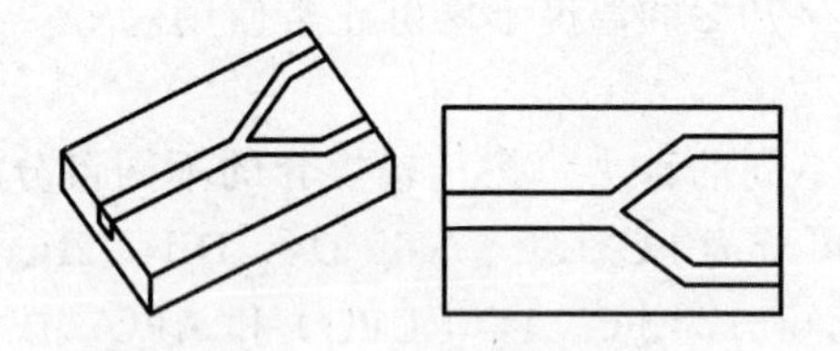

图 6-6 波导型分支器结构

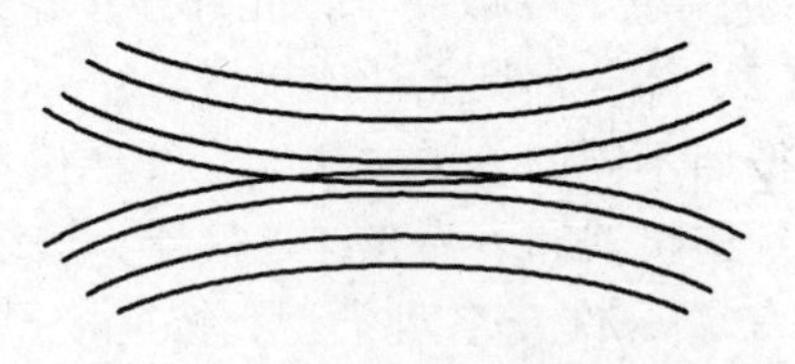

图 6-7 拼接型光纤耦合器

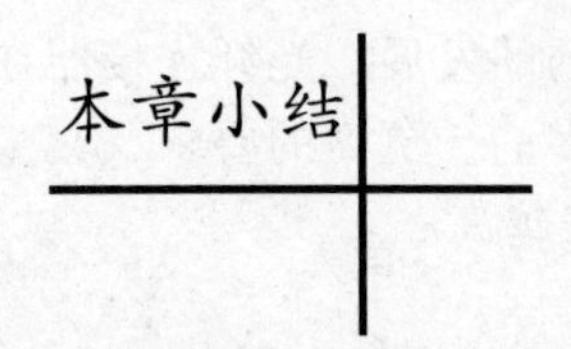

本章主要介绍了综合布线系统中常用的几种主要的传输介质（主要有双绞线、同轴电缆和光缆），并给出了这些传输介质的种类、电气特性以及连接这些线缆的主要设备，可以为工程技术人员在网络综合布线系统的设计和施工中选择传输介质提供帮助。

习 题

1. 简述超五类双绞线标准的特点。
2. 简述六类双绞线标准的特点。
3. 简述七类双绞线标准的特点。
4. 简述单模光纤和多模光纤在性能上的特点。
5. 考察 1000Vase-F 技术标准。

7 网络综合布线系统标准与设计

综合布线系统作为一项工程，必须依靠科学规范地执行综合布线规程和标准来保证工程的先进性、实用性、灵活性、开放性以及可维护性。

7.1 综合布线标准发展历史

1984 年世界上第一座智能大厦建成后，1985 年初计算机工业协会（CCIA）提出对大楼综合布线标准化的倡议。美国电子工业协会（EIA）和美国电信工业协会（TIA）受命开始了第一次的综合布线系统标准化制定工作。

1991 年 7 月，美国电子工业协会和美国通信工业协会联合美国国家标准学会（ANSI）联合组成的工作组，推出了第一部综合布线系统标准——EIA/TIA 568，同时与布线通道和空间、管理、电缆性能及连接硬件性能等有关的相关标准也同时推出。

1995 年底，EIA/TIA 568 标准的基础上推出了另一个综合布线系统标准 ISO/IEC 11801。ISO 的 11801 标准的制定时充分考虑了国际实际，得到了较多国家的采用。

2001 年 3 月，美国通信工业协会 TIA 正式发布了 EIA/TIA 568B 标准。这个标准分 3 部分，包括 EIA/TIA 568B.1（《商业建筑电信布线标准一第 1 部分：一般要求》）、EIA/TIA 568B.2（商业建筑电信布线标准一第 2 部分：平衡双绞线布线元件）和 EIA/TIA 568B.3（《商业建筑电信布线标准一第 3 部分：光纤布线元件》）。EIA/TIA 568B.1 标准是关于超五类（5e）双绞线的布线标准；而 EIA/TIA 568B.2 标准则是针对六类双绞线的布线标准；EIA/TIA 568B.3 是针对光纤这种传输介质的布线标准。一般常说的 TIA-568B 是指 EIA/TIA 568B.1 标准。

2002 年，ISO 发布它的 11801 的第二个版本，即 ISO/IEC 11801：2002。在这一标准中采用的布线通道最低要求是超五类双绞线电缆。

7.2 TIA/EIA 标准

TIA/EIA 系列标准是综合布线北美标准。TIA/EIA 568 标准、TIA/EIA 569 标准以及 ANSI/TIA/EIA 570 等一系列关于建筑布线中电信产品和业务的技术标准，满足了电信行业发展企业结构的需要。

7.2.1 TIA/EIA 标准

1991 年 7 月，美国电子工业协会/美国通信工业协会发布了 TIA/EIA 568 标准，即商业建筑电信布线标准。并于 1995 年底正式更新为 EIA/TIA 568A。

EIA/TIA 568 标准的目的如下：

（1）建立一种支持多供应商环境的通用电信布线系统。

（2）可以进行商业大楼的综合布线系统的设计和安装。

（3）建立和完善布线系统配置的性能和技术标准。

EIA/TIA 568 标准包括以下基本内容：

（1）办公环境中电信布线的最低要求。

（2）建议的拓扑结构和距离。

（3）决定性能的介质参数。

（4）连接器和引脚功能分配，确保互通性。

（5）电信布线系统要求有超过十年的使用寿命。

自 1995 年 8 月 EIA/TIA 568A 发布以来，伴随更高性能的产品和市场应用需要的改变，对这个标准也提出了更高的要求。2001 年 3 月，EIA/TIA 568B 标准正式发布。新标准分 3 部分，每一部分与 EIA/TIA 568A 有相同的着重点。

（1）EIA/TIA 568B.1：第一部分，一般要求。该标准目前已经发布，它最终将取代 EIA/TIA 568A。这个标准着重于水平和垂直干线布线拓扑、距离、媒体选择、工作区连接、开放办公布线、电信与设备间、安装方法及现场测试等内容。

（2）EIA/TIA 568B.2：第二部分，平衡双绞线布线系统。这个标准着重于平衡对绞线电缆、跳线、连接硬件的电气和机械性能规范及部件可靠性测试规范，现场测试仪性能规范，实验室与现场测试仪对比方法等内容。

（3）EIA/TIA 568B.3：第三部分，光纤布线部件标准。这个标准定义了光纤布线系统的部件和传输性能指标，包括光缆、光纤跳线和连接硬件的电气与机械性能要求，器件可靠性测试规范、现场测试性能规范。

在综合布线的施工中，有 EIA/TIA 568A 和 EIA/TIA 568B 两种不同的打线方式，两种方式对性能没有影响，但是必须强调的是在一个工程中只能使用一种打线方式。

7.2.2 TIA/EIA 569 标准

1990 年 10 月公布了建筑通信和线路间距标准 TIA/EIA 569，目的是使支持电信介质和设备的建筑物内部和建筑物之间设计和施工标准化，尽可能减少对厂商、设备和传输介质的依赖性。

7.2.3 TIA/EIA 570 标准

1991 年 5 月份制订首个住宅及小型商业区综合布线标准 TIA/EIA 570，并于 1998 年 9 月更新。TIA/EIA 570 标准的目的是制订出新一代的家居电信布线标准，以适应现在及将来的电信服务。标准主要提出有关布线的新等级，并建立一个布线介质的基本规范及标准，主要应用支持语音、数、影像、视频、多媒体、家居自动系统、环境管理、保安、音频、电视、探头、警报及对讲机等服务。标准主要规划于新建筑，更新增加设备，单一住宅及建筑群等。

7.3 ISO/IEC 标准

1995 年国际标准化组织（ISO）与国际电工委员会（IEC）、国际电信联盟（ITU）共同颁布了著名的 ISO/IEC 11801—1995（《信息技术—用户房屋综合布线》的国际布线标准）、并于 2002 年 8 月正式通过了 ISO/IEC 11801—2002（第 2 版），给综合布线技术带来了革命性的影响。ISO/IEC 11801 将建筑物综合布线系统划分为以下 6 个子系统，即工作区子系统、水平子系统、干线子系统、设备间子系统、管理子系统和建筑群子系统。

（1）ISO/IEC 11801 的修订稿 ISO/IEC 11801—2000 对链路的定义进行了修正。ISO/IEC 认为以往的链路定义应被永久链路和信道的定义所取代。而且，修订稿提高了近端串扰等传统参数的指标。

（2）2002 年的 ISO/IEC 11801 第 2 版覆盖了六类综合布线系统和七类综合布线系统。

根据 ISO/IEC 11801—2002，综合布线应能在同一电缆中同时传输语音、数字、文字、图像、视频等不同信号，同时在若干布线组件结构标准中，特别提出了高达 1 GHz 的传输频率；所有相关信息传输应用共同电缆的可行性；电磁兼容性好，能用于恶劣的使用环境；信息安全、保密性高；符合以国际标准为基础的防火等级等要求。

7.4 国内综合布线标准

国内综合布线系统设计施工时必须在国际综合布线标准基础上，参考我国国内综合布线标准和通信行业标准。2000 年 2 月，国家质量技术监督局、建设部联合发布了综合布线系统工程的国家标准，如《建筑与建筑群综合布线系统工程设计规范》（GB/T 50311—2000）等。2007 年，我国又发布了新的综合布线标准：GB50311—2007、GB50312—2007 等。

7.4.1 GB50311—2007 标准

2007 年 4 月建设部发布了《综合布线系统工程设计规范》，编号为 GB50311-2007，自 2007 年 10 月 1 日起实施。原标准 GB/T/50311-2000 同时废止。新标准包括以下主要内容：

（1）术语和符号。

（2）系统设计。

（3）系统配置设计。

（4）系统指标。

（5）安装工艺要求。

（6）电气防护及接地。

（7）防火。

7.4.2 GB50312—2007 标准

2007 年 4 月建设部发布了《综合布线系统工程验收规范》，编号为 GB50312—2007，自

2007 年 10 月 1 日起实施。原标准 GB/T50312—2000 同时废止。新标准包括以下主要内容：

（1）环境检查。

（2）器材及测试仪表工具检查。

（3）设备安装检查。

（4）缆线的布设和保护方式检验。

（5）缆线终接。

（6）工程电气测试。

（7）管理系统验收。

（8）工程验收。

新版标准 GB50311—2007 和 GB50312—2007 是在 2000 版对应标准的基础上总结经验编写的。新综合布线标准的制订主要有 3 个主导思想：一是和国际标准接轨，还是以国际标准的技术要求为主，避免造成厂商对标准的一些误导；二是符合国家的法规政策，新标准的编制体现了国家最新的法规政策；三是数据、条款的内容应更贴近工程的应用，规范应让大家用起来方便，不抽象，具有实用性和可操作性。因此，新标准与原标准相比更加实用，更具可操作性，注入了相当多的新内容，特别是在设计内容方面，80%都是新的内容，而验收标准在大框架不变的情况下内容也得到了很好的完善。总之，新综合布线标准更为完善，更加符合国内目前的发展。

7.5 机房工程标准

机房是各种信息系统的中枢，只有构建一个高可靠性、节能高效和具有可扩充性的整体机房环境，才能保证主机、通信设备免受电磁场、噪声等外界因素的干扰，消除温度、湿度、雷电等环境因素对信息系统带来的影响，保证各类信息通信畅通无阻。机房工程不是一个简单的装修工程，而是一个集电工学、电子学、建筑装饰学、美学、计算机专业、弱电控制专业、消防安全等多学科，多领域的综合工程，并涉及计算机网络工程、综合布线系统（Premises Distribution System，PDS）等专业技术的工程。所以，机房建设工程的目标不仅是要为机房工作人员提供一个舒适而良好的工作环境，而且更加重要的是必须保证计算机及网络系统等重要设备能长期安全而可靠地运行。

7.5.1 机房工程子系统

1. 机房装修子系统

机房装修子系统的设计宗旨是：进行合理的信息路由结构设计和供配电设计，防止可能造成系统互联的阻塞，减少网络设备的电磁干扰，并在充分考虑网络系统，空调系统，UPS 系统等设备的安全性、先进性的前提下，达到机房整体美观大方的风格。

因此，机房总体装修的设计规划中，应重点保障各建设点的环境参数指标符合国际标准，机房总体布局规划应满足安全等级的要求，合理布置、安装机房内各个配套功能设施，减少各系统之间的干扰，协调各系统的穿插和尽量做到配套组合包装，为机房防潮、防静电、隔热、屏蔽、隔音、安全等方面提供良好的保障。

机房装修工程主要包括天花吊顶、地面装修、墙面装饰、隔断工程、门窗工程等。

（1）天花吊顶。

机房棚顶装修宜采用吊顶方式。机房内吊顶的主要作用是，在吊顶以上到顶棚的空间作为机房静压送风或回风风库，可布置通风管道；安装固定照明灯具，走线、各类风口、自动灭火探测器；防止灰尘下落等。机房天花材料应选择金属铝天花板，主要因为铝板及其构件具有质轻、防火、防潮、吸音、不起尘、不吸尘等性能。

（2）地面装修。

机房地面工程是一个很重要的部分，机房地板一般采用抗静电活动地板。

（3）墙面装饰。

机房内墙装饰的目的是保护墙体结构，保证机房内的使用条件，创造一个舒适、美观而整洁的环境。内墙的装饰效果是由质感、线条和色彩 3 个因素构成。目前，机房墙面装饰中最常见的是贴墙材料，如铝塑板、彩钢板等，其特点是表面平整、气密性好、易清洁、不起尘、不变形。机房外围界墙及防火隔墙在土建施工中常采用轻质土建隔墙，并两面用水泥砂浆抹平。如机房不适宜做土建隔墙，也可以采用轻钢龙骨苍松板隔墙（内镶岩棉），其强度、表面硬度和防火性能指标均能满足要求，且保温、隔热、隔音。

（4）隔断工程。

针对机房中的不同设备对环境的不同要求，为便于空调控制、灰尘控制、噪声控制和机房管理，机房内往往采用隔断墙将大的机房空间分隔成较小的功能区域，一般采用钢化玻璃隔断，这种隔断墙既轻又薄，还能隔音、隔热、通透效果好。

（5）门窗工程。

机房安全出口一般不应少于两个，设于机房的两端。门应向疏散方向开启并能自动关闭。机房外门多采用防火防盗门，内门一般与隔断墙相协调，采用不锈钢无框玻璃自由门，这样既保证机房安全，又保证机房内有通透、明亮的效果。

2. 机房配电子系统

机房内的供配电系统是机房建设规划中最重要的内容。规范化的电气系统是整个机房供电安全性和可靠性的有力保证。因此，在设计上应采用模块化宽冗余的设计理念，既符合计算机机房配电系统的灵活性，又不会对未来扩容造成瓶颈。

机房负载分为主设备负载和辅助设备负载。主设备指计算机及网络系统、计算机外部设备及机房监控系统。辅助设备指空调设备、动力设备、照明设备、维修测试设备等。

机房配电系统采用三相供电（三相五线制：三相线、地线、零线）。供配电系统包括总动力系统、UPS 系统、照明、空调等电源配电系统。

机房供配电系统是机房安全运行的动力保证，系统配电要采用专业配电柜来规范和保证机房供配电系统的安全、合理。

配电柜要具有防浪涌、防雷击过流保护能力，采用质量可靠的电源防雷器。

配电柜内应设备电流表、电压表、频率表、以便检查电源电压、电流、三相间平衡关系和电源输出频率变化。

配电柜内应根据计算机设备及辅助设备的不同要求，设置了中线和接地线。设备安装运行后零地电位差≤2 V。

配电柜内采用的母线、接线排、各种电缆、导线、中性线、接地线等必须符合国家标准，并按国家规定的颜色标志编号，线缆均应采用阻燃型。

配电柜内各种开关、手柄、操作按钮，应当标志清楚，配有说明文档，防止使用中出现误操作，便于维护管理。

配电柜绝缘性能应符合国家标准要求不小于 0.5 MΩ。

在使用中还应配合 UPS 不间断电源，来保证供电的稳定性和可靠性。

机房的照明供电属于辅助供电系统的范畴，但它具有一定的特殊性和独立性。机房照明的好坏不仅会影响计算机操作人员和软、硬件维修人员的工作效率和身心健康，而且还会影响计算机的可靠运行。因此，合理地选择照明方式，灯具类型、布局以及一些相关器材等在电气工程中不可忽视。

3. 机房 UPS 子系统

不间断电源（UPS）在计算机系统和网络应用中，主要起两个作用，一是应急使用，防止突然断电而影响正常工作，给计算机造成损害；二是消除市电上的电涌、瞬间高电压、瞬间低电压、电线噪声和频率偏移等“电源污染”，改善电源质量，为计算机系统提供高质量的电源。

UPS 配电系统对各配线间网络设备进行集中供电。配线由 UPS 输出至分配电柜后，经单独镀锌金属线槽（管）引到各配线间各处。配电柜内每个配线间供电设独立开关控制，并配有漏电保护装置。

4. 机房精密空调与新风子系统

机房中的计算机设备，网络设备需要不间断运行，在运行中会散发出大量的热，且散湿量极小，为保证机房内工作人员有一个舒适的工作环境，需要空调系统一年四季不间断地运行。同时为保证机房内的空气洁净，保持机房内的空气新鲜，维持机房内的正压需要并消除余热，还应设计新风子系统。机房内的空调与新风子系统对保持机房恒定的温度和湿度是必不可少的。主要包括机房专用精密空调、新风机、排风系统等。

（1）机房专用精密空调：机房专用精密空调系统的任务是保证机房设备能够连续、稳定、可靠地运行；排出机房内设备及其他热源所散发的热量；维持机房内恒温恒湿精密专用空调。

（2）新风机：机房新风子系统主要有两个作用，一是给机房提供足够的新鲜空气，为工作人员创造良好的工作环境；二是维持机房对外的正压差，避免尘类进入，保证机房有更好的洁净度。另外，机房还应设排风系统，用以排除可能出现的烟雾及灭火后出现的气体。机房内的气流组织形式应结合计算机系统要求和建筑条件综合考虑。

（3）排风系统：根据国家有关规范和标准，计算机房内应设有排风系统，用以排除可能出现的消防事故所带来的浓烟，达到消防排烟的作用。

5. 机房场地监控子系统

随着社会信息化程度的不断提高，机房计算机系统的数量与日俱增，其环境设备也日益增多。一旦这些设备出现故障，对计算机系统的运行，对数据传输、存储的可靠性构成威胁。如故障不能及时排除，可能会造成的经济损失是无法估量的。事故发生，设备监控主机会及时通过电话、电子邮件的形式通知值班人员，及时处理事故。

监测范围主要包括以下几个方面。

（1）供配电：电压、电流、频率及开关状态。

（2）机房设备：UPS 输入、输出电压、电流、频率等各项参数。

（3）空调内部各模块的检测与控制。

（4）机房环境：机房温度、湿度、漏水监控。

（5）与音、视频系统的联动控制。

（6）与消防系统的互联及与配电系统的联动控制。

（7）与安保系统的互联。

（8）集中监控：对以上内容通过计算机进行集中监控。

6. 机房防雷、接地子系统

机房防雷、接地子系统是涉及多方面的综合性信息处理工作，是机房建设中的一项重要内容。防雷、接地系统是否良好是衡量一个机房工程质量的标准之一。

机房应采用下列几种接地方式：

（1）交流工作接地，接地电阻应小于 1 Ω。

（2）计算机系统安全保护接地电阻以及静电接地电阻小于 4 Ω。

（3）直流接地电阻小于或等于 1 Ω。

（4）防雷保护接地系统接地电阻小于 10 Ω。

（5）零地电压主应小于 1 V。

所有电气设备、金属门、窗及其金属构件、电缆外皮均应与专用接地保护线可靠连接。机房专用地线（防雷、防静电、保护接地）从接地端引至机房，并分别标明各类接地。在UPS 电源输出配电柜的地线与大楼的地线相连接，即重复接地。

机房防雷应采用下列几种方式：

（1）在动力室电源线总配电盘上安装并联式专用避雷器。

（2）在机房配电柜进线处，安装并联式电源避雷器。

（3）在计算机设备电源处使用带有防雷功能的插座板。

7.5.2 机房工程设计原则

机房的环境必须满足计算机等各种电子设备和工作人员对温度、湿度、洁净度、电磁场强度、噪音干扰、安全保安、防漏、电源质量、振动、防雷和接地等要求。所以，机房建设的最终目标是提供一个安全保靠，舒适实用，节能高效和具有可扩充性的机房。

结合机房各子系统的设计目标，机房在设计过程中应遵循以下设计原则。

1. 实用性和先进性

尽可能采用最先进的技术，设备和材料，以适应高速的数据传输需要，使整个系统在一段时期内保持技术的先进性，并具有良好的发展潜力，以适应未来信息产业业务的发展和技术升级的需要。

2. 安全可靠性

为保证各项业务的应用，网络必须具有高可靠性，决不能出现单点故障，同时对机房布局，结构设计，设备选型，日常维护等各个方面进行高可靠性的设计和建设，对关键设备采用硬件备份，冗余等可靠性技术的基础上，采用相关的软件技术提供较强的管理机制，控制手段和事故监控与安全保密等技术措施，提高机房的安全可靠性。

3. 灵活性与可扩展性

机房工程必须具有良好的灵活性与可扩展性，能够根据今后业务不断深入发展的需要，扩大设备容量和提高用户数量和质量的功能。具备支持多种网络传输，多种物理接口的能力，提供技术升级，设备更新的灵活性。

4. 标准化

机房工程的系统结构设计，包括机房设计标准，电力电气保障标准以及计算机局域网，广域网标准，坚持统一规范的原则，从而为未来的业务发展、设备增容奠定基础。

5. 经济性

应以较高的性能价格比构建机房，能以较低的成本，较少的人员投入来维持系统运转，提供高效能与高效益，并尽可能保留并延长已有系统的投资，充分利用以往在资金与技术方面的投入。

6. 可管理性

随着业务的不断发展，网络管理的任务必定会日益繁重，所以在机房的设计中，必须建立一套全面，完善的机房管理和监控系统。所选用的设备应具有智能化，可管理的功能，同时采用先进的管理监控系统设备及软件，实现先进的集中管理监控，实时监控，语音报警、实时事件记录，监测整个机房的运行状况，这样可以迅速确定故障，提高的运行性能、可靠性，简化机房管理人员的维护工作，从而为机房安全，可靠的运行提供最有力的保障。

7.5.3 机房工作设计标准

机房工程从设计、采购、施工到验收等阶段必须依据相应的国家标准、行业标准。机房工程设计的主要设计依据如下。

《电子计算机机房设计规范》GB50174-93

《计算机场地技术要求》GB2887-89

《计算机用活动地板技术要求》GB6650-86

《计算机场地安全要求》GB9361-88

《电子计算机机房施工及验收规范》SJ/T30003-93

《建筑物防雷设计规范》GB50057-94

《低压配电设计规范》GB50054-95

《民用建筑电气设计规范》JGJ/T16-9F210

《建筑防雷设计规范》及中华人民共和国行业标准 GB157

《火灾自动报警系统规范》GBJ1168

《民用闭路监控电视系统工程技术规范》GB50198-94

《建筑内部装修设计防火规范》GB50222-95

《计算机信息系统实体安全技术要求第 1 部分：局域计算环境》GA371-2001

7.6 综合布线系统设计原则

随着通信事业的发展，用户不仅仅需要使用电话同外界进行交流，而且需要通过 Internet 获取语音、数据、视频等大量动态的多媒体网络信息。通信功能的智能化已成为人们日常生活和工作不可缺少的一部分。

综合布线系统的设计，既要充分考虑所能预见的计算机技术，通信技术和控制技术飞速进步发展的因素，同时又要考虑政府宏观政策、法规、标准、规范的指导和实施的原则。

使整个设计通过对建筑物结构、系统、服务与管理 4 个要素的合理优化，最终成为一个功能明确、投资合理、应用高效、扩容方便的实用综合布线系统。

1. 标准化原则

EIA/TIA 568 工业标准及国际商务建筑布线标准。

ISO/IEC 标准。

国内综合布线标准。

2. 实用性原则

实施后的通信布线系统，将能够在现在和将来适应技术的发展，并且实现数据通信、语音通信、图像通信。

3. 灵活性原则

布线系统能够满足灵活应用的要求，即任一信息点能够连接不同类型的设备，如计算机、打印机、终端或电话、传真机。

4. 模块化原则

布线系统中，除去布设在建筑内的线缆外，其余所有的接插件都应是积木式的标准件，以方便管理和使用。

5. 可扩充性原则

布线系统是可扩充的，以便将来有更大的发展时，很容易将设备扩充进去。

6. 经济性原则

在满足应用要求的基础上，尽可能降低造价。

7.7 综合布线系统设计

7.7.1 工作区子系统设计

一个独立的、需要设置终端设备的区域宜划分为一个工作区。工作区应由配线（水平）布线系统的信息插座以及延伸到工作站终端设备处的连接电缆和适配器组成。一个工作区的服务面积可按 5～10m^2 估算，或按不同的应用场合调整面积的大小。每个工作区信息插座的数量应按相关规范配置。

1. 工作区适配器的选用规定

（1）设备的连接插座应与连接电缆的插头匹配，不同的插座与插头应加装适配器。

（2）当开通 ISDN 业务时，应采用网络终端或终端适配器。

（3）在连接使用不同信号的数模转换或数据速率转换等相应的装置时，宜采用适配器。

（4）对于不同网络规程的兼容性，可采用协议转换适配器。

（5）各种不同的终端设备或适配器均安装在信息插座之外，工作区的适当位置。

2. 工作区子系统设计步骤

（1）确定信息点数量。工作区信息点数量主要根据用户的具体需求来确定。对于用户不能明确信息点数量的情况下，应根据工作区设计规范来确定，即一个 5~10 m^2 面积的工作应配置一个语音信息点或一个计算机信息点，或者一个语音信息点和计算机信息点，具体还要参照综合布线系统的设计等级来定。如果按照基本型综合布线系统等级来设计，则应该只配置一个信息点。如果在用户对工程造价考虑不多的情况下，考虑系统未来的可扩展性应向用户推荐每个工作区配置两个信息点。

（2）确定信息插座数量。第一步确定了工作区应安装的信息点数量后，信息插座的数量就很容易确定了。如果工作区配置单孔信息插座，则信息插座数量应与信息点的数量相当。如果工作区配置双孔信息插座，则信息插座数量应为信息点数量的一半。假设信息点数量为 M，信息插座数量为 N，信息插座插孔数为 A，则应配置信息插座的计算公式应为

$$N = \mathrm{INTO}(M/A)$$

其中，INTO 为向上取整函数。

考虑系统应为以后扩充留有余量，因此最终应配置信息插座的总量 P 应为

$$P = N + N \times 3\%$$

其中，N 为信息插座数量，$N\times3\%$为富余量。

（3）确定信息插座的安装方式。工作区的信息插座分为暗埋式和明装式两种方式，暗埋方式的插座底盒嵌入墙面，明装方式的插座底盒直接在墙面上安装。用户可根据实际需要选用不同的安装方式以满足不同的需要。通常情况下，新建建筑物采用暗埋方式安装信息插座；已有的建筑物增设综合布线系统则采用明装方式安装信息插座。安装信息插座时应符合以下安装规范：

① 安装在地面上的信息插座应采用防水和抗压的接线盒。

② 安装在墙面或柱子上的信息插座底部离地面的高度宜为 30 cm 以上。

③ 信息插座附近有电源插座的，信息插座应距离电源插座 30 cm 以上。

7.7.2　配线子系统设计

（1）配线子系统应由工作区的信息插座、信息插座至楼层配线设备（FD）的配线电缆或光缆楼层配线设备和跳线等组成。

（2）配线子系统设计应符合下列要求。

① 根据工程提出的近期和远期的终端设备要求。

② 每层需要安装的信息插座的数量及其位置。

③ 终端将来可能产生移动、修改和重新安排的预测情况。

④ 一次性建设或分期建设的方案。

（3）配线子系统应采用 4 对双绞电缆，在需要时也可采用光缆。配线子系统根据整个综合布线系统的要求，应在交换间或设备间的配线设备上进行连接。配线子系统的配线电缆长度不应超过 90 m，图纸设计时，其图上走线距离不应超过 70 m。在能保证链路性能时，水平光缆距离可适当加长。

（4）配线电缆可选用普通的综合布线铜芯双绞电缆，在必要时应选用阻燃、低烟、低毒等电缆。

（5）信息插座应采用 8 位模块式通用插座或光缆插座。

（6）配线设备交叉连接的跳线应选用综合布线专用的插按软跳线，在电话应用时也可选用双芯跳线。

（7）1 条 4 对双绞电缆应全部固定终接在 1 个信息插座上。

7.7.3 干线子系统设计

干线子系统是综合布线系统中非常关键的组成部分。它由设备间与楼层配线间之间连接电缆或光缆组成。干线是建筑物内综合布线的主馈缆线，是楼层配线间与设备间之间垂直布放（或空间较大的单层建筑物的水平布线）缆线的统称。干线线缆直接连接着几十或几百个用户，因此一旦干线电缆发生故障，则影响巨大。为此，必须十分重视干线子系统的设计工作。

根据综合布线的标准及规范，应按下列设计要点进行干线子系统的设计工作。

（1）线缆类型，确定干线子系统所需要的电缆总对数和光纤芯数。对数据应用采用光缆或五类双绞电缆，双绞电缆的长度不应超过 90 m，对电话应用可采用三类双绞电缆。

（2）干线路由，干线子系统应选择干线电缆较短，安全和经济的路由，且宜选择带门的封闭型综合布线专用的通道布设干线电缆，也可与弱电竖井合用。

（3）干线线缆的交接。为了便于综合布线的路由管理，干线电缆、干线光缆布线的交接不应多于两次。从楼层配线架到建筑群配线架之间只应通过一个配线架，即建筑物配线架（在设备间内）。当综合布线只用一级干线布线进行配线时，放置干线配线架的二级交接间可以并入楼层配线间。

（4）线缆端接，干线电缆宜采用点对点端接，也可采用分支递减端接。点对点端接是最简单、最直接的接合方法。干线子系统每根干线电缆直接延伸到指定的楼层配线间或二级交接间。分支递减端接是用一根足以支持若干个楼层配线间或若干个二级交接间的通信容量的大容量干线电缆，经过电缆接头保护箱分出若干根小电缆，再分别延伸到每个二级交接间或每个楼层配线间，最后端接到目的地的连接硬件上。

（5）如果设备间与计算机机房和交换机房处于不同的地点，而且需要将语音电缆连至交换机房，数据电缆连至计算机房，则宜在设计中选取不同的干线电缆或干线电缆的不同部分来分别满足语音和数据的需要。当需要时，也可采用光纤系统予以满足。

（6）缆线不应布放在电梯、供水、供气、供暖、强电等竖井中。

（7）设备间配线设备的跳线应符合相关规范的规定。

7.7.4 设备间子系统设计

（1）设备间是在每一幢大楼的适当地点设置电信设备和计算机网络设备，以及建筑物配线设备，进行网络管理的场所，最好是位于建筑物的地理中心。对于综合布线工程设计，设备间主要安装建筑配线设备（BD）。电话、计算机等各种主机设备及引入设备可合装在一起。

（2）设备间内的所有总配线设备应用色标区别各类用途的配线区。

设备间内的设备种类繁多，而且线缆布设复杂。为了管理好各种设备及线缆，设备间内的设备应分类分区安装，设备间内所有进出线装置或设备应采用不同色标，以区别各类用途的配线区，方便线路的维护和管理。

（3）设备间位置、大小以及环境要求应根据设备数量、规模、最佳网络中心等因素，综合考虑确定。

设备间的位置及大小应根据建筑物的结构、综合布线规模、管理方式以及应用系统设备的数量等方面进行综合考虑，择优选取。一般而言，设备间应尽量建在建筑平面及其综合布线干线综合体的中间位置。在高层建筑内，设备间也可以设置在 2、3 层。设备间最小使用面积不得少于 20 m^2。

设备间的环境要求应考虑设备间已安装及将安装的计算机、计算机网络设备、电话程控交换机、建筑物自动化控制设备等硬件设备的要求。这些设备的运行需要相应的温度、湿度、供电、防尘等要求。设备间内的环境设置可以参照国家计算机用房设计标准《GB50174-93 电子计算机机房设计规范》、程控交换机的《CECS09：89 工业企业程控用户交换机工程设计规范》等相关标准及规范。

（4）建筑物的综合布线系统与外部通信网连接时，应遵循相应的接口标准，交预留安装相应接入设备的位置。

7.7.5 管理子系统设计

管理子系统的设计主要包括管理交接方案和管理标记。管理交接方案提供了交连设备与水平线缆、干线线缆连接的方式，从而使综合布线及其连接的应用系统设备、器件等构成一个有机的整体，并为线路调整管理提供了方便。

管理子系统使用色标来区分配线设备的性质、标识按性质排列的接线模块、标明端接区域、物理位置、编号、容量、规格等，以便维护人员在现场一目了然地加以识别。综合布线使用 3 种标记，即电缆标记、场标记和插入标记。电缆和光缆的两端应采用不易脱落和磨损的不干胶条标明相同的编号。

1. 管理子系统交接方案

管理子系统的交接方案有单点管理和双点管理两种。交接方案的选择与综合布线系统规模有直接关系，一般来说单点管理交接方案应用于综合布线系统规模较小的场合，而双点管理交接方案应用于综合布线系统规模较大的场所。

（1）单点管理交接方案，单点管理属于集中管理型，通常线路只在设备间进行跳线管理，其余地方不再进行跳线管理，线缆从设备间的线路管理区引出，直接连到工作区，或直接连至第 2 个接线交接区。

单点管理交接方案中管理器件设置于设备间内，由它来直接调度控制线路，实现对终端用户设备的变更调控。单点管理又可分为单点管理单交接和单点管理双交接两种方式。单点管理双交接方式中，第 2 个交接区可以放在楼层配线间或放在用户指定的墙壁上。

（2）双点管理交接方案，双点管理属于集中、分散管理型，除在设备间设置一个线路管理点外，在楼层配线间或二级交接间内还设置第二个线路管理点。这种交接方案比单点管理交接方案提供了更加灵活的线路管理功能，可以方便地对终端用户设备的变动进行线路调整。

一般在管理规模比较大，而且复杂又有二级交接间的场合，采用双点管理双交接方案。如果建筑物的综合布线规模比较大，而且结构也较复杂，还可以采用双点管理 3 交接，甚至采用双点管理 4 交接方式。综合布线中使用的电缆，一般不能超过 4 次连接。

2. 管理子系统标签编制

管理子系统是综合布线系统的线路管理区域，该区域往往安装了大量的线缆、管理器件及跳线，为了方便以后线路的管理工作，管理子系统的线缆、管理器件及跳线都必须做好标记，以标明位置、用途等信息。完整的标记应包含以下的信息；建筑物名称、位置、区号、起始点和功能。

综合布线系统一般常用 3 种标记，即电缆标记、场标记和插入标记。其中插入标记用途最广。

（1）电缆标记。电缆标记主要用来标明电缆来源和去处，在电缆连接设备前电缆的起始端和终端都应做好电缆标记。电缆标记由背面为不干胶的白色材料制成，可以直接贴到各种电缆表面上，其规格尺寸和形状根据需要而定。例如，一根电缆从三楼的 311 房的第 1 个计算机网络信息点拉至楼层管理间，则该电缆的两端应标记上“311-D1”的标记，其中“D”表示数据信息点。

（2）场标记。场标记又称为区域标记，一般用于设备间、配线间和二级交接间的管理器件之上，以区别管理器件连接线缆的区域范围。它也是由背面为不干胶的材料制成，可贴在设备醒目的平整表面上。

（3）插入标记。插入标记一般管理器件上，如 110 配线架、BIX 安装架等。插入标记是硬纸片，可以插在 1.27 cm × 20.32 cm 的透明塑料夹里，这些塑料夹可安装在两个 110 接线块或两根 BIX 条之间。每个插入标记都用色标来指明所连接电缆的源发地，这些电缆端接于设备间和配线间的管理场。通过不同色标可以很好地区别各个区域的电缆，方便管理子系统的线路管理工作。

7.7.6 建筑群子系统设计

建筑群子系统主要应用于多幢建筑物组成的建筑群综合布线场合，单幢建筑物的综合布线系统可以不考虑建筑群子系统。建筑群子系统的设计主要考虑布线路由选择、线缆选择、线缆布线方式等内容，

1. 建筑群子系统设计要求

（1）考虑环境美化要求。

建筑群主干布线子系统设计应充分考虑建筑群覆盖区域的整体环境美化要求，建筑群干线电缆尽量采用地下管道或电缆沟设方式。因客观原因选用了架空布线方式的，也要尽量选用原已架空布设的电话线或有线电视电缆的路由，干线电缆与这些电缆一起布设，以减少架空布设的电缆线路。

（2）考虑建筑群未来发展需要。

在线缆布线设计时，要充分考虑各建筑需要安装的信息点种类、信息点数量，选择相对应的干线电缆的类型以及电缆布设方式，使综合布线系统建成后，保持相对稳定，能满足今后一定时期内各种新的信息业务发展需要。

（3）线缆路由的选择。

考虑到节省投资，线缆路由应尽量选择距离短、线路平直的路由。但具体的路由还要根据建筑物之间的地开有或布设条件而定。在选择路由时，应考虑原有已布设的地下各种管道，线缆在管道内应与电力线缆分开布设，并保持一定间距。

（4）电缆引入要求。

建筑群干线电缆、光缆进入建筑物时，都要设置引入设备并在适当位置终端转换为室内电缆、光缆。引入设备应安装必要保护装置以达到防雷击和接地的要求。干线电缆引入

建筑物时，应以地下引入为主，如果采用架空方式，应尽量采取隐蔽方式引入。

（5）干线电缆、光缆交接要求。

建筑群的干线电缆、主干光缆布线的交接不应多于两次，从每幢建筑物的楼层配线架到建筑群设备间的配线架之间只应通过一个建筑物配线架。

2. 建筑群子系统线缆布线方案

建筑群子系统的线缆布设方式有 3 种，即架空布线法、直埋布线法和地下管道布线法，下面详细介绍这 3 种方法。

（1）架空布线法。

架空布线法通常应用于有现成电杆，对电缆的走线方式无特殊要求的场合。这种布线方式造价较低，但影响环境美观且安全性和灵活性不足。架空布线法要求用电杆将线缆在建筑物之间悬空架设，一般先架设钢丝绳，然后在钢丝绳上挂放线架。

架空电缆通常穿入建筑物外墙上的 U 形钢保护套，然后向下（或向上）延伸，从电缆孔进入建筑物内部。电缆入口的孔径一般为 5 cm。建筑物到最近处的电线杆相距应小于 30m。通信电缆与电力电缆之间的间距应遵守当地城管等部门的有关法律。

（2）直埋布线法。

直埋布线法是根据选定的布线路由在地面上挖沟，然后将线缆直接埋在沟内。直埋布线的电缆除了穿过基础墙的那部分电缆有管保护外，电缆的其余部分直埋于地下，没有保护。直埋电缆通常应埋在距地面 0.6 m 以下的地方，或按照当地城管等部门的有关法规去施工。如果在同一土沟内埋入了通信电缆和电力电缆，应设立明显的共同标志。

直埋布线法的路由选择受到土质、公用设施、天然障碍物（如木、石头）等因素的影响。直埋布线法具有较好的经济性和安全性，总体优于架空布线法，但更换和维护电缆不方便且成本较高。

（3）地下管道布线法。

地下管道布线是一种由管道和入孔组成的地下系统，它把建筑群的各个建筑物进行互联。一根或多根管道通过基础墙进入建筑物内部的结构。地下管道对电缆起到很好的保护作用，因此电缆受损坏的机会减少，而且不会影响建筑物的外观及内部结构。

管道埋设的深度一般在 0.8~1.2 m，或符合当地城管等部门有关法规规定的深度。为了方便日后的布线，管道安装时应预埋一根拉线，以供以后的布线使用。为了方便线缆的管理，地下管道应间隔 50~180 m 设立一个接合井，以方便人员维护。

7.8 综合布线系统计算机辅助设计软件

综合布线系统源于计算机技术和通信技术的发展，是建筑技术与信息技术相结合的产物，是计算机网络工程的基础。

网络技术的不断发展，对综合布线技术的要求也不断提升。传统的布线设计方法越来越力不从心，突出的缺点表现在：

（1）设计的图形与材料数据分离，文件数量多，没有层次的概念。

（2）设计人员难以根据方案路由图做出工程预算。

（3）不能给甲方提供一个管理综合布线以及网络的电子化平台，最终用户难以以此方案图作为日后维护管理在此综合布线系统上运行的网络依据。

（4）方案设计使用的计算机工作量大、软件工具多、难度大、需要较专业的人员。

一项理想的综合布线系统工程，在设计时要求系统中的图形和实际设备材料是一一对应的，数据资料完整、层次分明，而最终用户在管理综合布线计算机网络系统时除了要了解网络的动态性能之外，从管理和维护维修网络的角度出发，更应关心它的静态配置。如一个信息点所处的位置、连接的水平系统电缆的长度、连接到管理间配线架上的端口号、此线缆通道的性能报告等，还有网络工作站的网卡物理地址、IP 地址、连接的交换机、集线器的端口号、对应的配线架的端口号等，这些对维护管理一个网络是非常有用的资源。但上述要求在传统综合布线系统设计出的方案是达不到这一目的。为此提出一种崭新的综合布线系统计算机辅助设计的新思路，其要点如下：

（1）设计出的综合布线系统方案总要求层次分明、结构清晰、数据完整。

（2）在计算机辅助设计时将综合布线系统中所有部件统一管理归结为物件对象（Object），物件对象有两类，即节点（Node）和连线（Link）。

（3）每个物件对象要附带属性，且可自定义。

（4）整个布线系统方案做成一个工程项目（Project）文件。

（5）根据设计出的方案可以做出工程预算，可以指导实际施工，更便于用户日后管理维护整个计算机网络。

（6）辅助设计所用的软件工具要求简单、易学、好用。

美国 NETVIZ 软件公司的软件 NetViz 3.0 是一款全新的综合布线系统计算机辅助设计软件，较好地实现了上述新的设计思想。

该软件具体操作步骤大致如下：

（1）调查用户需求及投资承受能力，根据网络应用需求，确定综合布线系统类型。根据用户投资能力，确定工程分期进度，这一步和传统的设计方法一样。

（2）获取建筑群（建筑物）效果视图和楼层平面结构图，可能是纸介质的图纸，也可能是电子文档的 AutoCAD 文件。若是前者，则通过复印、扫描的形式将其转为电子图形文件，格式可为 BMP、WMF、JPG 等；若是后者，则可直接采用。

（3）获取设计中用到的物件对象图形，包括节点图形和连线图形，具体有各种规格的配线架、信息模块、水平系统线缆、垂直主干线缆、光纤线缆及接头、机架机柜等图形。其中综合布线系统中常用的图形在软件工具中已经拥有。特殊的图形还可以采用扫描、lnternet 下载方法得到。将所有物件对象图形组图形目录（catalog）。

（4）定义物件对象属性，包括节点属性和连线属性。定义物件属性的过程实际上是在架构材料的数据库结构，属性每一项及数据库记录的域。属性项目可由设计者定义，如信息模块可以定义所在的编号、楼层、房间号、对应配线架的端口号、用途、价格等；线缆可以定义它连接的模块编号、长度、连接的配线架的端口、每米单价等，有些属性项目的值是唯一的，则可直接在设计时就做好，如品牌、单价等。

（5）设计综合布线系统结构和布线路由图，采用树状结构思想，从上往下进行设计。

① 在建筑群的背景图上从图形目录中拖拽节点建筑物图形，最好是建筑物的效果图或建筑物照片，这样更形象，更能让客户接受。在其对应的数据库记录窗口中填入相应的数据、资料，如高楼、信息点数量等有关此楼的有用的属性资料。再从图形目录拖拽连线光纤图形，此种连线一旦和节点图形连上，节点就会感应到，因为节点是一种物件对象，而

且它们总是连在一起，除非人为将其分开，这和综合布线系统中的实际情况是一致的。再在光纤连线对应的数据库记录窗口中填入相应的数据、资料，如光纤类型、光纤长度、连接起点终点、接着类型等有关属性值。至于此建筑群图中建筑物数量、光纤的根数、长度已经自动统计出来。

② 在步骤①设计出的建筑群图中，建筑物类似 Internet 中的超文本链接图形节点，可以连到它的下一层次，即建筑物的楼层。

③ 将步骤②设计出的楼层进一步展开就可以设计综合布线系统中的水平子系统部分，首先加入作为背景的楼层平面图，在楼层平面图上从图形目录拖动信息模块物件图形以及楼层管理间图形，放在相应的位置。在模块对应的数据库记录窗口中填入相应的数据、资料，如模块编号、所在楼层、房间号、对应配线架的端口号、用途、价格等；再从图形目录中选择代表双绞线图形，连接信息模块至管理间，同样信息模块和管理间会感应到双绞线的存在。双绞线路由走向可以由设计者轻松改变。而此条双绞线的数据、资料可以从其对应的数据库记录窗口中填入。需要特别注意的是作为背景的楼层平面图是可以更换的，是一种 Layer 的思想，这就非常方便做出不同的楼层的水平子系统路由图和材料清单。

④ 进一步设计可以将管理间作为节点再展开，里面有配线架和来自水平系统的线缆一侧，以及可以知道但看不到的水平子系统另一侧连着的信息模块、特别是此设计工具对连线具有继承（Propagation）的功能，可以使设计步骤中双绞线继承功能起作用，这样便自动在管理间中产生双绞线和连着双绞线一侧的信息模块的镜像图形，但不作为材料清单进行统计，只是表明一种连接的存在。

通过上述这种局部不断细化的方法，就可以做出整个综合布线系统所需的各种图纸和施工材料清单统计。不论何种规模的工程，它最终都汇总为一个文件，即工程项目特别注意的是工程全部材料明细清单的每一项和图形是一一对应的，不会出现任何偏差。而材料的数量以及所在的位置等施工方和最终客户关心的资源都会自动统计和显示出来。

当然在此综合布线系统图形文件基础上只需将网络设备图形作为节点，而跳线作为连线，配合填入其相应的数据库记录，用户网络静态资源管理也是非常容易的事情。

（6）根据设计出的图纸和材料清单就可以组织实施和管理布线工程。

（7）甲乙方以及监理方对工程进行测试验收及竣工文档递交。此时递交的竣工文档可以是一种电子的文档，即工程项目文件。

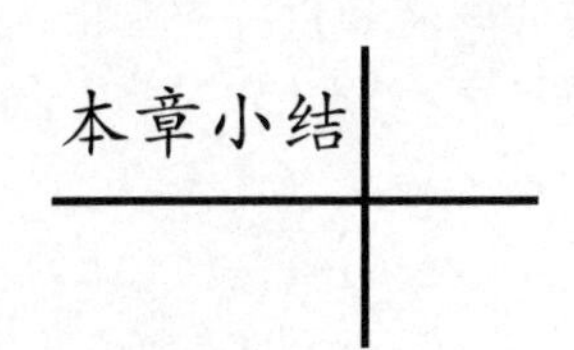

综合布线系统的设计是一项系统工程。设计人员必须熟悉相关的设计标准及流程，认真做好用户需求分析，才能设计出行之有效的方案以及施工图纸。在方案设计中，重点针对工作区子系统、水平子系统、干线子系统、设备间子系统、管理子系统、建筑群子系统 6 个子系统进行设计。设计人员应熟练使用计算机辅助设计软件。

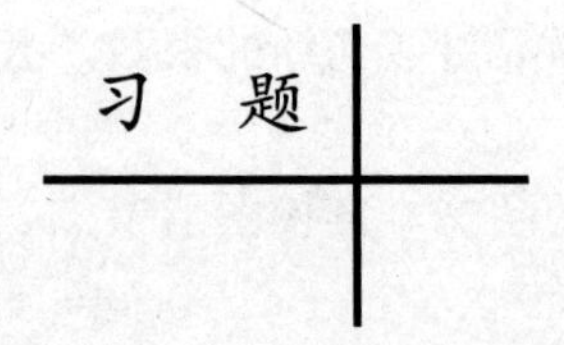

1．简述 EIA/TIA 568 标准。

2．尝试利用万用表测量直通双绞线和交叉双绞线。

3．简述水平子系统设计的要点。

4．简要说明综合布线系统中选择屏蔽系统与非屏蔽系统的理由。

5．简述设备间设计要求注意的问题。

8 综合布线施工

综合布线工程施工是实施布线设计方案，完成网络布线的关键环节，是每一位从事综合布线技术人员必须具备的技能。良好的综合布线设计有利于良好的综合布线施工的实施，反过来也只有做好施工环节才能更好地体现出设计的优良。为了保证布线施工的顺利进行。在工程开工前必须明确施工的要求，并切实做好各项施工准备工作。

8.1 综合布线工程安装施工的要求和准备

8.1.1 综合布线工程安装施工的要求

综合布线工程的组织管理工作主要分为 3 个阶段，即工程实施前的准备工作、施工过程中组织管理工作、工程竣工验收工作。要确保综合布线工程的质量就必须在这 3 个阶段中认真按照工程规范的要求进行工程组织管理工作。

综合布线系统设施及管线的建设，应纳入建筑与建筑群相应的规划设计之中。工程设计时，应根据工程项目的性质、功能、环境条件和近、远期用户需求进行设计，并应考虑施工和维护方便，确保综合布线系统工程的质量和安全，做到技术先进、经济合理。

综合布线系统应与信息设计系统、信息化应用系统、公共安全系统、建筑设备管理系统等统筹规划，相互协调，并按照各系统信息的传输要求优化设计。

综合布线系统作为建筑物的公用通信配套设施，在工程设计中应满足为多家电信业务经营者提供业务的需求。

综合布线系统的设备应选用经过国家认可的产品质量检验机构鉴定合格的，符合国家有关技术标准的定型产品。

综合布线系统的工程设计，除应符合规范外，还应符合国家现行有关标准的规定。

8.1.2 综合布线工程安装施工前的准备

施工前的准备工作主要包括技术准备、施工前的环境检查、施工前设备器材及施工工具检查、施工组织准备等环节。

1. 技术准备工作

（1）熟悉综合布线系统工程设计、施工、验收的规范要求，掌握综合布线各子系统的施工技术以及整个工程的施工组织技术。

（2）熟悉和会审施工图纸。施工图纸是工程人员施工的依据，因此作为施工人员必须认真读懂施工图纸、理解图纸设计的内容，掌握设计人员的设计思想。只有对施工图纸了如指掌后，才能明确工程的施工要求，明确工程所需的设备和材料，明确与土建工程及其他安装工程的交叉配合情况，确保施工过程不破坏建筑物的外观，不与其他安装工程发生冲突。

（3）熟悉与工程有关的技术资料，如厂家提供的说明书和产品测试报告、技术规程、质量验收评定标准等内容。

（4）技术交底。技术交底工作主要由设计单位的设计人员和工程安装承包单位的项目技术负责人一起进行的。技术交底的主要内容包括设计要求和施工组织设计中的有关要求：

① 工程使用的材料、设备性能参数；② 工程施工条件、施工顺序、施工方法；③ 施工中采用的新技术、新设备、新材料的性能和操作使用方法；④ 预埋部件注意事项；⑤ 工程质量标准和验收评定标准；⑥ 施工中安全注意事项。

技术交底的方式有书面技术交底、会议交底、设计交底、施工组织设计交底、口头交底等形式。表 8-1 为技术交底常用的表格。

表 8-1 技术交底参考表格

施工技术交底 年 月 日

工程名称	工程项目
内 容：	

工程技术负责人： 施工班组：

（5）编制施工方案。在全面熟悉施工图纸的基础上，依据图纸并根据施工现场情况，技术力量及技术准备情况，综合做出合理的施工方案。

（6）编制工程预算。工程预算具体包括工程材料清单和施工预算。

2. 施工前的环境检查

在工程施工开始以前应对楼层配线间、二级交接间、设备间的建筑和环境条件进行检查，具备下列条件方可开工。

（1）楼层配线间、二级交接间、设备间、工作区土建工程已全部竣工。房屋地面平整、光洁，门的高度和宽度应不妨碍设备和器材的搬运，门锁和钥匙齐全。

（2）房屋预留地槽、暗管、孔洞的位置、数量、尺寸均应符合设计要求。

（3）对设备间布设活动地板应专门检查，地板板块布设必须严密坚固。每平方米水平允许偏差不应大于 2 mm，地板支柱牢固，活动地板防静电措施的接地应符合设计和产品说明要求。

（4）楼层配线间、二级交接间、设备间应提供可靠的电源和接地装置。

（5）楼层配线间、二级交接间、设备间的面积，环境温湿度、照明、防火等均应符合设计要求和相关规定。

3. 施工前的器材检查

工程施工前应认真对施工器材进行检查，经检验的器材应做好记录，对不合格的器材应单独存放，以备检查和处理。

（1）型材、管材与铁件的检查要求。

① 各种型材的材质、规格，型号应符合设计文件的规定，表面应光滑、平整，不得变形、断裂。预埋金属线槽、过线盒、接线盒及桥架表面涂覆或镀层均匀、完整，不得变形、损坏。

② 管材采用钢管、硬质聚氯乙烯管时，其管身应光滑、无伤痕、管孔无变形，孔径、壁厚应符合设计要求。

③ 管道采用水泥管道时，应按通信管道工程施工及验收中相关规定进行检验。

④ 各种铁件的材质、规格均应符合质量标准，不得有歪斜、扭曲、飞刺、断裂或破损。

⑤ 铁件的表面处理和镀层应均匀、完整，表面光洁，无脱落、无泡等缺陷。

（2）电缆和光缆的检查要求。

① 工程中所用的电缆、光缆的规格和型号应符合设计的规定。

② 每箱电缆或每圈光缆的型号和长度应与出厂质量合格证内容一致。

③ 缆线的外护套应完整无损，芯线无断线和混线，并应有明显的色标。

④ 电缆外套具有阻燃特性的，应取一小截电缆进行燃烧测试。

⑤ 对进入施工现场的线缆应进行性能抽测。抽测方法可以采用随机方式抽出某一段电缆（最好是 100 m），然后使用测线仪器进行各项参数的测试，以检验该电缆是否符合工程所要求的性能指标。

（3）配线设备的检查要求。

① 检查机柜或机架上的各种零件是否脱落或碰坏，表面如有脱落应予以补漆。各种零件应完整、清晰。

② 检查各种配线设备的型号，规格是否符合设计要求。各类标志是否统一、清晰。

③ 检查各配线设备的部件是否完整，是否安装到位。

8.2 施工阶段各个环节的技术要求

工程实施过程中要求注意以下问题。

（1）施工督导人员要认真负责，及时处理施工进程中出现的各种情况，协调处理各方意见。

（2）如果现场施工碰到不可预见的问题，应及时向工程单位汇报，并提出解决办法供工程单位当场研究解决，以免影响工程进度。

（3）对工程单位计划不周的问题，在施工过程中发现后应及时与工程单位协商，及时妥善解决。

（4）对工程单位提出新增加的信息点，要履行确认手续并及时在施工图中反映出来。

（5）对部分场地或工段要及时进行阶段检查验收，确保工程质量。

（6）制订工程进度表。为了确保工程能按进度推进，必须认真做好工程的组织管理工作，保证每项工作能按时间表及时完成，建议使用督导指有任务表、工作间施工表等工程管理表格，督导人员依据这些表格对工程进行监督管理。

8.2.1 工作区子系统

工作区信息插座的安装规定：

（1）安装在地面上的接线盒应防水和抗压。

（2）工作区的电源插座应选用带保护接地的单相电源插座，保护接地与零线应严格分开。

8.2.2 配线子系统

配线子系统电缆宜穿管或沿金属电缆桥架布设，当电缆在地板下布放时，应根据环境条件选用地板下线槽布线、网络地板布线、高架（活动）地板布线、地板下管道布线等安装方式。

配线子系统在施工时要注意下列要点。

（1）在墙上标记好配线架安装的水平和垂直位置。

（2）根据所用配线系统不同，沿垂直或水平方向安装线缆管理槽和配线架并用螺丝固定在墙上。

（3）每 6 根 4 对电缆为一组捆扎好，然后布放到配线架内。注意线缆不要绑扎太紧，要让电缆能自由移动。

（4）确定线缆安装在配线架上各接线块的位置，用笔在胶条上做标记。

（5）根据线缆的编号，按顺序整理线缆以靠近配线架的对应接线块位置。

（6）按线缆的编号顺序剥除线缆的外皮。

（7）按照规定的线序将线对逐一压入连接块的槽位内。

（8）使用专用的压线工具，将线对冲压入线槽内，确保将每个线对可靠地压入槽内。注意在冲压线对之前，重新检查对线的排列顺序是否符合要求。

（9）在配线架上下两槽位之间安装胶条及标签。

8.2.3 干线子系统

干线子系统垂直通道有电缆孔、管道、电缆竖井 3 种方式可供选择、宜采用电缆竖井方式。水平通道可选择预埋暗管或电缆桥架方式。

干线系统线缆施工过程，要注意遵守以下规范要求。

（1）采用金属桥架或槽道布设主干线缆，以提供线缆的支撑和保护功能，金属桥架或槽道要与接地装置可靠连接。

（2）在智能建筑中有多个系统综合布线时，要注意各系统使用的线缆的布设间距要符合规范要求。

（3）在线缆布放过程中，线缆不应产生扭绞或打圈等有可能影响线缆本身质量的现象。

（4）线缆布放后，应平直处于安全稳定的状态，不应受到外界的挤压或遭受损伤而产生故障。

（5）在线缆布放过程中，布放线缆的牵引力不宜过大，应小于线缆允许的拉力的80%，在牵引过程中要防止线缆被拖、蹭、磨等损伤。

（6）主干线缆一般较长，在布放线缆时可以考虑使用机械装置辅助人工进行牵引，在牵引过程中各楼层的人员要同步牵引，不要用力拽拉线缆。

8.2.4 设备间子系统

EIA/EIA-569标准规定了设备间的设备布线。它是布线系统中最主要的管理区域，所有楼层的资料都由电缆或光纤电缆传送至此。通常，此系统安装在计算机系统、网络系统和程控机系统的主机房内。

设备间是在每一幢大楼的适当地点设置进线设备，进行网络管理及管理人员值班的场所。设备间子系统应由综合布线系统的建筑物进线设备、电话、数据、计算机等各种主机设备及其保安配线设备等组成。

设备间内的所有进线终端设备应采用色标区别各类用途的配线区。设备间的位置及大小应根据设备的数量、规模、最佳网络中心等内容综合考虑确定。

8.2.5 管理子系统

管理应对设备间、交接间和工作区的配线设备、缆线、信息插座等设备，按一定的模式进行标识和记录，并且符合下列规定。

（1）规模较大的综合布线系统宜采用计算机进行管理，简单的综合布线系统宜按图纸资料进行管理，并应做到记录准确、及时更新、便于查阅。

（2）综合布线的每条电缆、光缆、配线设备、端接点、安装通道和安装空间均应给定唯一的标志。标志中可包括名称、颜色、编号、字符串或其他组合。

（3）配线设备、缆线、信息插座等硬件均应设置不易脱落和磨损的标识，并应有详细的书面记录和图纸资料。

（4）电缆和光缆的两端均应标明相同的编号。

（5）设备间、交换间的配线设备宜采用统一的色标区别各类用途的配线区。

（6）配线机架应留出适当的空间，供未来扩充之用。

8.2.6 建筑群子系统

（1）建筑群子系统由连接各建筑物之间的综合布线缆线、建筑群配线设备（CD）和跳线等组成。

（2）建筑物之间的缆线宜采用地下管道或电缆沟的布设方式，并应符合相关规范的规定。

（3）建筑物群干线电缆、光缆、公司网和专用网电缆、光缆（包括天线馈线）进入建筑物时，都应设置引入设备，并在适当位置终端转换为室内电缆、光缆。引入设备还包括必要的保护装置。引入设备宜单独设置房间，如条件合适也可与BD或CD合设。引入设备的安装应符合相关规定。

（4）建筑群和建筑物的干线电缆、主干光缆布线的交接不应多于两次。从楼层配线架（FD）到建筑群配线架（CD）之间只应通过一个建筑物配线架（BD）。

8.3　弱电沟与线槽

在智能建筑内的综合布线系统经常利用暗敷管路或桥架和槽道进行线缆布设，它们对综合布线系统的线缆起到很好的支撑和保护的作用。在综合布线工程施工中管路和槽道的安装是一项重要工作。

8.3.1　弱电沟

（1）确定开沟路线时应依据以下原则：

① 路线最短原则。

② 不破坏原有强电原则。

③ 不破坏防水原则。

（2）确定开沟宽度，根据信号线的多少确定 PVC 管的多少，进而确定槽的宽度。

（3）确定开沟深度，若选用 16 mm 的 PVC 管，则开槽深度为 20 mm；若选用 20 mm 的 PVC 管，则开槽深度为 25 mm。

（4）弱电沟外观要求，横平竖直，大小均匀。

（5）弱电沟的测量，暗盒、弱电沟独立计算，所有按弱电沟起点到弱电沟终点测量，弱电沟如果放两根以上的管，应按两倍以上来计算长度。

8.3.2　线槽

1. 常用的线槽

根据综合布线施工的场合可以选用不同类型和规格的线槽。下面简要地介绍施工中常用的线槽。

（1）明敷管路。

旧建筑物的布线施工常使用明敷管路，新的建筑物应少用或尽量不用明敷管路。在综合布线系统中明敷管路常见的有钢管，PVC 线槽、PVC 管等。钢管具有机械强度高、密封性能好、抗弯、抗压和抗拉能力强等特点，尤其是有屏蔽电磁干扰的作用，管材可根据现场需要任意截锯勒弯，施工安装方便。但是它存在材质较重、价格高且易腐蚀等缺点。PVC 线槽和 PVC 管具有材质较轻、安装方便、抗腐蚀、价格低等特点，因此在一些造价较低、要求不高的综合布线场所需要使用 PVC 线槽和 PVC 管。

在潮湿场所中明敷的钢管应采用管壁厚度大于 2.5 mm 以上的厚壁钢管，在干燥场所中明敷的钢管，可采用管壁厚度为 1.6~2.5 mm 的薄壁钢管。使用镀锌钢管时，必须检查管身的镀锌层是否完整，如有镀锌层剥落或有锈蚀的地方应刷防锈漆或采用其他防锈措施。

PVC 线槽和 PVC 管有多种规格，具体要根据布设的线缆容量来选定规格，常见的有 25 mm×25 mm、25 mm×50 mm、50 mm×50 mm、100 mm×100 mm 等规格的 PVC 线槽，10 mm、

15 mm、20 mm、100 mm 等规格的 PVC 管。PVC 线槽除了直通的线槽外，还要考虑选用足够数量的弯角、三通等辅材。PVC 管则要考虑选用足够的管卡，以固定 PVC 管。

（2）暗敷管路。

新建的智能建筑物内一般都采用暗敷管路来布设线缆。在建筑物土建施工时，一般同时预埋暗敷管路，因此在设计建筑物时就应同时考虑暗敷管路的设计内容。暗敷管路是水平子系统中经常使用的支撑保护方式之一。

暗敷管路常见的有钢管和硬质的 PVC 管。常见敷管的内径为 15.8 mm、27 mm、41 mm、43 mm、68 mm 等。

（3）桥架和槽道。

生产桥架和槽道的厂家很多，目前桥架和槽道的规格标准尚未制定。桥架和槽道产品的长度、宽度和高度等规格尺寸均按厂家规定的标准生产，如直线段长度为 2 m、3 m、4 m、6 m，转弯角度都为 30°、45°、60°、90°。

在新建的智能建筑中安装槽道时，要根据施工现场的具体尺寸，进行切割锯裁后加工组装，因而安装施工费时费力，不易达到美观要求。尤其是在已建的建筑物中施工更加困难。为此，最好在订购桥架和槽道时，由生产厂家做好售前服务，到现场根据实地测定桥架和槽道的各段尺寸和转弯角度等，尤其是梁、柱等突出部位。根据实际安装的槽道规格尺寸和外观色彩，进行生产（包括槽道、桥架和有关附件及连接件）。在安装施工时，只需按照组装图纸顺序施工，做到对号入座，这样既便于施工，又达到美观要求，且节省材料和降低工程造价。

2. 管路和桥架及槽道的安装要求

（1）管路的安装要求。

① 预埋暗敷管路应采用直线管道为好，尽量不采用弯曲管道，直线管道超过 30m 再需延长距离时，应置暗线箱等装置。

② 暗敷管路如必须转弯时，其转弯角度应大于 90°。暗敷管路曲率半径不应小于该管路外径的 6 倍。要求每根暗敷管路在整个路由上需要转弯的次数不得多于两个，暗敷管路的弯曲处不应有折皱、凹穴和裂缝。

③ 明敷管路应排列整齐、横平竖直，且要求管路每个固定点（或支撑点）的间隔均匀。

④ 要求在管路中放有牵引线或拉绳，以便牵引线缆。

⑤ 在管路的两端应设有标志，其内容包含序号、长度等，应与所布设的线缆对应，以使布线施工中不容易发生错误。

（2）桥架及槽道的安装要求。

① 桥架及槽道的安装位置应符合施工图规定，左右偏差不应超过 50 mm。

② 桥架及槽道水平度每平米偏差不应超过 2 mm。

③ 垂直桥架及槽道应与地面保持垂直，并无倾斜现象，垂直度偏差不应超过 3 mm。

④ 两槽道拼接处水平偏差不应超过 2 mm。

⑤ 线槽转变半径不应小于其槽内的线缆最小允许弯曲半径的最大值。

⑥ 吊顶安装应保持垂直，整齐牢固，无歪斜现象。

⑦ 金属桥架及槽道节与节间应接触良好，安装牢固。

⑧ 管道内应无阻挡，道口应无毛刺，并安置牵引线或拉线。

⑨ 为了实现良好的屏蔽效果，金属桥架和槽道接地体应符合设计要求，并保持良好的

电气连接。

管内穿放大对数电缆时，直线管路的管径利用率为50%~60%，弯管路的管径利用率应为40%~50%。管内穿放4对双绞电缆时，截面利用率应为25%~30%。线槽的截面利用率不应超过50%。

8.4 电缆施工技术

8.4.1 电缆的布设方法

1. 线缆牵引技术

在线缆布设之前，建筑物内的各种暗敷的管路和槽道已安装完成，因此线缆要布设在管路或槽道内就必须使用线缆牵引技术。为了方便线缆牵引，在安装各种管路或槽道时已内置了一根拉绳（一般为钢绳），使用拉绳可以方便地将线缆从管道的一端牵引到另一端。

根据施工过程中布设的电缆类型，可以使用三种牵引技术，即牵引4对双绞线电缆、牵引单根25对双绞线电缆、牵引多根25对或更多对线电缆。

（1）牵引4对双绞线电缆，主要方法是使用电工胶布将多根双绞线电缆与拉绳绑紧，使用拉绳均匀用力缓慢牵引电缆。具体操作步骤如下：

① 将多根双绞线电缆的末端缠绕在电工胶布上，如图8-1所示。

② 在电缆缠绕端绑扎好拉绳，然后牵引拉绳，如图8-2所示。

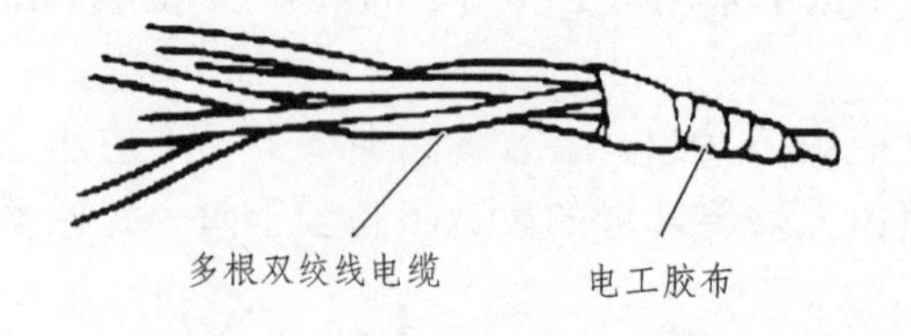

图8-1 用电工胶布缠绕多根双绞线电缆的末端

拉绳扎好后，打上结

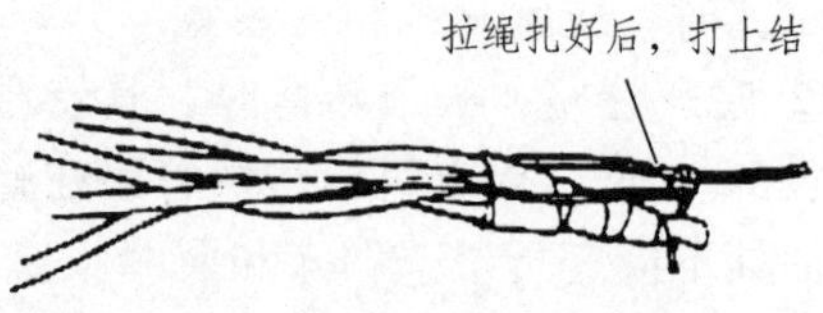

图8-2 将双绞线电缆与拉绳绑扎固定

4对双绞线电缆的另一种牵引方法也是经常使用的，具体步骤如下：

① 剥除双绞线电缆的外表皮，并整理为两扎裸露金属导线，如图8-3所示。

② 将金属导体编织成一个环，拉绳绑扎在金属环上，然后牵引拉绳，如图8-4所示。

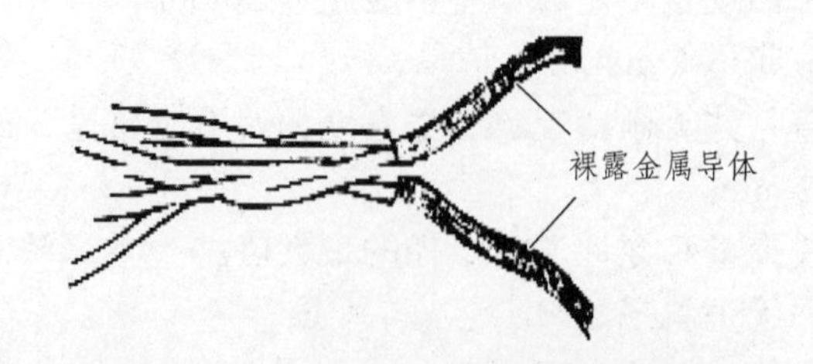

图8-3 剥除双绞线电缆的外表皮得到裸露金属导线

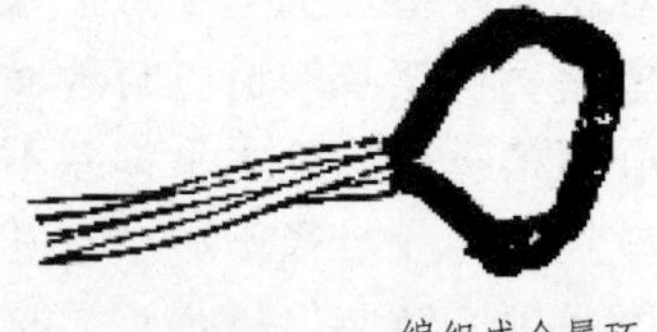

图8-4 编织成金属环以供拉绳牵引

（2）牵引单根25对双绞线电缆，主要方法是将电缆末端编制成一个环，然后绑扎好拉绳后，牵引电缆，具体的操作步骤如下所示。

① 将电缆末端与电缆自身打结成一个闭合的环，如图 8-5 所示。

② 用电工胶布加固，以形成一个坚固的环，如图 8-6 所示。

③ 在缆环上固定好拉绳，用拉绳牵引电缆，如图 8-7 所示。

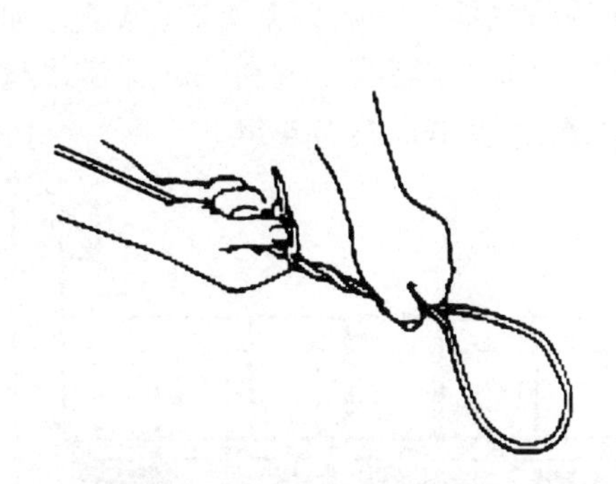

图 8-5 电缆末端与电缆自身打结成一个闭合的环

用电工胶布将
缠绕部分绑好

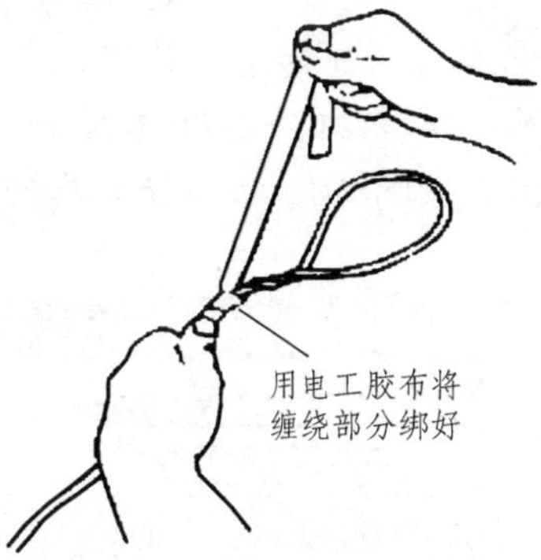

图 8-6 用电工胶布加固形成一个坚固的环

（3）牵引多根 25 对双绞线电缆或更多线对的电缆、主要操作方法是将线缆外表皮剥除后，将线缆末端与拉绳绞合固定，然后通过拉绳牵引电缆，具体操作步骤如下：

① 将线缆外表皮剥除后，将线对均匀分为两组线缆，如图 8-8 所示。

② 将两组线缆交叉地穿过接线环，如图 8-9 所示。

③ 将两组线缆缠纽在自身电缆上，加固与接线环的连接，如图 8-10 所示。

④ 在线缆缠纽部分紧密缠绕多层电工胶布，以进一步加固电缆与接线环的连接，如图 8-11 所示。

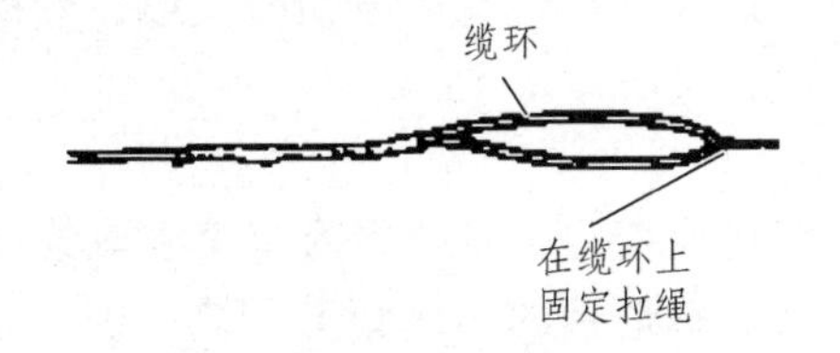

图 8-7 在缆环上固定好拉绳

图 8-8 将线缆外表皮剥除并均匀分为两组线缆

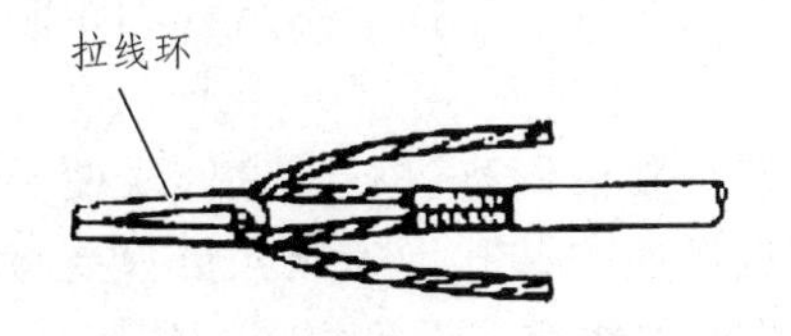

图 8-9 将两组线缆交叉地穿过接线环

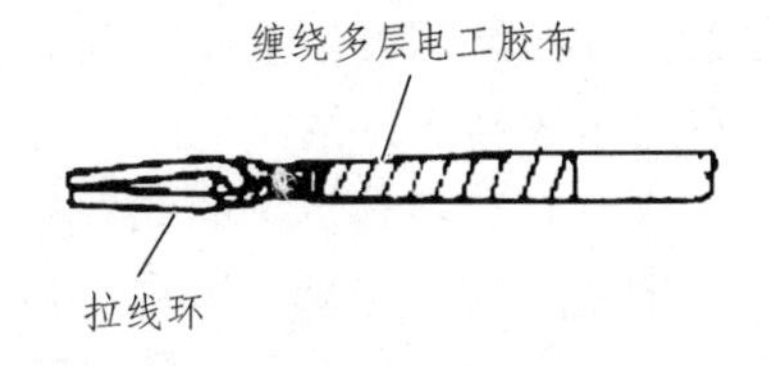

图 8-10 线缆缠纽在自身电缆上

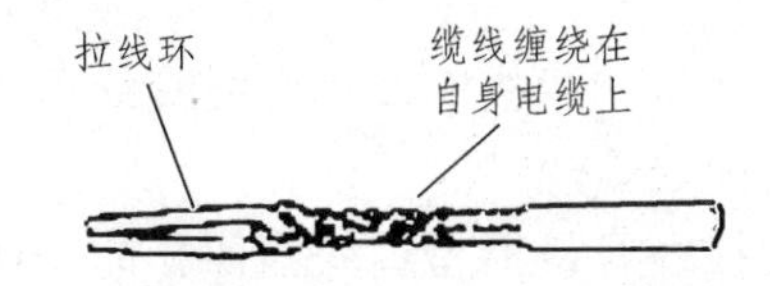

图 8-11 线缆缠纽部分紧密缠绕多层电工胶布

2. 水平布线技术

（1）确定布线路由。

① 沿着所设计的布线路由、打开天花板吊顶，用双手推开每块镶板，如图 8-12 所示。楼层布线的信息点较多的情况下，多根水平线缆会较重，为了减轻线缆对天花板吊顶的压力，可使用 J 形钩、吊索及其他支撑物来支撑线缆；

② 例如，一楼层内共有 12 个房间，每个房间的信息插座安装两条 UTP 电缆，则共需要一次性布设 24 条 UTP 电缆。为了提高布线效率，可将 24 箱线缆放在一起并使线缆接管嘴向上，如图 8-13 所示分组堆放在一起，每组有 6 个线缆箱，共有 4 组。

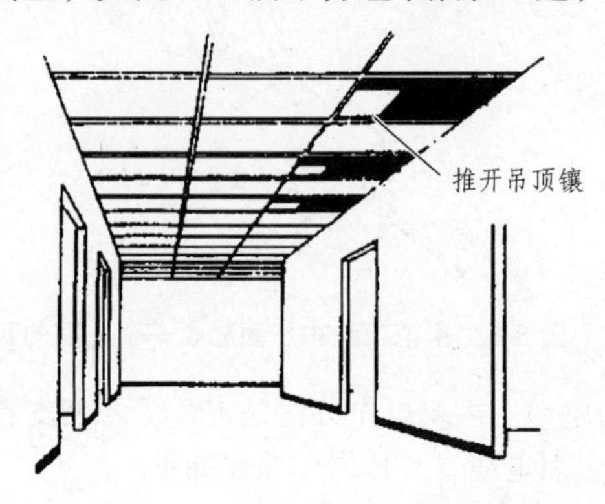

图 8-12 打开天花板吊顶的镶板

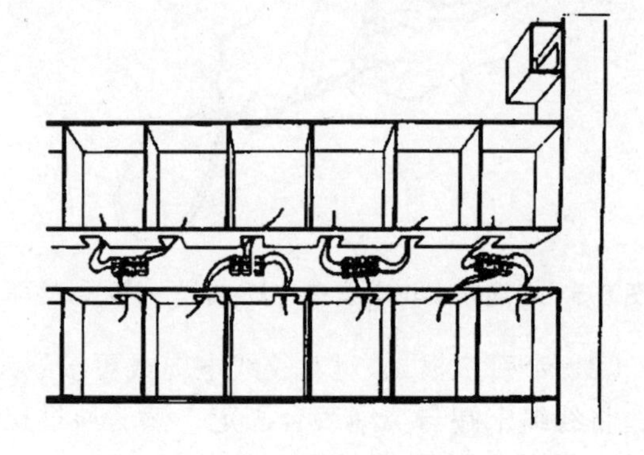

图 8-13 分组堆放线缆箱

③ 为了方便区分电缆，在电缆的末端应贴上标签以注明来源地，在对应的线缆箱上也写上相同的标注。

④ 在离楼层管理间最远的一端开始，拉到管理间。

⑤ 电缆从信息插座布放到管理间并预留足够的长度后，从线缆箱一端切断电缆，然后在电缆末端上贴上标签并标注上与线缆箱相同的标注信息。

（2）暗道布线。

暗道布线方式是在建筑物浇筑混凝土时把管道预埋在地板内，管道内附有牵引电缆线的钢丝或铁丝。施工人员只需根据建筑物的管道图纸来了解地板的布线管道系统，确定布线路由，就可以确定布线施工的方案。

对于老的建筑物或没有预埋管道的新的建筑物，要向用户单位索要建筑的图纸，并到要布线的建筑物现场，查清建筑物内水、电、气管路的布局和走向，然后详细绘制布线图纸，确定布线施工方案。

对于没有预埋管道的新建筑物，施工可以与建筑物装修同步进行，这样既便于布线，又不影响建筑物的美观。管道一般从配线间埋到信息插座安装孔。安装人员只要将线缆固定在信息插座的拉线端，从管道的另一端牵引拉线就可将线缆布设到楼层配线间。

（3）墙壁线槽布线。

① 确定布线路由。

② 沿着布线路由方向安装线槽，线槽安装要讲究直线美观。

③ 线槽每隔 50 cm 要安装固定螺丝钉。

④ 布放线缆时，线槽内的线缆容量不超过线槽面积的 70%。

⑤ 布放线缆的同时盖上线槽的塑料槽盖。

3. 主干线缆布线技术

干线电缆提供了从设备间到每个楼层的水平子系统之间信号传输的通道，主干电缆通常安装在竖井通道中。在竖井中布设干线电缆一般有两种方式：向下垂放电缆和向上牵引电缆。相比而言，向下垂放电缆比向上牵引电缆要容易些。

（1）向下垂放电缆。如果干线电缆经由垂直孔洞向下垂直布放，则具体操作步骤如下：

① 首先把线缆卷轴搬放到建筑物的最高层。

② 在离楼层的垂直孔洞处 3 ~ 4 m 处安装好线缆卷轴，并从卷轴顶部馈线。

③ 在线缆卷轴处安排所需的布线施工人员，每层上要安排一个工人以便引寻下垂的线缆。

④ 开始旋转卷轴，将线缆从卷轴上拉出。

⑤ 将拉出的线缆引导进竖井中的孔洞。在此之前先在孔洞中安放一个塑料的套状保护物，以防止孔洞不光滑的边缘擦破线缆的外皮，如图 8-14 所示。

⑥ 慢慢地从卷轴上放缆并进入孔洞向下垂放，注意不要快速地放缆。

⑦ 继续向下垂放线缆，直到下一层布线工人能将线缆引到下一个孔洞。

⑧ 按前面的步骤，继续慢慢地向下垂放线缆，并将线缆引入各层的孔洞。

如果干线电缆经由一个大孔垂直向下布设，就无法使用塑料保护套，最好使用一个滑车轮，通过它来下垂布线，具体操作如下：

① 在大孔的中心上方安装上一个滑轮车，如图 8-15 所示。

② 将线缆从卷轴拉出并绕在滑轮车上。

③ 按上面所介绍的方法牵引线缆穿过每层的大孔，当线缆到达目的地时，把每层上的线缆绕成卷放在架子上固定起来，等待以后的端接。

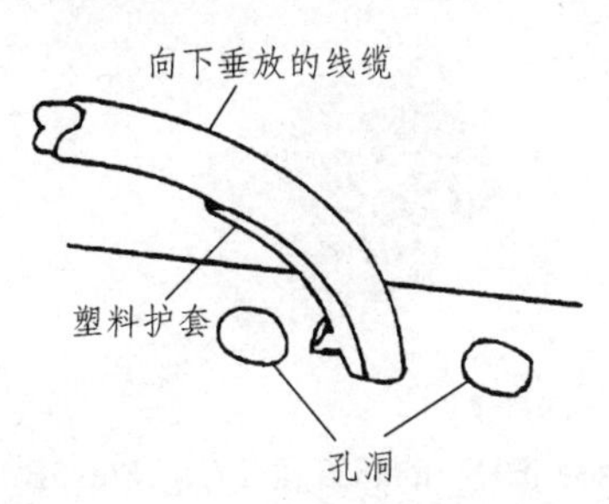

图 8-14 在孔洞中安放塑料的套状保护物

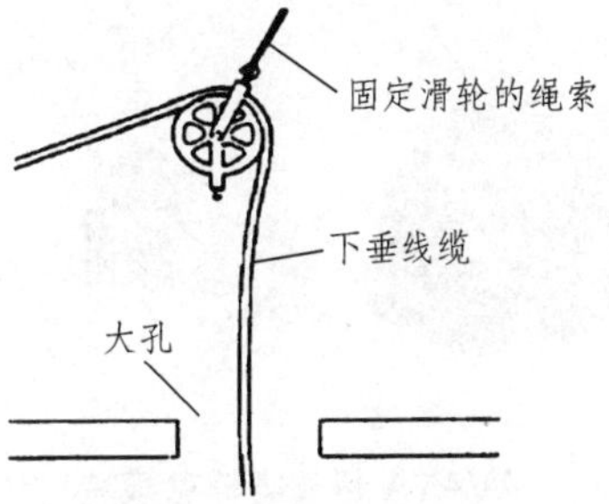

图 8-15 在大孔的中心上方安装上滑轮车

（2）向上牵引电缆。向上牵引线缆可借用电动牵引绞车将干线电缆从底层向上牵引到顶层，如图 8-16 所示。具体的操作步骤如下：

① 先往绞车上穿一条拉绳。

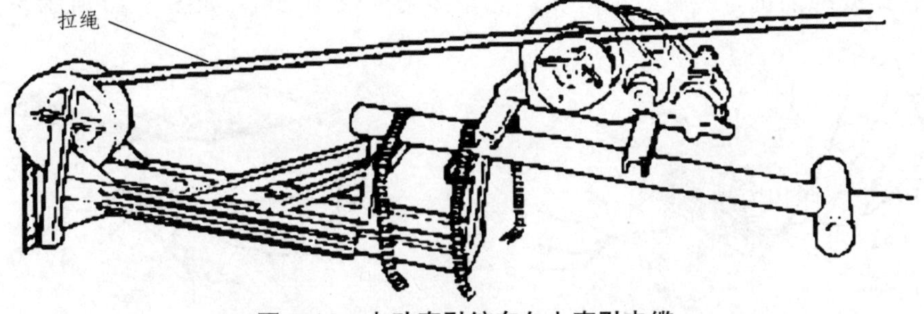

图 8-16 电动牵引绞车向上牵引电缆

② 启动绞车，并往下垂放一条拉绳，拉绳向下垂放直到安放线缆的底层。

③ 将线缆与拉绳牢固地绑扎在一起。

④ 启动绞车，慢慢地将线缆通过各层的孔洞向上牵引。

⑤ 线缆的末端到达顶层时，停止绞车。

⑥ 在地板孔边沿上用夹具将线缆固定好。

⑦ 当所有连接制作好之后，从绞车上释放线缆的末端。

8.4.2 线缆的终端和连接

线缆的连接离不开信息模块，它是信息插座的主要组成部件，它提供了与各种终端设备连接的接口。连接终端设备类型不同，安装的信息模块的类型也不同。在这里主要介绍常用的连接计算机的信息模块。

1. 信息模块简介

连接计算机的信息模块根据传输性能的要求，可以分为五类、超五类、六类信息模块。各厂家生产的信息模块的结构有一定的差异性，但功能及端接方法是相类似的。如图 8-17 所示为 AVAYA 超五类信息模块，压接模块时可根据色标按顺序压放 8 根导线到模块槽位内，然后使用槽帽压接进行加固。这种模块压接方法简单直观且效率高。

图 8-18 所示为 IBDN 的超五类（GigaFlex5E）模块，它是一种新型的压接式模块，具有良好的可靠性和优良传输性能。

图 8-17 AVAYA 超五类信息模块

图 8-18 所示为 IBDN 的超五类（GigaFlex5E）模块

2. 信息模块端接技术要点

各厂家的信息模块结构有所差异，因此具体的模块压接方法各不相同，下面介绍 IBDN GigaFlex 模块压接的具体操作步骤。

（1）使用剥线工具，在距线缆末端 5 cm 处剥除线缆的外皮，如图 8-19 所示。

（2）使用线缆的抗拉线将线缆外皮剥除至线缆末端 10 cm，如图 8-20 所示。

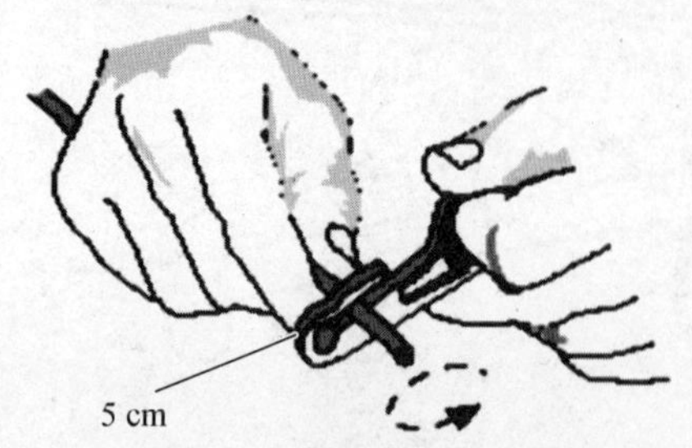

图 8-19 剥除线缆的外皮

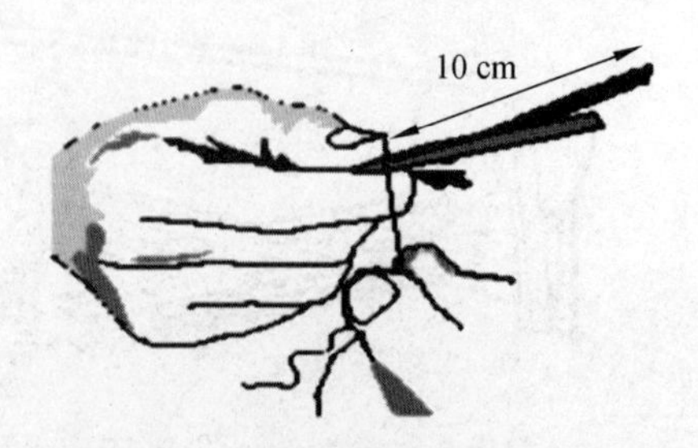

图 8-20 剥除线缆至末端 10cm 处

（3）剪除线缆的外皮及抗拉线，如图 8-21 所示。

（4）按色标顺序将 4 个线对分别插入模块的槽帽内，如图 8-22 所示。

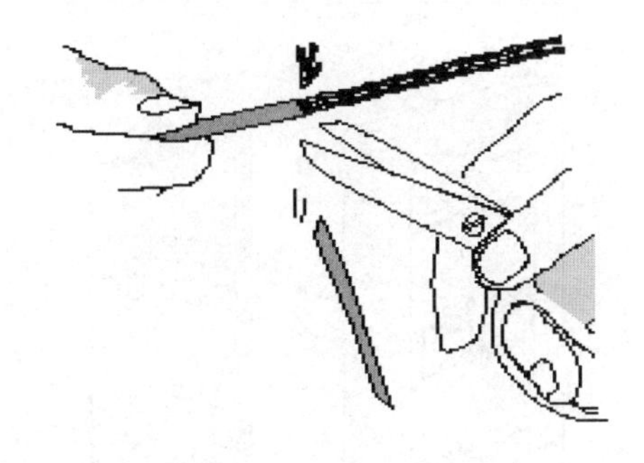

图 8-21 剪除线缆的外皮及抗拉线

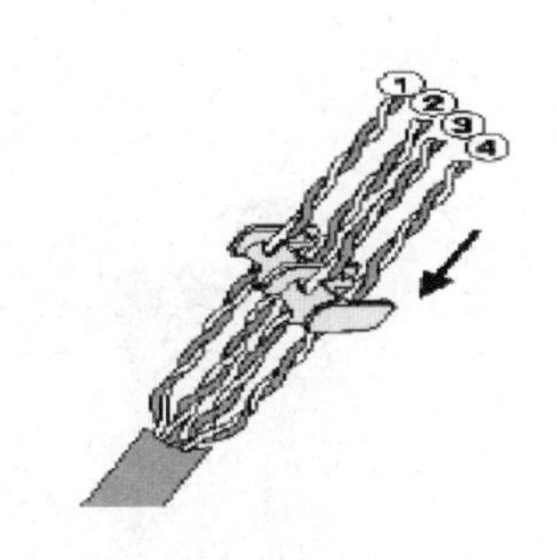

图 8-22 插入模块的槽帽

（5）将模块的槽帽压进线缆外皮，顺着槽位的方向将 4 个线对逐一弯曲，如图 8-23 所示。

（6）将线缆及槽帽一起压入模块插座，如图 8-24 所示。

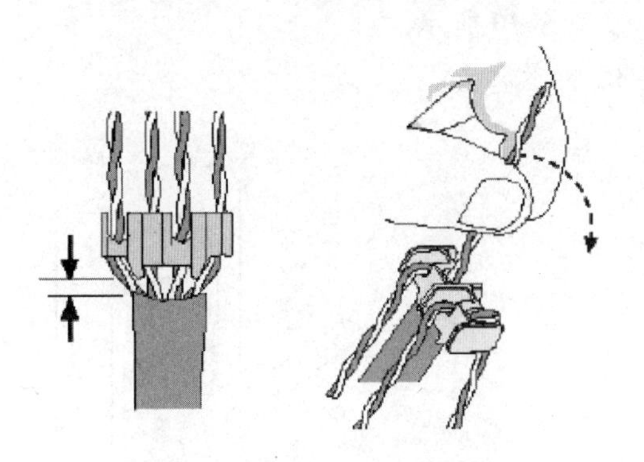

图 8-23 压紧槽帽并整理线对

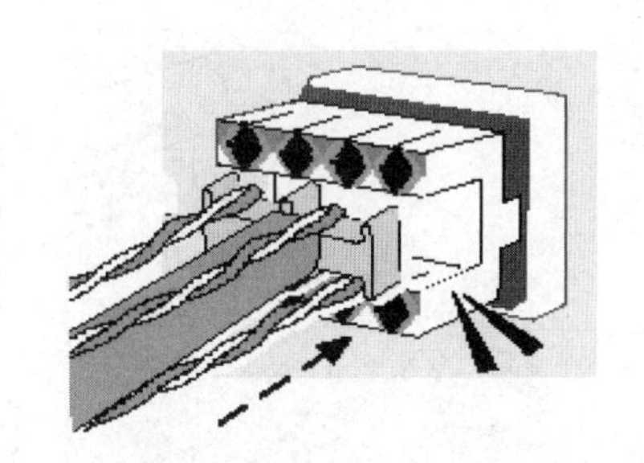

图 8-24 线缆及槽帽一起压入模块插座

（7）将各线对分别按色标顺序压入模块的各个槽位内，如图 8-25 所示。

（8）使用 IBDN 打线工具加固各线对与插槽的连接，如图 8-26 所示。

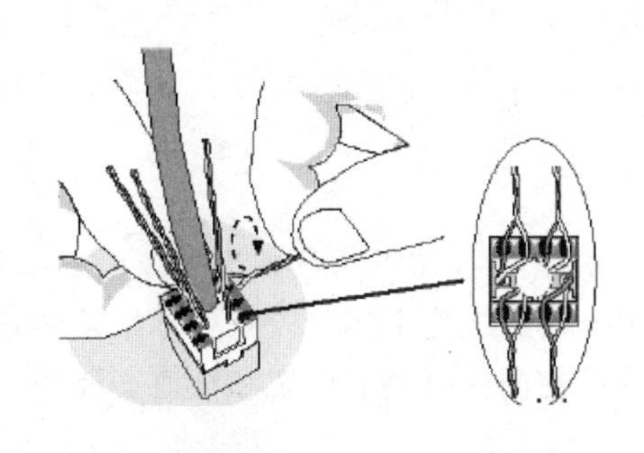

图 8-25 将各线对压入模块的各个槽位内于

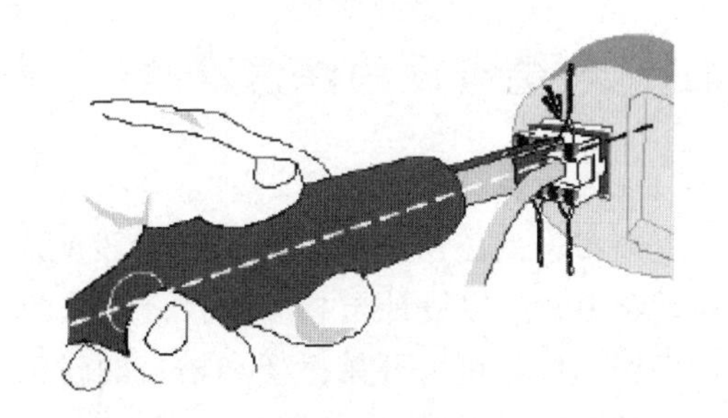

图 8-26 使用打线工具加固各线对与插槽的连接

3. 信息插座安装要求

模块端接完成后，接下来就要安装到信息插座内，以便工作区内终端设备的使用。各厂家信息插座安装方法有相似性，具体可以参考厂家说明资料即可。下面以 IBDN EZ-

MDVO 插座安装为例，介绍信息插座的安装步骤。

（1）将已端接好的 IBDN GigaFlex 模块卡接在插座面板槽位内，如图 8-27 所示。

（2）将已卡接了模块的面板与暗埋在墙内的底盒接合在一起，如图 8-28 所示。

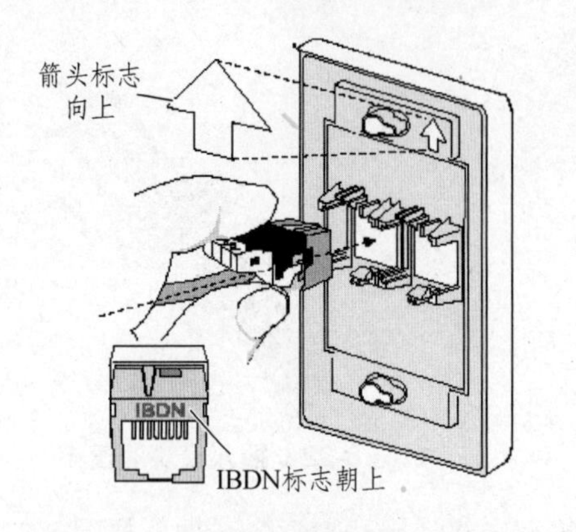

图 8-27　模块卡接在插座面板槽位内

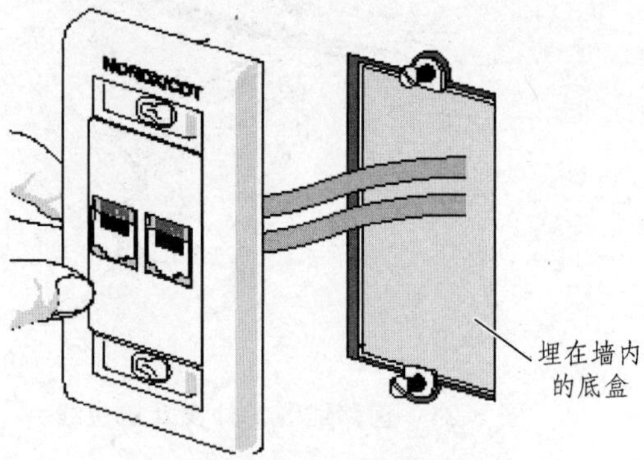

图 8-28　面板与底盒接合在一起

（3）用螺丝将插座面板固定在底盒上，如图 8-29 所示。

（4）在插座面板上安装标签条，如图 8-30 所示。

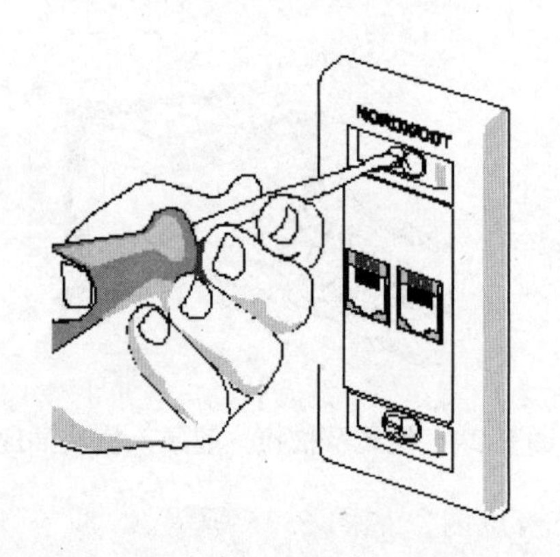

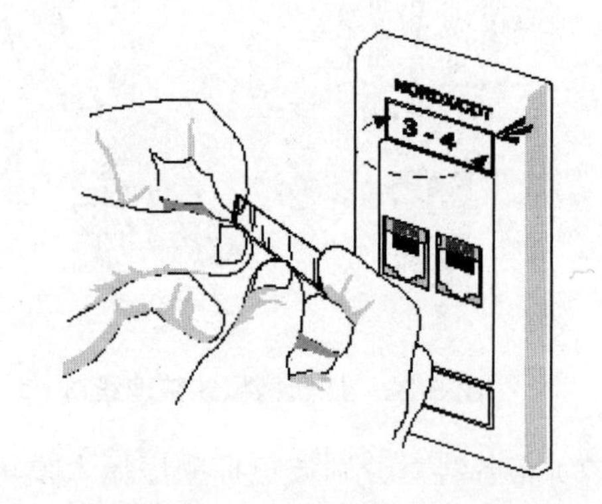

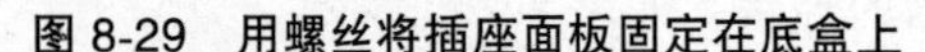

图 8-29　用螺丝将插座面板固定在底盒上

图 8-30　在插座面板上安装标签条

8.4.3　电缆布设的注意事项

（1）路由选择注意事项。

电缆布设的路由在工程的设计阶段就应确定，并在设计图纸中反映出来。根据确定电缆布设路由，可以设计出相应的管槽安装的路由图。在建筑物土建阶段就要开始暗埋管道，土建工程完成后可以开始桥架和槽道的施工。当建筑物内的管路、桥架和槽道安装完毕后，就可以开始布设线缆。

选择线缆布设路由时，要根据建筑物结构的允许条件尽量选择最短距离，并保证线缆长度不超过标准中规定的长度，如水平链路长度不超过 90m。水平电缆布设的路由根据水平线所采用的布线方案，有穿过地下线槽管道的，有经过活动地板下面的，有房屋吊顶的，形式多种多样。

干线电缆布设的路由主要根据建筑物内竖井或垂直管路的路径以及其他一些垂直走线路径来决定的。根据建筑物结构，干线电缆布设路由有垂直路由和水平路由，单层建筑物一般采用水平路由，有些建筑物结构较复杂也有采用垂直路由和水平路由的。

建筑群子系统的干线线缆布设路由与采用的布线方案有关。如果采用架空布线方法，则应尽量选择原有电话系统或有线电视系统的干线路由；如果采用直埋电缆布线法，则路由的选择要综合考虑土质、天然障碍物、公用设施（如下水道、水、气、电）的位置等因素；如果采用管道布线法，则路由的选择应考虑地下已布设的各种管道，要注意管道内与其他管路保持一定的距离。

（2）水平布线技术注意事项。

水平线缆在布设过程中，不管采用何种布线方式，都应遵循以下技术规范。

① 为了考虑以后线缆的变更，在线槽内布设的电缆容量不应超过线槽截面积的 70%。

② 水平线缆布设完成后，线缆的两端应贴上相应的标签，以识别线缆的来源地。

③ 非屏蔽 4 对双绞线缆的弯曲半径应至少为电缆外径的 4 倍，屏蔽双绞线电缆的弯曲半径应至少为电缆外径的 6~10 倍。

④ 线缆在布放过程中应平直，不得产生扭绞、打圈等现象，不应受到外力的挤压和损伤。

⑤ 线缆在线槽内布设时，要注意与电力线等电磁干扰源的距离要达到规范的要求。

⑥ 线缆在牵引过程中，要均匀用力缓慢牵引，线缆牵引力度规定如下：

一根 4 对双绞线电缆的拉力为 100 N。

二根 4 对双绞线电缆的拉力为 150 N。

三根 4 对双绞线电缆的拉力为 200 N。

不管多少根线对电缆，最大拉力不能超过 400 N。

（3）主干线缆布线注意事项。

① 应采用金属桥架或槽道布设主干线缆，以提供线缆的支撑和保护功能，金属桥架或槽道要与接地装置可靠边接。

② 在智能建筑中有多个系统综合布线时，要注意各系统使用的线缆的布设间距要符合规范要求。

③ 在线缆布放过程中，线缆不应产生扭绞或打圈等有可能影响线缆本身质量的现象。

④ 线缆布放后，应平直处于安全稳定的状态，不应受到外界的挤压或遭受损伤而产生故障。

⑤ 在线缆布放过程中，布放线缆的牵引力不宜过大，应小于线缆允许的拉力的 80%，在牵引过程中要防止线缆被拖、蹭、磨等损伤。

⑥ 主干线缆一般较长，在布放线缆时可以考虑使用机械装置辅助人工进行牵引，在牵引过程中各楼层的人员要同步牵引，不要用力拽拉线缆。

（4）综合布线区域内存在的电磁干扰场强大于 3 V/m 时，应采取防护措施。

（5）综合布线电缆与附近可能产生高平电磁干扰的电动机、电力变压器等电气设备之间应保持必要的间距。

综合布线电缆与电力电缆的间距应符合表 8-2 的规定。

表 8-2　综合布线电缆与电力电缆的间距

类　别	与综合布线接近状况	最小净距（mm）
380V 电力电缆＜2kV·A	与缆线平行布设	130
	有一方在接地的金属线槽或钢管中	70
	双方都在接地的金属线槽或钢管中	10
380V 电力电缆 2～5kV·A	与缆线平行布设	300
	有一方在接地的金属线槽或钢管中	150
	双方都在接地的金属线槽或钢管中	80
380V 电力电缆＞5kV·A	与缆线平行布设	600
	有一方在接地的金属线槽或钢管中	300
	双方都在接地的金属线槽或钢管中	150

注：① 当 380V 电力电缆＜2 kV·A，双方都在接地的线槽中，且平行长度≤10 m 时，最小间距可以是 10 mm；

② 电话用户存在振铃电流时，不能与计算机网络在一根双绞电缆中一起运用。

③ 双方都在接地的线槽中，系统可在两个不同的线槽，也可在同一线槽中用金额板隔开。

（6）墙上布设的综合布线电缆，光缆及管线与其他管线的间距应符合表 8-3 的规定。

表 8-3　墙上布设的综合布线电缆、光缆及管线与其他管线的间距

其他管线	最小平行净距（mm）	最小交叉净距（mm）
	电缆、光缆或管线	电缆、光缆或管线
避雷引下线	1000	300
保护地线	50	20
给水管	150	20
压缩空气管	150	20
热力管（不包封）	500	500
热力管（包封）	300	300
煤气管	300	20

注：如墙壁电缆布设高度超过 6 000 mm 时，与避雷引下线的交叉净距应按下式计算：$S \geqslant 0.05L$。式中，S 是交叉净距（mm）；L 是交叉处避雷引下线距地面的高度（mm）。

（7）综合布线系统应根据环境条件选用相应的缆线和配线设备，或采取防护措施，并应符合下列规定。

① 当综合布线区域内存在的干扰低于上述规定时，宜采用非屏蔽缆线和非屏蔽配线设备进行布线。

② 当综合布线区域内存在的干扰高于上述规定时，或用户对电磁兼容性有较高要求时，宜采用屏蔽缆线和屏蔽配线设备进行布线，也可采用光缆系统。

③ 当综合布线路由上存在干扰源，且不能满足最小净距要求时，宜采用金属管线进行

屏蔽。

（8）综合布线系统采用屏蔽措施时，必须有良好的接地系统，并应符合下列规定。

① 保护地线的接地电阻值，单独设置接地体时，不应大于 4 Ω；采用接地体时，不应大于 1 Ω。

② 采用屏蔽布线系统时，所有屏蔽层应保持连续性。

③ 采用屏蔽布线系统时，屏蔽层的配线设备（FD 或 BD）端必须良好接地，用户（终端设备）端视具体情况宜接地，两端的接地应连接至同一接地体，若接地系统中存在两个不同的接地体时，其接地电位差不应大于 1 Vr.m.S。

（9）采用屏蔽布线系统时，每一楼层的配线柜都应采用适当截面的铜导线单独布线至接地体，也可采用竖井内集中用铜排或粗铜线引到接地体，导致或铜导体的截面应符合标准，接地导线应接成树状结构的接地网，避免构成直流环路。

（10）干线电缆的位置应尽可能位于建筑物的中心位置。

（11）当电缆从建筑物外面进入建筑物时，电缆的金属护套或光缆的金属件均应有良好的接地。

（12）当电缆从建筑物外面进入建筑物时，应采用过压，过流保护措施，并符合相关规定。

（13）根据建筑物的防火等级和对材料的耐火要求，综合布线应采取相应的措施。

在易燃的区域和大楼竖井内布放电缆或光缆，应采用阻燃的电缆和光缆；在大型公共场所宜采用阻燃、低燃、低毒的电缆或光缆；相邻的设备间或交换间应采用阻燃型配线设备。

8.5 光缆施工技术

8.5.1 光缆的施工方法

综合布线系统中，光缆主要应用于水平子系统、干线子系统、建筑群子系统的场合。光缆布线技术在某些方面与主干电缆的布线技术类似。

1. 光缆的户外施工

较长距离的光缆布设最重要的是选择一条合适的路径。这里不一定最短的路径就是最好的，还要注意土地的使用权，架设或地埋的可能性等。

必须要有很完备的设计和施工图纸，以便施工和今后检查方便可靠。施工中要时刻注意不要使光缆受到重压或被坚硬的物体扎伤。

光缆转弯时，其转弯半径要大于光缆自身直径的 20 倍。

（1）户外架空光缆施工。

① 吊线托挂架空方式，这种方式简单便宜，我国应用最广泛，但挂钩加挂、整理较费时。

② 吊线缠绕式架空方式，这种方式较稳固，维护工作少。但需要专门的缠扎机。

③ 自承重式架空方式，对线杆要求高、施工、维护难度大、造价高，国内目前很少采用。

④ 架空时，光缆引上线杆处须加导引装置，并避免光缆拖地。光缆牵引时注意减小摩擦力。每个杆上要余留一段用于伸缩的光缆。

⑤ 要注意光缆中金属物体的可靠接地。特别是在山区、高电压电网区和多地区一般要每千米有 3 个接地点，甚至选用非金属光缆。

（2）户外管道光缆施工。

① 施工前应核对管道占用情况，清洗、安放塑料子管，同时放入牵引线。

② 计算好布放长度，一定要有足够的预留长度，详见表 8-4。

③ 一次布放长度不要太长（一般 2 km），布线时应从中间开始向两边牵引。

④ 布缆牵引力一般不大于 120 kg，而且应牵引光缆的加强心部分，并作好光缆头部的防水加强处理。

表 8-4 光缆长度表

自然弯曲增加长度（m/km）	入孔内拐弯增加长度（m/孔）	接头重叠长度（m/侧）	局内预留长度（m）	注
5	0.5 ~ 1	8 ~ 10	15 ~ 20	其他余留安设计预留

⑤ 光缆引入和引出处须加顺引装置，不可直接拖地。

⑥ 管道光缆也要注意可靠接地。

（3）直接地埋光缆的布设。

① 直埋光缆沟深度要按标准进行挖掘，标准见表 8-5。

② 不能挖沟的地方可以架空或钻孔预埋管道布设。

③ 沟底应保证平缓坚固，需要时可预填一部分沙子、水泥或支撑物。

④ 布设时可用人工或机械牵引，但要注意导向和润滑。

表 8-5 直埋光缆埋深标准

布设地段或土质	埋深（m）	备 注
普通土（硬土）	≥1.2	
半石质（沙砾土、风化石）	≥1.0	
全石质	≥0.8	从沟底加垫 10 cm 细土或沙土
市郊、流沙	≥0.8	
村镇	≥1.2	
市内人行道	≥1.0	
穿越铁路、公路	≥1.2	距道渣底或距路面
沟、渠、塘	≥1.2	
农田排水沟	≥0.8	

⑤ 布设完成后，应尽快回土覆盖并夯实。

（4）埋地光缆保护管材如图 8-31 所示。

2. 建筑物内光缆的布设

（1）垂直布设时，应特别注意光缆的承重问题，一般每两层要将光缆固定一次。

（2）光缆穿墙或穿楼层时，要加带护口的保护用塑料管，并且要用阻燃的填充物将管子填满。

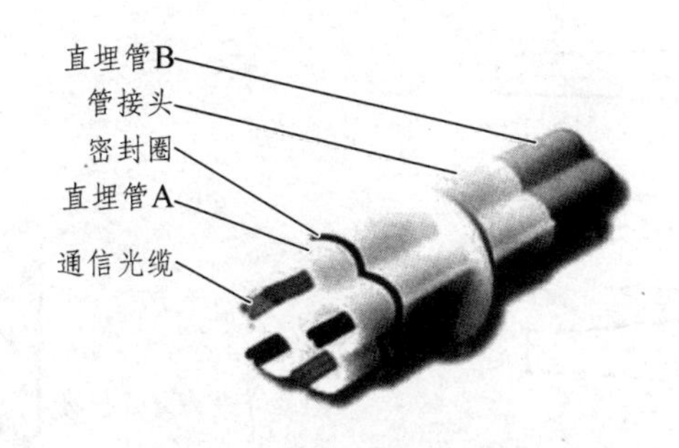

图 8-31　埋地光缆保护管材

（3）在建筑物内也可以预先布设一定量的塑料管道，待以后要敷设光缆时再用牵引或真空法布光缆。

3. 光缆的选用

光缆的选用除了根据光纤芯数和光纤种类以外，还要根据光缆的使用环境来选择光缆的外护套。

（1）户外用光缆直埋时，宜选用铠装光缆。架空时，可选用带两根或多根加强筋的黑色塑料外护套的光缆。

（2）建筑物内用的光缆在选用时应注意其阻燃、毒和烟的特性。一般在管道中或强制通风处可选用阻燃但有烟的类型（Plenum）。暴露的环境中应选用阻燃、无毒和无烟的类型（Riser）。

（3）楼内垂直布缆时，可选用层绞式光缆（Distribution Cables）；水平布线时，可选用可分支光缆（Breakout Cables）。

（4）传输距离在 2 km 以内的，可选择多模光缆；超过 2km 可用中继或选用单模光缆。

8.5.2　光缆的终端和连接

光纤具有高带宽、传输性能优良、保密性好等优点，广泛应用于综合布线系统中，建筑群子系统、干线子系统等经常采用光缆作为传输介质，因此在综合布线工程中往往会遇到光缆端接的场合。光缆端接的形式主要有光缆与光缆的续接、光缆与连接器的连接两种形式。

1. 光纤连接器制作工艺和材料

（1）光纤连接器简介。

光纤连接器可分为单工、双工、多通道连接器。单工连接器只连接单根光纤，双工连接器连接两根光纤，多通道连接器可以连接多根光纤。光纤连接器包含光纤接头和光纤耦合器。图 8-32 所示为双芯 ST 型连接器连接的方法，两个光纤接头通过光纤耦合器实现对准连接，以实现光纤通道的连接。

在综合布线系统中应用最多的光纤接头是以 2.5 mm 陶瓷插针为主的 FC、ST 和 SC 型接头，以 LC、VF-45、MT-RJ 为代表的超小型光纤接头应用也逐步增长。各种常见的光纤接头外观，如图 8-33 所示。

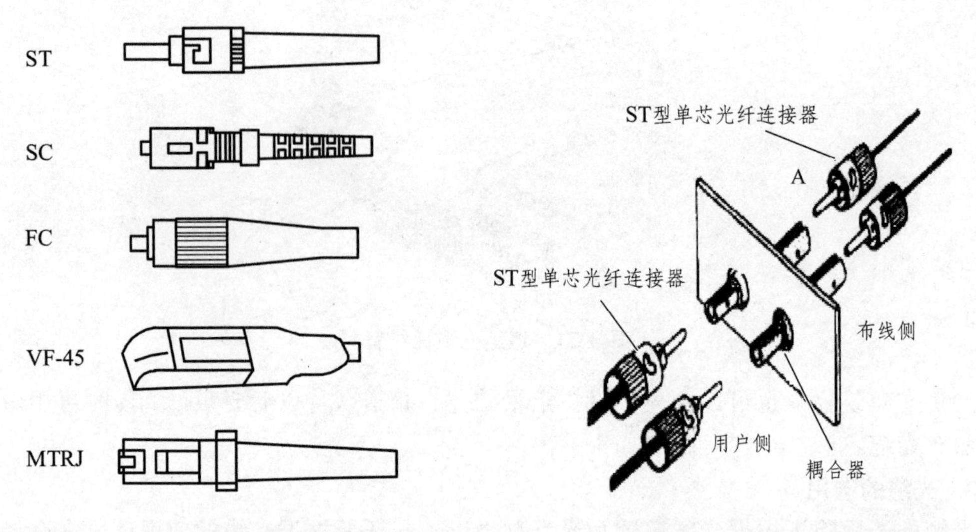

图 8-32 双芯 ST 型连接器连接方法　　　图 8-33 常见的光纤连接器

ST 型连接器是综合布线系统经常使用的光纤连接器，它代表性的产品是由美国贝尔实验室开发研制的 STⅡ型光纤连接器。STⅡ型光纤接头的部件如图 8-34 所示，包含：① 连接器主体；② 用于直径 2.4 mm 和 3.0 mm 的单光纤缆的套管；③ 缓冲层光纤缆支撑器；④ 带螺绞帽的扩展器。

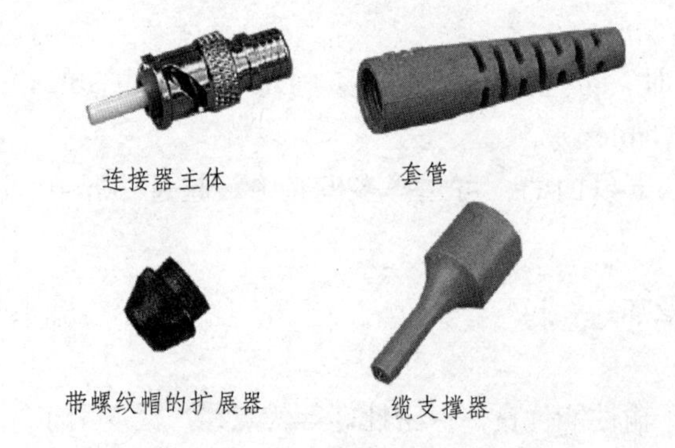

图 8-34 STⅡ型光纤接头部件

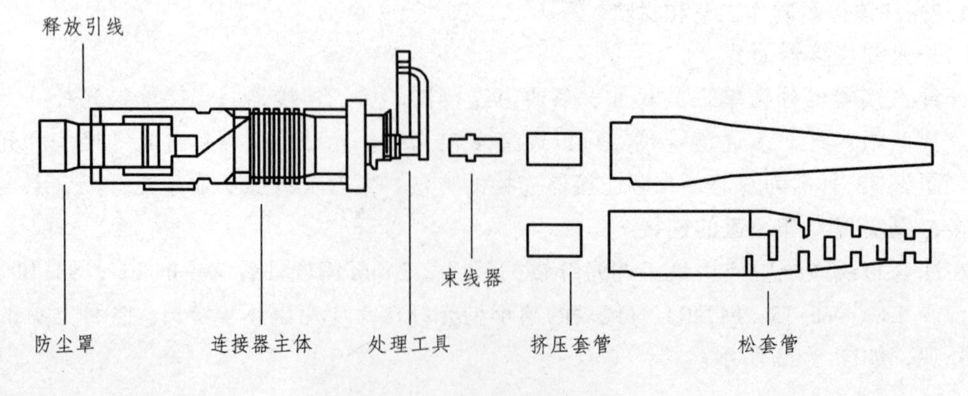

图 8-35 SC 光纤接头部件

SC 光纤接头的部件，如图 8-35 所示，包含：①连接器主体；②束线器；③挤压套管；④松套管。

FC 光纤连接器是由日本 NTT 公司研制，其外部加强方式是采用金属套，紧固方式为螺丝扣。最早的 FC 类型的连接器，采用陶瓷插针的对接端面是平面接触方式。FC 连接器结构简单，操作方便，制作容易，但光纤端面对微尘较为敏感，FC 连接器如图 8-36 所示。

LC 型连接器是由美国贝尔研究室开发出来的，采用操作方便的模块化插孔闩锁机理制成。其所采用的插针和套筒的尺寸是普通 SC 等连接器尺寸的一半，为 1.25 mm。目前在单模光纤连接方面，LC 型连接器实际已经占据了主导地位，在多模光纤连接方面的应用也迅速增长。LC 型连接器如图 8-37 所示。

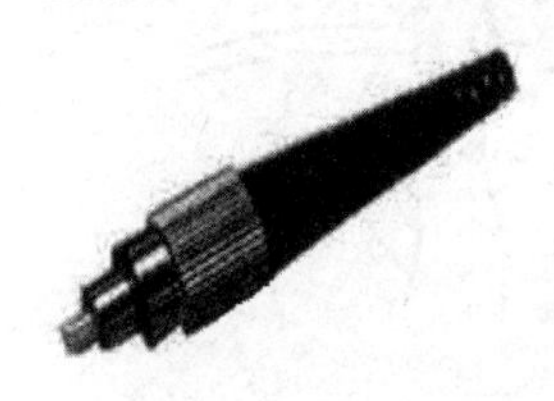

图 8-36 FC 型光纤连接器

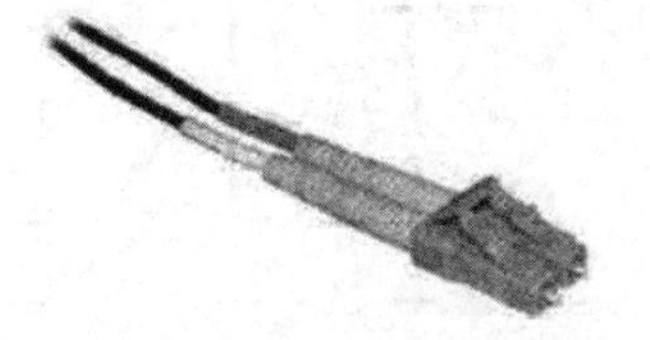

图 8-37 LC 型光纤连接器

MT-RJ 光纤连接器是一种超小型的光纤连接器，主要用于数据传输的高密度光纤连接场合。它起步于 NTT 公司开发的 MT 连接器，成型产品由美国 AMP 公司首先设计出来。它通过安装于小型套管两侧的导向销对准光纤，为便于与光收发装置相连，连接器端面光纤为双芯排列设计。MT-RJ 光纤连接器如图 8-38 所示。

VF-45 光纤连接器是由 3M 公司推出的小型光纤连接器。主要用于全光纤局域网络，如图 8-39 所示。VF-45 连接器的优势是价格较低，制作简易，快速安装，只需要 2 min 即可制作完成。

图 8-38 MT-RJ 光纤连接器

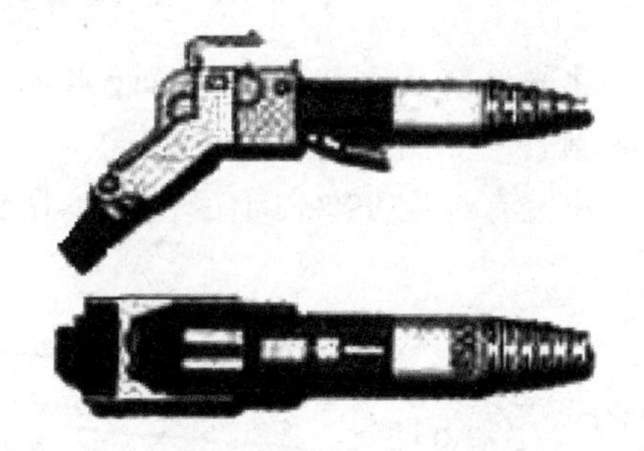

图 8-39 VF-45 光纤连接器

（2）光纤连接器制作工艺。

光纤连接器有陶瓷和塑料两种材质，它的制作工艺主要有磨接和压接两种方式。磨接方式是光纤接头传统的制作工艺。它的制作工艺较为复杂，制作时间较长，但制作成本较低。压接方式是较先进的光纤接头制作工艺，如 IBDN、3M 的光纤接头均采用压接方式。压接方式制作工艺简单，制作时间快，但成本高于磨接方式，压接方式的专用设备较昂贵。

对于光纤连接工程量较大且要求连接性能较高的场合，经常使用熔纤技术来实现光纤接头的制作。使用熔纤设备可以快速地将尾纤（连接单光纤头的光纤）与光纤续接起来。

2. 光纤连接器磨接制作技术

采用光纤磨接技术制作的光纤连接器有 SC 光纤接头和 ST 光纤接头两类，以下为采用光纤磨接技术制作 ST 光纤接头的过程。

（1）布置好磨接光纤连接器所需要的工作区，要确保平整、稳定。

（2）使用光纤环切工具，环切光缆外护套，如图 8-40 所示。

（3）从环切口处，将已切断的光缆外护套滑出，如图 8-41 所示。

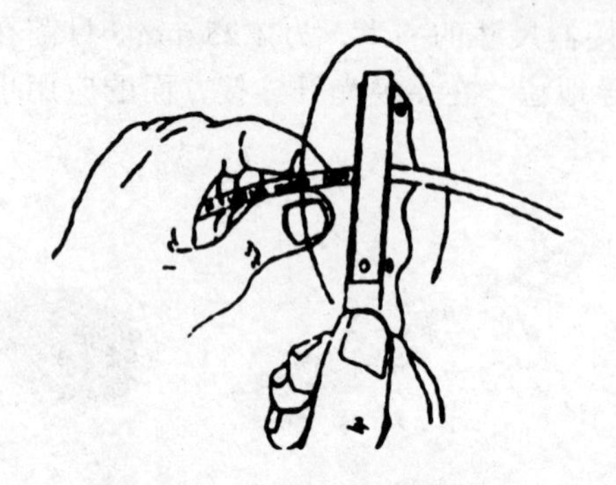

图 8-40 环切光缆外护套

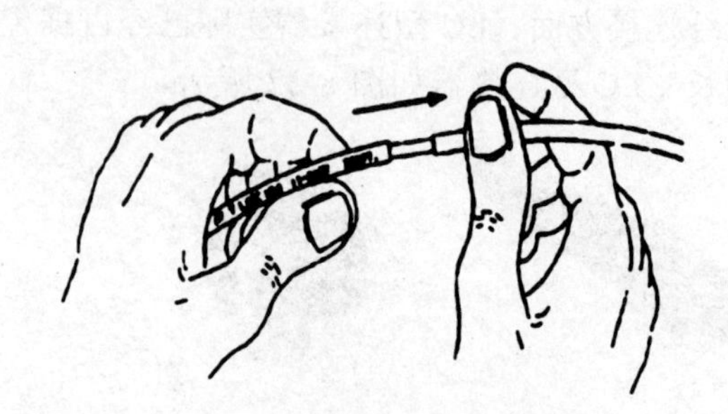

图 8-41 将光缆外护套滑出

（4）安装连接器的线缆支撑部件和扩展器帽，如图 8-42 所示。

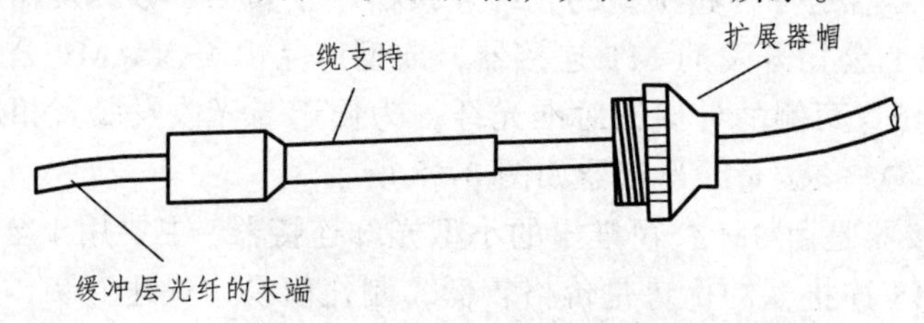

图 8-42 安装连接器的线缆支撑部件和扩展器帽

（5）将光纤套入剥线工具的导槽并通过标尺定位要剥除的长度后，闭合剥线工具将光纤的外衣剥去，如图 8-43 所示。

（6）用浸有纯度 99%以上的乙醇擦拭纸细心地擦拭光纤两次，如图 8-44 所示。

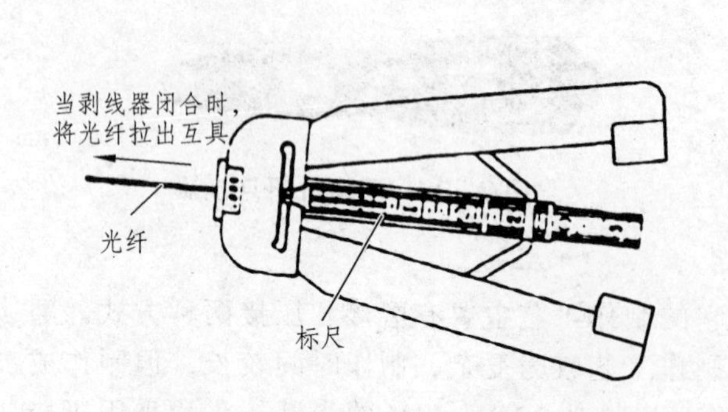

图 8-43 用剥线工具将光纤的外衣剥去

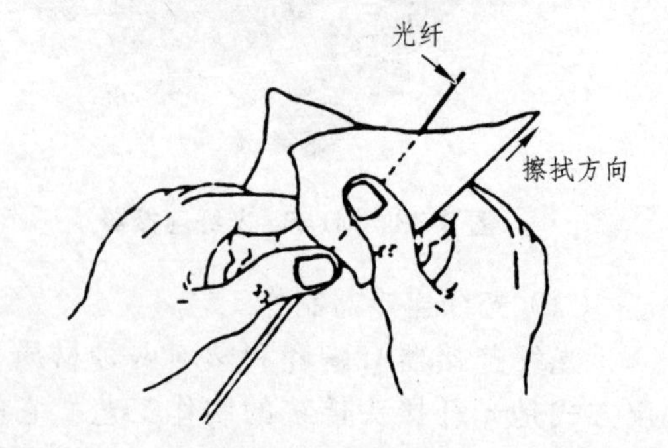

图 8-44 擦拭光纤

（7）使用剥线工具，逐次剥去光纤的缓冲层，如图 8-45 所示。

（8）将光纤存放在保护块中，如图 8-46 所示。

（9）将环氧树脂注射入连接器主体内，直至在连接器尖上冒出环氧树脂泡，如图 8-47

所示。

（10）把已剥除好的光纤插入连接器中，如图 8-48 所示。

（11）组装连接器的缆支撑，加上连接器的扩展器帽，如图 8-49 所示。

（12）将连接器插入到保持器的槽内，保持器锁定到连接器上去，如图 8-50 所示。

（13）将已锁到保持器中的组件放到烘烤箱端口中，进行加热烘烧，如图 8-51 所示。

（14）烘烧完成后，将已锁在保持器内组件插入保持块内进行冷却，如图 8-52 所示。

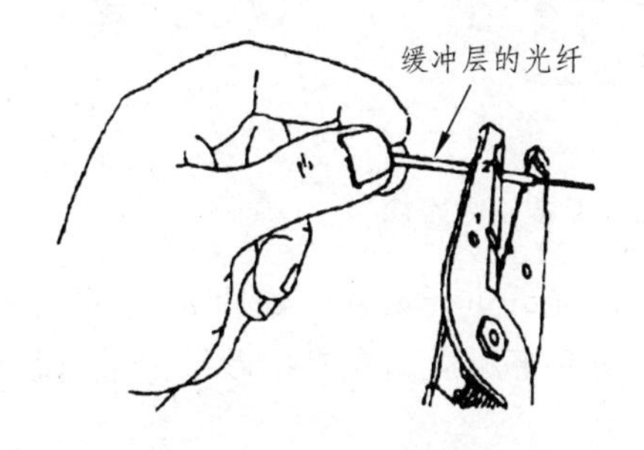

图 8-45　剥去光纤的缓冲层

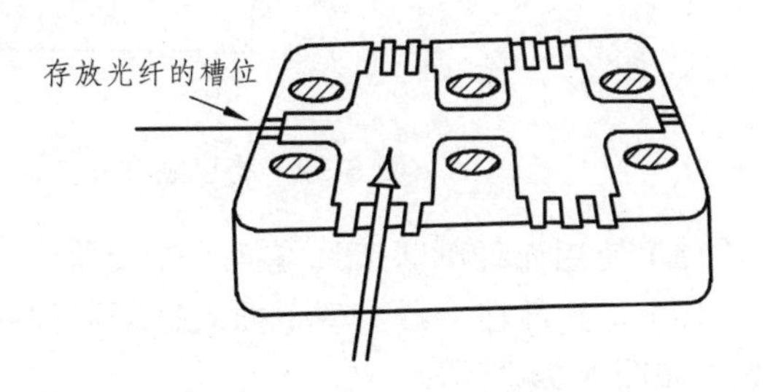

图 8-46　光纤存放在保护块中

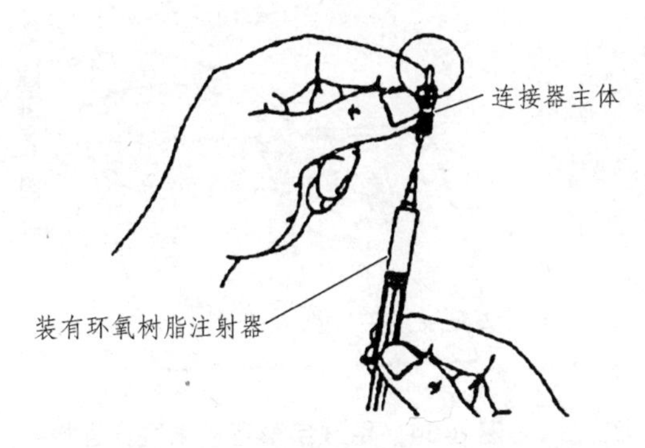

图 8-47　将环氧树脂注射入连接器主体内

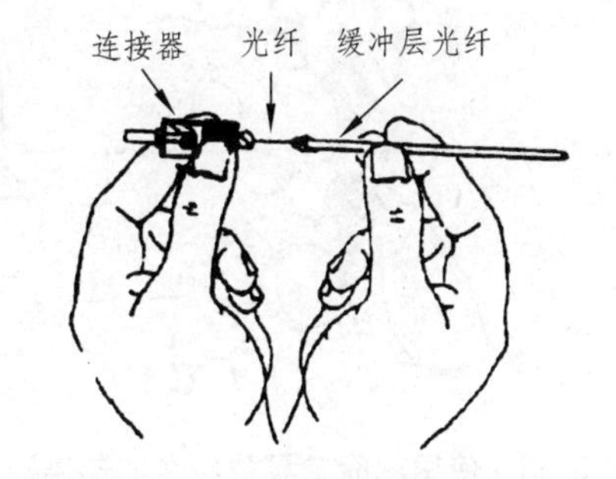

图 8-48　光纤插入连接器中

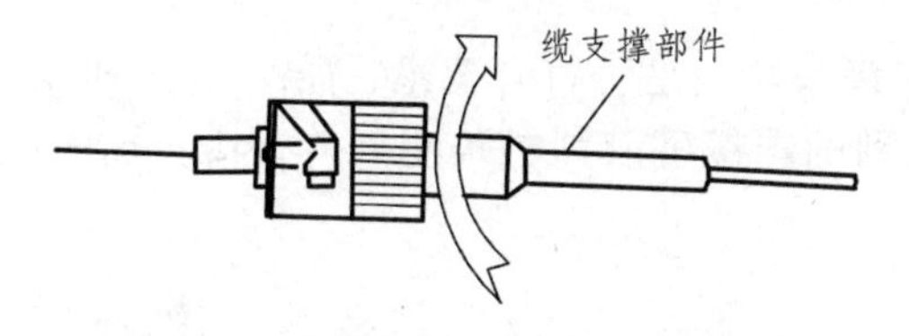

图 8-49　安装连接器的缆支撑部件

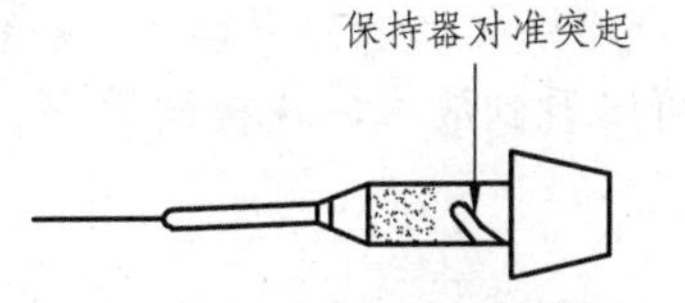

图 8-50　将保持器锁定到连接器上

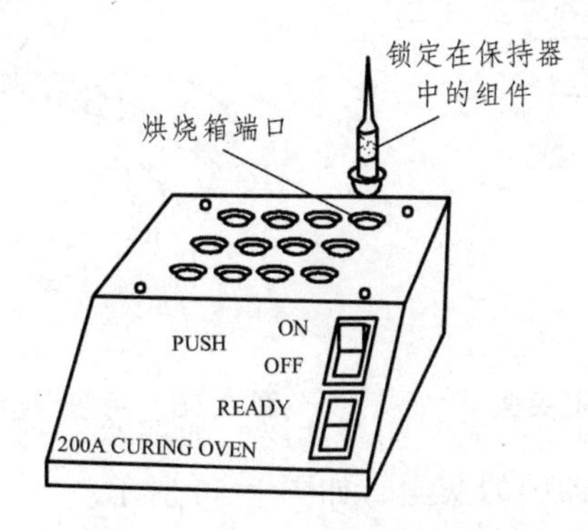

图 8-51　将已锁到保持器中的组件放到烘烤箱端口中上

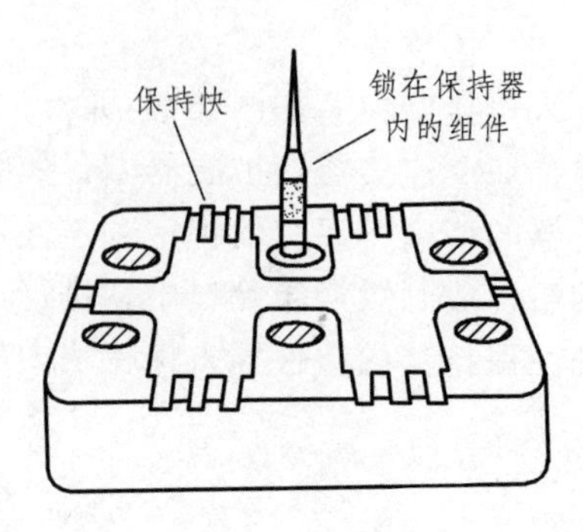

图 8-52　将已锁在保持器内组件插入保持块内冷却

（15）使用光纤刻断工具将插入连接器中突出部分的光纤进行截断，如图 8-53 所示。

（16）将光纤连接器头朝下插入打磨器件内，然后用 8 字形运动在专用砂纸上进行初始磨光，如图 8-54 所示。

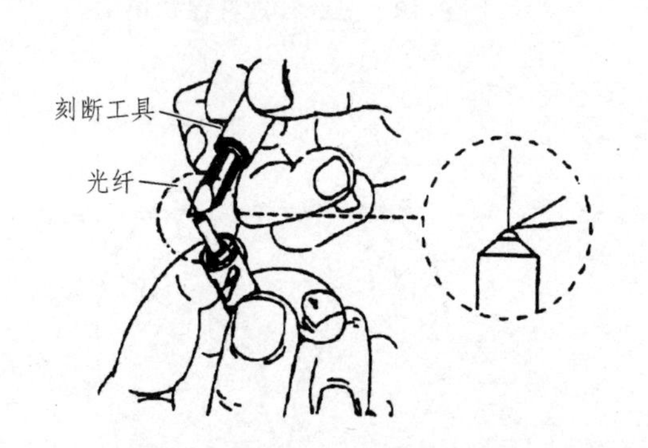

图 8-53　使用刻断工具截断突出连接器中部分光纤

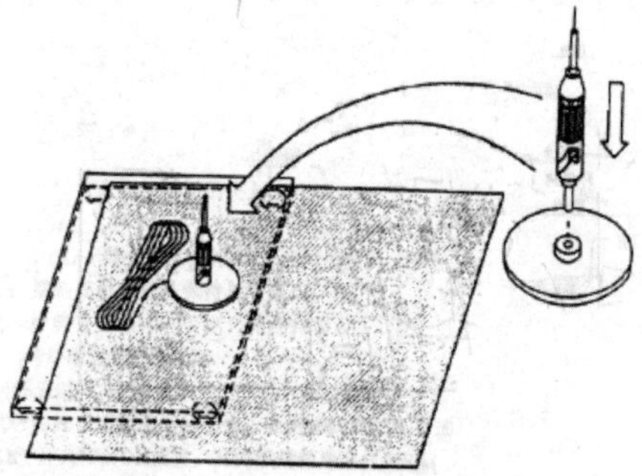

图 8-54　用 8 字形运动来磨光连接器头

（17）检查连接器尖头，如图 8-55 所示。

（18）将连接器插入显微镜中，观察连接器接头端面是否符合要求，如图 8-56 所示。通过显微镜可以看到放大的连接器端面，根据看到的图像可以判断端面是否合格，如图 8-57 所示。

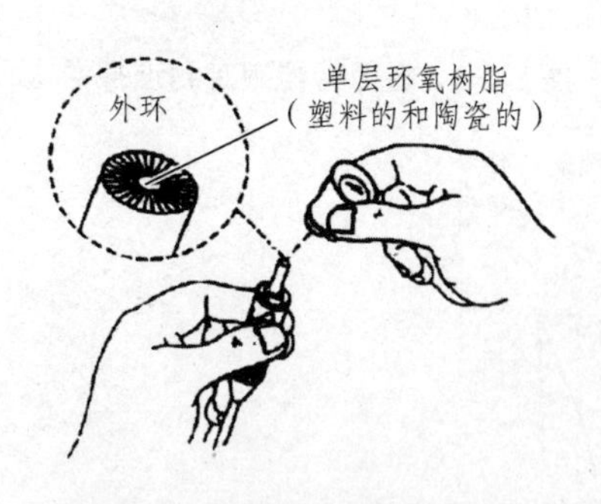

图 8-55　检查连接器尖头

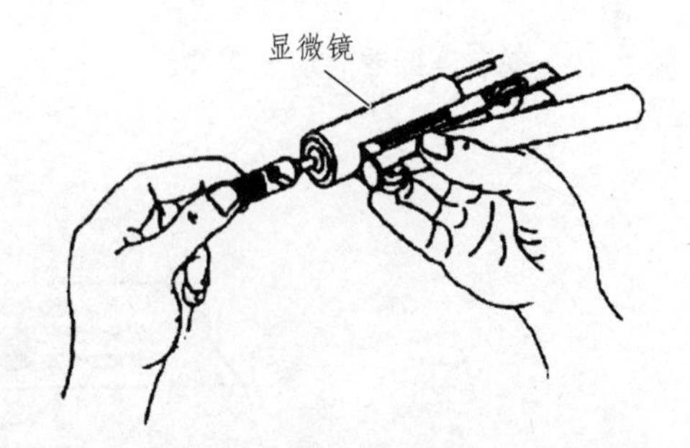

图 8-56　用显微镜检查连接器接头端面

（19）用罐装气吹除耦合器中的灰尘，如图 8-58 所示。

（20）将 ST 连接器插入耦合器，如图 8-59 所示。

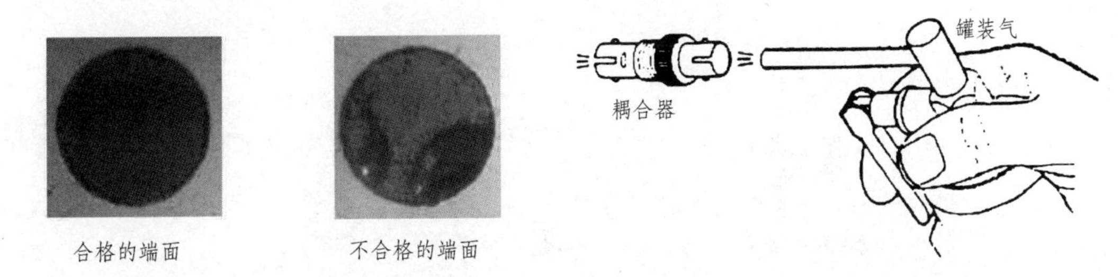

图 8-57　显微镜下合格与不合格连接器接头端面　　图 8-58　用罐装气吹除耦合器中的灰尘

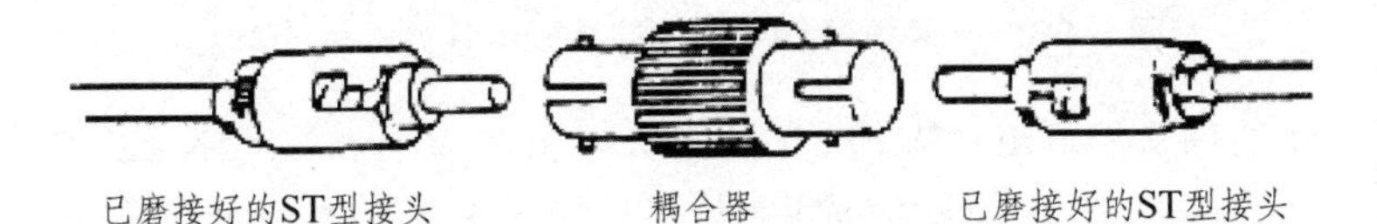

图 8-59　将 ST 连接器插入耦合器

3. 光纤连接器压接制作技术

光纤连接器的压接技术以 IBDN 和 3M 公司为代表，下面以 IBDN Optimax 现场安装 900 um 缓冲层光纤 ST 连接器安装过程为例详细地介绍压接技术的实施过程。

（1）检查安装工具是否齐全，打开 900 um 光纤连接器的包装袋，检查连接器的防尘罩是否完整。如果防尘罩不齐全，则不能用来压接光纤。900 um 光纤连接器主要由连接器主体、后罩壳、900 um 保护套组成，如图 8-60 所示。

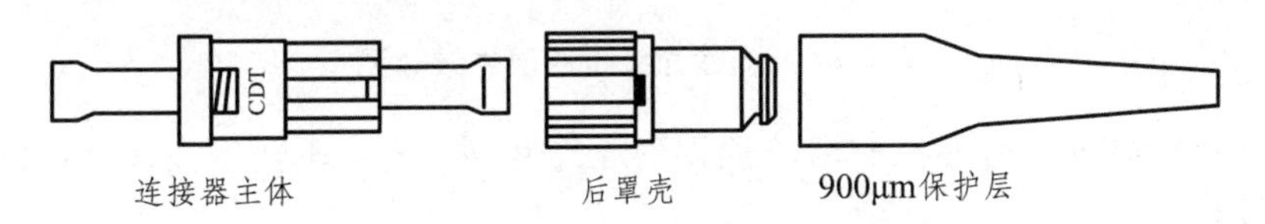

图 8-60　900 um 光纤连接器组成部件

（2）将夹具固定在设备台或工具架上，旋转打开安装工具直至听到咔嗒声，接着将安装工具固定在夹具上，如图 8-61 所示。

（3）拿住连接器主体保护引线向上，将连接器主体插入安装工具，同时推进并顺时针旋转 45°，把连接器锁定在位置上，如图 8-62 所示。注意不要取下任何防尘盖。

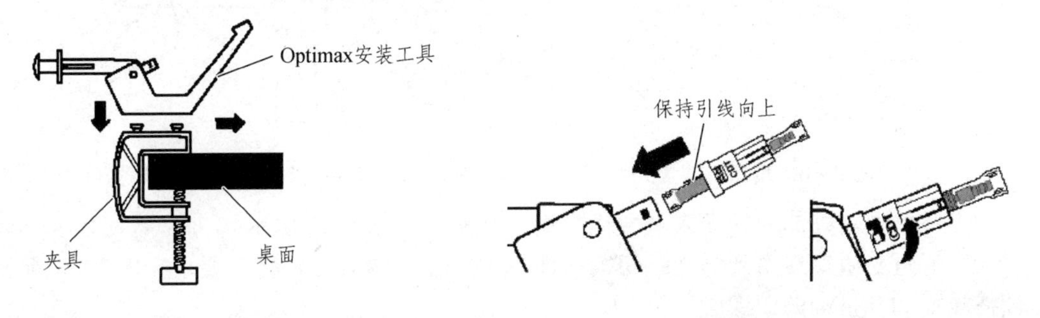

图 8-61　在桌面上安装带将夹具的安装工具　　图 8-62　将连接器主体插入安装工具并固定

（4）将 900 um 保护套紧固在连接器后罩壳后部，然后将光纤平滑地穿入保护套和后罩壳组件，如图 8-63 所示。

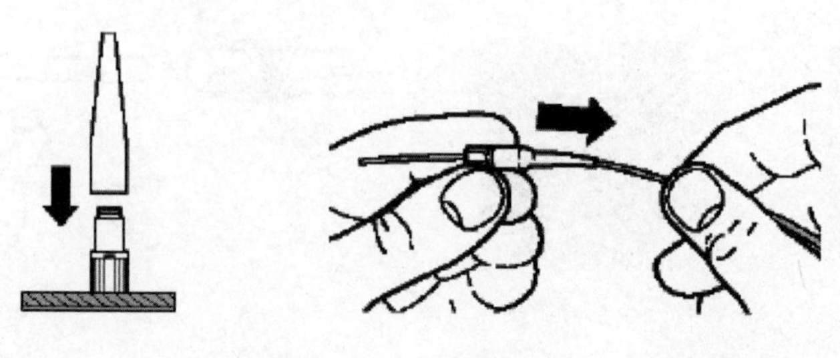

（a）保护套紧固在后罩壳后面　（b）光纤平滑穿入已固定的后罩壳组件

图 8-63　将保护套与后罩壳连接成组件并穿入光纤

（5）使用剥除工具从 900 um 缓冲层光纤的末端剥除 40 mm 的缓冲层，为了确保不折断光纤可按每次 5 mm 逐段剥离，剥除完成后，从缓冲层末端测量 9 mm 并做上标记，如图 8-64 所示。

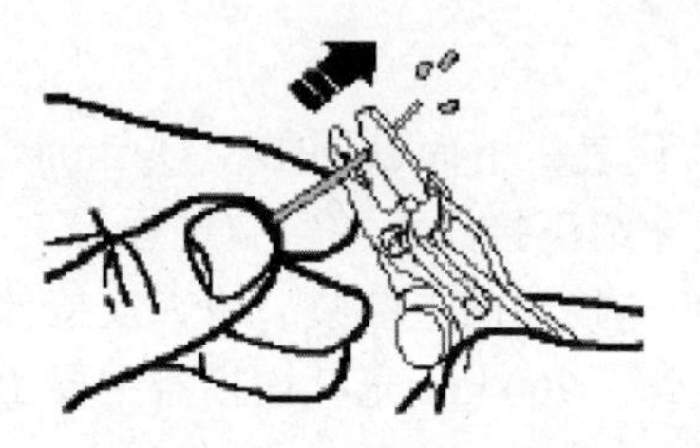

（a）从末端剥除 40mm 光纤缓冲层

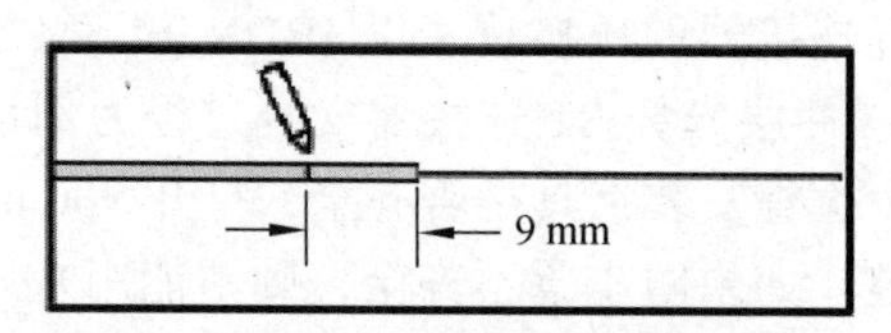

（b）从末端测量 9mm 并做标记

图 8-64　剥除光纤缓冲层并做标记

（6）用一块折叠的乙醇擦拭布清洁裸露的光纤两到三次，不要触摸清洁后的神露光纤，如图 8-65 所示。

（7）使用光纤切割工具将光纤从末端切断 7 mm，然后使用镊子将切断的光纤放入废料盒内，如图 8-66 所示。

图 8-65　用乙醇清洁光纤

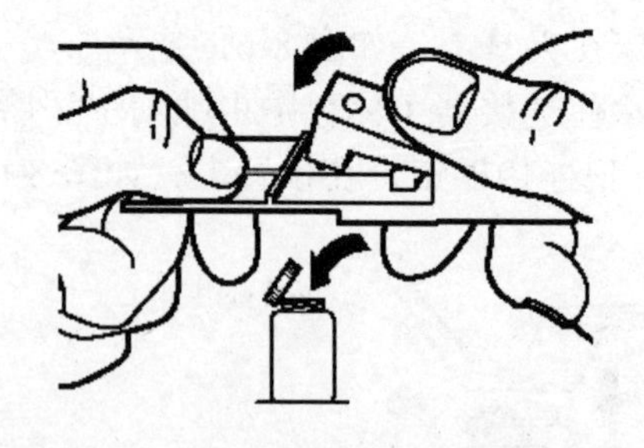

图 8-66　使用光纤切割工具切断光纤

（8）将已切割好的光纤插入显微镜中进行观察，如图 8-67 所示。

（9）通过显微镜观察到的光纤切割端面，判断光纤端面是否符合要求，图 8-68 所示为不合格端面和合格端的图像。

（10）将连接器主体的后防尘罩拔除并放入垃圾箱内，如图 8-69 所示。

（11）小心将裸露的光纤插入到连接器芯柱直到缓冲层外部的标志恰好在芯柱外部，然后将光纤固定在夹具中可以允许光纤轻微弯曲以便光纤充分连接，如图 8-70 所示。

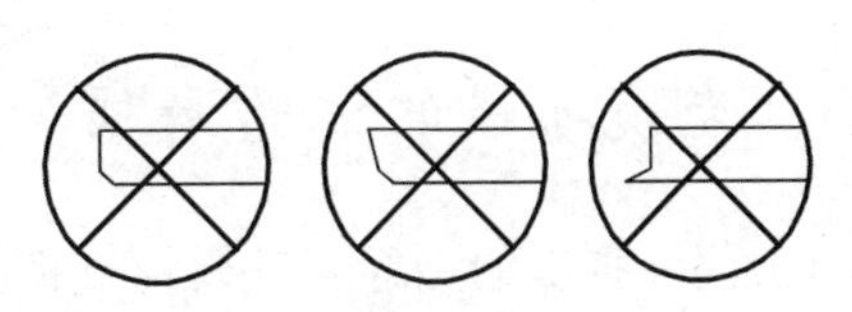

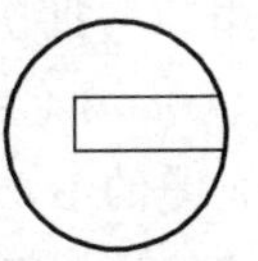

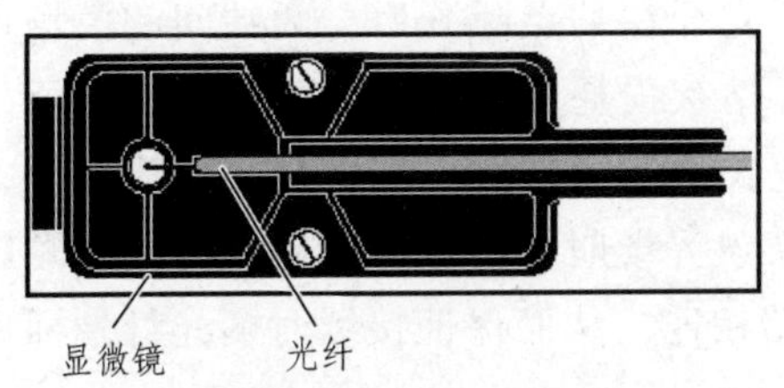

图 8-67 将已切割好的光纤插入显微镜中进行观察

图 8-68 观察光纤切割端面是否符合要求

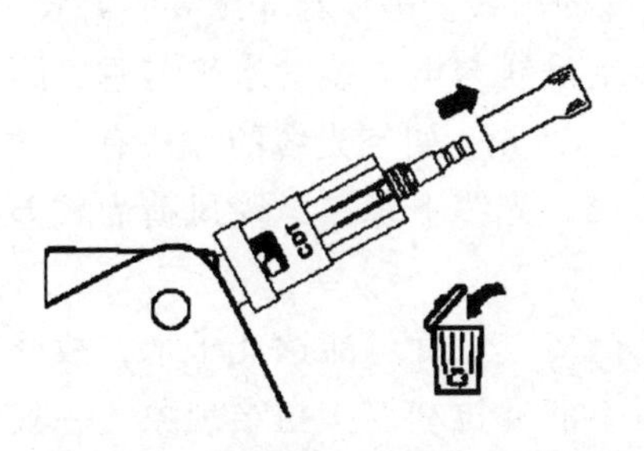

图 8-69 取掉连接器主体的后防尘罩

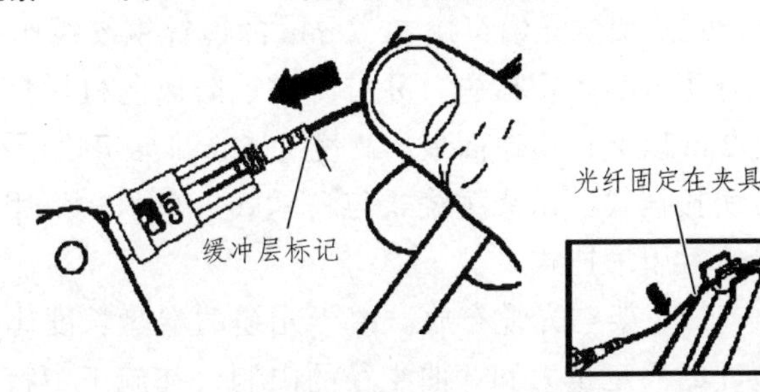

图 8-70 将光纤插入连接器芯柱内

（12）压下安装工具的助推器，钩住连接器的引线，轻轻地放开助推器，通过拉紧引线可以使连接内光纤与插入的光纤连接起来，如图 8-71 所示。

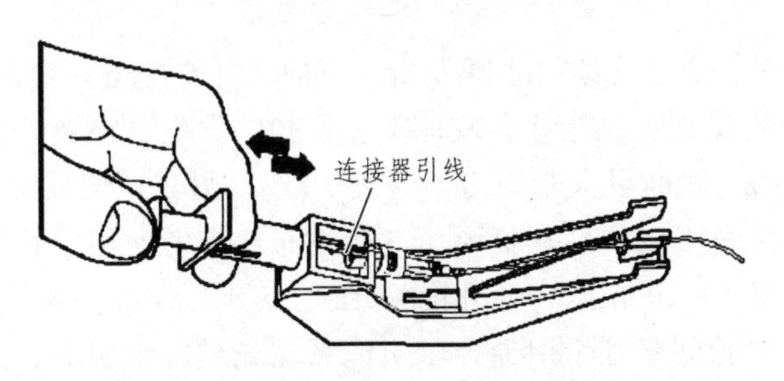

图 8-71 使用助推器钩住连接器的引线

（13）小心地从安装工具上取下连接器，水平地拿着挤压工具并压下工具直至“哒哒哒”三声响，将连接器插入挤压工具的最小的槽内，用力挤压连接器，如图 8-72 所示。

（14）将连接器的后罩壳推向前罩壳并确保连接固定，如图 8-73 所示。

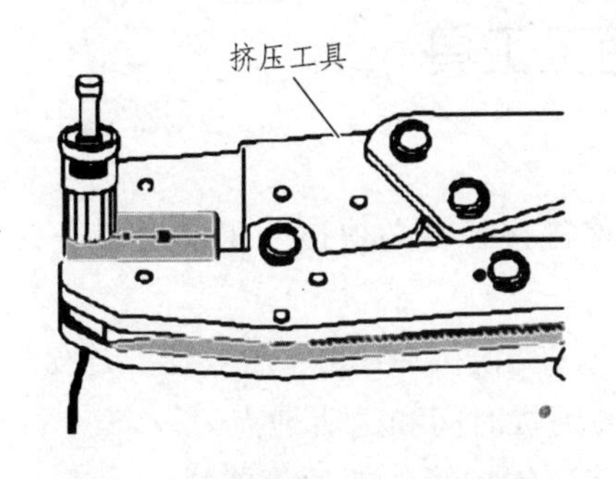

图 8-72 使用挤压工具挤压连接器

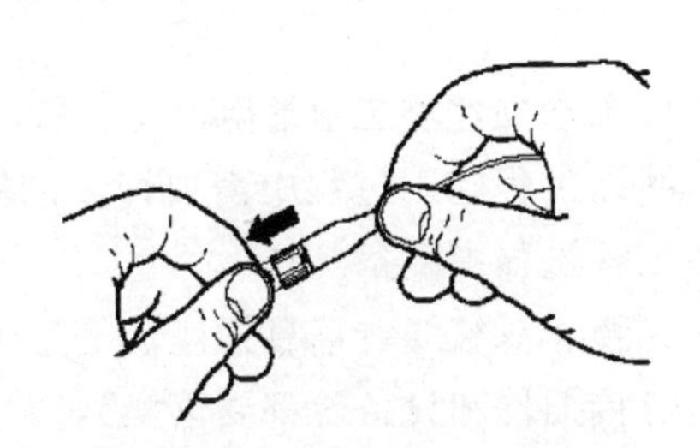

图 8-73 将连接器的后罩壳与前罩壳连接固定

8.5.3 光缆布设的注意事项

（1）同一批次的光纤，其模场直径基本相同，光纤在某点断开后，两端间的模场可视为一致，因而在此断开点熔接可使模场直径对光纤熔接损耗的影响降到最低程度。所以要求光缆生产厂家用同一批次的光纤，按要求的光缆长度连续生产，在每盘上顺序编号，并分别标明 A（红色）、B（绿色）端，不得跳号。架设光缆时需按编号沿确定的路由顺序布放，并保证前盘光缆的 B 端要和后一舟光缆的 A 端相连，从而保证接续时两光纤端面模场直径基本相同，使熔接损耗值达到最小。

（2）架空光缆可用 72.2 mm 的镀锌钢绞线作悬挂光缆的吊线。吊线与光缆要良好接地，要有防雷、防雷措施，并有防震、防风的机械性能。架空吊线与电力线的水平与垂直距离要 2 m 以上，离地面最小高度为 5 m，离房顶最小距离为 1.5 m。架空光缆的挂式有 3 种：吊线托挂式、吊线缠绕式与自承式。自承式不用钢绞吊线，光缆下垂，承受风荷力较差，因此常用吊挂式。

（3）架空光缆布放。由于光缆的卷盘长度比电缆长得多，长度可能达几千米，故受到允许的额定拉力和弯曲半径的限制，在施工中特别注意不能猛拉和发生扭结现象。一般光缆可允许的拉力约为 150~200 kN,光缆转变时弯曲半径应大于或等于光缆外径的 10~15 倍，施工布放时弯曲半径应大于或等于 20 倍。为了避免由于光缆放置于路段中间，离电杆约 20 m 处向两反方向架设，先架设前半卷，再把后半卷光缆从盘上放下来，按 8 字形方式放在地上，然后布放。

（4）在光缆布放时，严禁光缆打小圈及折、扭曲，并要配备一定数量的对讲机，“前走后跟，光缆上肩”的放缆方法，能够有效地防止背扣的发生，还要注意用力均匀，牵引力不超过光缆允许的 80%，瞬间最大牵引力不超过 100%。另外，架设时，在光缆的转变处或地形较复杂处应有专人负责，严禁车辆碾压。架空布放光缆使用滑轮车，在架杆和吊线上预先挂好滑轮（一般每 10~20 m 挂一个滑轮），在光缆引上滑轮，引下滑轮处减少垂度，减小所受张力。然后在滑轮间穿好牵引绳，牵引绳系住光缆的牵引头，用一定牵引力让光缆爬上架杆，吊挂在吊线上。光缆挂钩的间距为 40 cm，挂钩在吊线上的搭扣方向要一致，每根电杆处要有凸型滴水沟，每盘光缆在接头处应留有杆长加 3 m 的余量，以便接续盒地面熔接操作，并且每隔几百米要有一定的盘留。

8.6 综合布线施工中常用材料和施工工具

1. 综合布线施工中常用材料

网络工程施工过程中需要许多的施工材料，这些材料的必须在开工前准备好，有的可以在工程过程中准备。

光缆、双绞线、信息插座、信息模块、配线架、交换机、Hub、服务器、UPS、桥架、机柜等接插件和设备等都要落实到位，确定具体的到货时间和送货地点。

不同规格的塑料线槽、金属线槽、PVC 防火管、蛇皮管、螺丝等辅料。

2. 综合布线施工中常用施工工具

选择各种工具。依据项目选择的标准，选择打线钳、压线钳、剥线钳、螺丝刀、剪线钳、测试仪器、冲击钻、开孔器等。

8.7 综合布线工程的施工配合

综合布线要与土建的施工配合、与计算机系统的配合、与公用通信网的配合、与其他系统的配合。

在进行系统总体方案设计时，还应考虑其他系统（如有线电视系统、闭路视频监控系统、消防监控管理系统等）的特点和要求，提出互相密切配合、统一协调的技术方案。例如，各个主机之间的线路连接，同一路由的铺设方式等，都应有明确要求并有切实可行的具体方案，同时还应注意与建筑结构和内部装修以及其他管槽设施之间的配合，这些问题在系统总体方案设计中都应予以考虑。

8.8 机房工程施工

机房工程建设的目标：一方面机房建设要满足计算机系统网络设备，安全可靠，正常运行，延长设备的使用寿命，提供一个符合国家各项有关标准及规范的、优秀的技术场地；另一方面，机房建设还应给机房工作人员、网络客户提供一个舒适典雅的工作环境。因此，在机房设计中要具有先进性、可靠性及高品质，保证各类信息通信畅通无阻，为今后的业务进行和发展提供服务。一般需要由专业技术企业来完成。在施工过程中，承建方应按照ISO9001质量管理体系的要求，重视各类人员培训，提高施工人员的专业技能，实行全过程的质量控制。为了保证工程质量，在施工过程中实施工程监理是非常必要的，做到子系统（分工程）完工，有阶段性验收，直至整个工程完工。

8.8.1 机房工程各子系统的施工

1. 机房装修子系统

计算机机房的室内装修工程的施工和验收主要包括：天花吊顶、地面装修、墙面装饰、门窗等的施工验收及其他室内作业。

在施工时应保证现场，材料和设备的清洁。隐蔽工程（如地板下、吊顶上、假墙、夹层内）在封口前必须先除尘、清洁处理，暗处表层应能保持长期不起尘、不起皮和不龟裂。

机房所有管线穿墙处的裁口必须做防尘处理，然后对缝隙必须用密封材料填堵。在裱糊、粘接贴面及进行其他涂覆施工时，其环境条件应符合材料说明书的规定。

装修材料应尽量选择无毒、无刺激性的材料，尽量选择难燃、阻燃材料，否则应尽可能涂刷防火涂料。

（1）天花吊顶。

机房吊顶板表面应平整，不得起尘、变色和腐蚀；其边缘应整齐、无翘曲，封边处理后不得脱胶；填充顶棚的保温、隔音材料应平整、干燥，并做包缝处理。

按设计及安装位置严格放线。吊顶及马道应坚固、平直，并有可靠的防锈涂覆。金属连接件、铆固件除锈后，应涂两遍防锈漆。

吊顶上的灯具、各种风口、火灾探测器底座及灭火喷嘴等应定准位置，整齐划一，并与龙骨和吊顶紧密配合安装。从表面看应布局合理、美观、不显凌乱。

吊顶内空调作为静压箱时，其内表面应按设计要求做防尘处理，不得起皮和龟裂。

固定式吊顶的顶板应与龙骨垂直安装。双层顶板的接缝不得落在同一根龙骨上。

用自攻螺钉固定吊顶板，不得损坏板面。

当设计未作明确规定时应符合五类要求。

螺钉间距，沿板周边间距 150~200 mm，中间间距为 200~3 000 mm，均匀布置。螺钉距板边 10~15 mm，钉眼、接缝和阴阳角处必须根据板材质用相应的材料嵌平、磨光。

保温吊顶的检修盖板应用与保温吊顶相同的材料制作。

活动式顶板的安装必须牢固、下表面平整、接缝紧密平直、靠墙、柱处按实际尺寸裁板镶补。根据顶板材质作相应的封边处理。

安装过程中随时擦拭顶板表面，并及时清除顶板内的余料和杂物，做到上不留余物，下不留污迹。

（2）地面装修。

计算机房用活动地板应符合国际 GB6650-86《计算机房用活动地板技术条件》。

一般采用抗静电活动地板。敷设前必须做好地面找平，清洁后刷防尘乳胶漆，敷设 13 mm 橡塑保温棉；然后架设抗静电活动地板，并按规范均匀铺设抗静电通风地板。活动地板要求安装高度 30 cm，做符合安全要求的等电位联接和接地。根据机房安装的设备要求在对应位置必须做好承重加固、防移动措施。

（3）墙面、隔断装饰。

墙面、隔断装饰效果要持久；漆膜遮盖力好，经济耐用；无不良气味，符合环保要求。机房所有窗均须做防水、防潮、防渗漏处理，窗位封堵要严密。

形成漆保护后的墙面可擦洗，要具有优质的防火性能。

安装隔断墙板时，板边与建筑墙面间隙应用嵌缝材料可靠密封。

隔断墙两面墙板接缝不得在同一根龙骨上，每面的双层墙板接缝亦不得在同一根龙骨上。

安装在隔断墙上的设备和电气装置固定在龙骨上，墙板不得受力。

隔断墙上需安装门窗时，门框、窗框应固定在龙骨上，并按设计要求对其缝隙进行密封。

无框玻璃隔断，应采用槽钢、全钢结构框架。墙面玻璃厚度不小于 10 mm，门玻璃厚度不小于 12 mm。表面不锈钢厚度应保证压延成型后平如镜面，无不平的视觉效果。

石膏板、吸音板等隔断墙的沿地、沿顶及沿墙龙骨建筑围护结构内表面之间应衬垫弹性密封材料后固定。当设计无明确规定时固定点间距不宜大于 800 mm。

竖龙骨准确定位并校正垂直后与沿地、沿顶龙骨可靠固定。

有耐火极限要求的隔断墙竖龙骨的长度应比隔断墙的实际高度短 30 mm，上、下分别形成 15 mm 膨胀缝，其间用难燃弹性材料填实。全钢防火大玻璃隔断，钢管架刷防火漆，玻璃厚度不小于 12 mm，无气泡。

当设计无明确规定时，用自攻螺钉固定墙板宜符合螺钉间距沿板周边间距不大于200 mm，板中部间距不大于300 mm，均匀布置，其他要求同吊顶要求相同。

有耐火极限要求的隔断墙板应与竖龙骨平等铺设，不得与沿地、沿顶龙骨固定。

（4）门窗工程。

机房出入口门，首先必须满足消防防火方面的要求，必须有效地起到防尘、防潮、防火作用，具有良好的安全性能，其次还要保证最大设备的进出，最后还必须考虑操作安全、可靠和安装门禁系统的需要。

机房的内门要求与墙体装饰协调，铝合金门框、窗框的规格型号应符合设计要求，安装应牢固、平整，其间隙用非腐蚀性材料密封。门扇、窗扇应平整、接缝严密、安装牢固、开闭自如、推拉灵活。

2. 机房配电子系统

为保护计算机、网络设备、通信设备以及机房其他用电设备和工作人员正常工作和人身安全，要求配电系统安全可靠，因此该配电系统按照一级负荷考虑进行设计。

计算机中心机房内供电宜采用两路电源供电，一路为机房辅助用电，主要供应照明，维修插座、空调等非 UPS 用电，另一路为 UPS 输入回路，供机房内 UPS 设备用电，两路电源各成系统。

机房进线电源采用三相五线制。用电设备、配电线路装设过流和过载两段保护，同时配电系统各级之间有选择性地配合，配电以放射式向用电设备供电。

机房配电系统所用线缆均为阻燃聚氯乙烯绝缘导线及阻燃变联电力电缆、敷设镀锌铁线槽 SR 及镀锌钢管 SC 及金属软管 CP，配电设备与消防系统联动。

机房内的电气施工应选择优质电缆、线槽和插座。电缆宜采用铜芯屏蔽导线，敷设在金属线槽内，尽可能远离计算机信号线。插座应分为市电、UPS 及主要设备专用的防水插座，并应有明显区别标记。照明应选择专用的无眩光高级灯具。

对要求电源的质量与可靠性较高的设备，设计中采用电源由市电供电加备用发电机这种运行方式，以保障电源可靠性的要求；系统中同时考虑采用 UPS 不间断电源，最大限度满足机房计算机设备对供电电源质量的要求。

机房内通常采用 UPS 不间断电源供电来保证供电的稳定性和可靠性。在市电突然中断供电时，UPS 能迅速在线切换运行，主机系统不会丢失数据，并可保证机房内计算机机设备在一定时间内的连续运行。

3. 机房空调与新风子系统

为保证机房拥有一个恒久的良好的机房环境。机房专用空调应采用下送风、上回风的送风方式，主要满足机房设备制冷量和恒温恒湿需求。应选择的机房专用空调是模块化设计的，这样可根据需要增加或减少模块；也可根据机房布局及几何图形的不同任意组合或拆分模块，且模块与模块之间可联动或集中或分开控制。所有操作控制器柄等应安装在易于操作的位置上，所选精密空调必须易于维护，且运行维护费用相对较低等。空调要求配置承重钢架，确保满足承重要求。

根据机房的围护结构特点（主要是墙体，顶面和地面，包括：楼层、朝向、外墙、内墙及墙体材料、及门窗型式、单双层结构及缝隙、散热），人员的发热量，照明灯具的发热量，新风负荷等各种因素，计算出计算机房所需的制冷量，因此选定空调的容量。新风系统的风管及风口位置应配合空调系统和室内结构来合理布局，其风量根据空调送风量大小而定。

4. 机房监控子系统

（1）门禁：在进入机房的地方给工作人员分别设置了进入权限和历史记录的门禁系统。主机房、工作区、网络配线间及机房入口大门均安装门禁。可设计多套门禁系统，如密码系统、电锁、感应式卡片等。通过在各出入口安装读卡机及电控设备，自动控制大门开关，形成一个总体网络，可以全面掌握出入口的运行状态，了解来访者的身份，并为迅速排除治安事件提供科学依据。还可以根据实际的需要，对各门禁系统进行分级授权，从而实现人员进出的电子化管理。

（2）电视监控：机房中有大量的服务器及机柜、机架。由于这些机柜及机架一般比较高，所以监控的死角比较多，因此在电视监控布点时主要考虑各个出入口、每一排机柜之间安装摄像机。如果机房有多个房间的话，可考虑在 UPS 房和控制机房内安装摄像机。

（3）自动报警：在安装闭路电视的同时，也可考虑在重要的机房档案库安装防盗报警系统以加强防范手段。在收到警报时，系统能根据预设程序通过门禁控制器将相关门户自动开启。发生报警事件或其他事件，操作系统会自动以形象的方式显示有关信息和发生声响提示，值班人员从计算机上可以马上了解到信号的发生地，信号类别和发生的原因，从而相应做出处理。

5. 机房防雷、接地子系统

机房防雷、接地工程一般要做以下工作。

（1）做好机房接地。根据 GB50174-93《电子计算机房设计规范》，交流工作地，直流工作地，保护地，防雷地宜共用一组接地装置，其接地电阻按其中最小值要求确定，如果计算机系统直流地与其他地线分开接地，则两地极间应间隔 25 m。

（2）做好线路防雷。为防止感应雷，侧击雷高脉冲电压沿电源线进入机房损坏机房内的重要设备，在电源配电柜电源进线处安装浪涌防雷器。

① 在动力室电源线总配电盘上安装并联式专用避雷器构成第一级衰减。

② 在机房配电柜进线处，安装并联式电源避雷器构成第二级衰减。

③ 机房布线不能沿墙敷设，以防止雷击时墙内钢筋瞬间传导墙雷电流时，瞬间变化的磁场在机房内的线路上感应出瞬间的高脉冲浪涌电压把设备击坏。

8.8.2 机房工程施工的注意事项

1. 机房装修子系统注意事项

（1）防静电地板接地环节处理不当，导致正常情况下产生的静电没有良好的泄放路径，不但影响工作人员身体健康，甚至烧毁机器。

（2）装修过程中环境卫生，空气洁净度不好，灰尘的长时间积累可引起绝缘等级降低、电路短路。

（3）活动地板下的地表面没有做好地面保温处理，在送冷风的过程中地表面因地面和冷风的温差而结霜。

（4）活动地板安装时，要绝对保持围护结构的严密，尽量不留孔洞，有孔洞如管、槽、则要做好封堵。

（5）室内顶棚上安装的灯具，风口，火灾控测器及喷嘴等应协调布置，并应满足各专业的技术要求。

（6）电子计算机房各门的尺寸均应保证设备运输方便。

为防止机房内漏水，现代机房常常设计安装漏水自动检测报警系统。安装系统后，一旦机房内有漏水的出现，立即自动发出报警信号，值班人员立即采取措施，可避免机房受到不应有的损失。

2. 机房配电子系统注意事项

（1）为保证电压、频率的稳定，UPS 必不可少，选用 UPS 应注意以下事项。

① UPS 的使用环境应注意通风良好，利于散热，并保持环境的清洁。

② 切勿带感性负载，如点钞机、日光灯、空调等，以免造成损坏。

③ UPS 的输出负载控制在 60%左右为最佳，可靠性最高。

④ UPS 带载过轻（如 1 000 VA 的 UPS 带 100 VA 负载）有可能造成电池的深度放电，会降低电池的使用寿命，应尽量避免。

⑤ 适当的放电，有助于电池的激活，如长期不停市电，每隔 3 个月应人为断掉市电用 UPS 带负载放电一次，这样可以延长电池的使用寿命。

⑥ 对于多数小型 UPS，上班再开启 UPS，开机时要避免带载启动，下班时应关闭 UPS；对于网络机房的 UPS，由于多数网络是 24 小时工作的，所以 UPS 也必须全天候运行。

⑦ UPS 放电后应及时充电，避免电池因过度自放电而损坏。

（2）配电回路线间绝缘电阻不达标，容易引起线路短路，发生火灾。

（3）机房紧急照明亮度不达标，无法通过消防验收，发生火灾时易导致人员伤亡。

3. 机房空调子系统注意事项

（1）空调用电要单独走线，区别于主设备用电系统。

（2）空调机的上下水管问题：设计中机房上下水管不宜经过机房。

（3）机房空调机的上下水管应尽量靠近机房的四周，把上下水管送到空调机室。上下水管另一端送至同层的卫生间内，空调机四周用砖砌成防水墙，并加地漏。

4. 机房防雷、接地子系统注意事项

（1）信号系统和电源系统、高压系统和低压系统不应使用共地回路。

（2）灵敏电路的接地应各自隔离或屏蔽，以防止地回流和静电感应而产生干扰。机房接地宜采用综合接地方案，综合接地电阻应小于 1 Ω，并应按现行国家标准《建筑防雷设计规范》要求采取防止地电位反击措施。

机房雷电分为直击雷和感应雷。对直击雷的防护主要由建筑物所装的避雷针完成；机房的防雷（包括机房电源系统和弱电信息系统防雷）工作主要是防感应雷引起的雷电浪涌和其他原因引起的过电压。

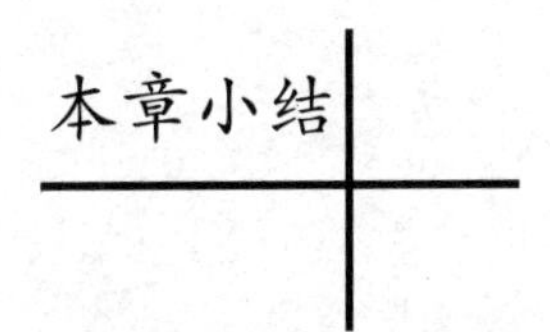

本章主要介绍综合布线工程施工基本要求、线槽施工技术、线缆布设技术、模块端接、配线架安装、光纤连接技术等主要施工技术。期望读者了解综合布线的施工组织过程，掌握综合布线工程施工技术要点。作为一名综合布线工程技术人员，必须熟悉综合布线工程实施的每个组织管理环节，掌握管槽施工和线缆布线技术细节。要掌握各类线缆、管槽及

布线设备的安装方法，应在施工前认真阅读厂家说明书，以熟悉具体安装步骤。

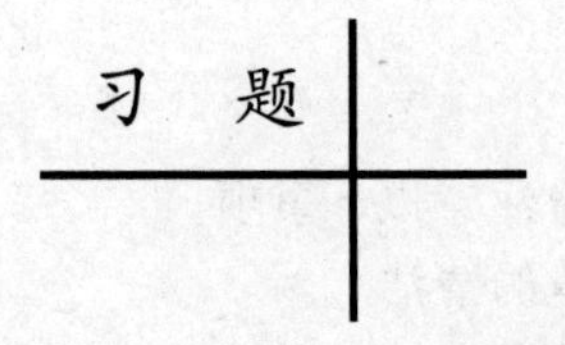

习　题

1. 简述综合布线工程施工前准备工作的主要内容。
2. 简述管理子系统在施工阶段的主要技术要求。
3. 简述电缆布设的注意事项。
4. 简述光缆的施工方法。
5. 简述机房工程施工中的注意事项。

9　综合布线工程测试与验收

综合布线工程实施完成后，需要对布线工程进行全面的测试工作，以确认系统的施工是否达到工程设计方案的要求。它是工程竣工验收的主要环节，是鉴定综合布线工程各建设环节质量的手段，测试资料也必须作为验收文件存档。掌握综合布线工程测试技术，关键是掌握综合布线工程测试标准及测试内容，测试仪器的使用方法，电缆和光缆的测试方法。

9.1　综合布线工程测试

当网络工程施工接近尾声时，最主要的工作就是对布线系统进行严格的测试。对于综合布线的施工方来说，测试主要有两个目的，一是提高施工的质量和速度；二是向用户证明他们的投资得到了应有的质量保证。对于采用了五类电缆及相关连接硬件的综合布线来说，如果不用高精度的仪器进行系统测试，很可能会在传输高速信息时出现问题。光纤的种类很多，对于应用光纤的综合布线系统的测试也有许多需要注意的问题。

测试仪对维护人员是非常有帮助的工具，对综合布线的施工人员来说也是必不可少的。测试仪的功能具有选择性，根据测试的对象不同，测试仪器的功能也不同。例如，在现场安装的综合布线人员希望使用的是操作简单，能快速测试与定位连接故障的测试仪器，而施工监理或工程测试人员则需要使用具有权威性的高精度的综合布线认证工具。有些测试需要将测试结果存入计算机，在必要时可绘出链路特性的分析图，而有些则只要求存入测试的存储单元中。

从工程的角度，可将综合布线工程的测试分为两类，即验证测试和认证测试。验证测试一般是在施工的过程中由施工人员边施工边测试，以保证所完成的每个连接的正确性。认证测试是指对布线系统依照标准例行逐项检测，以确定布线是否能达到设计要求，包括连接性能测试和电气性能测试，本章主要介绍电气性能测试。

9.1.1　测试标准

综合布线工程的测试，可按照国内外现行的一些标准及规范进行。目前常用的测试标准为美国国家标准协会 EIA/TIA 制定的 TSB-67、EIA/TIA-568A 等。TSB-67 包含了验证 EIA/TIA-568 标准定义的 UTP 布线中的电缆与连接硬件的规范。

由于所有的高速网络都定义了支持五类双绞线，所以用户要找一个方法来确定他们的电缆系统是否满足五类双绞线规范。为了满足用户的需要，EIA（美国的电子工业协会）制定了 EIA586 和 TSB-67 标准，它适用于已安装好的双绞线连接网络，并提供一个用于认证双绞线电缆是否达到五类线所要求的标准。由于确定了电缆布线满足新的标准，用户就可以确信他们现在的布线系统能否支持未来的高速网络（100 Mbit/s）。

随着超五类、六类系统标准制定和推广，目前 EIA568 和 TSB-67 标准已提供了超五类、六类系统的测试标准。对网络电缆和不同标准所要求的测试参数如表 9-1、表 9-2 和表 9-3 所示。

表 9-1　网络电缆及其对应标准

电缆类型	网络类型	标　准
UTP	令牌环 4 Mbit/s	IEEE802.5 for 4Mbit/s
UTP	令牌环 16 Mbit/s	IEEE802.5 for 16Mbit/s
UTP	以太网	IEEE802.3 for 10Base-T
RG58/RG58 Foam	以太网	IEEE802.3 for 10Base2
RG58	以太网	IEEE802.3 for 10Base5
UTP	快速以太网	IEEE802.12
UTP	快速以太网	IEEE802.3 for 10Base-T
UTP	快速以太网	IEEE802.3 for 100Base-T4
URP	三、四、五类电缆现场认证	TIA568、TSB-67

表 9-2　不同标准所要求的测试参数

测试标准	接线图	电　阻	长　度	特性阻抗	近端串扰	衰　减
EIA/TIA568A、TSB-67	*		*		*	
10Base-T	*		*	*	*	*
10Base2			*	*	*	
10Base5			*	*	*	
IEEE802.5 for 4Mbit/s	*		*	*	*	*
IEEE802.5 for 16Mbit/s	*		*	*	*	*
100Base-T	*		*	*	*	*
IEEE802.12 100Base-VG	*		*	*	*	*

表 9-3　电缆级别与应用的标准

级　别	频　率	量　程　应　用
3	1 ~ 16 MHz	IEEE802.5 Mbit/s 令牌环 IEEE802.3 for 10Base-T IEEE802.12 100Base-VG IEEE802.3 for 10Base-T4 以太网 ATM51.84/25.102/12.106Mbit
4	1 ~ 20 MHz	IEEE802.5 for 16Mbit/s
5	1 ~ 100 MHz	IEEE802.3 for 100Base-T 快速以太网、 ATM155MviT/S
6	200 MHz	IEEE802.3u 1000Base-吉比特以太网
7 *	60 0MHz	

注：*表示国际标准化组织还没有通过正式标准。

9.1.2　测试项目

（1）接线图：测试布线链路有无终接错误的一项基本检查，测试的接线图显示出所测每第 8 芯电缆与配线模块接线端子的连接实际状态。

（2）衰减：由于绝缘损耗、阻抗不匹配、连接电阻等因素、信号沿链路传输损失的能量为衰减。

传输衰减主要测试传输信号在每个线对两端间传输损耗值及同一条电缆内所有线对中最差线对的衰减量，相对于所允许的最大衰减值的差值。

（3）近端串音（NEXT）：近端串扰值（dB）和导致该串扰的发送信号（参考值定为0）之差值为近端串扰损耗。

在一条链路中处于线缆一侧的某发送线对，对于同侧的其他相邻（接收）线对通过电磁感应所造成的信号耦合（由发射机在近端传送信号，在相邻线对近端测出的不良信号耦合）为近端串扰。

（4）近端串音功率5N（PS NEXT）：在4对双绞电缆一侧测量3个相邻线对对某线对近端串扰总和（所有近端干扰信号同时工作时，在接收线对上形成的组合串扰）。

（5）衰减串音比值（ACR）：在受相邻发送信号线对串扰的线对上，其串扰损耗（NEXT）与本线对传输信号衰减值（A）的差值。

（6）等电平远端串音（ELFEXT）：某线对上远端串扰损耗与该线路传输信号衰减的差值。从链路或信道近端线缆的一个线对发送信号，经过线路衰减从链路远端干扰相邻接收线对（由发射机在远端传送信号，在相邻线对近端测出的不良信号耦合）为远端串音（FEXT）。

（7）等电平远端串音功率和（PS ELFEXT）：在4对双绞电缆一侧测量3个相邻线对对某线对远端串扰总和（所有远端干扰信号同时工作，在接收线对上形成的组合串扰）。

（8）回波损耗（RL）：由于链路或信道特性阻抗偏离标准值导致功率反射而引起（布线系统中阻抗不匹配产生的反射能量）。由输出线对的信号幅度和该线对所构成的链路上反射回来的信号幅度的差值导出。

（9）传播时延：信号从链路或信道一端传播到另一端所需的时间。

（10）传播时延偏差：以同一缆线中信号传播时延最小的线对作为参考，其余线对与参考线对时延差值（最快线对与最慢线对信号传输时延的差值）。

（11）插入损耗：发射机与接收机之间插入电缆或元器件产生的信号损耗，通常指衰减。

9.1.3 测试链路模型

1. TSB-67测试内容

美国国家标准协会EIA/TIA制定的TSB-67《非屏蔽双绞电缆布线系统传输性能现场测试规范》于1995年10月被正式通过，是由美国国家标准协会EIA/TIA的专家经过数年的编写与修改而制定的。它比较全向地定义了电缆布线的现场测试内容、方法以及对测试仪器的要求。

一个符合 TSB-67 标准的非屏蔽双绞线网络不但能满足当前计算机网络的信息传输要求，还能支持未来高速网络的需要。按照发达国家的经验，网络上设备的生命周期通常为5年，即一个设备使用5年就可能被淘汰，而网络布线系统却可以支持15年以上。当然，这样的布线系统必须符合TSB-67标准。TSB-67标准包含主要内容如下：

（1）两种测试模型的定义。

（2）要测试的参数的定义。

（3）为每一种连接模型及二类、三类和五类链路定义PASS或FAIL测试极限。

（4）减少测试报告项目。

（5）现场测试仪的性能要求和如何验证这些要求的定义。

（6）现场测试与实验室测试结果的比较方法。

TSB-67 虽然是为测试非屏蔽双绞电缆的链路而制定的，但在测试屏蔽双绞电缆的通道时，也可参照执行。

2. TSB-67 测试模型

TSB-67 定义了两种标准的测试模型：基本链路（Basic Link）和通道（Channel）。

基本链路用来测试综合布线中的固定链路部分。由于综合布线承包商通常只负责这部分的链路安装，所以基本链路又被称为承包商链路。它包括最长 100 m 的水平布线，两端可分别有一个连接点以及用于测试的两条各 2 m 长的跳线。基本链路测试模型如图 9-1 所示。

通道用来测试端到端的链路整体性能，能被称为用户链路。它包括最长 100 m 的水平电缆，一个工作区附近的转接点，在配线架上的两处连接，以及总长不超过 10 m 的连接线和配线架跳线。通道测试模型如图 9-2 所示。

两者的最大区别在于，基本链路测试模型不包括用户端使用的电缆（这些电缆是用户连接工作区终端与信息插座或配线架及交换机等设备的连接线），而通道是作为一个完整的端到端链路定义的，包括连接网络站点、集线器的全部链路，其中用户的末端电缆必须是链路的一部分，必须与测试仪相连。

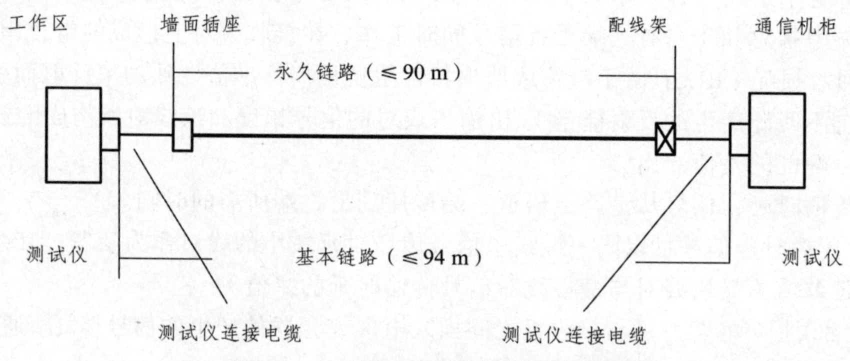

图 9-1 永久链路和基本链路测试模型

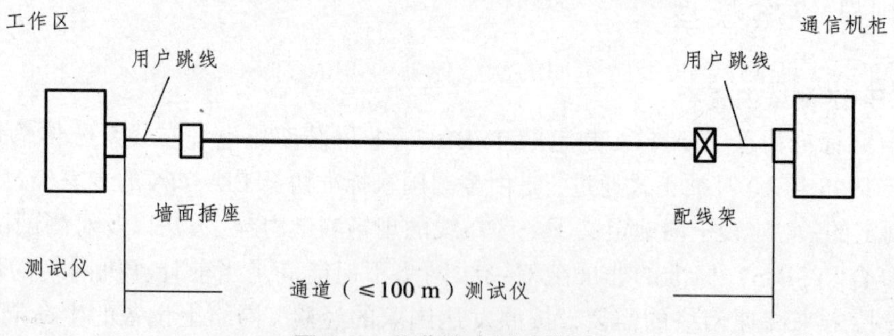

图 9-2 通道链路测试模型

基本链路测试是综合布线施工单位必须负责完成的。通常综合布线施工单位完成工作后，所要连接的设备、器件还没有安装，而且并不是所有的线缆都连接到设备或器件上，所以综合布线施工单位只能向用户提出一个基本链路的测试报告。

工程验收测试一般选择基本链路测试。从用户的角度来说，用于高速网络的传输或其他通信传输时的链路不仅要包含基本链路部分，而且还要包括用于连接设备的用户电缆，所以他们希望得到一个通道的测试报告。

无论是哪种报告都是为认证该综合布线链路是否可以达到设计的要求，二者只是测试的范围和定义不一样，就好比基本链路是要测试一座大桥能否承受 100 km/h 的速度，而通道测试不仅要测试桥本身，而且还要看加上引桥后整条道路能否承受 100 km/h 的速度。在测试中选用什么样的测试模型，一定要根据用户的实际需要来确定。

9.1.4 认证测试需要注意的问题

布线工作完成之后要对各信息点进行测试检查。一般可采用 FLUKE 等专用仪器进行测试，根据各信息点的标记图进行一一测试，若发现有问题则可先做记录，等全部测完之后对个别有问题的地方进行再检查，测试的同时做好标号工作，把各点号码在信息点处及配线架处用标签纸标明并在平面图上注明，以便今后对系统进行管理、使用及维护。一般验收都是在两头发现问题，这可能是配线架没做好，也可能是模块没做好，还有一种可能就是安装面板时螺丝钻入网线造成短路现象。

全部测试完成之后，把平面图进行清理，最后做出完全正确的标号图，以备查用。布线实施过程中一定要注意把好产品关，要选择信誉良好、有实力的公司的产品。为了便于施工、管理和维护、线缆、插头，插座和配线架等最好选同一个厂商的产品，并从正规渠道进货。施工单位在工程开始前，应该将所使用材料样品交网络建设机构作封样。施工单位开启材料包装时，应该将包装内的质保书与产品合格证留存并交建网机构备档。使用前一定要对产品进行性能抽测，布线实施中必须做到，一旦发现假冒劣产品应及时返工。

9.2 测试仪器及测试参数

9.2.1 测试仪器

在综合布线工程测试中，经常使用的测试仪器有 Fluke DSP-100 测试仪、Fluke DSP-4000 系列测试仪。Fluke DSP-100 测试仪可以满足五类线缆系统的测试的要求。Fluke DSP-4000 系统测试仪功能强大，可以满足五类、超五类、六类线缆系统的测试，配置相应的适配器还可用于光纤系统的性能测试。

1. Fluke DSP-100 测试仪

（1）Fluke DSP-100 测试仪功能及特点。

Fluke DSP-100 是美国 Fluke 公司生产的数字式五类线缆测试仪，它具有精度高、故障定位准确等特点，可以满足五类电缆和光缆的测试要求。Fluke DSP-100 采用了专门的数字技术测试电缆，不仅完全满足 TSB-67 所要求的二级精度标准（已经过 UL 独立验证），而且还具有强大的测试和诊断功能。它运用其专利的“时域串扰分析”功能可以快速指出有不良的连接、劣质的安装工艺和不正确的电缆类型等缺陷的位置。

测试电缆时，DSP-100 发送一个和网络实际传输的信号一致的脉冲信号，然后 DSP-100

再对所采集的时域响（相）应信号进行数字信号处理（DSP），从而得到频域响应。这样，一次测试就可替代上千次的模拟信号。

Fluke DSP-100 具有以下特点：

① 测量速度快。17 s 内即可完成一条电缆的测试，包括双向的 NEXT 测试（采用智能远端串元）。

② 测量精度高。数字信号的一致性、可重复性、抗干扰性都优于模拟信号。DSP-100 是第一个达到二级精度的电缆测试仪。

③ 故障定位准确。由于 DSP-100 可以获得时域和频域两个测试结果，从而能对故障进行准确定位。如一段 UTP 五类线连接中误用了三类插头和连线，插头接触不良和通信电缆特性异常等问题都可以准确地判断出来。

④ 方便的存储和数据下载功能。DSP-100 可存储 1 000 多个 TIA TSB-67 的测试结果或 600 个 ISO 的测试结果，而且能够在 2 min 之内下载到 PC 中。

⑤ 完善的供电系统。测试仪的电池供电时间为 12 h（或 1 800 次自动测试），可以保证一整天的工作任务。

⑥ 具有光纤测试能力。配置光缆测试选择 FTK 后，可以完成 850/1 300 nm 多模光纤的光功率损耗的测试，并可根据通用的光缆测量标准给出通过和不通过的测试结果。还可以使用另外的 1 310 nm 和 1 550 nm 激光光源来测量单模光缆的光功率损耗。

（2）Fluke DSP-100 的组件。

Fluke DSP-100 测试仪随机设备包括：

① 1 个主机标准远端单元。

② 中英文用户手册。

③ CMS 电缆数据管理软件（CD-ROM）。

④ 1 条 100 Ω RJ45 校准电缆（15 cm）。

⑤ 1 条 100 Ω 五类测试电缆（2 m）。

⑥ 1 条 50 Ω BNC 同轴电缆。

⑦ AC 适配器/电池充电器。

⑧ 充电电池（装在 DSP-100 主机内）。

⑨ 1 条 RS-232 接口电缆（用于连接测试仪和 PC，以便下载测试数据）。

⑩ 1 条背带。

⑪ 1 个软包。

根据 Fluke DSP-100 的使用要求，可以选择与它相应的选配件。Fluke DSP-100 选件包括：

① DSP-FTK 光缆测试包，包括一个光功率计 DSP-FOM、一个 850/1 300 nm LED 光源 FOS-850/1300、两条多模 ST-ST 测试光纤、一个多模 ST-ST 适配器、说明书和包装盒。

② FOS-850/1300 nm LED 光源。

③ LS-1310/1550 激光光源，包括一个 1310/1550 双波长激光光源、两条单模 ST-ST 测试光纤、一个单模 ST-ST 适配器和说明书。

④ DSP-FOM 光功率计，包括一个光功率计、两条多模 ST-ST 测试光纤、一个多模 ST-ST 适配器、说明书和包装盒。

⑤ BC7210 外接电池充电器。

⑥ C7810 工具包。

（3）Fluke DSP-100 测试仪的简要操作方法。

Fluke DSP-100 测试仪的测试工作主要由主机实现，主机面板上有各种功能键，液晶屏显示测试信号及结果。在测试过程中，主要使用以下 4 个功能键。

① TEST 键，选择该键后测试义进入自动测试状态。

② EXIT 键，选择该键后从当前屏幕显示或功能退出。

③ SAVE 键，保存测试结果。

④ ENTER 键，确认选择操作。

DSP-100 测试仪的远端单元操作很简便，只有一个开关以及指示灯。测试时将开关打开即可开始测试，测试过程中如果测试项目通过，则 PASS 指示灯显示，如果测试未通过，则 FAIL 的指示灯显示。

使用 Fluke DSP-100 测试仪进行测试工作的步骤具体如下：

① 将 Fluke DSP-100 测试仪的主机和远端分别连接被测试链路的两端。

② 将测试仪旋钮转至 SETUP。

③ 根据屏幕显示选择测试参数，选择后的参数将自动保存到测试仪中，直至下次修改。

④ 将旋转钮转至 AUTOTEST，按下 TEST 键，测试仪自动完成全部测试。

⑤ 按下 SAVE 键，输入被测链路编号、存储结果。

⑥ 如果在测试中发现某项指标未通过，将旋钮转至 SINGLE TEST 根据中文速查表进行相应的故障诊断测试。

⑦ 排除故障，重新进行测试直至指标全部通过为止。

⑧ 所有信息点测试完毕后，将测试仪与 PC 连接起来，通过随机附送的管理软件导入测试数据，生成测试报告，打印测试结果。

2. Fluke DSP-4000 系列测试仪

综合布线工程测试中，最常使用的测试仪器是 Fluke DSP-4000 系列的测试仪，它具功能强大、精确度高、故障定位准确等优点。Fluke DSP-4000 系列的测试仪包括 DSP-4000、DSP4300、DSP4000PL 三类型号的产品。这三类型号的测试仪基本配置完全相同，但支持的适配器及内部存储器有所区别。下面以 Fluke DSP-4300 为例，介绍 Fluke DSP-4000 系列的测试仪的功能及基本操作方法。

（1）DSP-4300 电缆测试仪的功能及特点。

DSP-4300 是 DSP-4000 系列的最新型号，它为高速铜缆和光纤网络提供更为综合的电缆认证测试解决方案。使用其标准的适配器就可以满足超五类、六类基本链路、通道链路、永久链路的测试要求。通过其选配的选件，可以完全满足多模光纤和单模光纤的光功率损耗测试要求。它在原有 DSP-4000 基础之上，扩展了测试仪内部存储器，方便的电缆编号，下载功能增加了准确性和效率。

DSP-4300 测试仪具有以下特点：

① 测量精度高。它具有超过了五类、超五类和六类标准规范的Ⅲ级精度要求并由 UL 和 ETL SEMKO 机构独立进行了认证。

② 使用新型永久链路适配器获得更准确、更真实的测试结果、该适配器是 DSP-4300 测试仪的标准配件。

③ 标配的六类通道适配器使用 DSP 技术精确测试六类通道链路，包含的通道/流量适配器提供了网络流量监视功能可以用于网络故障诊断和修复。

④能够自动诊断电缆故障并显示准确位置。

⑤仪器内部存储器扩展至 16 MB，可以存储全天的测试结果。

⑥允许将符合 TIA-606A 标准的电缆编号下载到 DSP-4300，确保数据准确和节省时间。

⑦内含先进的电缆测试管理软件包，可以生成和打印完整的测试文档。

（2）DSP-4300 电缆测试仪的组件。

① DSP-4300 主机和智能远端。

② Cable Manger 软件。

③ 16 MB 内部存储器。

④ 16 MB 多媒体卡。

⑤ PC 卡读取器。

⑥ Cat 6/5e 永久链路适配器。

⑦ Cat 6/5e 通道适配器。

⑧ Cat 6/5e 通道/流量监视适配器。

⑨ 语音对讲耳机。

⑩ AC 适配器/电池充电器。

⑪ 便携软包。

⑫ 用户手册和快速参考卡。

⑬ 仪器背带。

⑭ 同轴电缆（BNC）。

⑮ 校准模块。

⑯ RS-232 串行电缆。

⑰ RJ45 到 BNC 的转换电缆。

根据光纤的测试要求，DSP-4300 测试仪还可以使用以下常用选配件：

① DSP-FTA440S 多模光缆测试选件，包括：使用波长为 850 nm 和 1 300 nm 的 VCSEL 光源，光缆测试适配器，用户手册、SC/ST 50 μm 多模测试光缆，SC/ST 50 μm 多模测试光缆，ST/ST 适配器。

② DSP-FTA430S 单模光缆测试选件，包括：使用波长为 1 310 nm 和 1 550 nm 的激光光源，光缆测试适配器，用户手册，SC/ST 单模测试光缆，ST/ST 单模测试光缆，ST/ST 适配器。

③ DSP-FTA420S 多模光缆测试选件，包括：使用波长为 850 nm 和 1 300 nm 的 LED 光源、光缆测试适配器，用户手册，SC/ST 62.5 μm 多模测试光缆，ST/ST 62.5 μm 多模测试光缆，ST/ST 适配器。

④ DSP-FTK 光缆测试包，包括一个光功率计 DSP-FOM、一个 850/1 300 nm LED 光源 FOS-850/1300、两条多模 ST-ST 测试光纤、一个多模 ST-ST 适配器、说明书和包装盒。

（3）DSP-4300 电缆测试仪的基本操作方法。

在综合布线测试过程，主要使用 DSP-4300 测试仪的主机部分和智能远端部分，它们分别连接在被测试链路的两端，如图 9-3 所示为典型的基本连接的测试图。

整个测试工作主要由主机部分进行控制，它负责配置测试参数、发出各种测试信号、智能远端部分接收测试信号并反馈回到主机部分，主机根据反馈信号判别被测链路的各种电气参数。主机部分有一个简易的操作面板，由一系部功能键及液晶显示屏组成，另外还有一系列接口用于各种通信连接。DSP-4300 测试仪主机部分的正面及侧面视图，如图 9-4 所示。

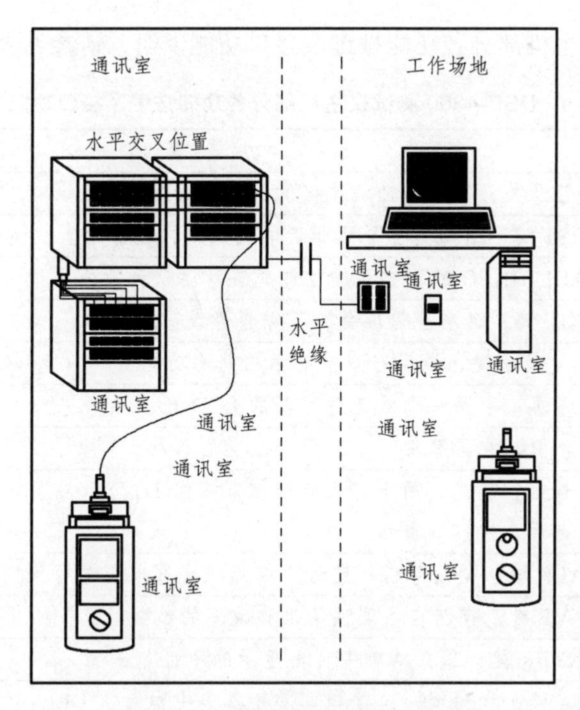

图 9-3 典型的基本连接的测试图

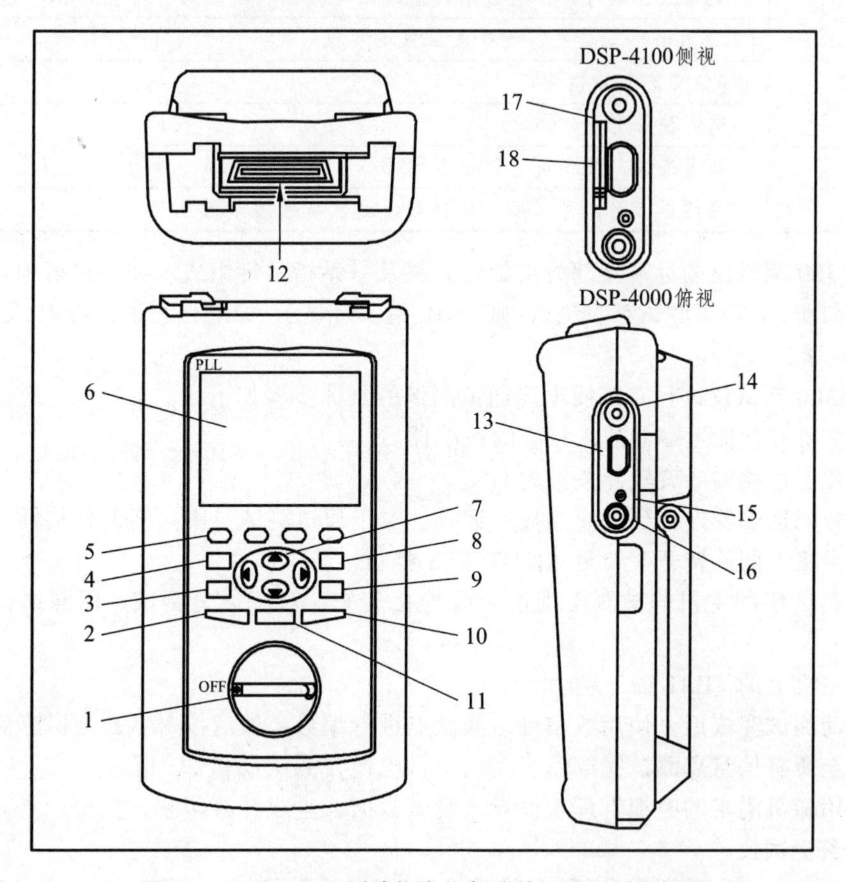

图 9-4 DSP-4300 测试仪主机部分的正面及侧面视图

DSP-4300 测试仪主机部分各功能按键及接口功能说明，请参见表 9-4。

表 9-4　DSP-4300 测试仪主机部分各功能按键及接口功能说明

项目编号	功能说明
（1）	旋钮开关，用于选择测试仪的工作模式
（2）	TEST 键，启动突出显示所选的测试或再次启动上次运行的测试
（3）	FAULT INFO 键，自动提供造成自动测试失败的详细信息
（4）	EXIT 键，退出当前屏幕，不保存修改
（5）	1～4 数字键，提供与当前显示相关的功能
（6）	显示屏，它是一个对比度可调的 LCD 显示屏
（7）	移动键，在屏幕中可上、下、左、右移动
（8）	背景灯控制键，用于背景灯控制。按住 1 s 可以显示对比度。测试仪进入休眠状态后，按该键重新启动
（9）	TALK 键，使用耳机可通过双绞线或光纤电缆进行双向通话
（10）	SAVE 键，存储自动测试结果和改变的参数
（11）	ENTER 键，选择菜单中突出显示的项目
（12）	LIA 接头和插销，连接接口适配器接头和插销（LIA）
（13）	RS-232C 串行口，通过串行电缆可将测试仪连接到打印机或 PC
（14）	2.5 mm 话筒插孔，连接测试仪的耳机
（15）	AC 交流电源指示灯
（16）	交流稳压电源/充电插口
（17）	弹出按键，按此键可弹出存储器卡
（18）	存储器卡槽，可以插入保存自动测试结果的存储器卡

DSP-4300 测试仪的远端器部分由旋转开关及一系指示灯组成。如果测试项目通过，则 PASS 指示灯显示，如果测试项目失败，则 FAIL 指示灯显示。如果在测试过程中，则 TESTING 指示灯在闪烁。

DSP-4300 测试仪进行双绞线电缆通道测试的具体步骤如下：

① 为主机和智能远端器插入相应的适配器。

② 将智能远端器的旋转开关置为 ON。

③ 把智能远端器连接到电缆连接的远端。对于通道测试，用网络设备接插线连接。

④ 将主机上的旋转开关转至 AUTOTEST 挡位。

⑤ 将测试仪的主机与被测电缆的近端连接起来。对于通道测试，用网络设备接插线连接。

⑥ 按主机上的 TEST 键，启动测试。

⑦ 自动测试完成后，使用数字键给测试点进行编号，然后按 SAVE 键保存测试结果。

⑧ 直至所有信息点测试完成后，使用串行电缆将测试仪和 PC 相连。

⑨ 使用随机附带的电缆管理软件导入测试数据，生成并打印测试报告。

3. 光纤测试仪

目前综合布线系统中光纤传输系统的性能测试除了可以用上述的 Fluke DSP4000 系列

的电缆测试仪，还经常使用AT & T公司生产的1038系列光纤测试仪。下面简要介绍AT & T公司生产1038A光纤测试仪的功能及简要操作方法。

（1）光纤测试仪的组成。

1038A光纤测试仪由主机、光源模块、光连接器的适配器、AC电源适配器4个部件组成，如图9-5所示。主机部分包含一个检波器、光源模块（OSM）接口、发送和接收电路及供电电源。主机可独立地作为功率计使用，不要求光源模块。光源模块包含有发光二极管（LED），在660、780、820、870、1 300、1 550 nm波长上作为测量光衰减或损耗的光源，每个模块在其相应的波长上发出能量。

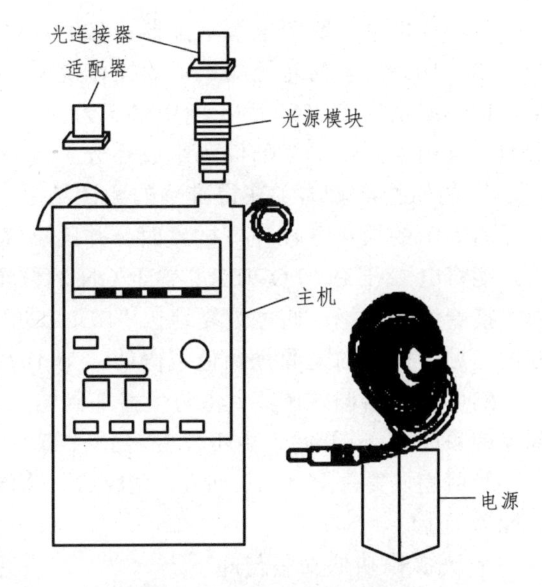

图9-5　1038A光损耗测试仪

光连接器的适配器允许连接一个Biconic、ST、SC或其他光缆连接器至1038主机，对每一个端口（输入和输出）要求一个适配器，安装连接器的适配器时不需要工具。AC电源适配器主要给主机供电，AC适配器不对主机中的可充电电池进行充电。如果使用的是可充电电池，则必须由外部AC电源对充电电池进行充电。

（2）1038系列测试仪的技术参数。

① 发送器的技术参数见表9-5。

表9-5　发送器的技术参数

发送器	标准模块最大标称波长（nm）	频宽（nm）	输出功率（dBm）	输出稳定性（常温下超过8h）（dB）
10G	660±10	≤20	≥-20	≤±0.5
10H	780±10	≤30	≥-20	≤±0.5
10B	820±10	≤50	≥-25	≤±0.5
10C	850±10	≤50	≥-25	≤±0.5
10D	875±10	≤50	≥-25	≤±0.5
10E	1300±20	≤150	≥-30	≤±0.5
10F	1550±20	≤150	≥-30	≤±0.5

② 接收器的技术参数见表9-6。

表9-6　接收器的技术参数

接收器类型	1038A	1038C
标准校准波长	850 nm、875 nm、1 300 nm、1 550 nm	660 nm、780 nm、820 nm、850 nm
测量范围	+3 ~ -60 dBm，2 mW ~ 1 Nw	
精确度	+5%	
分辨率	0.01 dBm/0.01 dBm	

③电源供电，交流电源适配器：120 V/AC，220 V/AC。

（3）1038A 系列光纤测试仪的操作说明。

1038A 系列 OLTS/OPM 能用来作为一个光能量功率计，以测试一个光信号的能级。该系列也可用来测试一个部件（组成部分）或一条光纤链路的损耗/衰减。

① 初始校准。为了获得准确的测试结果，永远要保持光界面的清洁，可用一个沾有酒精（乙醇）的棉花签轻轻擦拭界面，并用罐气将界面吹干。初始校准按下列步骤进行。

能将电源开关（POWER）置于 ON 的位置，并等待启动完面 LCD（液晶显示）画面。

接着波长选择。通过重复地按“SELECT”按钮，以使指示器移到抽选的波长上。为了方便起见，插入的光源是颜色编码的，与 1038A 主机面板上“波长终点颜色”相匹配。

然后检波器偏差调零，将防尘盖加到输入端口上并拧紧，这时按下“ZERO SET”按钮，调零的顺序由-10 开始，由-0 结尾。请注意：当进行弱信号测试时，必须完成此项操作。

最后当调零序列（-10 到 0）完成后，将输入端口上的防尘盖取下，再将合适的连接器适配器加上。

② 光源模块的安装与卸下。

将要安装的光源模块上的定位键与主机 1038A 中对应的槽对准，然后将模块压进 1038A 主机直到完全吻合，并且掩没在主机体内。

用拇指向上推位于设备背面的排出锁闩，以卸下光源模块。这时，一定要确认防尘盖是否去掉了。

③ 能级测试。能级测试（Watts 或 dBm）按下列步骤完成。

在初始调整完成后，用一条测试跳线将 OPM 的输入端口与被测的光能源连接起来，根据所选择的 W/dBm 按钮不同，检测到的能级将以 Watts 或 dBm 显示出来。

请注意：所用的测试跳线类型（无论是单模还是多模，50/125 mm 还是 62.5/125 mm）将影响测试，确定并选择合适的跳线类型。

④ 损耗/衰减测试。OLTS/OPM 可用来测试光纤及其元件部件（衰减器，分离器，跳线等）或光纤链路的衰减/损耗。光衰减测试依赖于所用光源（发送器）的特性。因此，当测试一条光纤通道时，光源的类型（Center/Peak 波长，频谱的宽度等）要与系统运行时所用的光源类型相近。单模和多模光纤的损耗/衰减测试，使用外部的光源。

使 OLTS/OPM 测试一条光纤链路的步骤如下：完成测试仪初始调整工作；测试跳线将 1038 的输入端口与光源连接起来；如果用的是一个变化的输出源，则将输出能级调到最大值；如果用两个变化的输出源，调整两个源的输出能级，直到它们是等同的为止；通过按下 REL（dB）按钮，选择 REL（dB）方式，显示的读数为 0.00 dB；断开（从 OPM/OLTS 输入端口上）测试跳线，并将它连接到光纤链路上。

光纤链路相反的一端，连接上另一条测试跳线（跳线应是同一类型的 10/125OLTS/OPM 的输入端口，且此跳线的另一端连到被测的光纤链路，该光纤跳线的损耗将以 dB 显示。

为了消除测试中产生的方向偏差，将要求在两个方向上测试光纤链路，然后取损耗的平均值作为结果值。

9.2.2 线缆物理参数

综合布线工程测试内容主要包括 3 个方面，即工作区到设备间的连通状况测试、主干线连通状况测试和跳线测试。每项测试内容主要测试以下参数：信息传输速率、衰减、距离、接线图、近端串扰等。下面具体介绍各测试参数的内容。

1. 接线图（Wire Map）

接线图是用来检验每根电缆末端的 8 条芯线与接线端子实际连接是否正确，并对安装连通性进行检查。测试仪能显示出电缆端接的线序是否正确。

2. 长度（Length）

基本链路的最大物理长度是 104 m，通道的最大长度是 100 m。基本链路和通道的长度可通过测量电缆的长度确定，也可从每对芯线的电气长度测量中导出。

测量电气长度是基于信号传输延迟和电缆的额定传播速度（NAP）值来实现的。额定传播速度是指电信号在该电缆中传输速度与真空中光的传输速度比值的百分数。测量额定传播速度方法有：时域反射法（TDK）和电容法。采用时域反射法测量链路的长度是最常用的方法，它通过测量测试信号在链路上的往返延迟时间，然后与该电缆的额定传播速度值进行计算就可得出链路的电气长度。

3. 衰减（Attenuation）

衰减是信号能量沿基本链路或通道传输损耗的量度，它取决于双绞线电阻、分布电容、分布电感的参数和信号频率，衰减量会随频率和线缆长度的增加而增大，单位用 dB 表示。信号衰减增大到一定程度，将会引起链路传输的信息不可靠。引起衰减的原因还有集肤效应、阻抗不匹配、连接点接触电阻以及温度等因素。

4. 近端串扰损耗（NEXT）

串扰是高速信号在双绞线上传输时，由于分布电感和电容的存在，在邻近传输线中感应的信号。近端串扰是指在一条双绞电缆链路中，发送线对对同一侧其他线对的电磁干扰信号。NEXT 值是对这种耦合程度的度量，它对信号的接收产生不良的影响。NEXT 值的单位是 dB，定义为导致串扰的发送信号功率与串扰之比。NEXT 越大，串扰越低，链路性能越好。

5. 直流环路电阻

任何导线都存在的电阻，直流环路电阻是指一对双绞线电阻之和。当信号在双绞线中传输时，在导体中会消耗一部分能量且转变为热量，100 Ω 屏蔽双绞电缆直流环路电阻不大于 110.2 Ω/100 m，150 Ω 屏蔽双绞电缆直流环路电阻不大于 12 Ω/100 m。常温环境下的最大值不超过 30 Ω。直流环路电阻的测量应在每对双绞线远端短路，在近端测量直流环路电阻，其值应与电缆中导体的长度和直径相符合。

6. 特性阻抗（lmpedance）

特性阻抗是衡量出电缆及相关连接件组成的传输通道的主要特性的参数。一般来说，双绞线电缆的特性阻抗是一个常数。常说的电缆规格：100 ΩUTP、120 ΩFTP、150 ΩSTP，这些电缆对应的特性阻抗就是：100 Ω、120 Ω、150 Ω。一个选定的平衡电缆通过的特性阻抗极限不能超过标称阻抗的 15 %。

7. 衰减与近端串扰比（ACR）

衰减与近端串扰比是双绞线电缆的近端串扰值与衰减的差值，它表示了信号强度与串扰产生的噪声强度的相对大小，单位以 dB 表示。它不是一个独立的测量值而是衰减与近端串扰（NXET-Attenuation）的计算结果，其值越大越好。衰减、近端串扰和衰减与近端串扰比都是频率的函数，应在同一频率下进行运算。

8. 综合近端串扰（Power Sun NEXT，PSNT）

在一根电缆中使用多对双绞线进行传送和接收信息会增加这根电缆中某对线的串扰。综合近端串扰就是双绞线电缆中所有线对对被测试线对产生的近端串扰之和。例如，4 对双绞电缆中 3 对双绞线同时发送信号，而另 1 对线测量其串扰值，测量得到串扰值就是该线对的综合近端串扰。

9. 等效远端串扰（Equal Level FEXT，ELFEXT）

一个线对从近端发送信号，其他线对接收串扰信号，在链路远端测量得到经线路衰减了的串扰值，称为远端串扰（FEXT）。但是，由于线路的衰减，会使远端站接收的串扰信号过小，以致所测量的远端串扰不是在远端的真实串扰值。因此，测量得到的远端串扰值在减去线路的衰减值后，得到的就是等效远端串扰。

10. 传输延迟（Propagation delay）

这一参数代表了信号从链路的起点到终点的延迟时间。由于电子信号在双绞电缆并行传输的速度差异过大会影响信号的完整性而产生误码。因此，要以传输时间最长的一对为准，计算其他线对与该线对的时间差异。所以传输延迟的表示会比电子长度测量精确得多。两个线对间的传输延迟的偏差对于某些高速局域网来说是十分重要的参数。

常用的双绞线、同轴电线，它们所用的介质材料决定了相应的传输延迟。双绞线传输延迟为 56ns/m，同轴电线传输延迟为 45 ns/m。

11. 回波损耗（Retm Loss，RL）

该参数是衡量通道特性阻抗一致性的。通道的特性阻抗随着信号频率的变化而变化。如果通道所用的线缆和相关连接件阻抗不匹配而引起阻抗变化，造成终端传输信号量被反射回去，被反射到发送端的一部分能量会形成噪声，导致信号失真，影响综合布线系统的传输性能。反射的能量越少，意味着通道采用的电缆和相关连接件阻抗一致性越好，传输信号越完整，在通道上的噪声越小。

双绞线的特性阻抗、传输速度和长度，各段双绞线的接续方式和均匀性都直接影响到结构回波损耗。

9.2.3 测试方法

1. 双绞线测试技术

随着网络应用不断扩大，对网络传输性能要求也越来越高。在局域网中最常使用的双绞线电缆传输性能不断提高，目前超五类、六类电缆已经成为主流产品，这就对双绞线测试技术提出越来越高的要求，对于五类双绞线电缆，使用 Fluke DSP-100 测试仪就可以满足测试要求；对于超五类、六类双绞线电缆，必须使用 Fluke DSP-4000 系列的测试仪才能满足测试要求。

（1）五类双绞线测试内容，根据 EIA/TIA TSB-67 标准规定，五类双绞线测试的内容有以下项目。

① 接线图测试，确认一端的每根导线与另一端相应的导线连接的线序，以判断是否正确地绞接。

② 链路长度测试，测试链路布设的真实长度，一般实际测量时会有至少 10%的误差。

③ 衰减测试，测试信号在被测链路传输过程中的信号衰减程度，单位为 dB。

④ 近端串扰 NEXT 损耗测试，测试传送信号与接收同时进行的时候产生干扰的信号，是对双绞线电缆性能评估的最主要的标准。

（2）超五类、六类双绞线测试内容，超五类、六类双绞线测试在五类双绞线测试的基础上，增加了 7 项测试项目，具体如下。

① 特性阻抗测试，它是衡量由电缆及相关连接硬件组成的传输通道的主要特性之一。

② 结构回波损耗（SRL）测试，用于衡量通道所用电缆和相关连接硬件阻抗是否匹配。

③ 等效式远端串扰测试，用于衡量两个以上信号朝一个方向传输时的相互干扰情况。

④ 综合远端串扰（Power Sun ELFEXT）测试，用于衡量发送和接收信号时对某根电缆所产生的干扰信号。

⑤ 回波损耗测试，用于确定某一频率范围内反射信号的功率，与特性阻抗有关。

⑥ 衰减串扰比（ACR）测试，它是同一频率下近端串扰 NEXT 和衰减的差值。

⑦ 传输延迟测试，它代表了信号从链路的起点到终点的延迟时间，两个线对间的传输延迟上的差异对于某些高速局域网来说是十分重要的参数。

2. 光纤测试技术

（1）光纤测试技术综述。

随着计算机技术和通信技术的高速发展，光纤的应用越来越广泛，光纤测试技术已成为一个崭新的领域。光纤的种类很多，但光纤及其传输系统的基本测试方法与所使用的测试仪器原理基本相同。对光纤或光纤传输系统，其基本的测试内容有连续性和衰减/损耗、光纤输入功率和输出功率、分析光纤的衰减损耗、确定光纤连续性和发生光损耗的部位等。

光纤测试常用的仪器有 Fluke DSP-4000 系列的线缆测试仪（要安装相应的光纤选配件），AT&T 公司生产的 1038 系列光纤测试仪。

为了确保测试的准确性，在进行光纤的各种参数测量之前，要选择匹配的光纤接头，仔细地平整及清洁光纤接头端面。如果选用的接头不合适，就会造成损耗或者光的反射。

目前，绝大多数的光纤系统都采用标准类型的光纤、发射器和接收器。例如，综合布线几乎全都使用纤芯为 62.5 μm 的多模光纤和标准发光二极管（LED）光源，工作在 850 nm 的光波上，这样就可以大大地减少测量的不确定性。而且，即使使用不同厂家的设备，也可以很容易地进行连接，可靠性和重复性也很好。

（2）光纤测试技术。

测试光纤的目的是要知道光信号在光纤链路上的传输损耗。光信号是由光纤链路一端的 LED 光源所产生的（对于 LGBC 多模光缆，或室外单模光缆是由激光光源产生的）。光信号从光纤链路的一端传输到另一端的损耗来自光纤本身的长度和传导性能，来自连接器的数目和接续的多少。当光纤损耗超过某个限度值后，表明此条光纤链路是有缺陷的。对光纤链路进行测试有助于找出问题。下面给出如何用 1038 系列光纤测试仪来进行光纤链路测试的步骤。

① 测试光纤链路所需的硬件包括：两个 1038A 光纤损耗测试仪（OLTS）；为使在两个地点进行测试的操作员之间能够通话，需要有无线电话（至少要有电话）；4 条光纤跳线，用来建立 1038A 测试仪与光纤链路之间的连接；红外线显示器，用来确定光能量是否存在；眼镜（测试人员必须戴上眼镜）。

测试人员特别要注意：当执行下列过程时，决不能去观看一个光源的输出。为了确定光能量是否存在，应使用能量/功率计或红外线显示器来测试。

② 设置测试设备，按随 1038A 光纤损耗测试仪一起提供的指令来设置测试仪。

③ 对 1038A 测试仪进行调零。调零用来消除能级偏移量，当测试非常低的光能级时，不调零则会引起很大的误差，调零还能消除跳线的损耗。为了调零，在位置 A 用一跳线将 1038A 的光源（输出端口）和检波器插座（输入端口）连接起来，在光纤链路的另一端（位置 B）完成同样的工作，测试人员必须在两个位置（A 和 B）上对两台 1038A 调零。

④ 对测试仪进行自校准，连接按住 ZERO SET 按钮一秒钟以上，等待 20 s 的时间来完成自校准。

⑤ 测试光纤链路中的损耗（位置 A 到位置 B 方向上的损耗）的操作步骤：在位置 A 的 1038A 测试仪上从检波器插座（IN 端口）处断开跳线 S1，并把 S1 连接到被测的光纤链路上；在位置 B 的 1038A 测试仪上从检波器插座（IN 端口）处断开跳线 S2；在位置 B 的 1038A 检波器插座（输入端口）与被测光纤通路的位置 B 末端之间的另一条光纤跳线连接起来；在位置 B 处的 1038A 测试仪测试 A 到 B 方向上的损耗。

⑥ 测试光纤链路中的损耗（位置 B 到位置 A 方向上的损耗），具体操作步骤：在位置 B 的光纤链路处将跳线 D2 断开；将跳线 S2（位置 B 处的）连接到光纤链路上；从位置 A 处将跳线 S1 从光纤链路上断开；用另一条跳线 D1 将位置 A 处 1038 检波器插座（IN 端口）与位置 A 处的光纤链路连接起来；在位置 A 处的 1038A 测试仪上测试出 B 到 A 方向上的损耗。

⑦ 计算光纤链路上的传输损耗。根据前面测试出来的两个方向传输损耗，计算光纤链路上的平均传输损耗，然后将数据认真地记录下来。计算时采用下列公式：

$$平均损耗=[损耗（A 到 B 方向）+损耗（B 到 A 方向）]/2$$

⑧ 记录所有的数据。当一条光纤链路建立好后，测试的是光纤链路的初始损耗。要认真地将安装系统时所测试的初始损耗记录在案。以后在某条光纤链路工作不正常，要进行测试时，这时的测试值要与最初测试的损耗值比较。若高于最初测试的损耗值，则表明存在问题，其原因可能是测试设备的问题，也可能是光纤链路的问题。

⑨ 重复以上测试过程，如果测出的数据高于最初记录的损耗值，那么要对所有的光纤连接器进行清洗。此外，测试人员要检查对设备的操作是否正确，还要检查测试跳线连接条件。

如果重复出现较高的损耗值，那么就要检查光纤链路上有没有不合格的接续，损坏的连接器，被压住/挟住的光纤等。测试数据记录单见表 9-7。

表 9-7 测试数据记录单

光纤号 No	波长（nm）	在 X 位置的损耗读数 Lx（dB）	在 Y 位置的损耗读数 Ly（dB）	总损耗为（$Lx+Ly$）/2（dB）
1				
2				
3				
⋮				
n				

9.3　工程验收

9.3.1　综合布线工程验收方法

根据综合布线工程施工与验收规范的规定，综合布线工程验收主要包括 3 个阶段，即工程验收准备，工程验收检查，工程竣工验收。工程验收工作主要由施工单位、监理单位、用户单位三方一起参与实施的。

1. 工程验收准备

工程竣工后，施工单位应向用户单位提交一式三份的工程竣工技术文档，具体应包含以下内容。

（1）竣工图纸。竣工图纸应包含设计单位提交的系统图和施工图，以及在施工过程中变更的图纸资料。

（2）设备材料清单。它主要包含综合布线各类设备类型及数量，以及管槽等材料。

（3）安装技术记录。它包含施工过程中验收记录和隐蔽工程签证。

（4）施工变更记录。它包含由设计单位、施工单位及用户单位一起协商确定的更改设计资料。

（5）测试报告。测试报告是由施工单位对已竣工的综合布线工程的测试结果记录。它包含楼内各个信息点通道的详细测试数据以及楼宇之间光缆通道的测试数据。

2. 工程验收检查

工程验收检查工作是由施工方、监理方、用户方三方一起进行的，根据检查出的问题可以立即制定整改措施，如果验收检查已基本符合要求的可以提出下一步竣工验收的时间。工程验收检查工作主要包含下面内容。

（1）信息插座检查。

（2）信息插座的规格和型号是否符合设计要求。

（3）信息插座安装的位置是否符合设计要求。

（4）信息插座模块的端接是否符合要求。

（5）信息插座各种螺丝是否拧紧。

（6）如果是屏蔽系统，还要检查屏蔽层是否接地可靠。

（7）楼内线缆的布设检查：

① 线缆的规格和型号是否符合设计要求。

② 线缆的布设工艺是否达到要求。

③ 管槽内布设的线缆容量是否符合要求。

（8）管槽施工检查：

① 安装路由是否符合要求。

② 安装工艺是否符合要求。

③ 如果采用金属管，要检查金属管是否可靠地接地。

④ 检查安装管槽时已破坏的建筑物局部区域是否已进行修补并达到原有的感观效果。

（9）线缆端接检查：

① 信息插座的线缆端接是否符合要求。

② 配线设备的模块端接是否符合要求。

③ 各类跳线规格及安装工艺是否符合要求。

④ 光纤插座安装是否符合工艺要求。

（10）机柜和配线架的检查：

① 规格和型号是否符合设计要求。

② 安装的位置是否符合要求。

③ 外观及相关标志是否齐全。

④ 各种螺丝是否拧紧。

⑤ 接地连接是否可靠。

（11）楼宇之间线缆布设检查：

① 线缆的规格和型号是否符合设计要求。

② 线缆的电气防护设施是否正确安装。

③ 线缆与其他线路的间距是否符合要求。

④ 对于架空线缆要注意架设的方式以及线缆引入建筑物的方式是否符合要求，对于管道线缆要注意管径、入孔位置是否符要求，对于直埋线缆注意其路由、深度、地面标志是否符合要求。

3. 工程竣工验收

工程竣工验收是由施工方、监理方、用户方三方一起组织人员实施的。它是工程验收中一个重要环节，最终要通过该环节来确定工程是否符合设计要求。工程竣工验收包含整个工程质量和传输性能的验收。

工程质量验收是通过到工程现场检查的方式来实施的，具体内容可以参照工程验收检查的内容。由于前面已进行了较详细的现场验收检查，因此该环节主要以抽检方式进行。传输性能的验收是通过标准测试仪器对工程所涉及的电缆和光缆的传输通道进行测试，以检查通道或链路是否符合 ANSI/TIA/EIA TSB-67 标准。由于测试之前，施工单位已自行对所有信息点的通道进行了完整的测试并提交了测试报告，因此该环节主要以抽检方式进行，一般可以抽查工程的 20%信息点进行测试。如果测试结果达不到要求，则要求工程所有信息点均需要整改并重新测试。

9.3.2 建立文档

工程竣工文档为项目的永久性技术文件，是建设单位使用、维护、改造、扩建的重要依据，也是对建设项目进行复查的依据。在项目竣工后，项目经理必须按规定向建设单位移交档案资料。

竣工文档包括项目的提出、调研、可行性研究、评估、决算、计划、勘测、设计、施工、测试、竣工的工作中形成的所有文件材料。

竣工文档一般包含以下文件：

① 竣工决算编制说明主要内容。

② 项目建设的依据。

③ 工程概算及概算修正情况，资金来源情况分析，投资完成情况及分析，固定资产投资计划下达情况，设备、器材明细表，交付使用资产情况，工程建设财务管理的经验教训。

④ 竣工图纸为施工中更改后的施工设计图。

⑤ 工程变更、检查记录及施工过程中，需更改设计或采取相关措施，由建设、设计、施工等单位之间的双方洽商记录。

⑥ 测试记录，验收工作的情况说明，验收时间及验收部门。

⑦ 工程遗留问题及处理意见的落实情况。

竣工技术要保证质量，做到外观整洁，内容齐全，数据准确。

在验收中发现不合格的项目，应由验收机构查明原因，分清责任，提出解决办法。

综合布线系统工程如采用计算机进行管理和维护工作，应按专项进行验收。

9.3.3 验收标准与现场验收

1. 验收标准

（1）国际商业建筑物布线标准：TIA/EIA 568。

（2）中华人民共和国通信行业标准 YD/T1026.2-110107 neq ISO/IEC10801：110105。

（3）GB 50312-2007 综合布线工程验收规范。

2. 现场验收

现场验收由施工方、用户方、监理方三个单位分别组织人员参与验收工作。主要验收工作区子系统、水平子系统、主干子系统、设备间子系统、管理子系统、建筑群子系统的施工工艺是否符合设计的要求，检查建筑物内的管槽系统的设计和施工是否符合要求，检查综合布线系统的接地和防雷设计、施工是否符合要求。现场验收的具体内容可以参照综合布线系统的相关验收规范要求。

在验收过程发现不符合要求的地方，要进行详细记录，并要求限时进行整改。

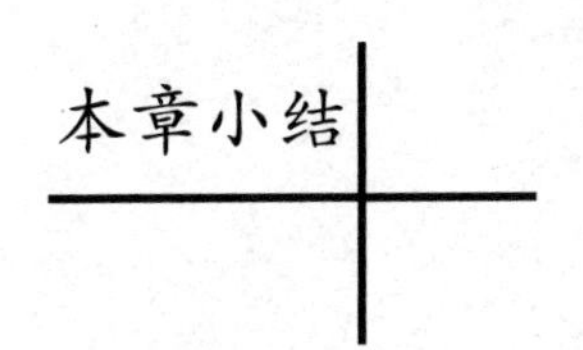

本章介绍了综合布线系统测试的相关基础知识，常用测试仪使用方法及工程验收的方法。通过测试，可以及时发现布线故障，确保工程施工质量。测试完成后，应使用电缆管理软件导入被测试数据，生成测试报告。通过对测试报告的分析，可以判定整个工程的施工质量。工程验收应该形成文档，以方便日后复查。

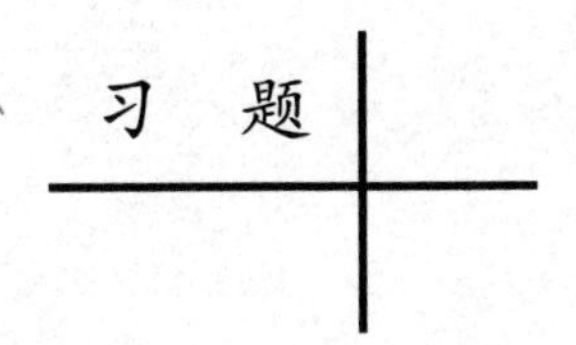

1. 简要说明基本链路测试模型和通道测试模型的区别。

2．简述使用某种电缆测试仪测试一条超五类链路的过程。
3．光纤传输系统的测试主要包括哪些内容？应该使用什么仪器进行测试？
4．简要说明工程测试报告应包含的内容，使用什么方法生成测试报告？
5．简要说明工程验收文档应包含哪些内容。

10 网络系统集成与综合布线典型案例

为了能了解完整的网络系统集成与综合布线过程，本章列举了在各行业中具有代表性的4组案例，系统地介绍了从用户需求分析到工程验收完整的组网过程。在综合布线方面，每组案例过程基本一致，所以本章只对第一组校园网组建案例进行工程布线的详细说明，其他案例不再介绍布线施工过程。

10.1 某大学校园网的组建方案

从整体上看，校园网不仅是一个集多种应用于一体的大型网络通信平台，而且是具有强大的资源管理和安全防范机制的综合服务体系。它的应用范围可以涵盖多媒体教学、远程教育、Internet 接入、办公自动化、校园 IP 电话、图书查询管理、教学、科研、人事和各类资源管理等。

随着网络远程教育的逐步发展和实施，建立良好、稳定且可靠的通信网络更显得非常重要了。各高校、中小学需要不断加强校园网络中心的硬件基础设施建设，以适应未来网络发展的需要。与此同时，加强支撑平台软件和应用软件的开发与维护，保证校园网络的同步协调发展，来更大地提高网络综合投资效益。校园网设计的步骤大致如下：

（1）进行需求分析。根据学校的性质、特点和目标，对学校的信息化环境进行准确的描述，明确系统建设的需求和条件。

（2）在应用需求分析的基础上，确定学校网络架构类型，网络拓扑结构和功能，确定系统建设的具体目标，包括网络设施、站点设置、开发应用和管理等方面的目标。

（3）根据应用需求、建设目标和学校主要建筑分布特点，进行具体的系统分析和设计，从整体细化到局部。

（4）制定在技术选型、布线设计、设备选择、软件配置等方面的标准和要求。

（5）规划安排校园网建设的实施步骤，进行具体布线施工。

图 10-1 所示为一个典型的校园网结构示意图。

10.1.1 需求分析

1. 环境需求

通过对该大学整体校园网络环境的分析，该大学网络节点需要覆盖整个校园，其用户数目、分布和站点地理环境见表 10-1。

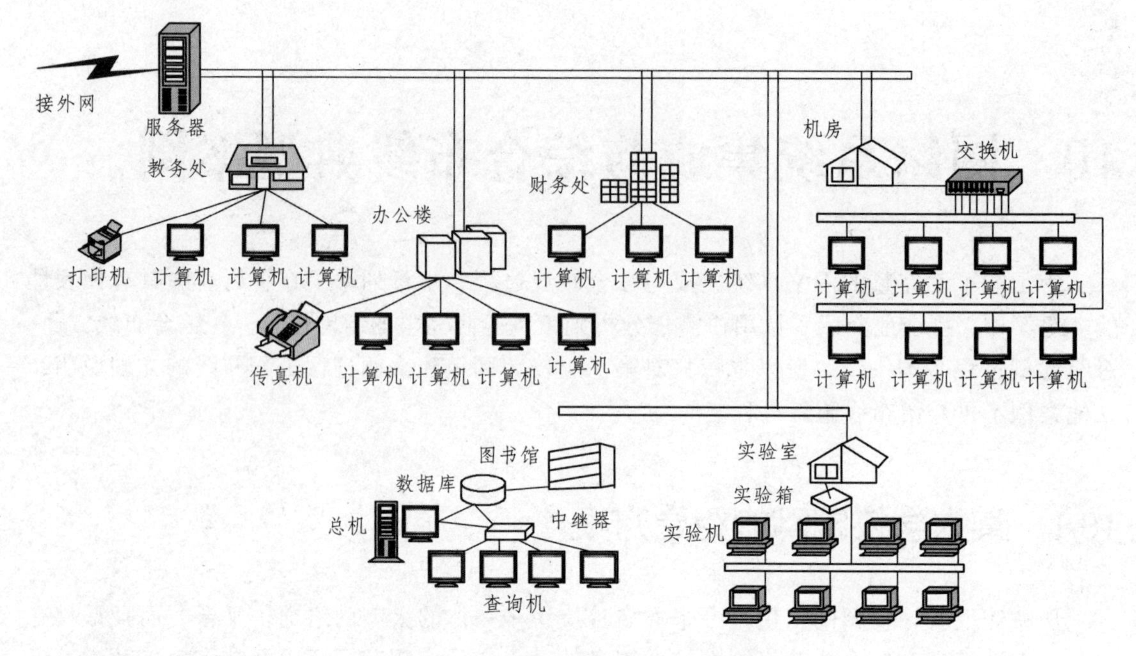

图 10-1 典型校园网结构示意图

表 10-1 校园网络环境需求

地　点	节点数目	用户数目	位　置
网络信息中心	6	50	距离信息中心 0 m
各院系楼	20	上百用户	各院系距离信息中心 100~400 m 不等
各教学楼	30	50 以上	各教学楼距离信息中心 100~400 m 不等
图书馆	12	60	距离信息中心 200 m
学生宿舍	较多	上千用户	各学生宿舍距离信息中心 300~600 m 不等
教师宿舍	较多	上百用户	各教师宿舍距离信息中心 500~700 m 不等
食　堂	5	15	各食堂距离信息中心 200~400 m 不等
实验室机房	12	上百用户	距离信息中心 150 m

由于校园比较大，建筑楼群又多，因此布局相对比较分散。对于学生宿舍、教师宿舍、图书馆和机房这几个地点来说，信息流量比较大，所以需要考虑到网络速度问题，尽可能不要出现网络拥塞现象，在各办公地点还要注意网络的稳定性和安全性问题。校园建筑具体地理分布如图 10-2 所示。

2. 设备需求

校园主干网络采用光纤通信介质，覆盖教学区和学生区的主要建筑物。校园网分布范围较广、在核心交换机到分布层交换机之间，线缆以多模光纤为主；如果距离超过多模光纤的极限，则采用单模光纤。考虑到该校园网络规模较大，应该采用可管理型的交换机。

3. 网络功能

该校园网络应用范围较广，传输的数据主要包括图像、语音、文本等多种数据类型。应该保证 1 000 Mbit/s 主干网带宽以及 100 Mbit/s 带宽接入各个信息点。

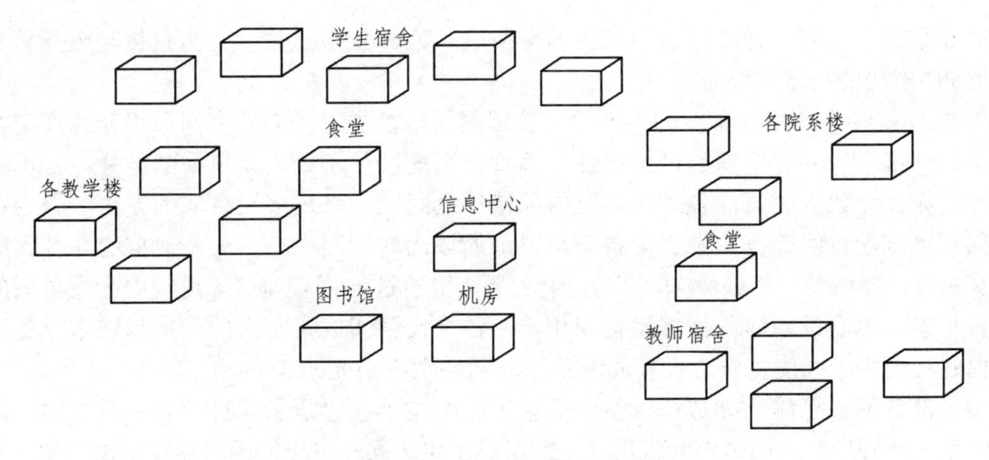

图 10-2　校园建筑地理布局

4. 成本分析

成本分析主要包括网络干线敷设、硬件设备、软件和施工，以及未来的网络维护费用、维持网络运行费用和必要配件的费用等，同时还要考虑到网络的升级费用等。

5. 建设目标

该校园网的建设目标是达到一个满足数字、语音、图形图像等多媒体信息，以及综合教学、科研和管理信息传输和处理需要的综合数字网。

（1）数学环境：为师生提供教学演播环境和交互式学习环境，提高教学质量、促进学生自主学习，改革课堂教学模式。例如，学生可以在自己的计算机屏幕上看到教师的计算机屏幕内容，教师的所有操作都将同步显示在学生的屏幕上，完成常规教学的演示功能。

（2）数据库：储备大量的多媒体课件、教学相关内容，支持 100 M 以上数据文件的管理、检索和存储等。

（3）教学科研管理：支持教学活动信息查询、统计和汇总等功能，通过分析信息，给管理人员提供翔实的资料，方便制定教学工作计划。

（4）办公自动化：提高办公效率，节约成本，实现无纸化办公。

（5）网络互联：建立校园信息发布窗口发学校主页、教师主页、电子信箱和学生网站等，实现校园网与校园网和校园网与 Internet 的信息共享和高效互联。

10.1.2　总体方案

（1）确定网络拓扑结构、传输设备和路由协议等，通过需求了解到该校园网规模比较大，接近城域网的规模。根据规模就可以决定组网的拓扑结构、传输设备和路由协议等。

① 校园网络拓扑结构，该校园网络拓扑结构可以划分为 3 层。

第 1 层是核心层，即信息中心。中心布置了校园网的核心设备，如路由器、交换机、服务器等，并预留了将来与本部以外的几个园区的通信接口。

第 2 层是分布层，包括建筑群的主干节点。校园网按地域设置了几条干线光缆，从网络中心辐射到几个主要建筑群，并在第 2 层主干节点处端接。在主干网节点上安装交换机，它向上与网络中心的主干交换机相连，向下与各楼层的拉入交换机相连。校园网主干带宽全部为 1 000 Mbit/s。

第 3 层是接入层，包括建筑物楼内的交换机。第 3 层节点主要是指直接与服务器，工作站或 PC 连接的局域网设备。

② 综合布线。从综合布线的角度看，校园网的楼群主干子系统之间采用光缆连接，可提供吉比特带宽，并有很高的可扩展性。垂直子系统则位于校内建筑物的竖井内，可采用多模光缆或大对数双绞线。各个子系统内部楼栋之间，可采用多设备间的方法。分为中心设备间和楼栋设备间部分，中心设备间是整个局域网的控制中心，配备通信的各种网络设备（交换机、路由器、视频服务器等），中心交换机通过地下直埋的光缆与中心设备间的交换设备相连，中心设备间与楼栋设备间相连。各个设备间放置布线的线架和网络设备，端接楼内各层的主干线缆，中心设备间端接连到网络中心的光缆。

（2）设备网络总体系统结构。整个信息传输的主干线包括了信息中心、教学楼、院系楼、学生、教师宿舍、图书馆和机房，它们组成了主干网。主干网的可靠性必须要高，所以采用了全连接冗余设计的方式，这样在发生故障时可以切换到另一条冗余线路上。例如，学生宿舍的主干网出现断网时，就可以把线路切换成从院系楼转到学生宿舍。

10.1.3 具体设计方案

1. 校园网划分

（1）主干网。

校园主干网采用具有三层交换功能的吉比特以太网交换机，满足校园用户的各种要求。分布层由 6 台 1 000 Mbit/s 交换机和多模光纤组成，网络中心由一台高性能吉比特以太网交换机与教学楼、院系楼、学生/教师宿舍、图书馆和机房 6 个地点的 6 台交换机以全连接的方式连接为主干网，如图 10-3 所示。

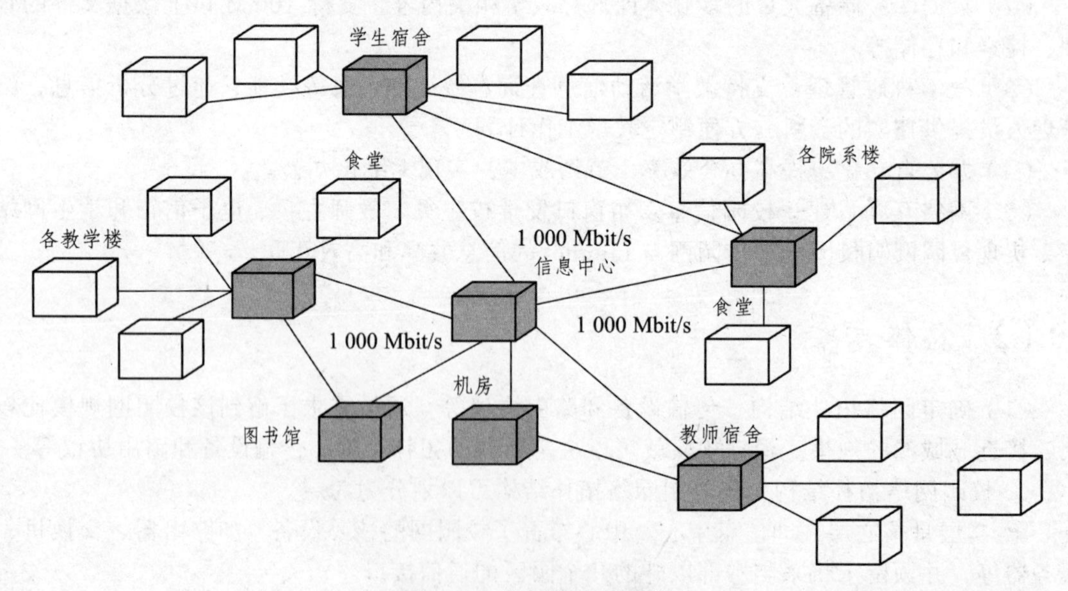

图 10-3 校园网主干网络

吉比特以太网除了提供高带宽、还支持与以太网的服务类型和服务质量保证相关的协议，如 IEEE802.1p、IEEE802.1q、IEEE802.3x、IEEE802.3ab 和资源预留协议（RSVP）等关键协议。

（2）网络中心。

网络中心作为整个网络的枢纽，承担全网的最高通信业务量，负责整个网络的运行、管理和维护工作，它的安全可靠直接关系到整个网络的可靠性和可用性。网络中心机房通过光缆分别与子网相连，核心交换机通过路由器与广域网线路相连，构成 Internet 出口。

网络中心的核心设施——吉比特以太网交换机可以采用 Cisco 或者 3Com 公司等品牌的吉比特交换机。关键的设备和连接线路采用冗余备份方式，保证网络系统所需的高可靠性和可用性。为冗余考虑，主干网可以配备两台核心交换机，彼此之间互为备份。各楼分布层交换机通过两条 1 000 Mbit/s 以太网线路分别与两台中心的核心交换机相连，且彼此互为备份。

（3）教学楼。

教学楼主要为教学服务，除了配备用户终端外，还应包括教学用的服务器、终端 PC 等。如图 10-4 所示，采用一台分布层交换机通过吉比特口与主干光缆连接，连入层交换机 100 M 口连接其他信息口，采用级联或堆叠方式来扩展交换机的联接数目。

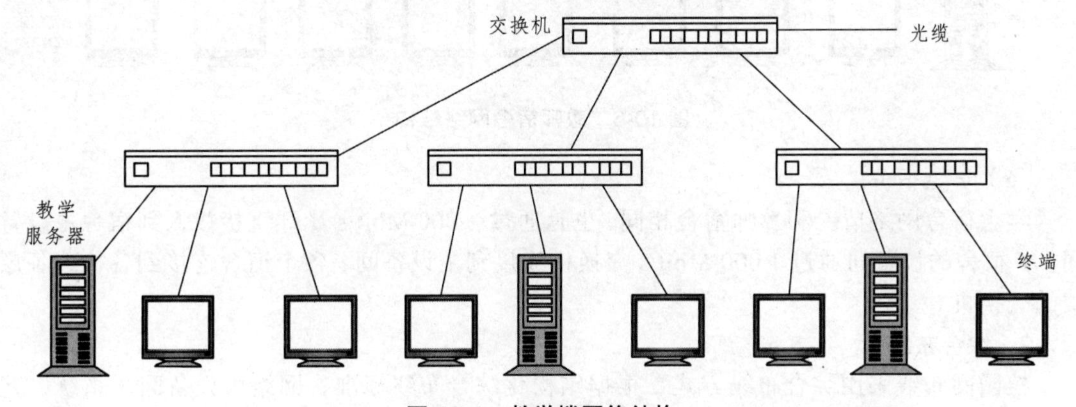

图 10-4　教学楼网络结构

食堂节点的用户相对较少，根据地理位置应分别属于教学楼和院系楼两个子系统。如果学校食堂比较集中，则可直接划分到两个子系统当中。

（4）院系楼。

院系楼网络多用于办公和会议，和教学楼的网络拓扑结构相似，但终端还需要增加打印机和服务器，如图 10-5 所示。

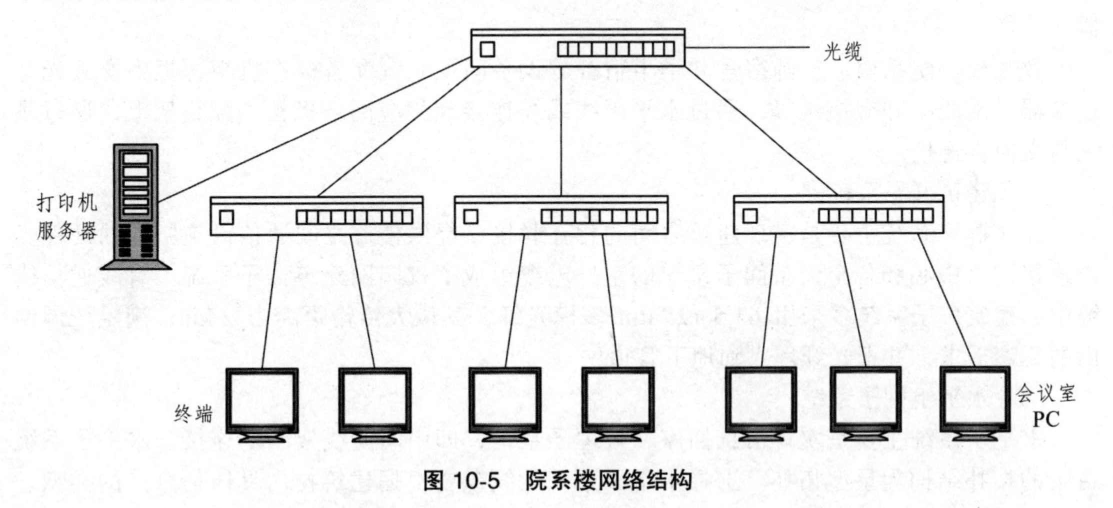

图 10-5　院系楼网络结构

（5）教师宿舍。

通过 1 000 Mbit/s 光纤直接接入到宿舍主设备间，各宿舍的主设备间通过 1 000 Mbit/s 交换机连接到主设备间，各个宿舍连接到各栋或各层楼的交换机，如图 10-6 所示。

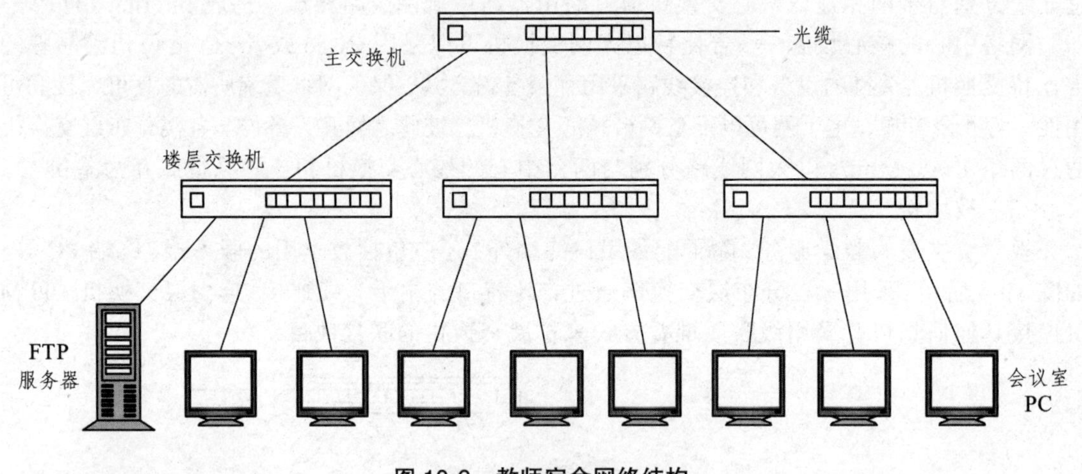

图 10-6 教师宿舍网络结构

（6）学生宿舍。

学生宿舍网络情况和教师宿舍相同，也是通过 1 000 Mbit/s 光纤直接接入到宿舍主设备间。各宿舍的设备间通过 1 000 Mbit/s 交换机连接到主设备间，各个宿舍连接到各栋或各层楼的交换机。

2. 综合布线

校园网布线采用综合布线方式，根据结构化综合布线标准，网络由设备间子系统、建筑群子系统、水平组网子系统、垂直组网子系统和工作区子系统组成。

（1）设备间子系统。

设备间子系统由设备室的电缆、连接器和相关支持硬件组成，把各种公用系统设备互相连接起来。本校园网采用多设备间子系统，包括网络中心机房、教学楼、院系楼、教师宿舍和学生宿舍设备间子系统。

网络中心机房设备间配线架、交换机安装在标准机柜中，光纤连接到机柜的光纤连接器上。

教学楼、院系楼、教师宿舍和学生宿舍等设备间子系统配备标准机柜，柜中安装光纤连接器、配线架和交换机等，通过水平干线线缆连接到相应网络机柜的配线架上，通过跳线与交换机连接。

（2）建筑群子系统。

建筑群子系统主要是实现建筑之间的相互联接，提供楼群之间通信设施所需的硬件。由连接网络中心和各个设备间子系统的室外电缆组成了校园网建筑群子系统。有线通信线缆中，建筑群子系统多采用 62.5/125 μm 多模光纤，其最大传输距离为 2 km，满足校园网内的距离需求，并把光纤埋入到地下管道中。

（3）水平组网子系统。

水平子系统主要是实现信息插座和管理子系统，即中间配线架间的连接。水平子系统指定的拓扑结构为星型拓扑。选择水平子系统的线缆要根据建筑物内具体信息点的类型、容量、带宽和传输速率来确定。水平组网子系统包括光纤主干线和各个楼层间的组网。室外主干的光纤电缆采用多模光纤，按照图 10-3 所示的校园网主干网来敷设。室内采用超五类非屏蔽双绞线。

（4）垂直组网子系统。

垂直组网子系统提供建筑物主干电缆的路由，实现主配线架与中间配线架、计算机、控制中心与各设备间子系统间的连接。垂直组网在各栋楼中从配线架通过楼道上的桥架连接到设备间。注意，如支持 1000Base-TX 则必须使用六类双绞线。

（5）工作区子系统。

工作区子系统是由终端设备连接到信息插座的连线和信息插座组成。室内房间的一系列设备包括标准 RJ-45 插座、网卡、五类双绞线。另外需要统一线缆连接标准，EIA/TIA568A 或 EIA/TIA568B。

信息点数量（RJ-45 插座的数量）应根据工作区的实际功能及需求确定，并预留适当数量的冗余。例如办公室可配置 2～3 个信息点，此外还应该考虑该办公区是否需要配置专用信息点用于工作组服务器、网络打印机、传真机和视频会议等。对于宿舍，一个房间通常配备 1～2 个信息点，必要时也可增加到 4 个信息点。

注意：在进行建筑弱电设计时，要严格执行有关综合布线标准。每个信息到设备间的图纸距离应在 70 m 内。因此，楼宇中的设备间的选择以位于或者尽可能地位于本建筑物的地理中心为宜。

10.1.4 施工

1. 标准化

结构化布线有着严格的规定和一系列规范化标准，如国际商务建筑布线标准（TIAIEIA 568A 与 TIAIEIA 568B）、综合布线系统电气特性通用测试方法（国家通信行业标准 YIJ/T1013-1999）、建筑与建筑物综合布线系统工程设计规范等。这些标准对结构化布线系统的各个环节都作了明确的定义，规定了其设计要求和技术指标，施工时要严格按照规范化标准来进行施工。

2. 施工计划表

根据前面对系统的设计确定施工计划，制定施工计划表见 10-2。

表 10-2 施工计划表

施工时间	施工任务	负责人	施工地点	联系方式	测试时间	备 注

3. 材料

布线实施设计中的选材用料对建设成本有直接的影响，需要的主要材料如下：

（1）多模光纤。

（2）五类双绞线，在布线实施时，应该尽可能考虑选用防火标准高的线缆。

（3）各种信息插座，RJ-45 等。

（4）电源。

（5）塑料槽板。

（6）PVC 管。

（7）供电导线。

（8）配线架。

（9）集线器、交换机等设备。

4. 施工配合

结构化布线工程是一项综合性工程，布线施工涉及多方面因素，常常与建筑物的室内装修工程同时进行。布线施工应该注意各方面的协调，争取尽早进场，布线用的材料要及时到位，布线施工部门与室内装修部门要及时沟通，使布线实施始终在协调的环境下进行。

5. 铺设线缆和管道

建筑物外的光纤和电缆铺设方式基本相同。光缆应以在地下电信管道中铺设为主，以实现地下化和隐蔽化。铺设过程会采用挖沟、钻洞，使用小型挖掘机等。建筑物内部采用暗铺管路或线槽内布设，一般不采用明铺。在布线施工进行管道预埋时一定要留够余地。要注意选用口径合理的管道，在转弯较多的情况下尽量留出空隙，充分考虑后续工序的施工难度，在经过路面时，管道应选用硬质金属管。弱电沟底部应铺一定量的沙子，以防地下地质变化造成管道折断。

6. 搭建配线架

配线架在布线系统中起着非常重要的中间枢纽作用。它是网络设备和用户计算机互相连接所不可缺少的部件。配线架是一种机架固定的面板，内含连接硬件，用于电缆组与设备之间的接插连接，所以配线架是用于终结双绞线缆，为双绞线与其他设备的连接提供接口，使综合布线系统变得更加易于管理。

配线架端口可按需要选择，主要有 24 口和 48 口两种形式。交换设备或其他配线架的 RJ-45 端口连接到配线架前面板，而后面板用于连接从信息插座或其他配线架延伸过来的双绞线。配线架所使用的用途也有区别，作为主配线架的用于建筑物或建筑群的配线，作为中间配线架的用于楼层的配线。中间配线架起桥梁作用，在水平子系统中的一端为信息插座，另一端为中间配线架，同时在垂直主干子系统中，一端为中间配线架，另一端为主配线架。

布线系统的配线规则可以是 568A 或 568B，目前最常见的是 568B。配线架的布线面板安装要求采用下走线方式时，架底的位置应与电缆上线孔相对应；各列垂直倾斜误差应不大于 3 mm，底座水平误差每平方米应不大于 2 mm；接线端各种标记应齐全；交接箱或暗线箱宜设在墙体内。安装机架、配线设备接地应符合设计要求，并保持良好的电器连接。

10.1.5 测试验收

布线施工完成后，就要进行测试验收。布线系统是否达到标准，除了测试所有的线路是否能够正常工作，所有设备工作是否正常外，还必须使用专门的网络测试仪器进行全面测试。常用的测试仪器为专用数字化电缆测试仪，可测试的内容包括线缆的长度、接线图、信号衰减和近端串扰等。参考标准有建筑及建筑群结构化布线系统工程验收规范、综合布线系统电气特性通用测试方法（国家通信行业标准 YD/T1013-1999）等。

10.2　中国教育与科研网地区核心主干节点的校园网建设方案

本案例在具有典型校园网的基础上，还是该地区的教育网核心主干节点，具有典型的城域网特点。

10.2.1　用户需求分析

某大学作为国际著名的院校，同时又是地区性教育科研计算机网络的核心主干节点之一。校园网建设的最终目标是：连接此大学系统范围内的必要应用节点，并实现与城域网的互联，建立大学信息资源服务体系。在满足本校系统内信息化需求的同时，向教育单位和社会提供信息资源服务。在校园网络建设的技术选择方面应适当超前，以保持现代化教育技术的优势。由于校园网主干技术和设备的选择关系校园网的建设应用与发展方向，因此也应具有一定的超前性。

10.2.2　设备选择

为了能够满足本高校网络需求，选择设备如下：

（1）Quidway NE80 路由器。

（2）S8016 交换机。

（3）S6506 交换机。

（4）S3000 系列交换机。

（5）S2000 系列交换机。

10.2.3　网络建设方案设计

1. 第一阶段组网方案

此大学的校园网，按照校区位置，分为西院网络中心、西院科研楼和东院 3 个主要的网络区域。考虑到今后还要与各关系单位进行网络互联，建设校园城域网，因此采用环型组网方式，在保证带宽、可靠性的同时，提供灵活的可扩展性。网络拓扑图如图 10-7 所示。

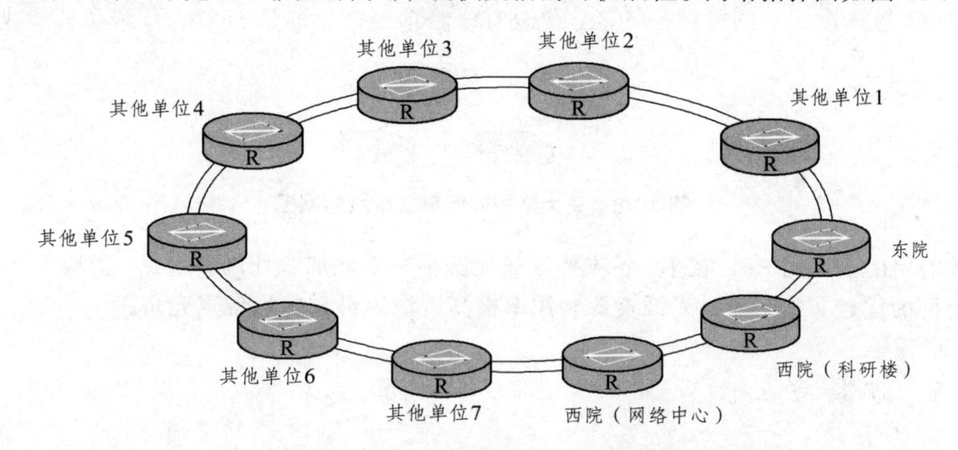

图 10-7　某大学校园网第一阶段组网图

校园城域网核心层由三台核心路由器 NE80 通过 RPR 2.5G 互联组成环网。NE80 具有强大的路由能力、2.5G 线速转发能力和电信级可靠性，RPR 具有良好的保护特性、灵活、高带宽以及高利用率等特点，核心层主要作用是实现校园城域网各大小区域的互联。

校园城域网汇聚层由核心交换机组成，分别通过吉比特以太网接口接入核心路由器。具体组网如下：西院网络中心采用 S8016 核心交换机，西院科研楼区域采用 S6506。汇聚层主要实现接入层以太网的流量汇聚，完成各区域内部互联。

校园城域网接入层采用接入交换机，在各大楼 S3026 接入交换机，上行提供 GE（吉比特以太网接口）方式连接到汇聚层，下行提供 FE（100 M 以太网接口）连接各楼层接入交换机。各楼层接入交换机下行提供 10/100 Mbit/s 连接，实现桌面主机接入。

此校园网方案采用多出口，连接到本地教育科研网、本地科技网以及运营商络中心。出口部分设置防火墙、边缘路由器，防火墙主要实现安全过滤和地址转换功能，边缘路由器提供出口功能。

2. 第二阶段组网方案

随着校园网业务的发展以及各单位信息化程度的提升、网络规模将进一步扩大，校园网发展成为校园城域网。在校园城域网中把其他相关单位接入，实现新校园城域网的组网。新的校园城域网，一方面方便了网上节点共享和交流信息，另一方面也为这些节点提供了网络业务运营的商机。

采用 RPR 技术，可以很灵活地扩张校园城域网，延伸覆盖范围，图 10-8 所示的是扩建后的校园城域网组网图的核心层部分。

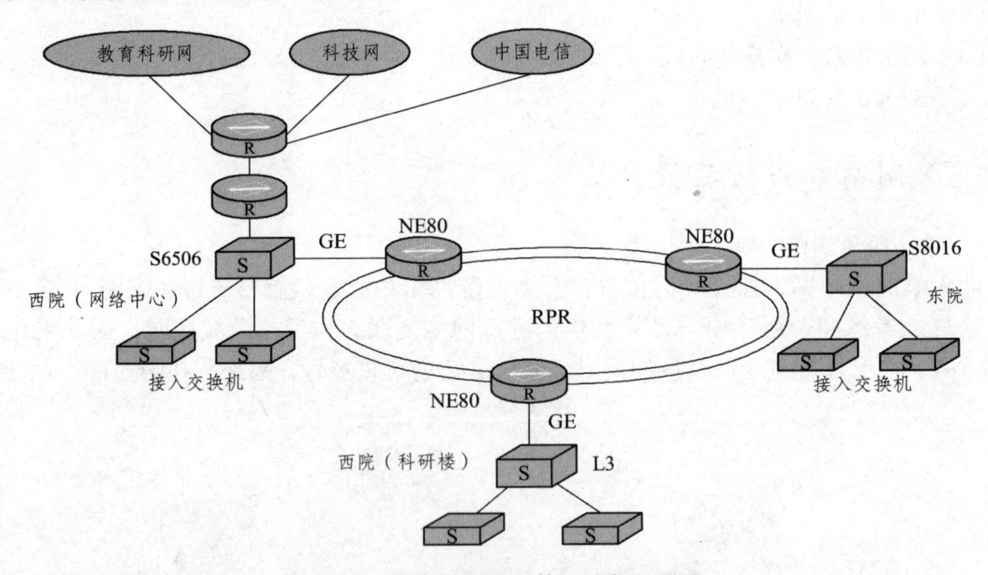

图 10-8 某大学校园网第二阶段组网图

核心层由于采用 RPR 技术，各主要区域能够很容易地加入环网新节点，实现平滑扩展。这种组网的优点非常明显，光纤资源利用率极高，稳定可靠并且带宽充裕。

10.2.4 方案特点

（1）层次分明、结构清晰，适用于大规模校园城域网。

核心层设备负责各区域之间的互联以及各区域内部大楼之间的互联，接入层负责大楼内部楼层之间互联以接入到桌的能力。结构简单，各司其职，便于管理维护。

（2）可靠性高。

在这个方案中，核心层采用 RPR 环组网、可以实现目前网络最高的保护特性，即小于 50 ms 的环切换保护，而且核心路由器具有冗余热备份和不间断路由转发能力，整个网络可靠性非常高。

（3）可平滑扩展，适应校园城域网大规模发展的要求。

核心层采用 RPR 环组网，容易在环上增加新节点，扩大核心层规划，覆盖新的区域。区域内部规模扩大后，很容易地增加新的核心交换机，而不会影响核心层结构，可以用于未来的校园城域网扩建。

（4）效率高，带宽充裕。

核心层有 2.5 G 共享带度，今后还可以扩展到 10 G。汇聚层到接入层采用 GE，接入层下行采用 FE，带宽充裕。而且核心层采用空间重用和公平共享等技术进一步提供带宽利用率。整个网络效率很高，可以满足今后几年内的带宽需求。

（5）业务能力强。

核心层设备提供功能强大的 MPLS VPN、组播和 QoS 等业务，这些业务可以组合起来，与 RPR 结合一体，便于各种业务的开展并提供服务质量的保障，如实现 VPN 用户的带宽保证、传输质量保证和时延抖动控制等。

（6）可管理性强。

网络产品支持统一的网络管理平台，可以对全网设备实施及时、专业的网元级管理（拓扑、告警、性能、安全日志和配置）。

10.3 民航信息化网络建设方案

本案例是一个典型的大型企业网络建设方案，在这个方案中，包括了广域网、局域网以及 VPN 网络的建设方法。

10.3.1 用户需求分析

民航信息化主要包括 3 个层次：网络平台、业务平台和业务应用系统。业务应用系统如订座系统、代理人系统、离港系统、货运系统、收入结算系统、空管信息管理系统、航空公司综合管理系统、机场综合信息系统和民航管理信息系统等，以上系统都构建在网络平台之上。网络平台必须能够同时满足以上业务系统对实现数据、语音、视频和电子商务等多种业务的需求。

10.3.2 设备选择

为了能够满足民航系统网络需求，选择设备如下：

（1）广域网选择 Quidway NE40 交换路由器、Quidway NE16E/08E 路由器、Quidway R3600E/2600E 路由器。

（2）园区网选择 NE40/NE20 路由器、Quidway S8000/6500 系列吉比特三层换机、Quidway S3000/S2000 系列交换机。

10.3.3 方案设计

1. 民航系统广域网方案设计

广域网解决方案如图 10-9 所示。骨干链路可以选择 DDN/SDH/FR 作为主干，采用 Internet VPN 或 PSTN/ISDN 作为备份链路。总局可以采用高安全、高可靠、高性能的 Quidway NE40 通用交换路由器（USR）作为核心路由器，各管理局可选择 Quidway NE16E/08E 系列高端路由器，各航站、机场可选择可灵活扩展的 Quidway R3600E/2600E 系列中端路由器。以上路由器可根据用户组网需要选配适当接口模块，以满足 POS、SDH、DDN、帧中继、PSTN、ISDN 等各种组网需求，并可提供 VPN 功能。中端模块化路由器还可提供 FXS/FXO/E&M/E1 中继等语音模块，可以同时作为备份路由器和 VOIP 网关。

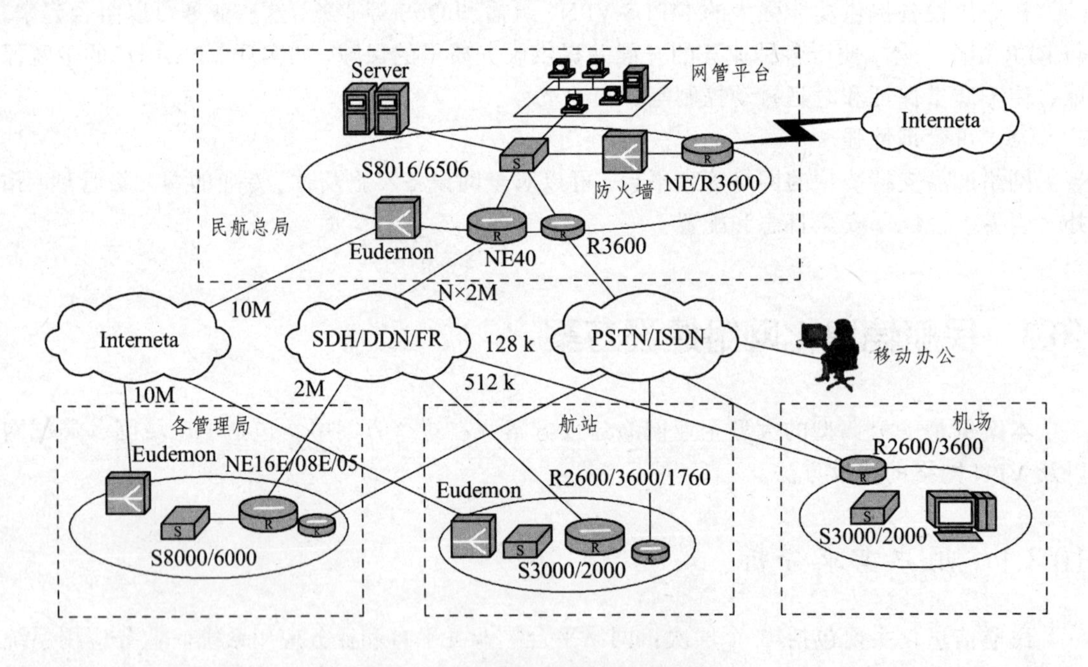

图 10-9 民航广域网拓扑结构图

2. 民航园区网方案设计

园区网解决方案如图 10-10 所示。园区网可以采用分层化体系设计，核心层选用华为公司核心路由器 NE40/NE20 组建 RPR 环形组网，提供 50 ms 的电信级保护。汇聚层采用华为公司 Quidway S8000/6500 系列核心吉比特三层换机；接入层选用 Quidway S3000/S2000 系列高性价比以太网接入交换机，全网提供端到端的高品质 QoS、可控组播及丰富的业务支持能力，同时提供功能强大操作简单的网管系统。

3. Access VPN 方案设计（适用于出差、远程办公员工）

Access VPN 最适用于公司内部经常有流动人员远程办公的情况。例如，公司的外地出差员工，需要从公司总部提取一定的关于客户的重要资料，一般情况就只能通过 Modem 拨号方式连入公司的 Intranet，利用 HTTP、FTP 或是其他网络服务获得资料。这种情况下，企业需要负担昂贵的长途电话费用，同时这些客户资料的安全性得不到有力的保证，容易在传输的过程被截获。

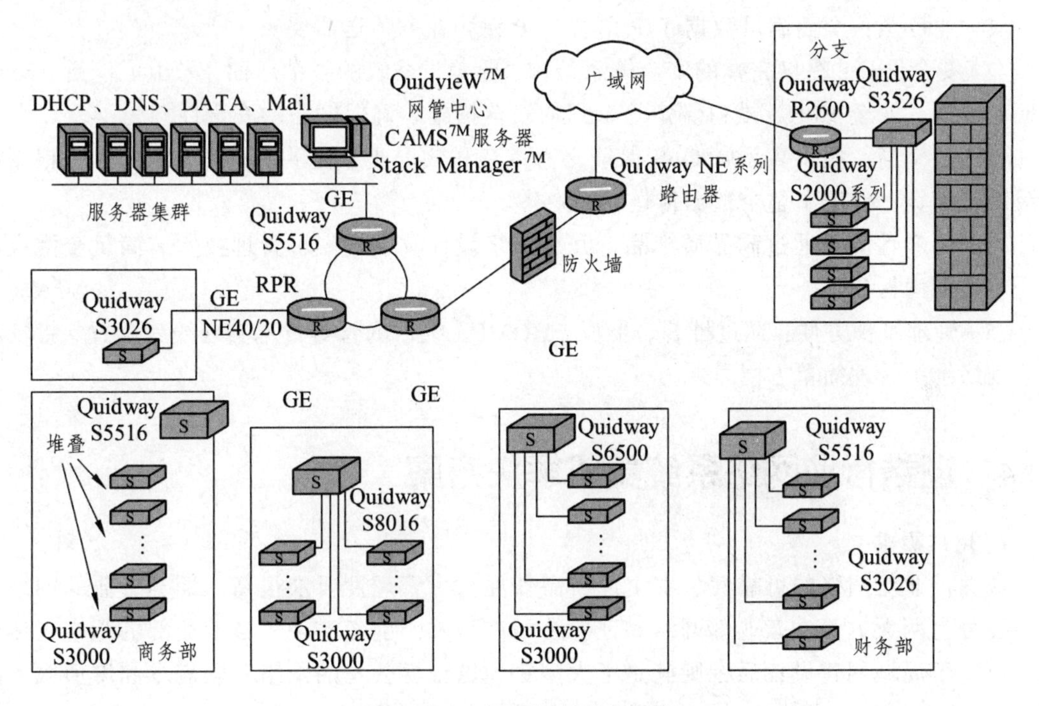

图 10-10 园区网拓扑结构图

如果采用 Access VPN 的组网模式就可以很好地解决这个问题，如图 10-11 所示。出差

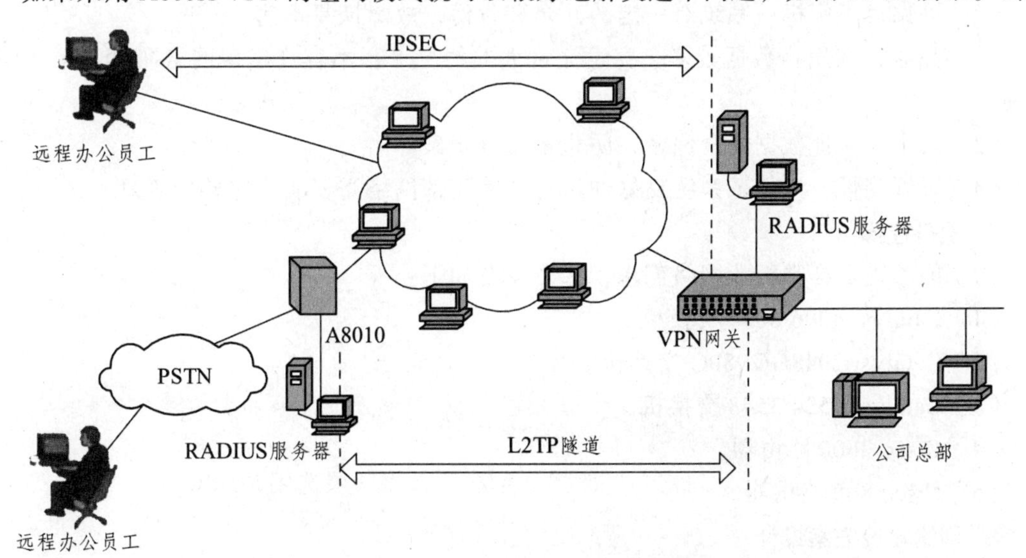

图 10-11 AccessVPN 拓扑结构图

员工可以和公司的 VPN 网关建立私有的隧道连接，RADIUS 服务器可对员工进行验证和授权，保证连接的安全，同时负担的电话费用大大降低。

10.3.4 本方案的主要特点

本设计方案具有如下特点。

（1）业务全：全面满足数据、IP 语音、IP 视频业务传送需要。

（2）安全性高：提供完整的安全体系结构，覆盖了系统的各个层面，采用了包括 ASPF、认证、授权、安全 VPN、端口绑定等系列的安全措施，确保网络的安全性。

（3）效率高：提供高品质 QoS 保证，为语音和数据业务提供不同优先级服务，根据优先级确定带宽，保证了整个数据传送的高效率。

（4）可靠性高：通过高品质产品、冗余网络设计及端到端可管理技术、满足全网应用安全、稳定运行要求。

（5）管理维护方便：通过堆叠、集群、HGMP、统一网管等技术实现统一配置、批量配置、网络维护管理简单方便。

10.4 证券行业网络系统集成解决方案

1. 用户需求

证券行业对网络的可靠性、安全性、高效性、可管理性要求很高。证券行业的网络应用主要分为两大方面：营业部网络和证券公司广域网。前者实现了各营业部的基本工作职能，侧重于局域网建设；后者则满足了大型跨地域证券公司的网络互联需求和增值服务的实现。

作为证券网络的核心组成部分，证券营业部网络通常要满足以下要求。

（1）可靠，不停机：系统有一定的冗余和备份，故障恢复迅速。

（2）高速：在用户数据较多、突发流量大的情况下，不容许出现网络瓶颈，阻碍正常交易。

（3）安全：保证数据安全保密，防止不法分子破坏。

（4）可管理性：为保证系统良好的运行，营业部网络需要实施完善的管理。

2. 设备选择

为了能够满足证券行业网络需求，选择设备如下：

（1）Catalyst 4006/6000 交换机。

（2）Catalyst 2948G/2980G 交换机。

（3）Catalyst 3524/3548 交换机。

（4）Cisco 2600 路由器。

（5）Cisco 800 路由器。

3. 网络建设方案设计

通过对证券行业对网络的需求分析，提出如下设计方案。

如图 10-12 所示，这套方案为双主干互备份，级联多个二级交换机的结构。核心层交换机采用两台 Catalyst 6000（12 个吉比特端口），以 GEC 技术构造 4 G 高速主干，足以负担沉重的数据传输量；分布层交换机采用 Catalyst 2948G/2980G，同时与两主干交换机实现吉比特上联，并为工作站提供 48/80 个 10/100 Mbit/s 接入端口。若某些分布层网点要求的用户数更多，则可采用多台 Catalyst3500 交换机，Catalyst3500 交换机具有独特 CigaStack 堆叠技术，采用价格低廉的铜缆以菊花链方式构成 1 G 的堆叠总线，每个堆叠最多可支持 8 台，Catalyst3524/3548，提供多达 300 多个 10/100 Mbit/s 工作站接入端口。该方案充分考虑到系统的高可靠性、高安全性、高速率和可管理性。

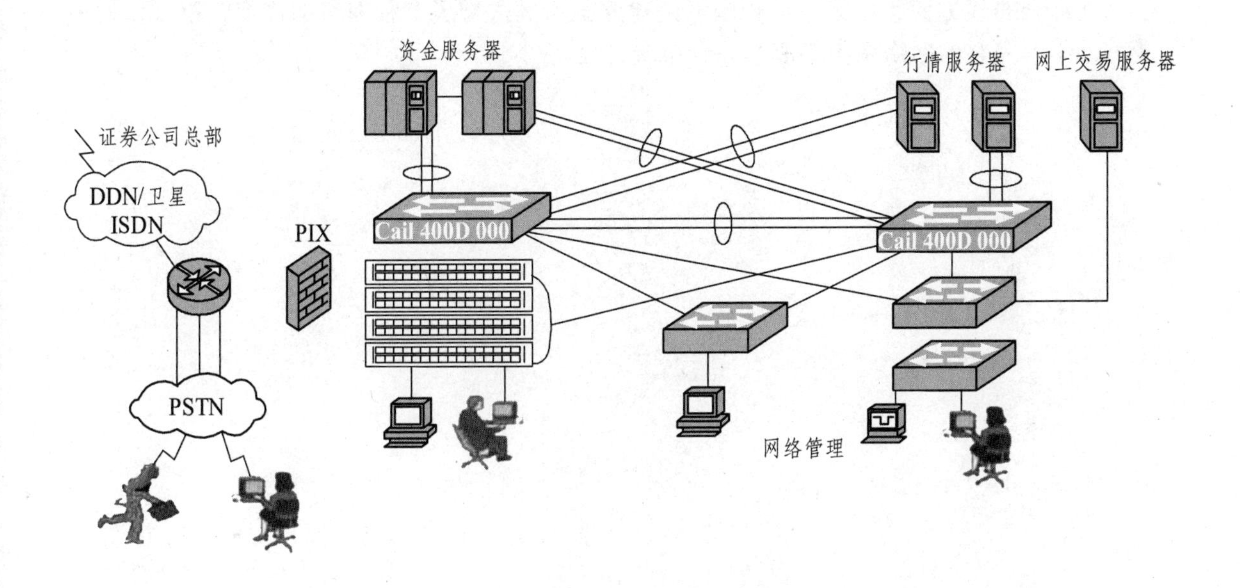

图 10-12 证券行业网络拓扑结构图

4. 本方案的主要特点

（1）系统全套备份，稳定可靠，独特的堆叠技术能够在网络中构造冗余，在堆叠之外每个二级网点和服务器仍同时与两台主干交换机作吉比特双链路连接，保障系统运行的可靠性。

（2）高性能全交换，吉比特主干，并采用吉比特以太网通道技术扩充带宽，能满足大负荷网络运行需求；第三层交换技术，能够使两个网段在进行数据交换时，可以根据同等应用有选择地进行，提高了带宽资源的利用率。VLAN 技术的引入也使得系统资源能够被更有效地利用。

（3）系统安全，保密性高。采用先进的虚拟局域网技术，它依靠用户的逻辑设定将原来物理上互联的一个局域网络划分为多个虚拟网段，同一虚网内数据可自由通信，而不同虚网间的数据交流则需要通过路由来完成，从而提高了系统的安全性。

（4）可选用功能相对大的专业网管系统，使网络管理从单纯的配置管理扩展到设备配置和网络健康状况管理等多个方面，管理界面友好，使用灵活方便。

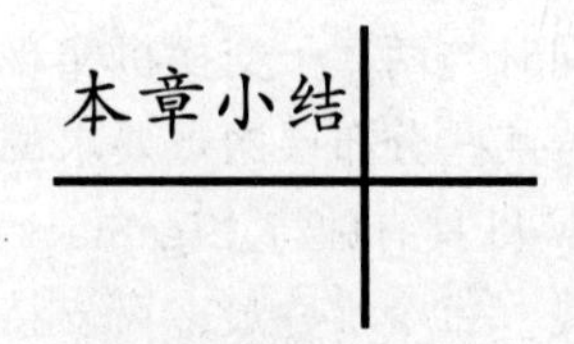

本章列举了在各行业中具有代表性的 4 组案例，系统地介绍了从用户需求分析到工程验收完整的组网过程。

在综合布线方面，以第一组校园网组建方案为例进行了工程布线的详细介绍，以便能更好地了解完整的网络系统集成与综合布线过程。

11 实训指导

11.1 认识实践

实训 1：参观考察智能建筑

1. 实训目的

（1）了解智能建筑的功能。

（2）了解智能建筑集成的信息系统的数量与种类。

（3）了解智能建筑的发展方向。

（4）了解智能建筑与综合布线的关系。

2. 实训环境

校园附近的智能化大厦或智能化小区。

实训 2：参观考察校园综合布线系统

1. 实训目的

（1）了解校园网络结构。

（2）了解综合布线系统结构。

（3）熟悉网络结构与综合布线系统结构的关系。

（4）熟悉综合布线 6 大子系统。

（5）了解综合布线系统的设备和材料。

2. 实训环境

本校校园网络综合布线系统工程。

实训 3：认识双绞线及连接器件

1. 实训目的

（1）认识双绞线及连接器件，熟悉双绞线结构、种类、型号和用途。

（2）为综合布线系统设计的设备选型做好准备。

2. 实训材料

超五类 UTP 双绞线、超五类 FTP 双绞线、六类 UTP 双绞线、三类大对数双绞线等；RJ45 连接头、超五类 UTP 信息模块、超五类屏蔽信息模块、六类 UTP 信息模块；超五类 UTP 配线架（固定式、模块式）、超五类 FTP 配线架、六类 UTP 配线架、110 配线架等；

RJ45 跳线、RJ45-110 跳线、110-110 跳线。

3. 实训环境

综合布线产品展台。

实训 4：认识光纤及连接器件

1. 实训目的

（1）认识光纤及连接器件，熟悉光缆结构、种类、型号和用途。

（2）为综合布线系统设计的设备选型做好准备。

2. 实训材料

室内外光缆、单多模光缆；ST、SC、LC 等连接头和耦合器；ST-ST、SC-SC、ST-SC 等光纤跳线；光纤配线架、光纤接续盒等。

3. 实训环境

综合布线产品展台。

实训 5：认识其他布线设备和材料

1. 实训目的

（1）认识线槽、管及配件，机柜，布线小材料等的种类和用途。

（2）为综合布线系统设计的设备选型做好准备。

2. 实训材料

镀锌线槽及配件（水平三通，弯通，上垂直三通等），PVC 线槽及配件（阴角、阳角等），管，梯形桥架，立式机柜，挂墙式机柜，五金小材料（防蜡管，膨胀栓，标记笔，捆扎带，木螺钉，膨胀胶等）。

3. 实训环境

综合布线产品展台和材料库。

实训 6：认识综合布线系统结构

1. 实训目的

（1）熟悉综合布线系统结构。

（2）熟悉主干路由和水平路由的走向和所用材料。

（3）熟悉主干链路线缆和水平链路线缆材料。

（4）熟悉设备间设置要求。

（5）熟悉配线间设置要求。

2. 实训环境

中心设备间与通信链路装置，管槽系统安装规范展示装置，多功能综合布线实训台。

11.2　基本技能训练

实训 7：制作 RJ-45 水晶头

RJ-45 水晶头由金属触片和塑料外壳构成，其前端有 8 个凹槽，简称“8P”（Position，位置），凹槽内有 8 个金属触点，简称“8C”（Contact，触点），因此 RJ-45 水晶头又称为“8P8C”接头。端接水晶头时，要注意它的引脚次序，当金属片朝上时，1~8 的引脚次序应从左往右数。

连接水晶头虽然简单，但它是影响通信质量的非常重要的因素：开绞过长会影响近端串扰指标；压接不稳会引起通信的时断时续；剥皮时损伤线对线芯会引起短路、断路等故障。

RJ-45 水晶头连接按 T568A 和 T568B 排序。T568A 的线序是：白绿、绿、白橙、蓝、白蓝、橙、白棕、棕。T568B 的线序是：白橙、橙、白绿、蓝、白蓝、绿、白棕、棕。下面以 T568B 标准为例，介绍 RJ-45 水晶头连接步骤。

1. 制作步骤

（1）剥线。用双绞线剥线器将双绞线塑料外皮剥去 2 ~ 3 cm（图 11-1）。

（2）排线。将绿色线对与蓝色线对放在中间位置，而橙色线对与棕色线对放在靠外的位置，形成左一橙、左二蓝、左三绿、左四棕的线对次序（图 11-2）。

（3）理线。小心地剥开每一线对（开绞），并将线芯按 T568B 标准排序、特别是要将白绿线芯从蓝和白蓝线对上交叉至 3 号位置，将线芯拉直压平、挤紧理顺（朝一个方向紧靠，图 11-3）。

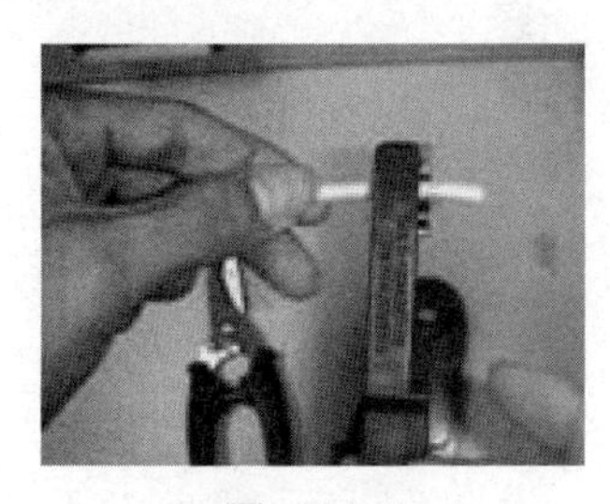

图　11-1

图　11-2

图　11-3

（4）剪切。将裸露出的双绞线芯用压线钳、剪刀、斜口钳等工具整齐地剪切，只剩下约 13mm 的长度（图 11-4）。

（5）插入。一手以拇指和中指捏住水晶头，并用食指抵住，水晶头的方向是金属引脚朝上、弹片朝下。另一只手捏住双绞线，用力缓缓将双绞线 8 条导线依序插入水晶头，并一直插到 8 个凹槽顶端（图 11-5）。

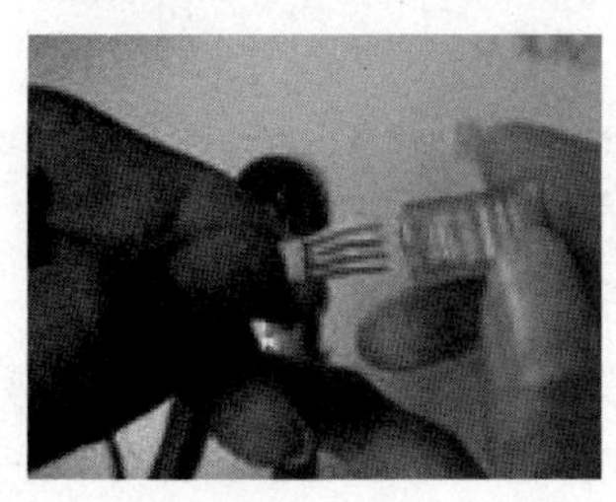

图　11-4

图　11-5

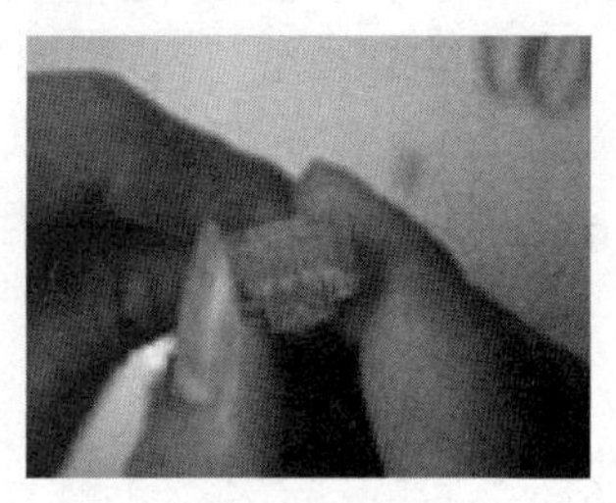

图　11-6

（6）检查。检查水晶头正面，查看线序是否正确；检查水晶头顶部，查看 8 根线芯是否都顶到顶部（图 11-6）。为减少水晶头的用量，（1）~（6）可重复练习，熟练后再进行下一步）。

（7）压接。确认无误后，将 RJ-45 水晶头推入压线钳夹槽后，用力握紧压线钳，将突出在外面的针脚全部压入 RJ-45 水晶头内，RJ-45 水晶头连接完成（图 11-7）。

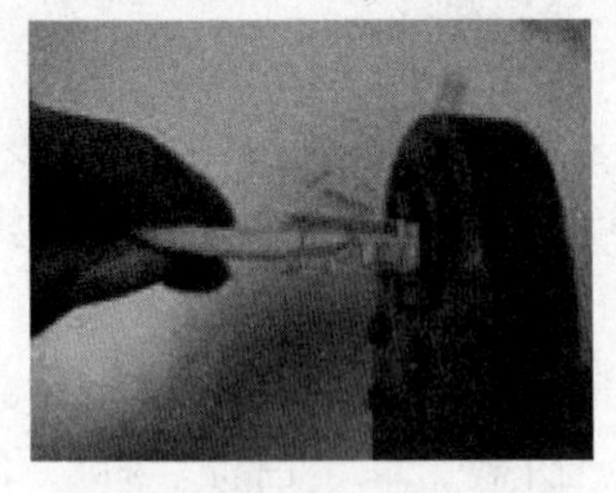

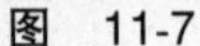

图 11-7

图 11-8

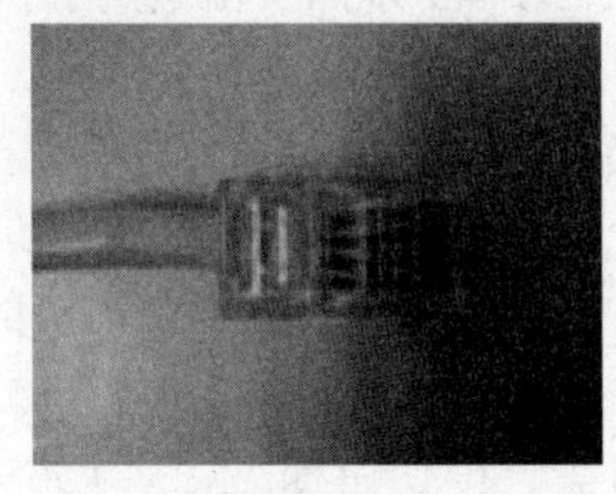

图 11-9

（8）制作跳线。用同一标准在双绞线另一侧安装水晶头，完成直通网络跳线的制作。另一侧用 T568A 标准安装水晶头，则完成一条交叉网线的制作（图 11-8）。

（9）测试。用综合布线实训台上的测试装置或工具箱中简单线序测试仪对网络进行测试，会有直通网线通过、交叉网线通过、开路、短路、反接、跨接等显示结果（图 11-9）。

RJ-45 水晶头的保护胶套可防止跳线拉扯时造成接触不良，如果水晶头要使用这种胶套，需在连接 RJ-45 水晶头之前将胶套插在双绞线电缆上，连接完成后再将胶套套上。

2. 实训材料

UTP 双绞线每人一条（1~2 m）水晶头每人 6 个。

3. 实训工具

综合布线工具箱中的剥线钳、压线钳、简单线序测试仪。

4. 实训环境

多功能综合布线实训台。

实训 8：打线训练

打线是布线工程师必须熟练掌握的基本技能，安装打线式信息模式、打线式数据配线架、110 语音配线架都需要打线操作。打线质量直接影响到通信质量。

多功能综合布线实训台上有 4 套打线训练装置，可满足 4 人同时进行打线实训，每套打线训练装置上下接 6 条 4 对 8 芯 UTP，每人一次可打线 48 次，打线训练装置配实时指示灯，当对齐的上下线芯打线连接成功后，对应指示灯亮。

1. 实训步骤（图 11-10）

（1）准备。每人一次准备 6 条 UTP 双绞线线段，长约 10 cm（可以更长）。

（2）剥皮。用双绞线剥线器将线段一端的双绞线塑料外皮剥去 1.5~2 cm。

（3）开绞。小心地剥开每一线对，按打线装置上规定的线序排序。

（4）打线。从左起第一个接口开始打线，先打上排接口，按打线装置上规定的线序打线：先将 8 根线芯按序轻轻卡入槽口中，右手紧握 110 打线工具（刀口朝外），将线芯一一打入槽口的卡槽触点上，每打一次都有一声清脆的响声，同时将多余的线头剪断。然后打接下排接口，每根线芯打接至下排对应槽口，每完成一条打接，对应指示灯亮起。

（5）重复步骤（1）~（4）5次，完成6条UTP双绞线共48次的打线。

（6）重复步骤（1）~（5），每位同学可进行多轮次的打线训练。

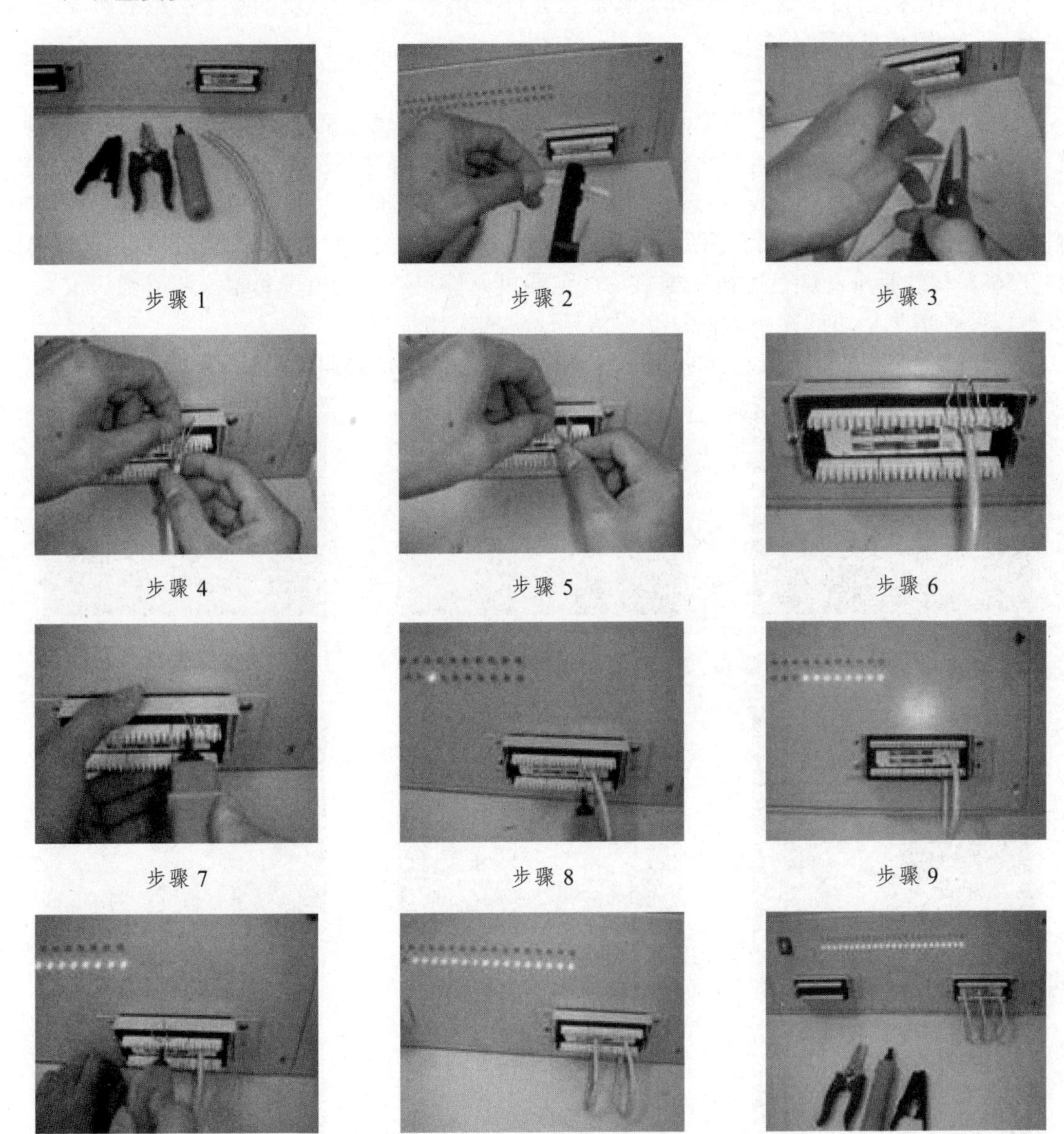

步骤1 步骤2 步骤3

步骤4 步骤5 步骤6

步骤7 步骤8 步骤9

步骤10 步骤11 步骤12

图11-10 实训步骤图例

2. 实训材料

UTP双绞线。

3. 实训工具

综合布线工具箱中的剥线钳、压线钳、110打线工具。

4. 实训环境。

多功能综合布线实训台。

实训 9：安装信息插座

信息插座由面板、信息模块和盒体底座几部分组成，信息模块端接是信息插座安装的关键。先介绍信息模块端接步骤。

1. 端接信息模块

信息模块分打线模块（又称冲压型模块）和免打线模块（又称扣锁端接帽模块）两种，打线模块需要用打线工具将每个电缆线对的线芯端接在信息模块上，扣锁端接帽模块使用一个塑料端接帽把每根导线端接在模块上，也有一些类型的模块既可用打线工具也可用塑料端接帽压接线芯（如下面介绍的 MOU456-WH 模块）。所有模块的每个端接槽都有 T568A 和 T568B 接线标准的颜色编码，通过为些编码可以确定双绞线电缆每根线芯的确切位置。以下以两种信息模块的端接为例，介绍信息模块的端接步骤。

（1）Vcom 公司打线信息模块 MOU456-WH 端接步骤，如图 11-11 所示。

1．把线的外皮用剥线器剥去

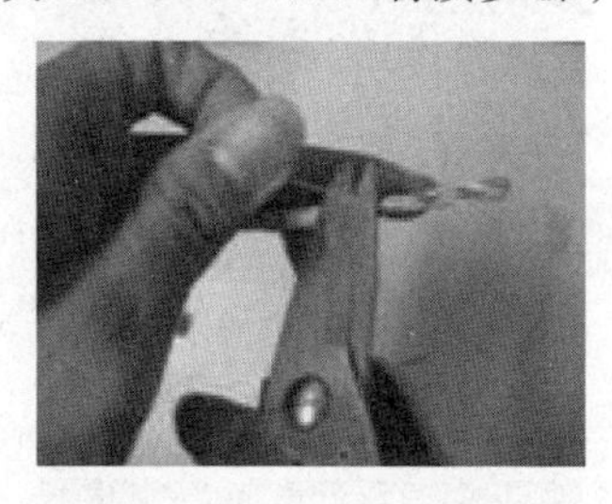

2．用剪刀把线风撕裂绳剪掉

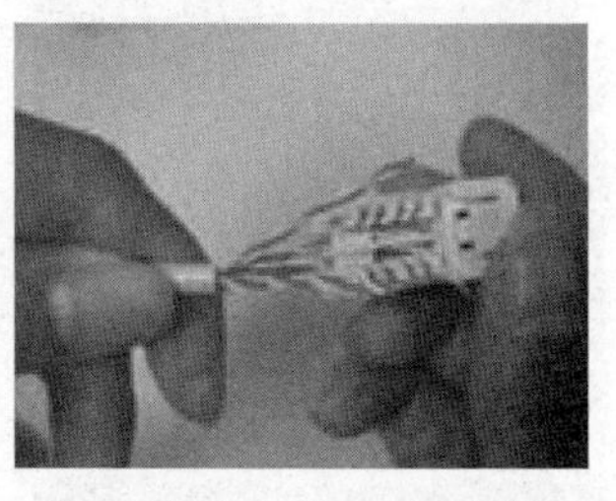

3．按照模块上的 B 标分好 2~3 cm，线对并放入相应的位置

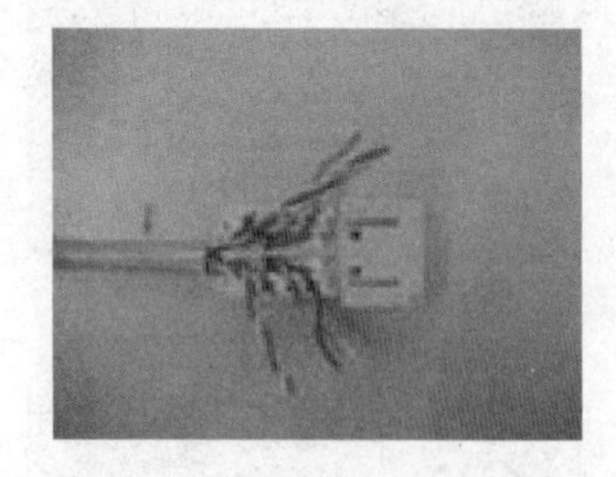

4．各个线对不用打开直接入相应位置

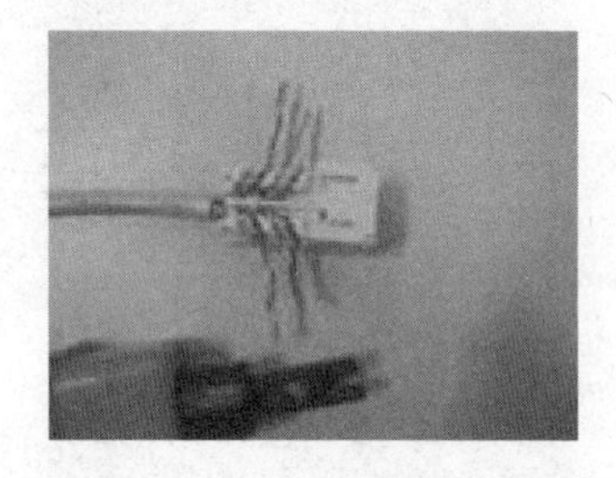

5．当线对都放入相应的位置后对各线对进行检查是否正确

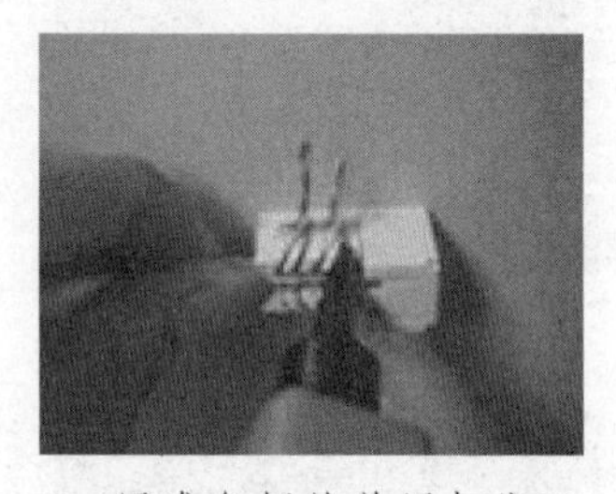

6．用准备好的单用打线刀（刀要与模块垂直，刀口向外）逐条压入并打断多余的线

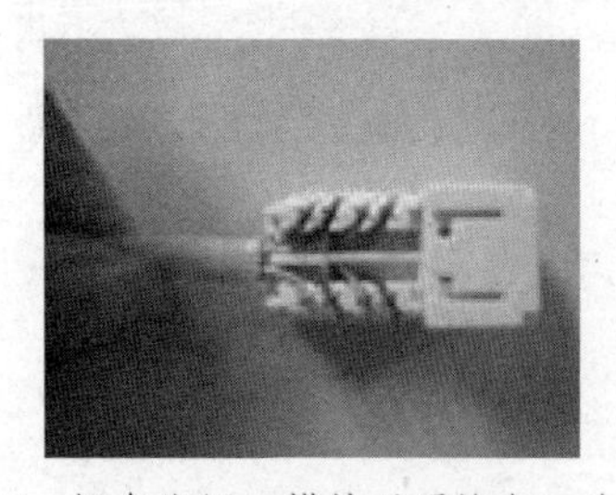

7．把各线压入模块后再检查一次

8．无误后给模块安装保护帽

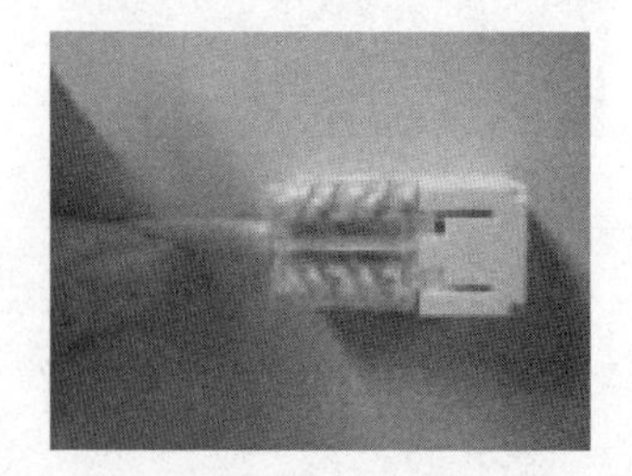

9．一个模块安装完毕

图 11-11 实训步骤图例

（2）Vcom 公司免打线信息模块 MOU45E-WH 端接步骤。如图 11-12 所示为 Vcom 公司免打线信息模块 MOU45E-WH。

① 用双绞线剥线器将双绞线塑料外皮剥去 2 ~ 3 cm。

② 按信息模块扣锁端接帽上标定的 B 标（或 A 标）线序打开双绞线。

③ 理平、理直线缆，斜口剪齐导线（便于插入），如图 11-13 所示。

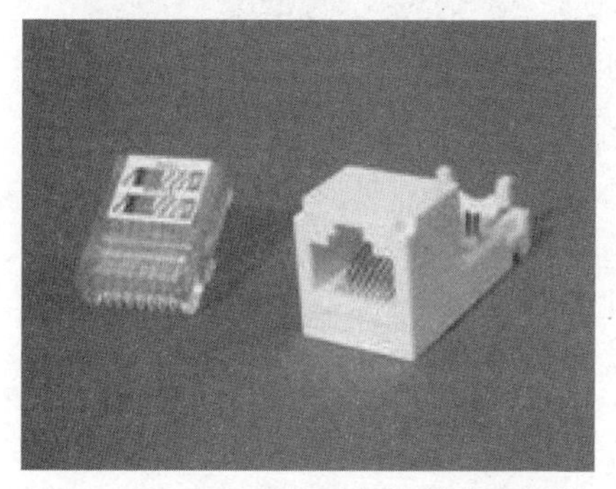

图 11-12 Vcom 公司免打线信息模块 MOU45E-WH

图 11-13 理平、理直线缆，斜口剪齐导线

④ 线缆按标示线序方向插入至扣锁端接帽，注意开绞长度（至信息模块底座卡接点）不能超过 13 mm，如图 11-14 所示。

⑤ 将多余导线拉直并弯至反面，如图 11-15 所示。

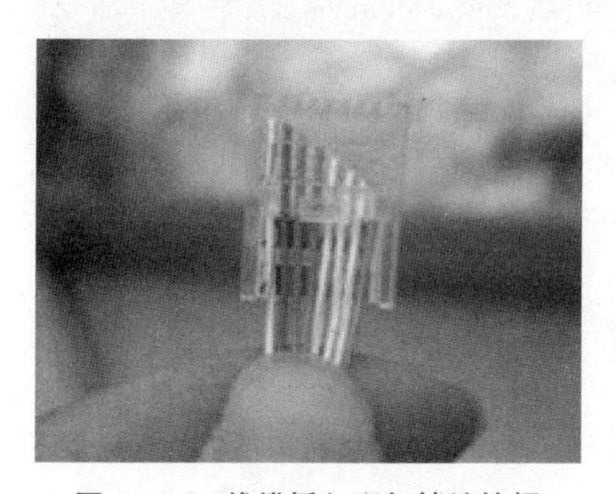

图 11-14 线缆插入至扣锁端接帽

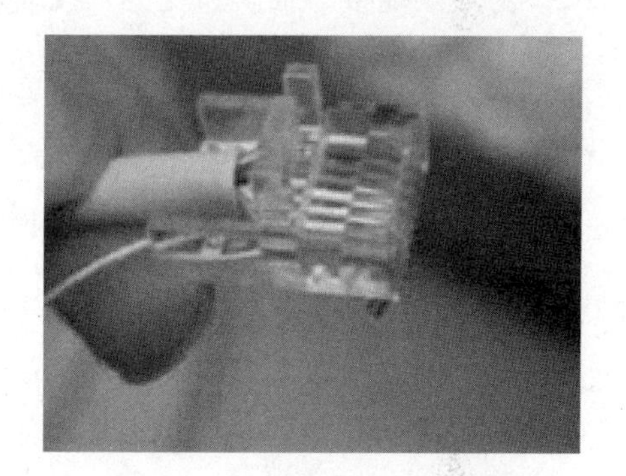

图 11-15 导线拉直弯至反面

⑥ 从反面顶端处剪平导线，如图 11-16 所示。

⑦ 用压线钳的硬塑套将扣锁端接帽压接至模块底座，如图 11-17 所示，也可用如图 11-18 所示的钳子压接。

⑧ 模块端接完成，如图 11-19 所示。

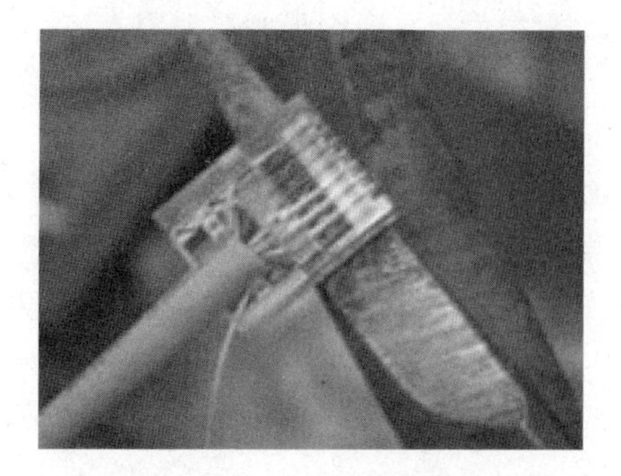

图 11-16 从反面顶端处剪平线缆

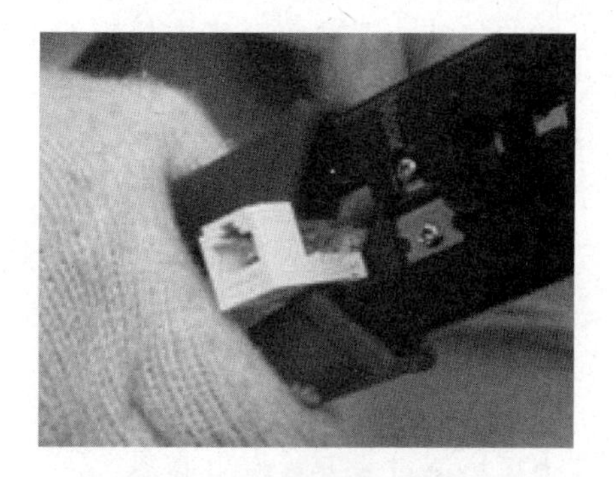

图 11-17 用压线钳的硬塑套压接

图 11-18　用钳子压接

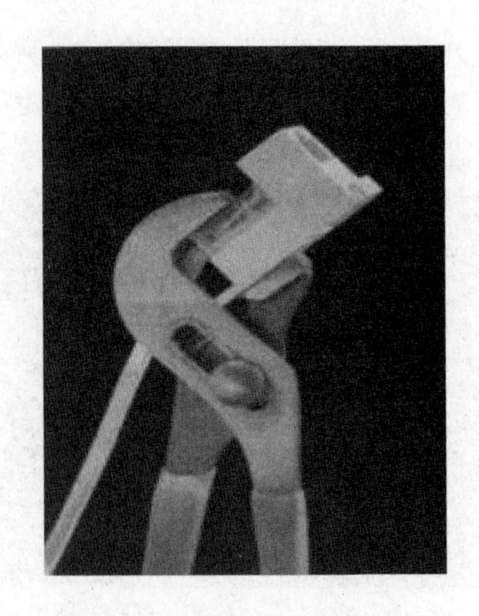

图 11-19　模块端接完成

2. 信息插座安装步骤

（1）将双绞线从线槽或线管中通过进线孔拉入信息插座底盒中。

（2）为便于端接、维修和变更，线缆从底盒拉出后预留 15 cm 左右后将多余部分剪去。

（3）端接信息模块。

（4）将容余线缆盘于底盒中。

（5）将信息模块插入面板中。

（6）合上面板，紧固螺钉，插入标识，完成安装。

3. 实训材料

UTP 双绞线，打线式信息模块，免打式信息模块。

4. 实训工具

综合布线工具箱中的剥线钳、压线钳、110 打线工具。

5. 实训环境

多功能综合布线实训台。

实训 10：安装数据配线架

配线架是配线子系统关键的配线接续设备，它安装在配线间的机柜（机架）中，配线架在机柜中的安装位置要综合考虑机柜线缆的进线方式、有源交换设备散热、美观、便于管理等要素。

1. 数据配线架安装基本要求

（1）为了管理方便，配线间的数据配线架和网络交换设备一般都安装在同一个 19 英寸的机柜中。

（2）根据楼层信息点标识编号，按顺序安放配线架，并画出机柜中配线架信息点分布图，便于安装和管理。

（3）线缆一般从机柜的底部进入，所以通常配线架安装在机柜下部，交换机安装在机柜上部，也可根据进线方式作出调整。

（4）为美观和管理方便，机柜正面配线架之间和交换机之间要安装理线架，跳线从配线架面板的 RJ45 端口接出后通过理线架从机柜两侧进入交换机间的理线架，然后再接入交换机端口。

（5）对于要端接的线缆，先以配线架为单位，在机柜内部进行整理、用扎带绑扎、将容余的线缆盘放在机柜的底部后再进行端接，使机柜内整齐美观、便于管理和使用。

数据配线架有固定式（横、竖结构）和模块化配线架。下面分别给出两种配线架的安装步骤，同类配线架的安装步骤大体相同。

2. 固定式配线架安装步骤

（1）将配线架固定到机柜合适位置，在配线架背面安装理线环。

（2）从机柜进线处开始整理电缆，电缆沿机柜两侧整理至理线环处，使用绑扎带固定好电缆，一般 6 根电缆作为一组进行绑扎，将电缆穿过理线环摆放至配线架处。

（3）根据每根电缆连接接口的位置，测量端接电缆应预留的长度，然后使用压线钳、剪刀、斜口钳等工具剪断电缆。

（4）根据选定的接线标准，将 T568A 或 T568B 标签压入模块组插槽内。

（5）根据标签色标排列顺序，将对应颜色的线对逐一压入槽内，然后使用打线工具固定线对连接，同时将伸出槽位外多余的导线截断，如图 11-20 所示。

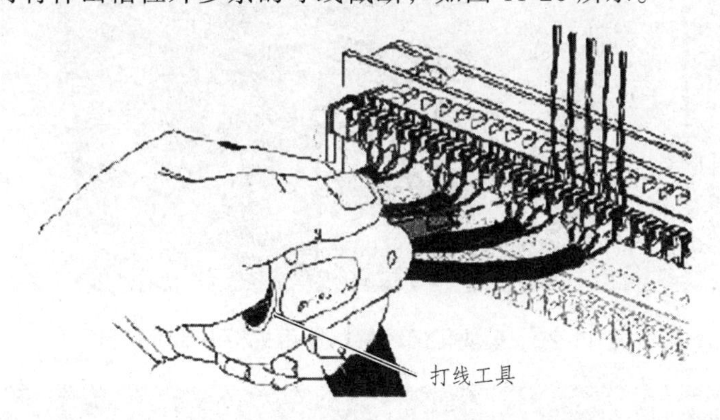

图 11-20　将线对逐次压入槽位并打压固定

（6）将每组线缆压入槽位内，然后整理并绑扎固定线缆，如图 11-21 所示，固定式配线架安装安装完毕。

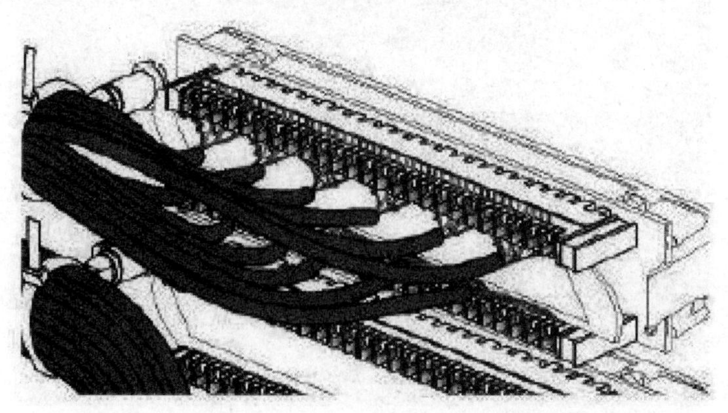

图 11-21　整理并绑扎固定线缆

3. 模块化配线架的安装步骤

（1）~（3）步骤同固定式配线架安装过程（1）~（3）。

（4）按照上述信息模块的安装过程端接配线架的各信息模块。

（5）将端接好的信息模块插入到配线架中。

（6）模块式配线架安装完毕。

4. 配线架端接实例

如图 11-22 所示为模块化配线架端接的机柜内部示意图（信息点多）；如图 11-23 所示为固定式配线架（横式）端接后机柜内部示意图（信息点少）；如图 11-24 所示为固定式配线架（竖式）端接后配线架背部示意图。

图 11-22 模块化配线架端接后机柜内部示意图

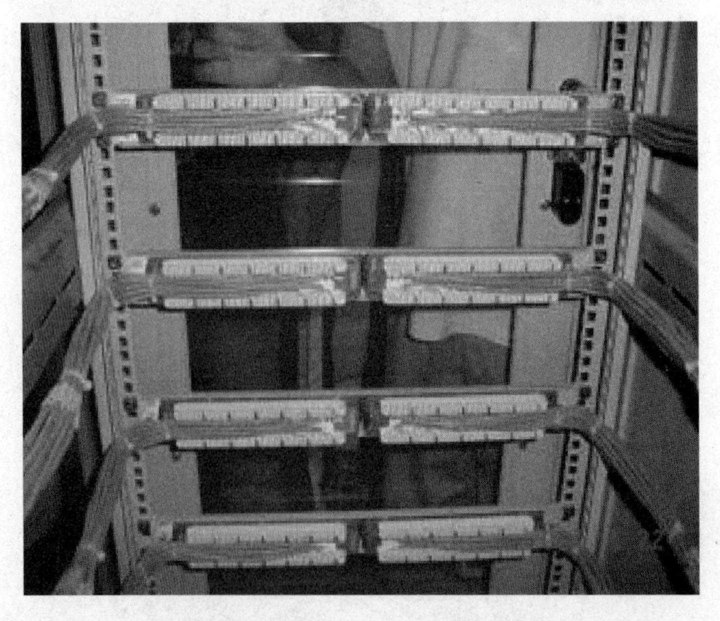

图 11-23 固定式配线架（横式）端接后机柜内部示意图

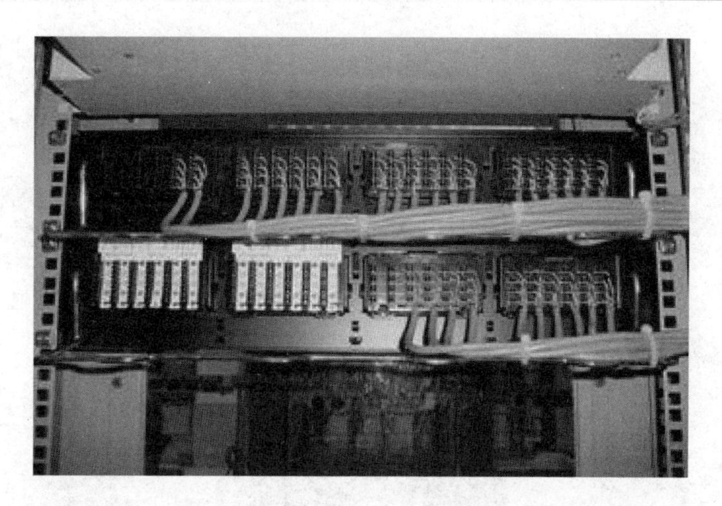

图 11-24 固定式配线架（竖式）端接后配线架背部示意图

3. 实训材料

UTP 双绞线，固定式数据配线架，模块式数据配线架。

4. 实训工具

综合布线工具箱中的剥线钳、压线钳、110 打线工具。

5. 实训环境

多功能综合布线实训台。

实训 11：安装 110 语音配线架

1. 安装步骤（图 11-25）

（1）将配线架固定到机柜合适位置。

1. 把 25 对线固定在机柜上

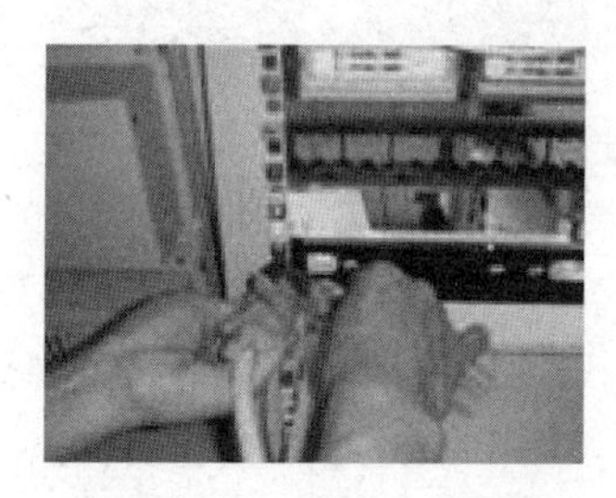

2. 用刀把大对数电缆外皮剥去

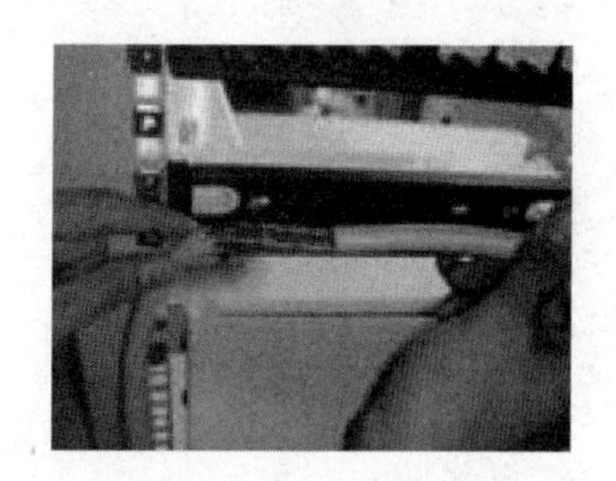

3. 把线的外皮去掉

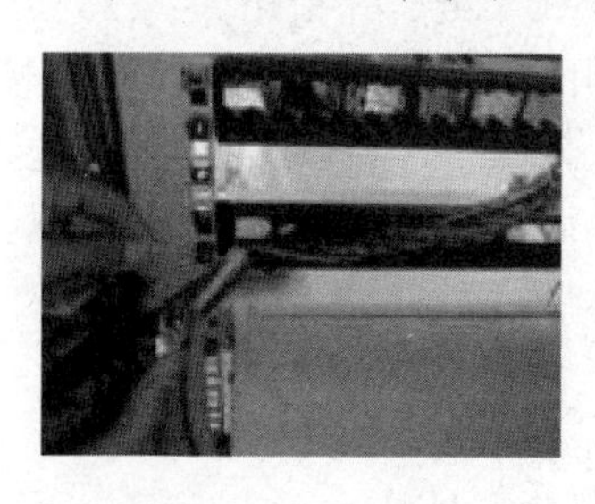

4. 用剪刀把线风撕裂绳剪掉

5. 把所有线对插入 110 配线架进线口

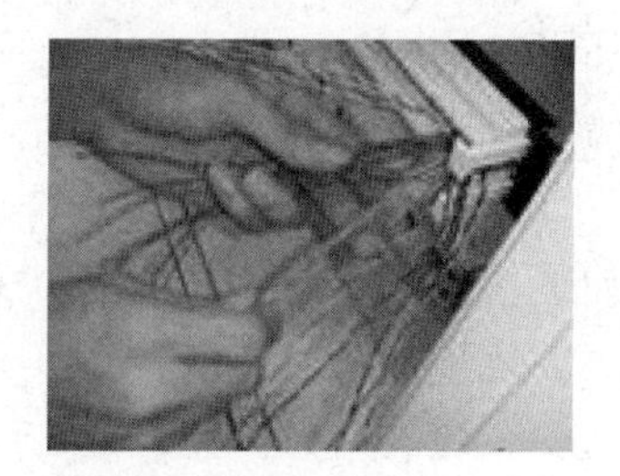

6. 把大对数分线原则进行分线

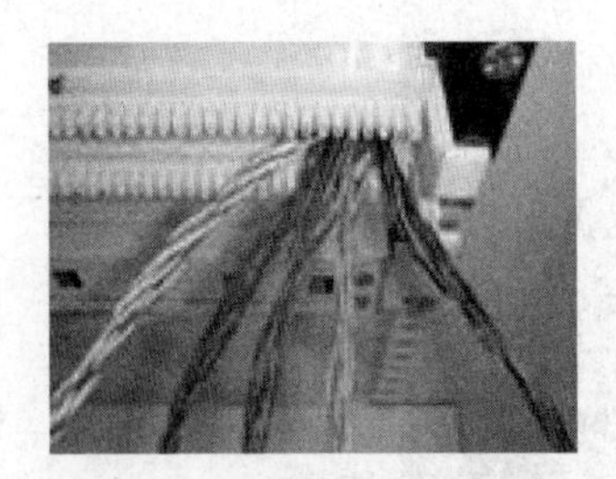

7．先按主色排列

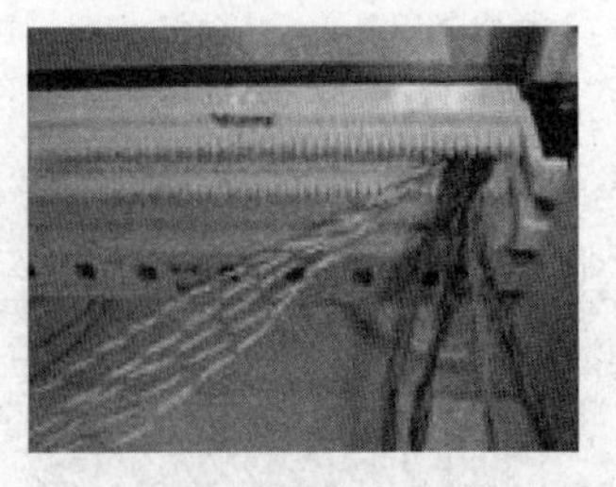

8．把主色里的配色排列

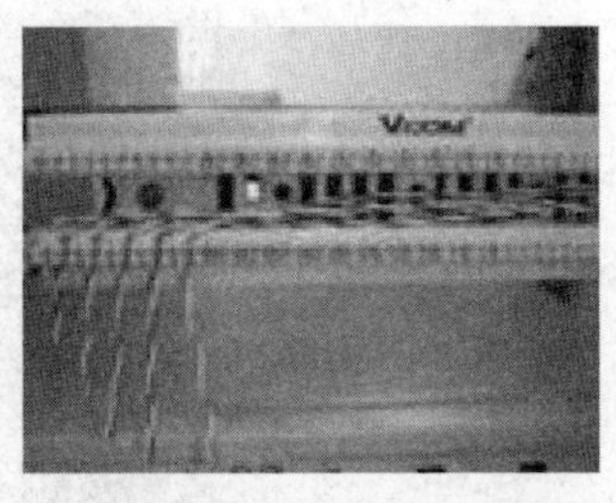

9．排列后把线卡入相应位置

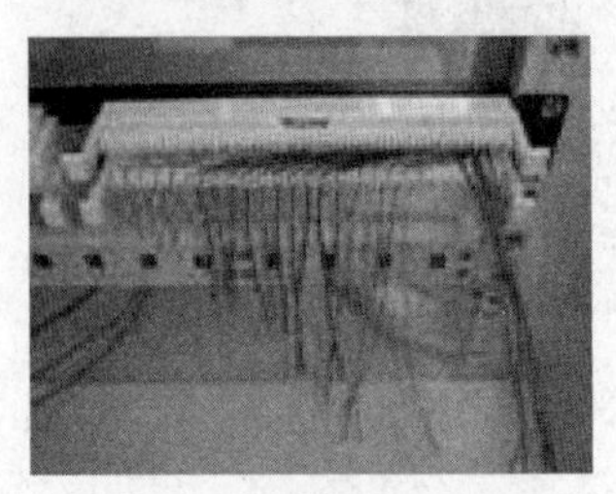

10．卡好后的效果图

11．用准备好的单用打线刀

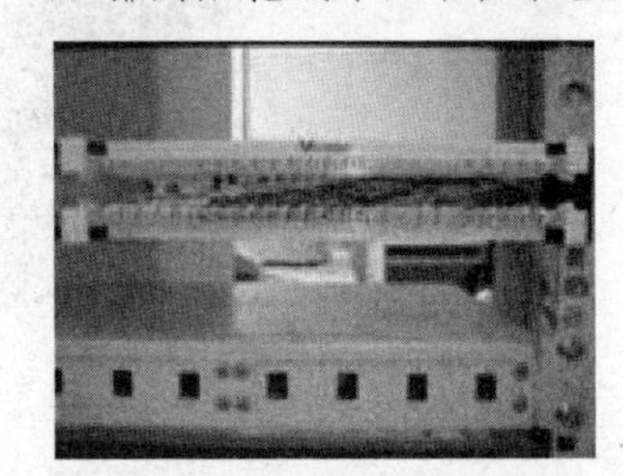

12．完成后的效果图

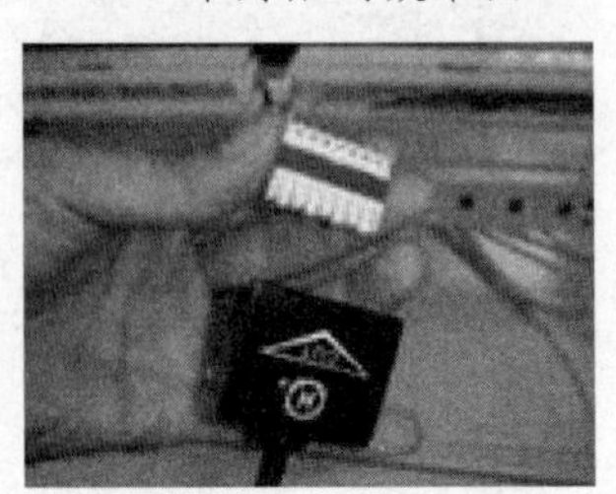

13．准备好五对打线刀和 110 配线架端子

14．把端子放入打线刀里

15．把端子垂直打入配线加里

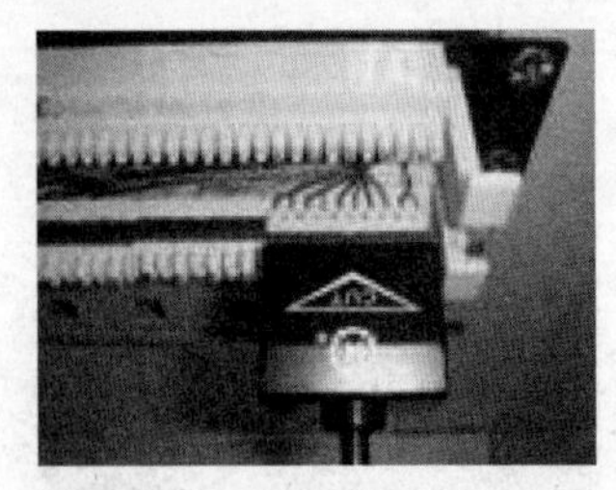

16．110 配线架端子有五个是

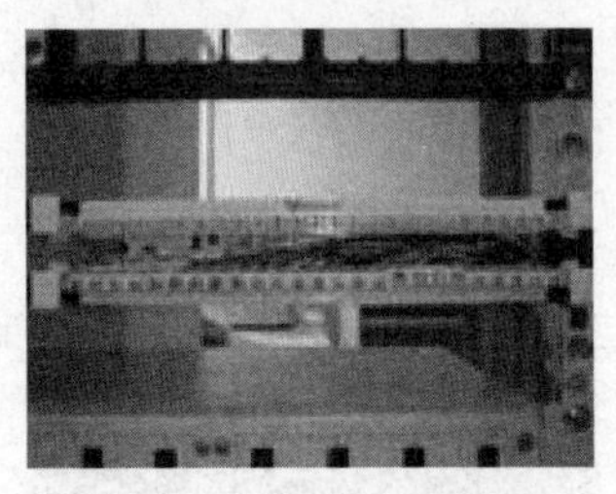

17．完成的效果图

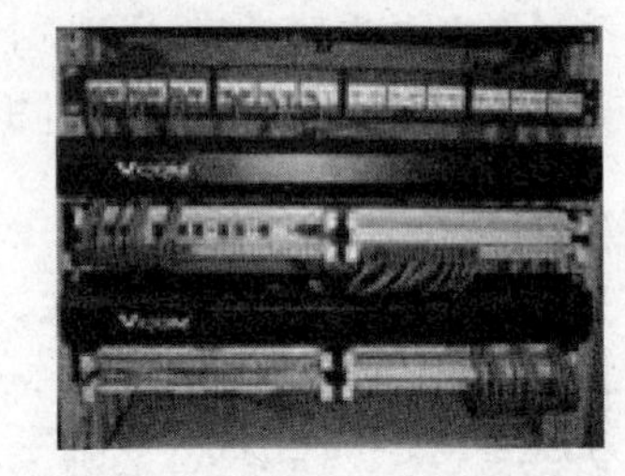

18．完成后可以安装语音跳线

图 11-25 实训步骤图例

（2）从机柜进线处开始整理电缆，电缆沿机柜两侧整理至配线架处，并留出大约 25 cm 的大对数电缆，用电工刀或剪刀把大对数电缆的外皮剥去，使用绑扎带固定好电缆，将电缆穿 110 语音配线架左右两侧的进线孔，摆放至配线架打线处；

（3）25 对线缆进行线序排线，首先进行主色分配，再进行配色分配，标准物分配原则如下述：

线缆主色为：白、红、黑、黄、紫。

线缆配色为：蓝、橙、绿、棕、灰。

一组线缆为 25 对，以色带来分组，一共有 25 组分别为：

① 白蓝、白橙、白绿、白棕、白灰。

② 红蓝、红橙、红绿、红棕、红灰。

③ 黑蓝、黑橙、黑绿、黑棕、黑灰。

④ 黄蓝、黄橙、黄绿、黄棕、黄灰。

⑤ 紫蓝、紫橙、紫绿、紫棕、紫灰。

1 ~ 25 对线为第一小组，用白蓝相间的色带缠绕。

26 ~ 50 对线为第二小组，用白橙相间的色带缠绕。

51 ~ 75 对线为第三小组，用白绿相间的色带缠绕。

76 ~ 100 对线为第四小组，用白棕相间的色带缠绕。

此 100 对线为 1 大组用白兰相间的色带把 4 小组缠绕在一起。

200 对、300 对、400 对…2400 对，以此类推。

（4）根据电缆色谱排列顺序，将对应颜色的线对逐一压入槽内，然后使用打线工具固定线对连接，同时将伸出槽位外多余的导线截断。

逐条压入并打断多余的线（刀要与配线架垂直，刀口向外）。

（5）当线对逐一压入槽内，再用五对打线刀，把 110 语音配线架的连接端子压入槽内，并贴上编号标签。

2. 实训材料

25 对大对数双绞线，4 对 UTP 双绞线，19 英寸 110 语音配线架。

3. 实训工具

综合布线工具箱中的剥线钳、压线钳、110 打线工具。

4. 实训环境

多功能综合布线实训台。

实训 12：光纤连接器的互联

1. ST 连接器互联步骤

光纤连接器的互联端接比较简单，下面以 ST 光纤连接器为例，说明其互联方法。

（1）清洁 ST 连接器。拿下 ST 连接器头上的黑色保护帽，用沾有光纤清洁剂的棉花签轻轻擦拭连接器头。

（2）清洁耦合器。摘下光纤耦合器两端的红色保护帽，用沾有光纤清洁剂的杆状清洁器穿过耦合器孔擦拭耦合器内部以除去其中的碎片，如图 11-26 所示。

（3）使用罐装气，吹去耦合器内部的灰尘，如图 11-27 所示。

图 11-26　用杆状清洁器除去碎片　　图 11-27　用罐装气吹除耦合器中的灰

（4）ST 光纤连接器插到一个耦合器中。将光纤连接器头插入耦合器的一端，耦合器上的突起对准连接器槽口，插入后扭转连接器以使其锁定。如经测试发现光能量耗损较高，则需摘下连接器并用罐装气重新净化耦合器，然后再插入 ST 光纤连接器。在耦合器的两端插入 ST 光纤连接器，并确保两个连接器的端面在耦合器中接触，如图 11-28 所示。

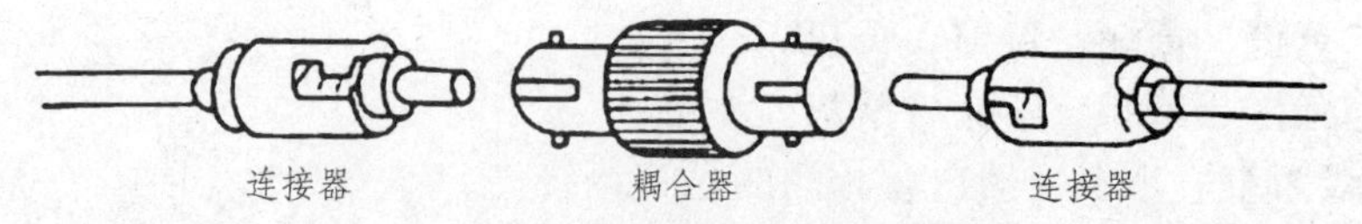

图 11-28 将 ST 光纤连接器插入耦合器

注意：每次重新安装时，都要用罐装气吹去耦合器的灰尘，并用沾有试剂级的丙醇酒精的棉花签擦净 ST 光纤连接器。

（5）重复以上步骤，直到所有的 ST 光纤连接器都插入耦合器为止。

注意：若一次来不及装上所有的 ST 光纤连接器，则连接器头上要盖上黑色保护帽，而耦合器空白端或未连接的一端（另一端已插上连接头的情况）要盖上红色保护帽。

2. 实训材料

光纤配线架，ST 光纤跳线（或 ST 连接器），ST 耦合器。

3. 实训工具

光纤工具箱。

4. 实训环境

多功能综合布线实训台。

实训 13：光纤熔接

光纤熔接是目前普遍采用的光纤接续方法，光纤熔接机通过高压放电将接续光纤端面熔融后，将两根光纤连接到一起成为一段完整的光纤。这种方法接续损耗小（一般小于 0.1 dB），而且可靠性高。熔接连接光纤不会产生缝隙，因而不会引入反射损耗，入射损耗也很小，在 0.01 ~ 0.15 dB 之间。在光纤进行熔接前要把涂敷层剥离。机械接头本身是保护连接的光纤的护套，但熔接在连接处却没有任何的保护。因此，熔接光纤机采用重新涂敷器来涂敷熔接区域和使用熔接保护套管两种方式来保护光纤。现在普遍采用熔接保护套管的方式，它将保护套管套在接合处，然后对它们进行加热，套管内管是由热材料制成的，因此这些套管就可以牢牢固定在需要保护的地方。加固件可避免光纤在这一区域弯曲。

1. 光纤熔接步骤

（1）开启光纤熔接机，确定要熔接的光纤是多模光纤还是单模光纤。

（2）测量光纤熔接距离。

（3）用开缆工具去除光纤外部护套及中心束管、剪除凯弗拉线，除去光纤上的油膏。

（4）用光纤剥离钳剥去光纤涂覆层，其长度由熔接机决定，大多数熔接机规定剥离的长度为 2 ~ 5 cm。

（5）光纤一端套上热缩套管。

（6）用酒精擦拭光纤，用切割刀将光纤切到规范距离，制备光纤端面，将光纤断头仍在指定的容器内。

（7）打开电极上的护罩，将光纤放入 V 形槽，在 V 形槽内滑动光纤，在光纤端头达到两电极之间时停下来。

（8）两根光纤放入V形槽后，合上V形槽和电极护罩，自动或手动对准光纤。

（9）开始光纤的预熔。

（10）通过高压电弧放电把两光纤的端头熔接在一起。

（11）光纤熔接后，测试接头损耗，作出质量判断。

（12）符合要求后，将套管置于加热器中加热收缩，保护接头。

（13）光纤熔接完后放于接续盒内固定。

开缆就是剥离光纤的外护套、缓冲管。光纤在熔接前必须去除涂覆层，为提高光纤成缆时的抗张力，光纤有两层涂覆。由于不能损坏光纤，所以剥离涂覆层是一个非常精密的程序，去除涂覆层应使用专用剥离钳，不得使用刀片等简易工具，以防损伤纤芯。去除光纤涂覆层时要特别小心，不要损坏其他部位的涂覆层，以防在熔接盒内盘绕光纤时折断纤芯。光纤的末端需要进行切割，要用专业的工具切割光纤以使末端表面平整、清洁，并使之与光纤的中心线垂直。切割对于接续质量十分重要，它可以减少连接损耗。任何未正确处理的表面都会引起由于末端的分离而产生的额外损耗。

在光纤熔接中应严格执行操作规程的要求，以确保光纤熔接的质量。

2. 光纤熔接时熔接机的异常信息和不良接续结果

光纤熔接过程中由于熔接机的设置不当，熔接机会出现异常情况，对光纤操作时，光纤不洁、切割或放置不当等因素，会引起熔接失败。具体情况见表11-1。

表11-1　光纤熔接时熔接机的异常信息和不良接续结果

信　息	原　因	提　示
设定异常	光纤在V形槽中伸出太长	参照防风罩内侧的标记，重新放置光纤在合适的位置
	切割长度太长	重新剥除、清洁、切割和放置光纤
	镜头或反光镜脏	清洁镜头、升降镜和防风罩反光镜
光纤不清洁或者镜头不清洁	光纤表面、镜头或反光镜脏	重新剥除、清洁、切割和放置光纤清洁镜头、升降镜和风罩反光镜
	清洁放电功能关闭时间太短	如必要时增加清洁放电时间
光纤端面质量差	切割角度大于门限值	重新剥除、清洁、切割和放置光纤，如仍发生切割不良、确认切割刀的状态
超出行程	切割长度太短	重新剥除、清洁、切割和放置光纤
	切割放置位置错误	重新放置光纤在合适的位置
	V形槽脏	清洁V形槽
气　泡	光纤端面切割不良	重新制备光纤或检查光纤切割刀
	光纤端面脏	重新制备光纤端面
	光纤端面边缘破裂	重新制备光纤端面或检查光纤切割刀
	预熔时间短	调整预熔时间

续表 11-1

信　息	原　因	提　示
太　细	锥形功能打开	确保“锥形熔接”功能关闭
	光纤送入量不足	执行“光纤送入量检查”指令
	放电强度太强	如不用自动模式时，减小放电强度
太　粗	光纤送入量过大	执行光纤送入量检查指令

2. 实训材料

光纤配线架，ST 光纤尾纤，ST 耦合器，多模光缆，热缩套管。

3. 实训工具

光纤工具箱（开缆工具、光纤切割刀、光纤剥离钳、凯弗拉线剪刀、斜口剪、螺丝批、酒精棉等），光纤熔接机。

4. 实训环境

多功能综合布线实训台。

实训 14：认证测试

已安装好的布线系统链路如图 11-29 所示，下面以用 FLUKE DTX 电缆分析仪，选择 TIA/EIA 标准、测试 UTP CAT 6 永久链路为例介绍认证测试过程。

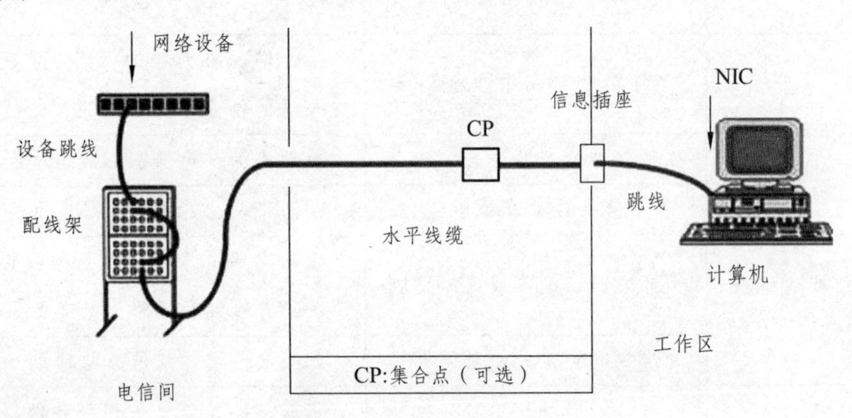

图 11-29　布线系统链路

1. 测试步骤

（1）连接被测链路。

将测试仪主机和远端机连上被测链路，如果是永久链路测试，就必须用永久链路适配器连接，如图 11-30 所示为永久链路测试连接方式，如果是信道测试，就使用原跳线连接仪表，如图 11-31 所示信道测试连接方式。

（2）按绿键启动 DTX ，如图 11.32（a）所示，并选择中文或中英文界面。

（3）选择双绞线、测试类型和标准。

① 将旋钮转至 SETUP，如图 11.32（b）所示。

② 选择“Twisted Pair”。

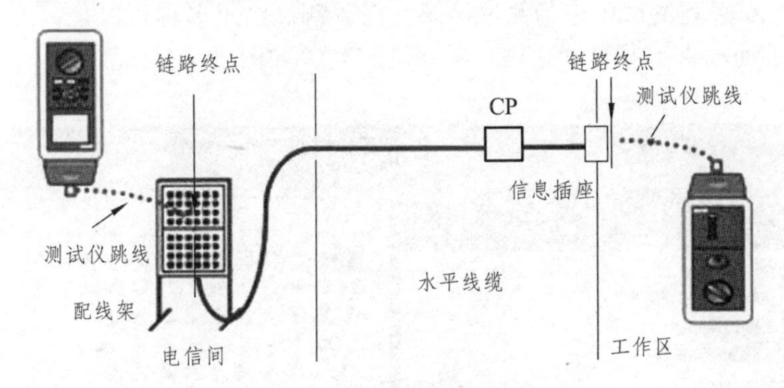

图 11-30 永久链路测试连接方式

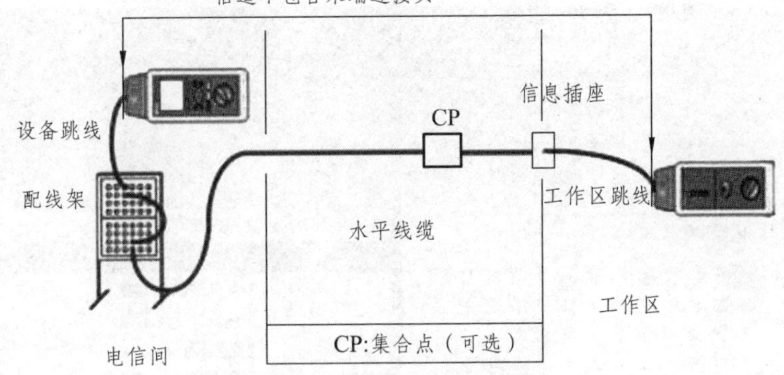

图 11-31 信道链路测试连接方式

③ 选择“Cable Type”。

④ 选择“UTP”。

⑤ 选择“Cat 6 UTP”。

⑥ 选择“Test Limit”。

⑦ 选择“TIA Cat 6 Perm. Link”，如图 11-32（c）所示。

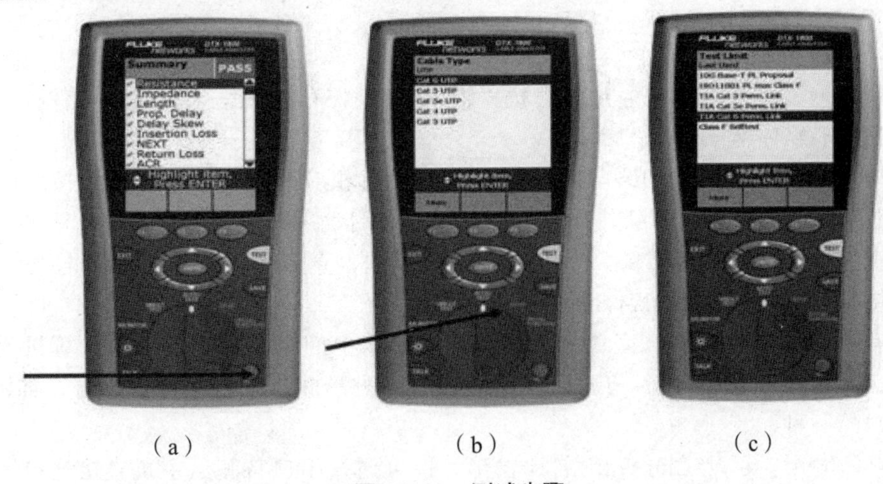

图 11-32 测试步骤

（4）按 TEST 键，启动自动测试，最快 9 s 完成一条正确链路的测试。

（5）在 DTX 系列测试仪中为测试结果命名。测试结果名称可以是：①通过 LinkWare 预先下载；②手动输入；③自动递增；④自动序列，如图 11-33 所示。

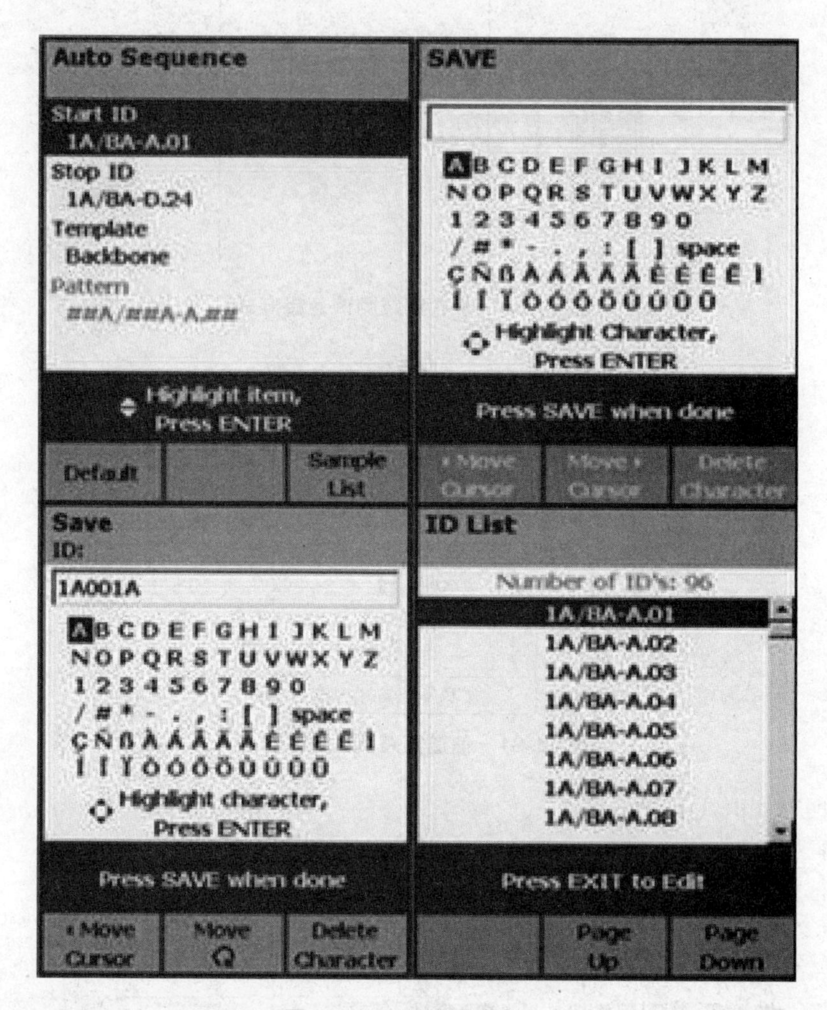

图 11-33 测试结果命名

（6）保存测试结果。测试通过后，按“SAVE”键保存测试结果，结果可保存于内部存储器和 MMC 多媒体卡。

（7）故障诊断。测试中出现“失败”时，要进行相应的故障诊断测试。按“故障信息键”（F1 键）直观显示故障信息并提示解决方法，再启动 HDTDR 和 HDTDX 功能，扫描定位故障。查找故障后，排除故障，重新进行自动测试，直至指标全部通过为止。

（8）结果送管理软件 LinkWare。

当所有要测的信息点测试完成后，将移动存储卡上的结果送到安装在计算机上的管理软件 LinkWare 进行管理分析。LinkWare 软件有几种形式提供用户测试报告，如图 11-34 所示为其中的一种。

（9）打印输出。可从 LinkWare 打印输出，也可通过串口将测试主机直接连打印机打印输出。

测试注意事项：

① 认真阅读测试仪使用操作说明书，正确使用仪表。

② 测试前要完成对测试仪主机、辅机的充电工作并观察充电是否达到80%以上。不要在电压过低的情况下测试，中途充电可能造成已测试的数据丢失。

③ 熟悉布线现场和布线图，测试过程也同时可对管理系统现场文档、标识进行检验。

④ 发现链路结果为“Test Fail”时，可能有多种原因造成，应进行复测再次确认。

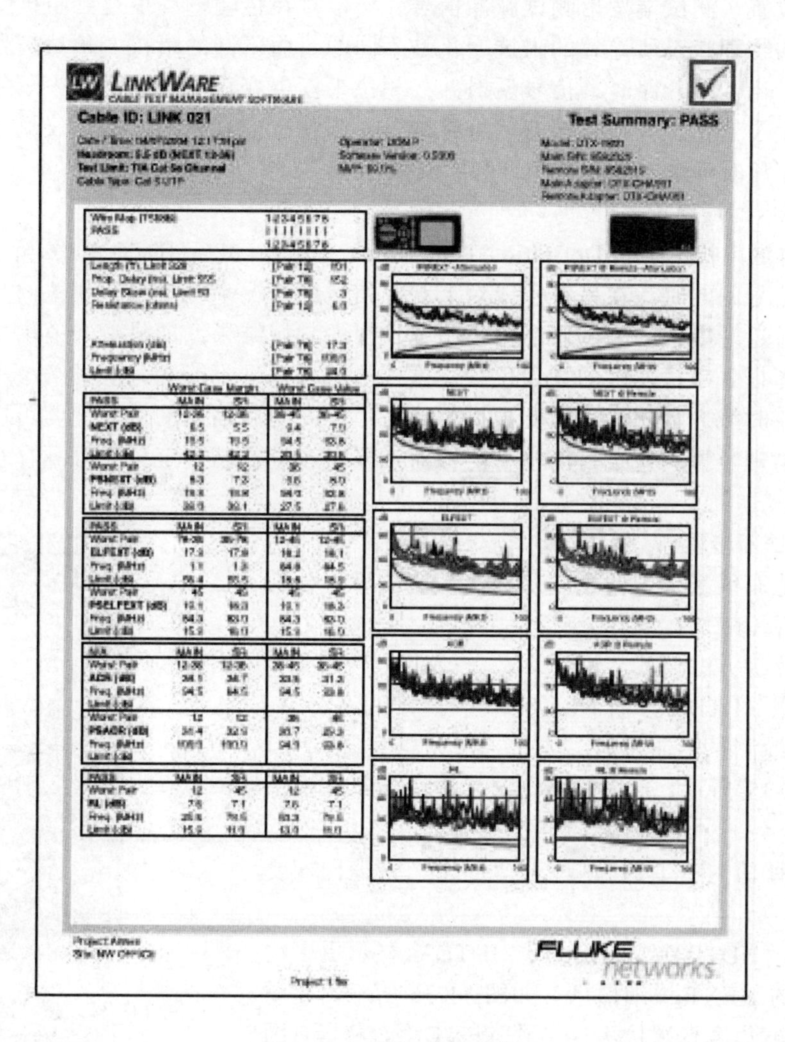

图 11-34 测试结果报告

2. DTX 的故障诊断

综合布线存在的故障包括接线图错误、电缆长度问题、衰减过大、近端串音过高和回波损耗过高等。超五类和六类标准对近端串音和回波损耗的链路性能要求非常严格，即使所有元件都达到规定的指标且施工工艺也可达到满意的水平，但非常可能的情况是链路测试失败。为了保证工程的合格，故障需要及时解决，因此对故障的定位技术和定位的准确度提出了较高的要求，诊断能力可以节省大量的故障诊断时间。DTX 电缆认证分析仪采用两种先进的高精度时域反射分析 HDTDR 和高精度时域串扰分析 HDTDX 对故障定位分析。

（1）高精度时域反射分析。

高精度时域反射（High Definition Time Domain Reflectometry，HDTDR）分析，主要用于测量长度、传输时延（环路）、时延差（环路）和回波损耗等参数，并针对有阻抗变化的故障进行精确的定位，用于与时间相关的故障诊断。

该技术通过在被测试线对中发送测试信号，同时监测信号在该线对的反射相位和强度来确定故障的类型，通过信号发生反射的时间和信号在电缆中传输的速度可以精确地报告故障的具体位置。测试端发出测试脉冲信号，当信号在传输过程中遇到阻抗变化就会产生反射，不同的物理状态所导致的阻抗变化是不同的，而不同的阻抗变化对信号的反射状态也是不同的。当远端开路时，信号反射并且相位未发生变化，而当远端为短路时，反射信号的相位发生了变化，如果远端有信号终结器，则没有信号反射。测试仪就是根据反射信号的相位变化和时延来判断故障类型和距离的。

（2）高精度时域串扰分析。

高精度时域串扰（High Definition Time Domain Crosstalk，HDTDX）分析，通过在一个线对上发出信号的同时，在另一个线对上观测信号的情况来测量串扰相关的参数以及故障诊断，以往对近端串音的测试仅能提供串扰发生的频域结果，即只能知道串扰发生在哪个频点，并不能报告串扰发生的物理位置，这样的结果远远不能满足现场解决串扰故障的需求。由于是在时域进行测试，因此根据串扰发生的时间和信号的传输速度可以精确地定位串扰发生的物理位置。这是目前唯一能够对近端串音进行精确定位并且不存在测试死区的技术。

3. 故障诊断步骤

在高性能布线系统中两个主要的“性能故障”分别是：近端串音（NEXT）和回波损耗（RL）。下面介绍这两类故障的分析方法。

（1）使用 HDTDX 诊断 NEXT。

① 当线缆测试不通过时，先按“故障信息键”（F1 键）如图 11-35 所示，此时将直观显示故障信息并提示解决方法。

② 深入评估 NEXT 的影响，按“EXIT”键返回摘要屏幕。

③ 选择“HDTDX Analyzer”，HDTDX 显示更多线缆和连接器的 NEXT 详细信息。如图 11-36 所示，左图故障是 58.4 m 集合点端接不良导致 NEXT 不合格，右图故障是线缆质量差，或是使用了低级别的线缆造成整个链路 NEXT 不合格。

图 11–35　按“故障信息键”（F1 键）获取故障信息

（2）使用 HDTDR 诊断 RL。

① 当线缆测试不通过时，先按“故障信息键”（F1 键）如图 11-35 所示，此时将直观显示故障信息并提示解决方法。

② 深入评估 RL 的影响，按“EXIT”键返回摘要屏幕。

③ 选择“HDTDR Analyzer”，HDTDR 显示更多线缆和连接器的 RL 详细信息，如图 11-37 所示，70.6 m 处 RL 异常。

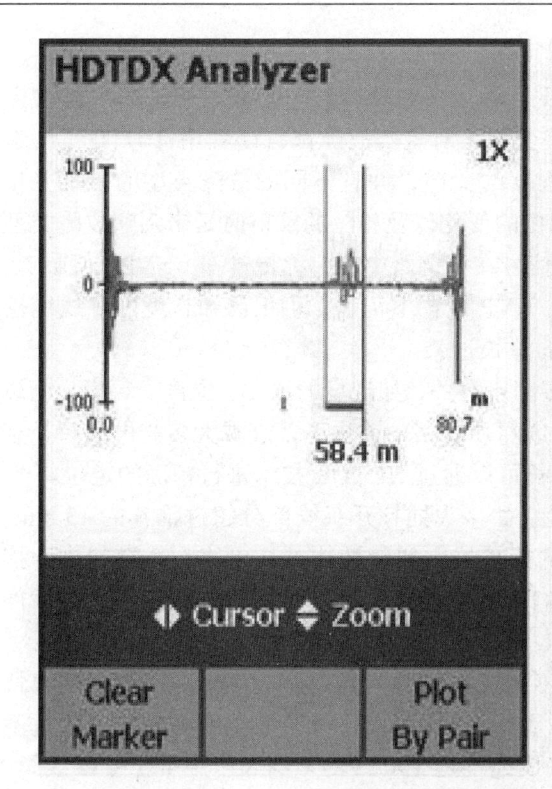

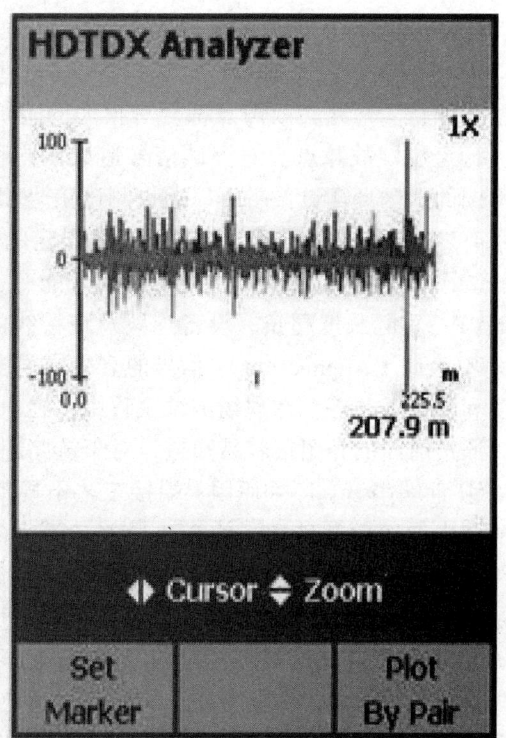

图 11-36　HDTDX 分析 NEXT 故障结果

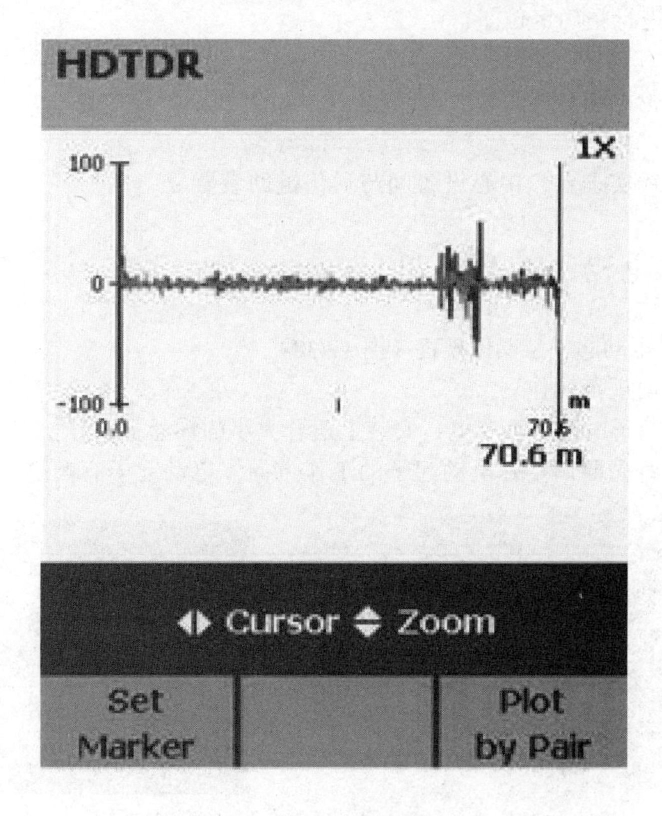

图 11-37　70.6 m 处 RL 异常

4. 故障类型及解决方法

① 电缆接线图未通过。电缆接线图和长度问题主要包括开路、短路、交叉等几种错误类型。开路、短路在故障点都会有很大的阻抗变化，对这类故障都可以利用 HDTDR 技术来进行定位。故障点会对测试信号造成不同程度的反射，并且不同的故障类型的阻抗变化是不同的，因此测试设备可以通过测试信号相位的变化以及相位的反射时延来判断故障类型和距离。当然定位的准确与否还受设备设定的信号在该链路中的标称传输率（NVP）值影响。

② 长度问题。长度未通过的原因可能有：NVP 设置不正确，可用已知长度的好线缆校准 NVP；实际长度超长；设备连线及跨接线的总长过长。

③ 衰减（Attenuation）。信号的衰减同很多因素有关，如现场的温度、湿度、频率、电缆长度和端接工艺等。在现场测试工程中，在电缆材质合格的前提下，衰减大多与电缆超长有关，通过前面的介绍很容易知道，对于链路超长可以通过 HDTDR 技术进行精确的定位。

④ 近端串音。产生原因：端接工艺不规范，如接头处打开双绞部分超过推荐的 13 mm，造成了电缆绞距被破坏；跳线质量差；不良的连接器；线缆性能差；串绕；线缆间过分挤压等。对这类故障可以利用 HDTDX 发现它们的故障位置，无论它们是发生在某个接插件还是某一段链路。

⑤ 回波损耗。回波损耗是由于链路阻抗不匹配造成的信号反射。产生的原因：跳线特性阻抗不是 100 Ω；线缆线对的绞接被破坏或是有纽绞；连接器不良；线缆和连接器阻抗不恒定；链路上线缆和连接器非同一厂家产品；线缆不是 100 Ω 的（例如使用了 120 Ω 线缆）等。知道了回波损耗产生的原因是由于阻抗变化引起的信号反射，就可以利用针对这类故障的 HDTDR 技术进行精确定位了。

5. 实训工具

福禄克、安捷伦电缆分析仪。

6. 实训环境

多功能综合布线实训台，中心设备间与通信链路装置。

实训 15：常用电动工具的使用

1. 电动旋具（电动起子）操作规程（图 11-38）

（1）按使用说明规范操作。

（2）检查电动起子电池是否有电，安装上适合大小的螺丝批头并检查一下是否安紧。

（3）安装螺丝时先要调整好电动起子的工作方向（电动起子有顺/逆时针方向）。

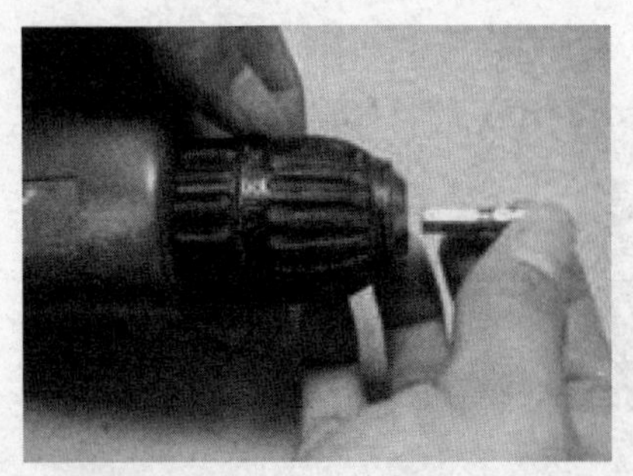

图 1 安装合适的螺丝批头

图 2 把螺丝批头拧紧

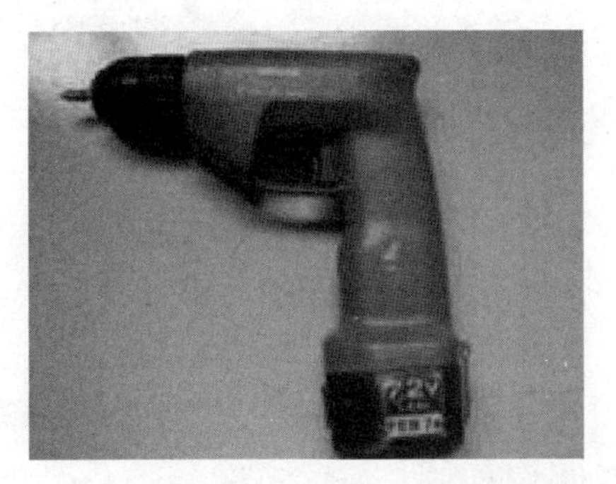

图 3 调整好电动起子的工作方向

图 4 安装电工面板

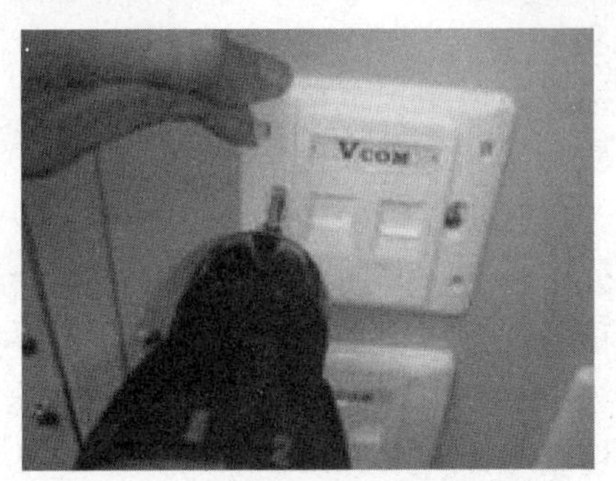

图 5 安装信息面板

图 11-38 实训操作规程（1）

2. 冲击电钻操作规程（见图 11-39）

冲击电钻有三种工作方式：电钻只具备旋转方式，特别适合于在需要很小力的材料上钻孔，例如软木、金属、砖、瓷砖等。冲击钻依靠旋转和冲击来工作。单一的冲击是非常轻微的，但每分钟 40 000 多次的冲击频率可产生连续的力。冲击钻可用于天然的石头或混凝土。它们是通用的，因为它们既可以用“单钻”模式，也可以用“冲击钻”模式，所以对专业人员和自己动手者，它都是值得选择的基本电动工具。电锤依靠旋转和捶打来工作。单个捶打力非常高，并具有每分钟 1 000~3 000 的捶打频率，可产生显著的力。与冲击钻相比，电锤需要最小的压力来钻入硬材料，例如石头和混凝土；特别是相对较硬的混凝土。

使用电钻时的个人防护：① 面部朝上作业时，要戴上防护面罩。在生铁铸件上钻孔要戴好防护眼镜，以保护眼睛。② 钻头夹持器应妥善安装。③ 作业时钻头处在灼热状态，应注意灼伤肌肤。④ 钻 ϕ12 mm 以上的手持电钻钻孔时应使用有侧柄手枪钻。⑤ 站在梯子上工作或高处作业应做好防高处坠落措施，梯子应有地面人员扶。

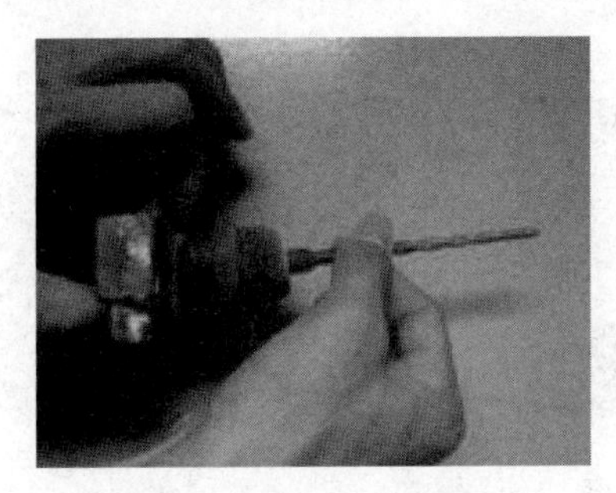

图 1 安装合适的钻头

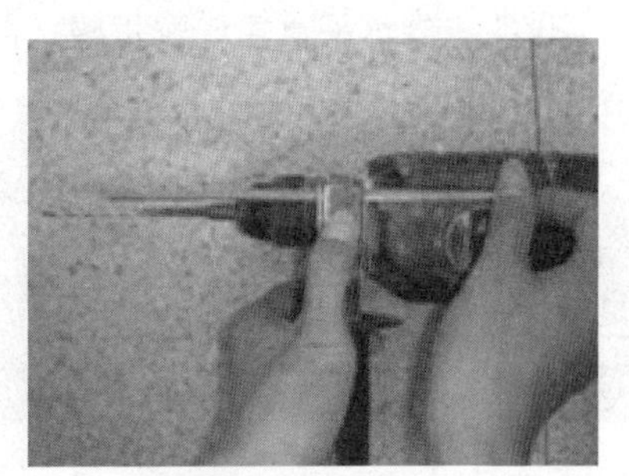

图 2 调节深浅扶助器

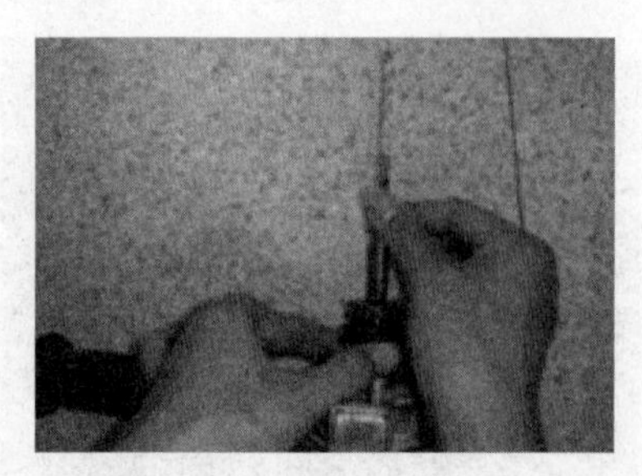

图3 更换不同尺寸的钻头

图4 可以根据施工的不同，调节工作方式

图 11-39 实训操作规程（2）

3. 切割机、台钻操作规程

（1）切割机、台钻必须按使用说明规范操作。

（2）学生使用须经指导教师同意方可操作。

（3）使用前应检查机器，保证机器接地良好、不漏电，砂轮片完整、无裂纹。

（4）开机后先空运转一分钟左右，判断运转正常后方可使用。

（5）注意，不能碰撞、移动切割机。使用时，注意周围环境，不许打闹。

（6）台钻操作时，工件应用台钳夹持好，装好钻头，注意速度。单人操作，不能戴手套。

（7）设备使用结束后，切断电源，放好工具，打扫干净方可离去。

4. 角磨机（打磨器）操作规程

（1）带保护眼罩。

（2）打开开关之后，要等待砂轮转动稳定后才能工作。

（3）长头发同学一定要先把头发扎起。

（4）切割方向不能向着人。

（5）连续工作半小时后要停 15 min。

（6）不能用手捏住小零件对角磨机进行加工。

（7）工作完成后自觉清洁工作环境。

5. 实训工具

电动旋具，冲击电钻，切割机，台钻，角磨机。

6. 实训环境

模拟建筑物。

实训 16：PVC 线槽成型

1. PVC 线槽水平直角成型步骤（图 11-40）

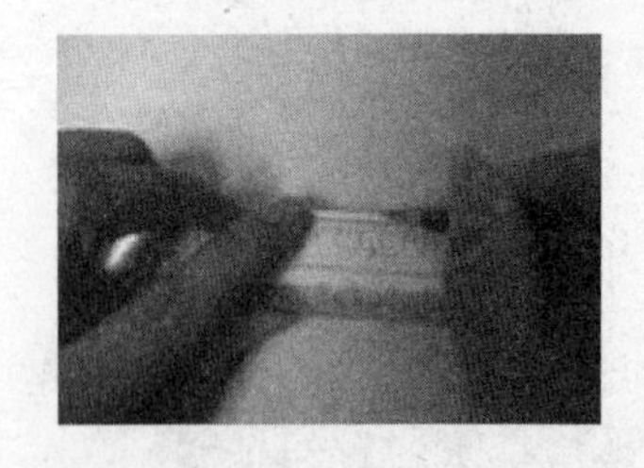

1．先是对线槽的长度进行定点

2．以点为顶画一直线

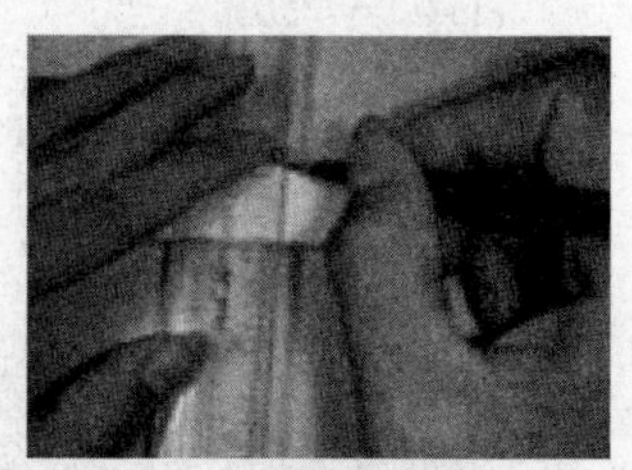

3．以这直线为直角线画一个等边三角形

4．并在线槽别一侧画上线

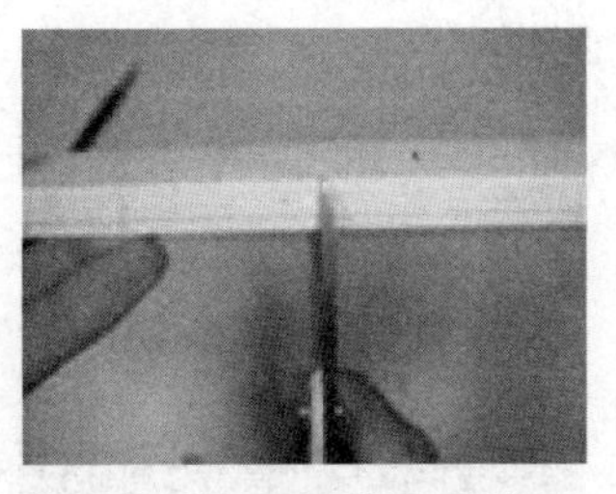

5．以线为边进行裁剪

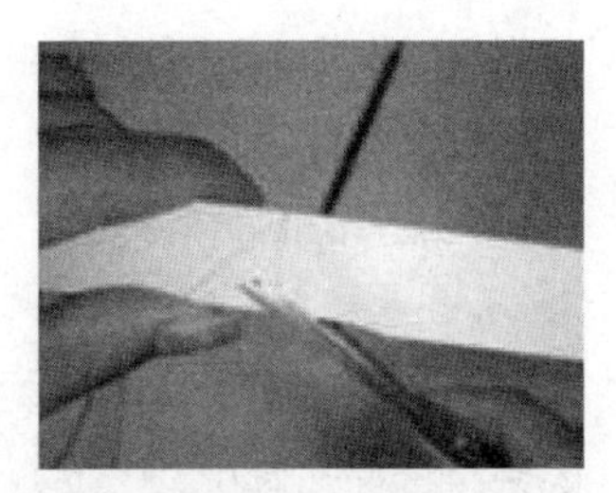

6．把这个三角形和侧面剪去

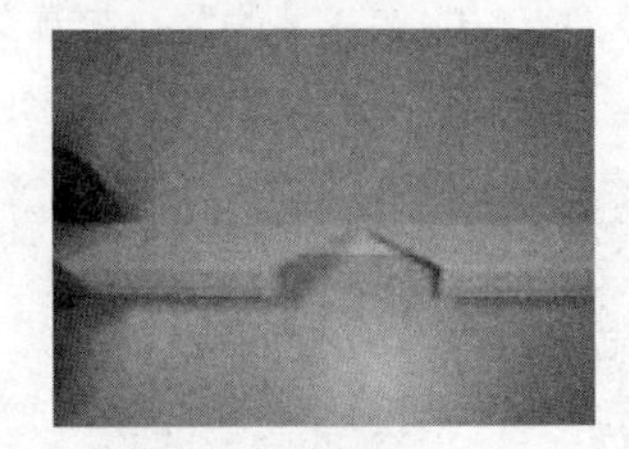

7．裁剪后的效果

8．把线槽弯曲成型

图 11-40 线槽水平直角成型步骤

2. PVC 线槽非水平直角成型步骤

内弯角成型步骤如图 11-41 所示。

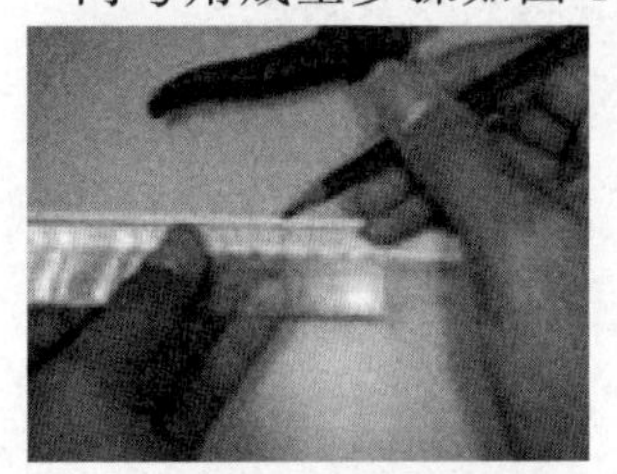

1．先是对线槽的长度进行定点

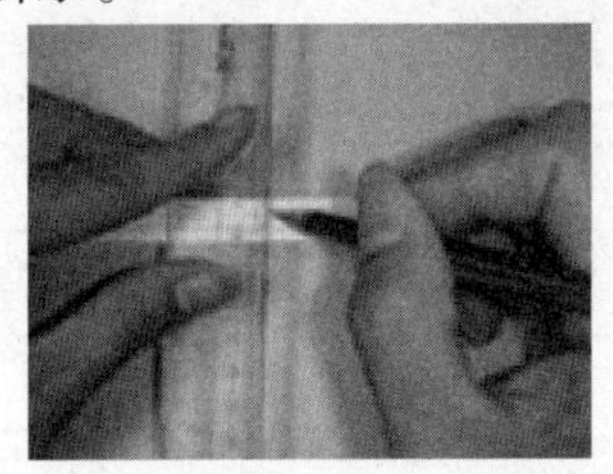

2．以点为顶画一直线

3．以这直线为直角线画一个等边三角形

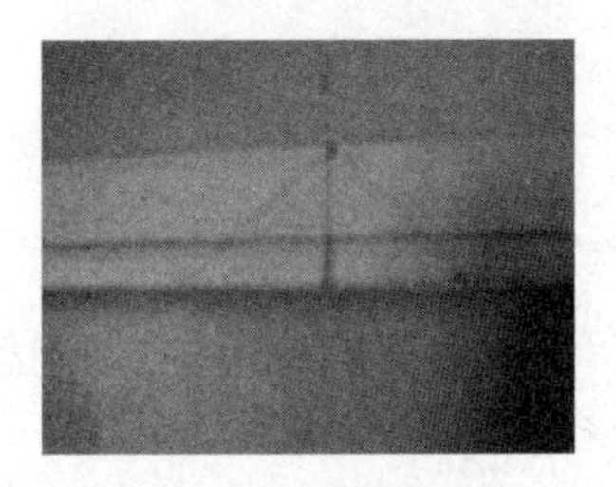

4．画好的效果图

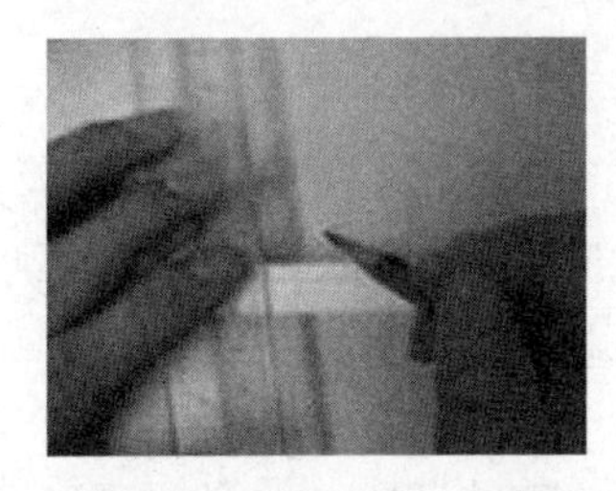

5．并在线槽别一侧画上线

6．把这两个三角形剪去

7．把线槽弯曲成型

图 11-41 内弯曲成型步骤

外弯角成型步骤如图 11-42 所示。

1．先是对线槽的长度进行定点

2．以点为顶画一直线

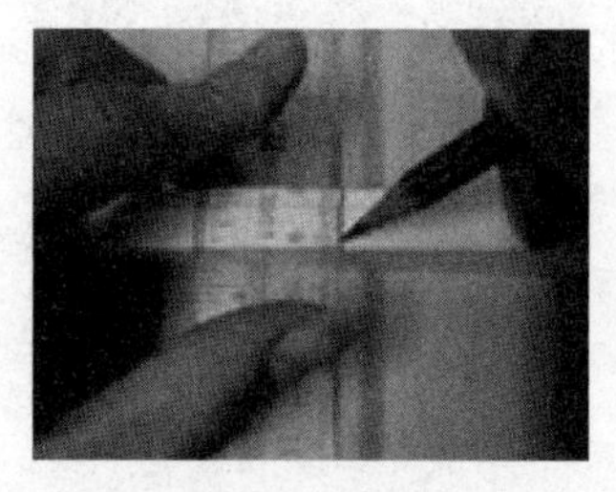
3．在线槽的别一侧画直线并以这条线在别一侧定点

4．用剪刀剪线槽两侧

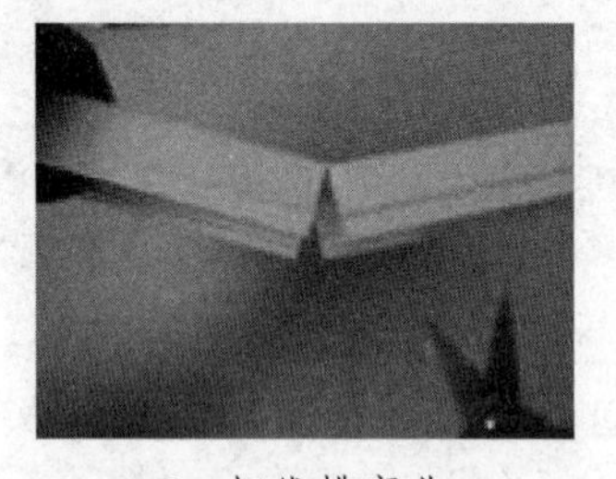
5．把线槽弯曲

6．最后得到的外弯角

图 11-42　外弯角成型步骤

3. 实训材料

PVC 线槽，PVC 直角，PVC 阳角，PVC 阴角。

4. 实训工具

电工工具箱，PVC 线槽剪刀。

5. 实训环境

模拟建筑物。

11.3　工程项目实训

以实训室模拟建筑物为对象开展工程项目实训。工程项目教学组织建议如下。

教学过程包括设计、安装施工和测试验收三个环节，工程范围包括综合布线 6 个子系统的内容，设立工程项目机构，全班设为一个网络工程公司，老师担任公司经理，下设项目经理部多个（根据建筑物工作区数量设置，一个项目经理部负责一个工作区的施工）、监理部 1 个、材料部 1 个，每个项目经理部 4～8 名同学，以项目经理部为单位分配实训任务，但每个同学最少安装一个信息点。各职位：项目经理、工地主任、安全员、布线工程师、工程监理、材料管理员等通过竞聘产生。

实训 17：综合布线方案设计

以实训室中模拟建筑物为对象，每人设计一个综合布线方案，通过老师和同学的评价，评选出最佳方案，作为最后的施工方案。

1. 设计步骤

（1）分析用户需求。

（2）获取建筑物平面图。

（3）系统结构设计。

（4）布线路由设计。

（5）可行性论证。

（6）绘制综合布线施工图。

（7）编制综合布线用料清单。

综合布线的设计过程，可用如图 11-43 所示来描述。

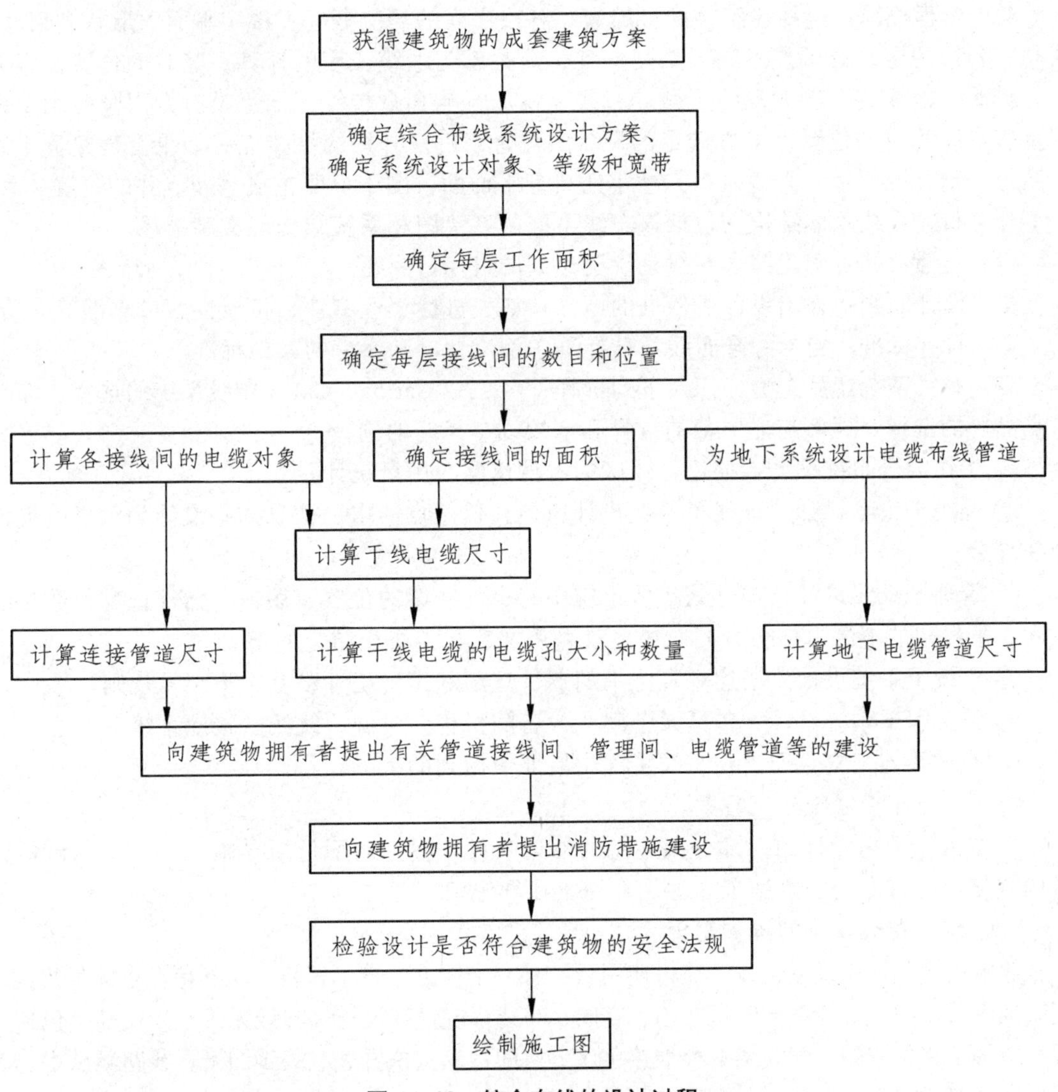

图 11-43　综合布线的设计过程

2. 综合布线系统设计方案的内容

（1）前言。

这一节包括的内容有：客户的单位名称、工程的名称、设计单位（指施工方）的名称、设计的意义和设计内容概要。

（2）定义与惯用语。

这一节应对设计中用到的综合布线系统的通用术语、自定义的惯用语做出解释，以利于用户对设计的精确理解。

（3）综合布线系统概念。

这一节的内容主要是 ANSI/TIA/EIA 568（或 ISO/IEC 11801）所规定的综合布线系统的 6 个子系统的结构以及每个子系统所包括的器件，并应有综合布线系统的 6 个子系统的结构示意图。

（4）综合布线系统设计。

① 概述。

◎ 工程概况：包括建筑物的楼层数；各层房间的功能概况；楼宇平面的形状和尺寸；层高，各层的层高有可能不同，要列清楚，这关系到电缆长度的计算；竖井的位置，竖井中有哪些其他线路，例如消防报警、有线电视、音响和自控等，如果没有专用竖井则要说明垂直电缆管道的位置；甲方选定的设备间位置；电话外线的端接点；如果有建筑群干线子系统，则要说明室外光缆入口；楼宇的典型平面图，图中标明主机房和竖井的位置。

◎ 布线系统总体结构：包括该布线系统的系统图和系统结构的文字描述。

◎ 设计目标：阐述综合布线系统要达到的目标。

◎ 设计原则：列出设计所依据的原则，如先进性、经济性、扩展性、可靠性等。

◎ 设计标准：包括综合布线设计标准、测试标准和参考的其他标准。

◎ 布线系统产品选型：探讨下列选择：Cat 3、Cat 5e、Cat 6 布线系统的选择，布线产品品牌的选择，屏蔽与非屏蔽的选择和双绞线与光纤的选择。

② 工作区子系统设计：描述工作区的器件选配和用量统计。

③ 配线子系统设计：配线子系统设计应包括信息点需求、信息插座设计和水平电缆设计 3 部分。

④ 管理子系统设计：描述该布线系统中每个配线架的位置、用途、器件选配、数量统计和各配线架的电缆卡接位置图。描述宜采用文字和表格相结合的形式。

⑤ 干线子系统设计：描述垂直主干的器件选配和用量统计以及主干编号规则。

⑥ 设备间子系统设计：包括设备间、设备间机柜、电源、跳线、接地系统等内容。

⑦ 布线系统工具：列出在布线工程中所要使用到的工具。

（5）综合布线系统施工方案。

此节内容作为设计的一部分阐述总的槽道敷设方案，而不是指导施工，因此不包括管槽的规格，另有专门的给施工方的文档用于指导施工。

（6）综合布线系统的维护管理。

此节内容包括布线系统竣工交付使用后，移交给甲方的技术资料，包括信息点编号规则、配线架编号规则、布线系统管理文档、合同、布线系统详细设计和布线系统竣工文档（包括配线架电缆卡接位置图、配线架电缆卡接色序、房间信息点位置表、竣工图纸、线路测试报告）。

（7）验收测试。

在综合布线系统中有永久链路和通道两种测试，应对测试链路模型、所选用的测试标准和电缆类型、测试指标和测试仪作简略介绍。

（8）培训、售后服务与保证期。

包括对用户的培训计划，售后服务的方式以及质量保证期。

（9）综合布线系统材料总清单。

包括综合布线系统材料预算和工程费用清单。

（10）图纸（单独设计）。

包括图纸目录、图纸说明、网络系统图、布线拓扑图、管线路由图、楼层信息点平面图、机柜信息点分布图等。

3. 实训环境

计算机机房。

实训 18：图纸绘制

综合布线工程图在综合布线工程中起着关键的作用，设计人员首先通过建筑图纸来了解和熟悉建筑物结构并设计综合布线工程图，施工人员根据设计图纸组织施工，验收阶段将相关技术图纸移交给建设方。图纸简单清晰直观地反映了网络和布线系统的结构、管线路由和信息点分布等情况。因此，识图、绘图能力是综合布线工程设计与施工组织人员必备的基本功。综合布线工程中主要采用两种制图软件：AUTOCAD 和 VISIO。也可以利用综合布线系统厂商提供的布线设计软件或其他绘图软件绘制。

1. 综合布线工程图

综合布线工程图一般包括以下 5 类图纸。根据模拟建筑物的网络通信情况绘制相应的综合布线工程图。

（1）网络拓扑结构图。

（2）综合布线系统拓扑（结构）图（图 11-44）。

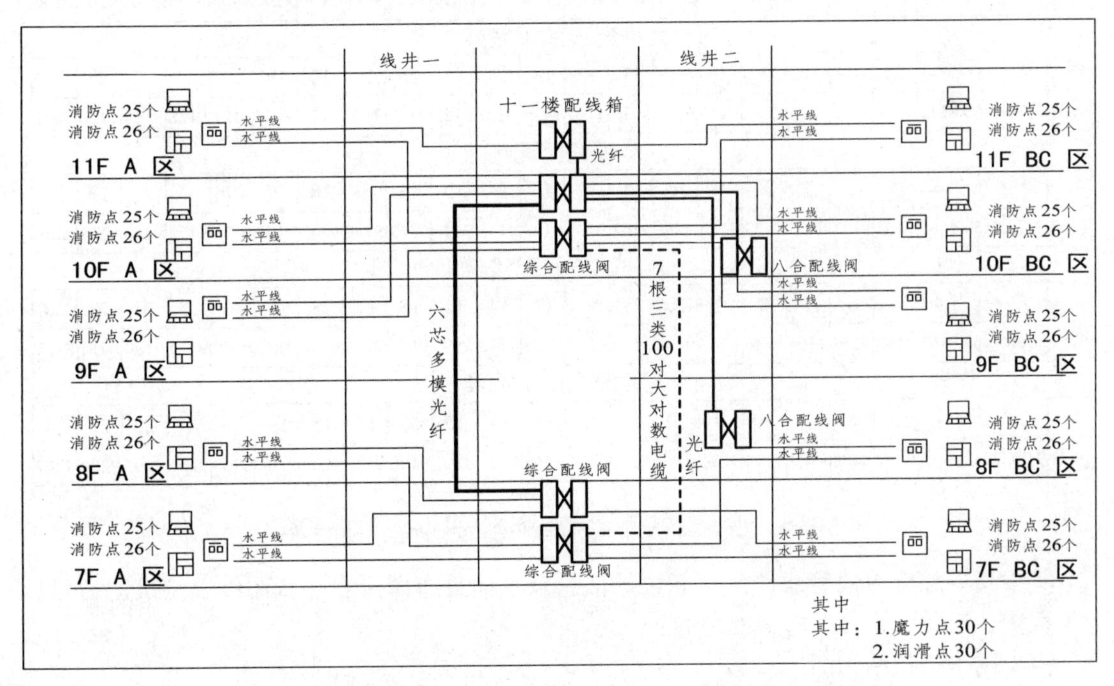

图 11-44　某大楼 7～11 层综合布线系统（数据+语音）拓扑图

（3）综合布线管线路由图。

（4）楼层信息点平面分布图（图 11-45）。

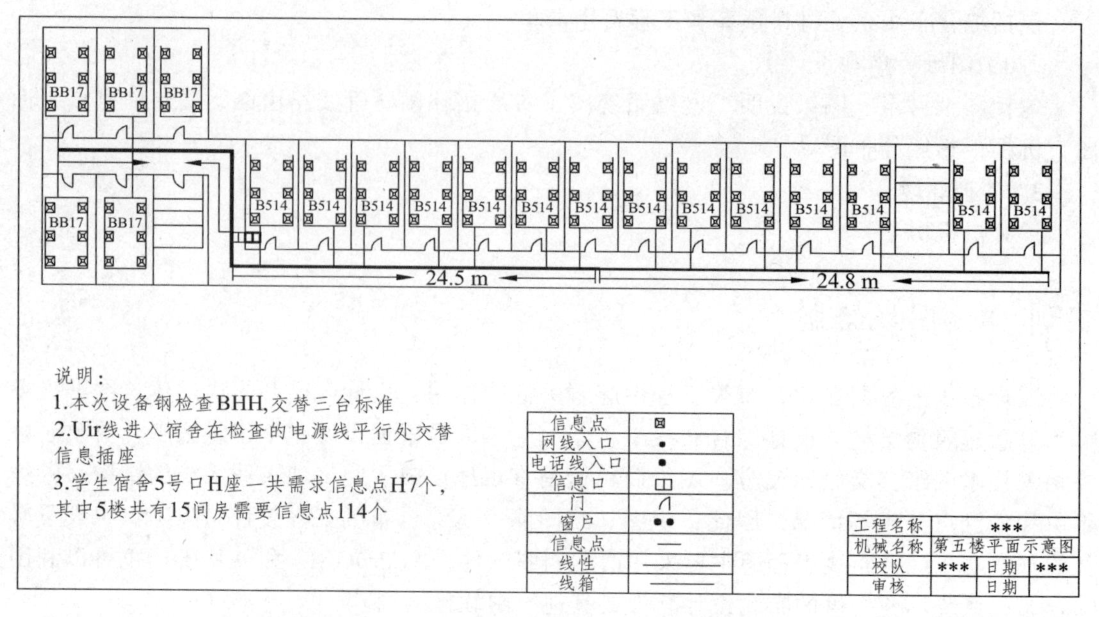

图 11-45　某学生宿舍楼层信息点和管线布线图

（5）机柜配线架信息点布局图（图 11-46）。

九楼配线间配线架 1

1	2	3	4	5	6	7	8	9	10	11	12	13	14	15	16	17	18	19	20	21	22	23	24
9082	9083	9084	9085	9086	9087	9088	9089	9091	9092	9093	9094	9095	9096	9097	9098	9099	9100	9101	9102	9103	9104	9105	9106

九楼配线间配线架 2

1	2	3	4	5	6	7	8	9	10	11	12	13	14	15	16	17	18	19	20	21	22	23	24
9107	9109	9110	9111	9112	9113	9114	9115	9116	9117	9118	9119	9120	9121	9122	9123	9124	9125	9126	9127	9128	9129	9130	9131

九楼配线间配线架 3

1	2	3	4	5	6	7	8	9	10	11	12	13	14	15	16	17	18	19	20	21	22	23	24
9132	9133	9134	9135	9136	9137	9138	9139	9140	9141	9142	9143	9144	9145	9146	9147	9148	9149	9150	9151	9152	9153	9154	9156

九楼配线间配线架 4

1	2	3	4	5	6	7	8	9	10	11	12	13	14	15	16	17	18	19	20	21	22	23	24
9157	9158	9160	9161	9162	9163	9165	9166	9167	9168	9169	9170	9171	9172	9173	9174	9175	9176	9177	9178	9179	9180	9181	9182

九楼配线间配线架 5

1	2	3	4	5	6	7	8	9	10	11	12	13	14	15	16	17	18	19	20	21	22	23	24
9183	9184	9185	9186	9187	9188	9189	9190	9191	9192	9193	9194	9195	9196	9197	9198	9199	9200	9202	9203	9204	9205	9206	9207

图 11-46　机柜配线架信息点布局图（用 excel 表格生成）

其中楼层综合布线管线路由图和楼层信息点平面分布图可在一张图纸上绘出。通过以上工程图，反映以下几个方面的内容：

（1）网络拓扑结构图。

（2）布线路由、管槽型号和规格。

（3）工作区子系统中各楼层信息插座的类型和数量。

（4）水平子系统的电缆型号和数量。

（5）垂直干线子系统的线缆型号和数量。

（6）楼层配线架（FD）、建筑物配线架（BD）、建筑群配线架（CD）、光纤互联单元的数量及分布位置。

（7）机柜内配线架及网络设备分布情况。

目前综合布线设计图中的图例比较混乱，缺少统一的标识，在设计中可以参考采用如图 11-47 所示的图例。

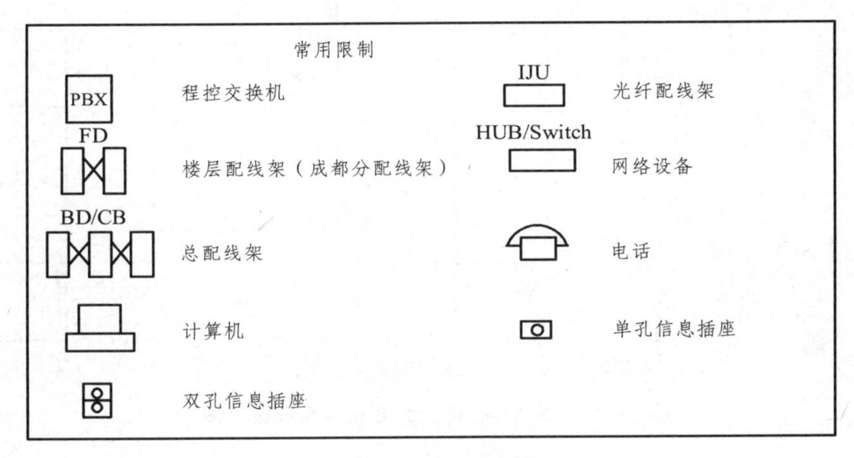

图 11-47　设计图例

2. 用 AUTOCAD 绘图

AutoCAD 广泛应用于综合布线系统的设计当中，特别是在设计中，当建设单位提供了建筑物的 CAD 建筑图纸的电子文档后，设计人员可以在 CAD 建筑图纸上进行布线系统的设计，起到事半功倍的效果。目前，AutoCAD 主要用于绘制综合布线管线设计图、楼层信息点分布图、布线施工图等。如图 11-48 所示为用 AutoCAD 绘制楼层信息点分布图。

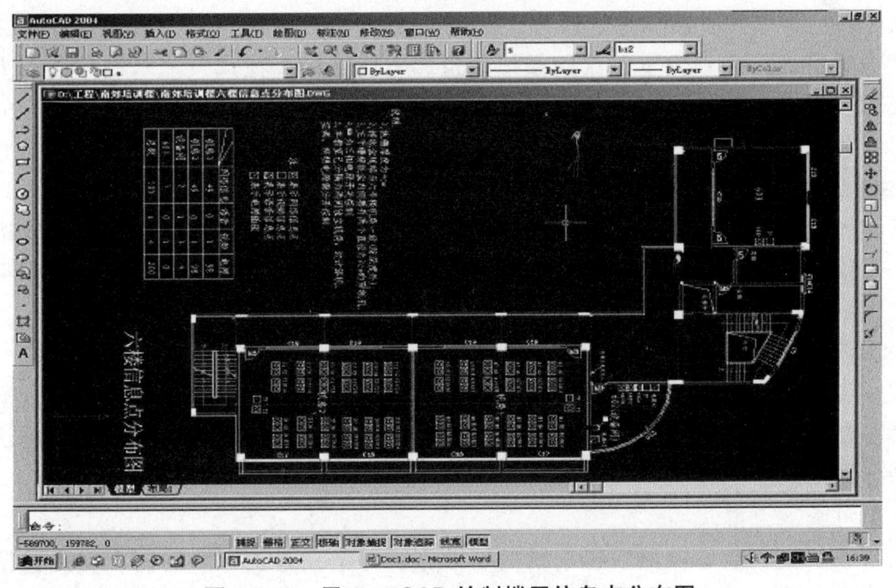

图 11-48　用 AutoCAD 绘制楼层信息点分布图

3. 用 Visio 绘图

在综合布线中常用Visio绘制网络拓扑图、布线系统拓扑图、信息点分布图等。如图11-49所示用 Visio 绘制综合布线系统拓扑图。

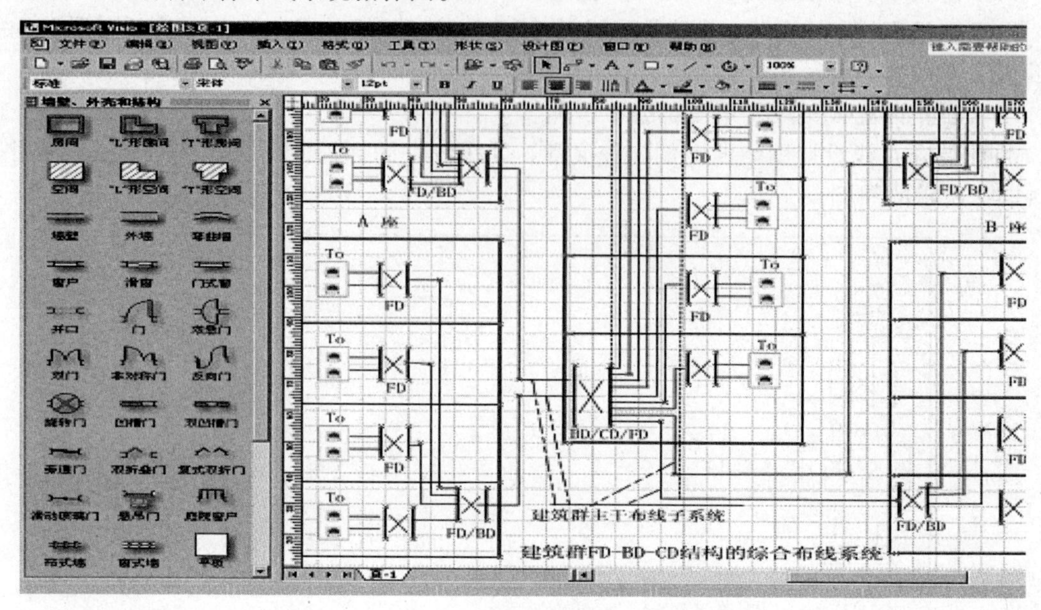

图 11-49 用 Visio 绘制综合布线系统拓扑图

4. 实训环境

安装了 AUTOCAD 和 VISIO 软件的计算机机房。

实训 19：工程项目安装施工

通过前面展示部分和基本技能训练模块的认识和训练，并进行设计和图纸绘制课程后，即可进入工程项目实践安装训练的课程，VCOM 综合布线实训室的工程项目模拟建筑，由两种构建方案组成，分别为土混结构模拟建筑和金属结构模拟建筑。本操作指南为基于土混结构模拟建筑的模拟工程实践教学方案。为方便学生理解和与本指南验收部分的统一，工程项目安装施工的课程安排以布线系统各个功能区为分类。

1. 施工训练前准备

按真实布线工程施工前，必须做好各项准备工作，保障工程开工后有步骤地按计划组织施工，从而确保综合布线工程的施工进度和工程质量。真正施工前的准备工作很多，基于模拟实训的特点，以下进行简要说明。

（1）图纸确认。

根据模拟实训的特点，在图纸方面着重选择布线系统图进行设计和指导，根据教学情况选择学生制作的其中一款相对合理的系统图，或者采用标准的布线系统图，确认为布线安装的指导图纸。

（2）制订施工方案。

根据现场学生人数和实训室建设结构制做施工方案，施工方案的内容主要包括施工组织和施工进度，施工方案要做到人员组织合理，施工安排有序。施工组织计划安排主要采用分工序施工作业法，根据施工情况分阶段进行，合理安排交叉作业提高工效。

（3）施工场地准备。

模拟建筑实训安装施工前，需要对场地作必要的准备和清理，其中电源和照明必须保持正常状态；施工用的切割、裁剪场地、操作台必须布置好；上次实训过后的施工残留线缆、线槽等需要拆卸完毕。

（4）材料及工具准备。

根据学生当次实训的人数，工程项目安装课程开始前，需对所需材料，即布线材料、辅材等进行计算和清点，材料的配给采用专人进行管理和记录。根据学生各人任务的区别，分别派发工具，工具的详细说明参照工具功能清单。

（5）实训环境：课室及模拟施工现场。

2. 管槽安装实训

模拟建筑管槽部分的安装主要涉及金属槽、PVC 线槽/线管等。线槽的安装应根据图纸要求，对各布线路由进行预定位，然后根据各段路由长度计算材料用量，计算材料用量时需注意单段线槽标准长度，尽量使每位学生手中的线槽长度接近安装长度，避免浪费。

（1）金属线槽安装。

金属线槽主要用于干线的布放，数量较少，安装所采取的原则为“横平竖直”，为使安装的管槽系统“横平竖直”，施工中可考虑弹线定位。根据施工图确定的安装位置，从始端到终端（先垂直干线定位再水平干线定位）找好水平或垂直线，用墨线袋沿线路中心位置弹线。

（2）PVC 槽安装。

PVC 槽的安装只涉及墙面明装的方式，即水平子系统线槽铺设。

在墙面明装 PVC 线槽，线槽固定点间距一般为 1 m，有直接向水泥中钉螺钉和先打塑料膨胀管再钉螺钉两种固定方式。水平线槽的安装高度与信息插座底盒高度一致，保持在离地面 300 mm 左右。

水平干线、垂直干线布槽的方法是一样的，差别在一个是横布槽一个是竖布槽。在水平干线与工作区交接处不易施工时，可采用金属软管（蛇皮管）或塑料软管连接。

（3）实训环境：模拟建筑施工现场。

3. 工作区子系统安装实训

根据模拟建筑规模的不同，工作区数量有一定差别，每个工作区皆设有暗装底盒，同时墙面可进行明装底盒的安装。

（1）安装位置。

明装工作区信息插座底盒的安装高度在离地面 300 mm 左右的地方，如模拟建筑墙面有破损，可避开破损位往上作一定的调整。暗装底盒因已经固化至墙体，安装位置不需调整即可实训操作。

（2）安装方式。

安装明装底盒需采用手电钻对墙面进行钻孔，然后将胶粒塞进孔口，并用锤子将胶粒锤到孔位之中，使胶粒尾部与墙体表面水平。一般 86 型明装底盒有可十个用于固定的孔位，钻孔前可选择对称的两个孔进行定位，用标识笔等透过孔位对在墙面进行画点。暗装底盒则端接完只需盖上面板即可。

（3）信息插座端接：参考基本技能训练中的信息插座端接部分。

（4）实训环境：模拟建筑施工现场。

3. 水平子系统安装

综合布线模拟建筑中的土混结构和金属框架结构两种产品，其墙面皆已预埋了暗装线管，水平子系统布线安装实训需要进行暗装和明装训练。

（1）暗装线管布放。

暗装管道一般从配线间埋到信息插座安装孔。学生只要将 4 对双绞线电缆固定在信息插座的拉线端，从管道的另一端牵引拉线就可将电缆拉到配线间，此操作需两个人以上协作。

（2）明装线槽线缆布放。

墙壁线槽布线是一种短距离明敷方式。当已建成的建筑物中没有暗敷管槽时，只能采用明敷线槽或将电缆直接敷设，线槽的横截面线缆需低于 70%的容量。

（3）实训环境：模拟建筑施工现场。

4. 垂直干线子系统安装

在新的建筑物中，通常在每一层同一位置都有封闭型的小房间，称为弱电井（弱电间），该弱电井一般就是综合布线垂直干线子系统的安装场所，而旧楼改造工程中常常会遇到没有弱电井的情况，此时就用安装金属线槽的方式代替。VCOM 模拟建筑中的设有两层的管理间，垂直干线就位于管理间中。

（1）垂直干线线缆。

实训室垂直干线线缆为数据和语音两种，数据采用 4 对双绞线，语音采用 25 对大对数电缆。

（2）线缆布放。

在竖井中敷设干线电缆一般有两种方法，即向下垂放电缆和向上牵引电缆。基于模拟建筑的便利性，可选用向下垂放进行布放，布放的长度以端接的机柜配线架为基点，延长 1 m 的长度。布放工作需要两人以上同时协作。

（3）扎线要求。

垂直干线线缆的扎线在行业的新标准下，变得更加重要，主要体现在几方面的要求，如扎线的间距、扎线的力度、捆扎线缆的数量等。其中扎线的间距需根据线缆的捆扎数量调整，一般以 1 m 左右较为合适；扎线的力度需松紧适度，以避免扎线的扎带严重压迫线缆为原则；捆扎数量方面在早期的标准没有太严格的要求，但面对新的 6A 类标准要求，验收测试需增加外部串扰的测试，根据经验外部串扰对线缆的捆扎数量最为敏感，一般不能超过 12 根双绞线，所以在教学时即可要求学生以 12 根线缆为捆扎数的上限为原则，避免日后在 6A 类布线系统施工时涉及垂直主干和机柜线缆密集端接时所出的测试故障。

（4）实训环境：模拟建筑施工现场。

5. 设备间/管理间机柜及配线架安装

设备间/管理间机柜安装涉及 9U 和 42U 两种机柜。

（1）9U 机柜安装。

实训室使用的 19 英寸 9U 机柜安装在管理间，作为管理间配线架和垂直干线电缆的端接场所。因 9U 机柜为挂墙式安装，第一次实训时需根据机柜背板的安装孔计算距离，并在墙面上进行定位，后用冲击钻攻出 4 个 80 mm 深，10 mm 宽的孔，将相应规格的膨胀螺丝锤压进去。完成后将机柜按螺丝位挂上去，采用螺母紧固即完成机柜的挂墙安装。

（2）42U 立式机柜安装。

42U 立式机柜摆放的位置在模拟建筑设备间的位置，其功能是给整个模拟建筑提供干线电缆的端接和出口线路连接、交换的场所。垂直度偏差、与墙壁距离、固定程度、接地等为安装注意事项，详细内容可参考教材。

（3）配线架安装：数据、语音、光纤配线架的安装和线缆端接可参考前面基本技能训练模块的内容。

（4）实训环境：模拟建筑施工现场。

实训 20：工程项目测试验收

由老师带领监理员、项目经理、布线工程师对工程施工质量进行现场验收，对技术文档进行审核验收。

1. 现场验收

（1）工作区子系统验收。

① 线槽走向、布线是否美观大方，符合规范。

② 信息座是否按规范进行安装。

③ 信息座安装是否做到一样高、平、牢固。

④ 信息面板是否都固定牢靠。

⑤ 标志是否齐全。

（2）水平干线子系统验收。

① 槽安装是否符合规范。

② 槽与槽，槽与槽盖是否接合良好。

③ 托架、吊杆是否安装牢靠。

④ 水平干线与垂直干线、工作区交接处是否出现裸线，有没有按规范去做。

⑤ 水平干线槽内的线缆有没有固定。

⑥ 接地是否正确。

（3）垂直干线子系统验收。

垂直干线子系统的验收除了类似于水平干线子系统的验收内容外，要检查楼层与楼层之间的洞口是否封闭，以防火灾出现时，成为一个隐患点。线缆是否按间隔要求固定。拐弯线缆是否留有弧度。

（4）管理间、设备间子系统验收。

① 检查机柜安装的位置是否正确；规定、型号、外观是否符合要求。

② 跳线制作是否规范，配线面板的接线是否美观整洁。

（5）线缆布放。

① 线缆规格、路由是否正确。

② 对线缆的标号是否正确。

③ 线缆拐弯处是否符合规范。

④ 竖井的线槽、线固定是否牢靠。

⑤ 是否存在裸线。

⑥ 竖井层与楼层之间是否采取了防火措施。

（6）架空布线。

① 架设竖杆位置是否正确。

② 吊线规格、垂度、高度是否符合要求。

③ 卡挂钩的间隔是否符合要求。

（7）管道布线。

① 使用管孔、管孔位置是否合适。

② 线缆规格。

③ 线缆走向路由。

④ 防护设施。

（8）电气测试验收

按第 12 章中认证测试要求进行。

2. 技术文档验收

（1）FLUKE 的 UTP 认证测试报告（电子文档即可）。

（2）网络拓朴图。

（3）综合布线拓扑图。

（4）信息点分布图。

（5）管线路由图。

（6）机柜布局图及配线架上信息点分布图。

3. 测试验收工具

线缆认证测试分析仪。

4. 实训环境

模拟建筑物。

参考文献

[1] 刘天华，孙阳，黄淑伟．网络系统集成与综合布线．北京：人民邮电出版社，2008.
[2] 秦智．网络系统集成．北京：北京邮电大学出版社，2010.
[3] 邓劲生，郑倩冰．信息系统集成技术．北京：清华大学出版社，2012.
[4] 刘晓晓．网络系统集成．北京：清华大学出版社，2012.
[5] 谢希仁．计算机网络．北京：电子工业出版社，2013.